HUBERT MÈMETEAU

TECHNOLOGIE FONCTIONNELLE DE L'AUTOMOBILE

2 Transmission, train roulant et équipement électrique

5e édition

DUNOD

Édition et mise en page pour la 5e édition : François Besson
Réalisation des illustrations : Philippe Mèmeteau
Maquette de couverture : M A T E O
Illustration de couverture : Peugeot Direction de la communication

ISBN 2 10 049719 7

Table des matières

Avant-propos

Véritable ouvrage de référence condensé en deux tomes (tome 1, *Le moteur et ses auxiliaires* ; tome 2, *Transmission, train roulant et équipement électrique*), cette **5e édition mise à jour** est **enrichie de nouveaux contenus**, notamment des **tests d'auto-évaluation corrigés**, de nombreux **outils de recherche** et de **renvois vers des applications pratiques de maintenance**. Il permet à tous d'acquérir une connaissance solide et évolutive en matière d'automobile.

Utilisé en milieu scolaire, l'ouvrage laisse au formateur toute son initiative en matière de préparation et de déroulement de cours, tout en permettant aux élèves de retrouver ensuite une synthèse sur le sujet traité. Dans certains cas, l'élève sera invité à étudier seul le sujet dans le livre ; dans d'autres, il pourra effectuer une recherche personnelle à partir des encadrés « Pour aller plus loin » et réaliser des tests proposés à la fin de chaque leçon (encadrés « Testez vos connaissances ») afin de s'auto-évaluer.

Enfin, une démarche de maintenance à l'aide d'applications pratiques est proposée en fin de leçon avec un renvoi vers les fiches de l'ouvrage *Maintenance de l'automobile* : *le savoir-faire*, du même auteur.

Qu'entend-on par technologie fonctionnelle ?

Une étude technologique ne se contente pas seulement de nommer les éléments qui composent un système, de les décrire et d'en expliquer le fonctionnement.

La technologie fonctionnelle s'appuie sur trois outils fondamentaux :

1. l'analyse du système (ou analyse systémique) ;
2. la mise en schéma des différentes fonctions (ou schématisation fonctionnelle) ;
3. l'étude des lois physiques qui s'appliquent au système.

- **L'analyse systémique**

Elle permet :

– de cerner les frontières du système à étudier ;

– d'identifier les énergies et les informations que reçoit ce système ainsi que celles qu'il restitue ; à l'intérieur du système va se produire un travail utile, peu nous importe à ce stade par quel moyen technique il va être réalisé.

- **La schématisation fonctionnelle**

Le fonctionnement de chaque élément du système est décrit à l'aide d'une schématisation la plus dépouillée possible et très « parlante ». Les schémas présentent tous une même codification sur tout l'ouvrage, facilitant ainsi leur décodage immédiat.

- **Les lois de la physique**

Ces lois qui permettent de trouver les solutions technologiques afin de réaliser les fonctions à remplir sont expliquées simplement par leur mise en application dans le système étudié.

Les photos, dessins ou éclatés des éléments réels ne sont donnés qu'à titre illustratif. Chaque marque ayant sa solution technique particulière, il est indispensable de découvrir ensuite l'application qui en est faite par tel constructeur dans la revue spécifique du véhicule de son choix.

Ainsi, cet ouvrage conduit l'apprenant à élever graduellement son niveau de connaissances générales et techniques de sorte qu'il puisse ensuite s'adapter sans difficulté à tout nouveau système et à son évolution future.

Hubert Mèmeteau

CHAPITRE 1

La transmission

1 Le système de transmission

■ Que comprend le système de transmission ?

Le système de transmission comprend l'ensemble des mécanismes situés entre le moteur et les roues motrices.

Observons le système de transmission (figures 1.1 et 1.2).

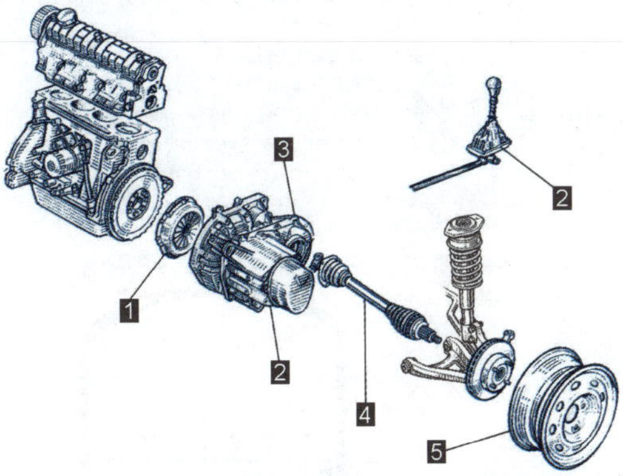

❶ Embrayage.
❷ Boîte de vitesses et sélecteur.
❸ Pont différentiel.
❹ Arbre de transmission.
❺ Roue motrice.

Figure 1.1 • Les éléments de la transmission.

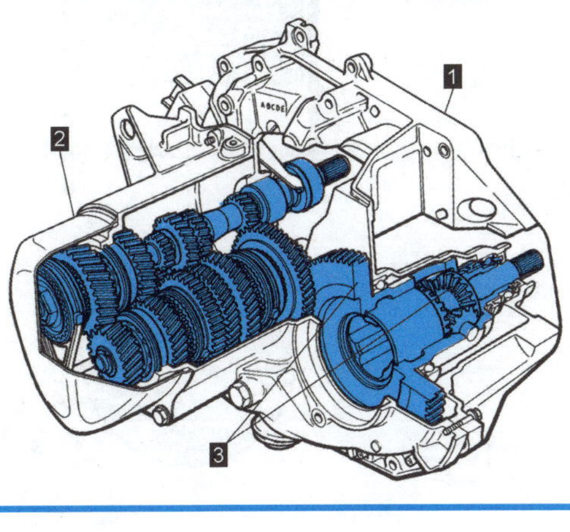

❶ Emplacement de l'embrayage.
❷ Partie boîte de vitesses.
❸ Partie pont et différentiel.

Figure 1.2 • Boîte/pont pour moteur transversal (documents Peugeot et Citroën).

1. L'énergie mécanique en rotation – couple et puissance – est transmise à l'**embrayage** dont le rôle est d'accoupler progressivement la transmission, ou de la désaccoupler, suivant les besoins.

2. L'embrayage transmet cette énergie à la **boîte de vitesses** dont le rôle est de démultiplier la vitesse lorsque les efforts résistants reçus par les roues sont importants (démarrage, côtes). La boîte de vitesses dispose donc de plusieurs rapports de démultiplication.

3. La boîte de vitesses transmet cette énergie au **pont** qui comporte un engrenage dont le rôle est de démultiplier la vitesse de rotation du moteur de façon permanente.

Le pont comporte en outre un mécanisme appelé **différentiel** qui permet à chaque roue motrice de tourner à des vitesses différentes, notamment dans les virages.

4. Le pont transmet le mouvement aux **arbres de transmission** et/ou aux arbres de roues selon le montage du véhicule.

5. Ces derniers entraînent les roues motrices. Celles-ci transforment le couple transmis en force tangentielle au sol, donnant ainsi le **mouvement de translation** au véhicule.

Remarque

L'embrayage peut être actionné par le conducteur ou automatisé. Il en est de même de la boîte de vitesses.
Les ponts peuvent comporter un blocage de différentiel à commande manuelle ou automatique.

■ Quelles sont les dispositions possibles de la transmission (figures 1.3 et 1.4) ?

Elles sont multiples selon que le moteur soit :
- avant, arrière ou central,
- longitudinal ou transversal,

et que la boîte de vitesses se trouve placée à côté, dessous ou éloignée du moteur.

■ Rappelons ce qu'est le couple moteur.

Le **couple moteur** est le produit de la force à la bielle par la longueur du bras de maneton de vilebrequin (figure 1.5) :

$$\mathscr{C}_m = \mathscr{M}_O(\overrightarrow{F_1}) = F_1 r$$

■ Rappelons ce qu'on entend par puissance effective.

La **puissance** est le produit du couple moteur (en N · m) par la vitesse angulaire du vilebrequin (en rad/s) :

$$P = \mathscr{C}_m \omega$$

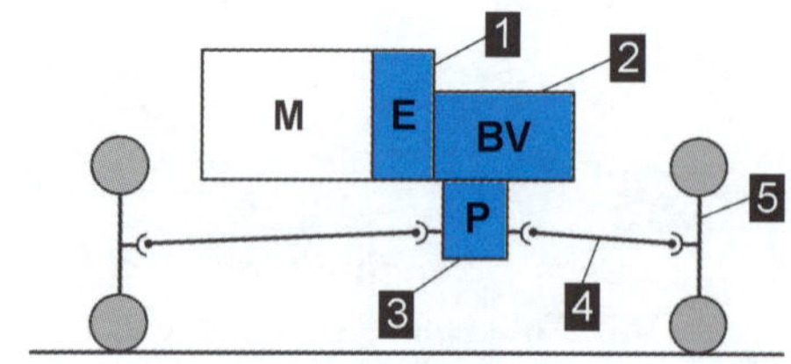

Figure 1.3 • Transmission pour moteur transversal (véhicule vu de face).

Exemple de disposition des éléments :
❶ Embrayage.
❷ Boîte de vitesses.
❸ Pont différentiel.
❹ Arbres de transmission articulés (par cardans).
❺ Roues motrices (traction avant).

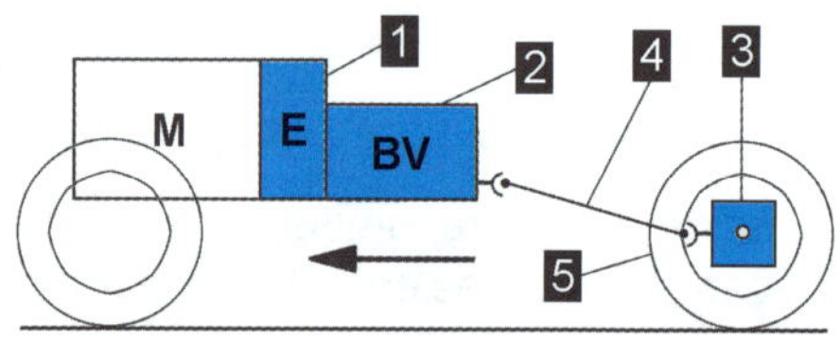

Figure 1.4 • Transmission pour moteur disposé longitudinalement (véhicule vu de profil).

Exemple de disposition des éléments :
❶ Embrayage.
❷ Boîte de vitesses.
❸ Pont différentiel arrière.
❹ Arbre de transmission articulé.
Dans le plan transversal, ce véhicule comporte deux arbres de roues rigides.
❺ Roues motrices (propulsion arrière).

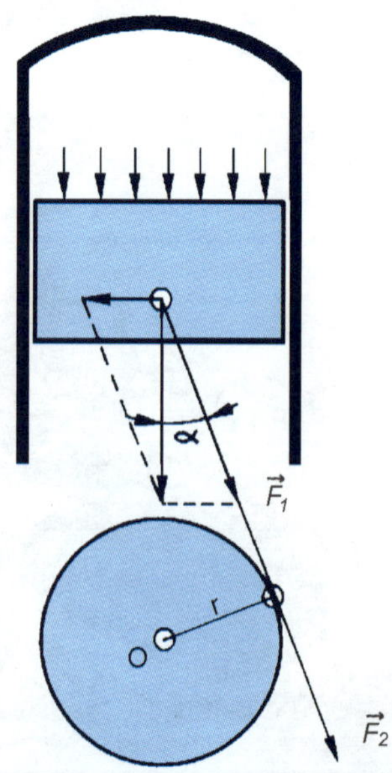

Figure 1.5 • Le couple moteur est égal à : $\mathscr{M}_O(\overrightarrow{F_1}) = F_1 r$.

Quelles sont les possibilités d'utilisation optimale du couple et de la puissance du moteur ?

L'utilisateur a le choix entre deux allures de conduite (figure 1.6) :
– recherche du **meilleur rendement** en maintenant le moteur à son régime de couple maximal ;
– recherche de **puissance** (conduite sportive) en maintenant le moteur à son régime de puissance maximale.

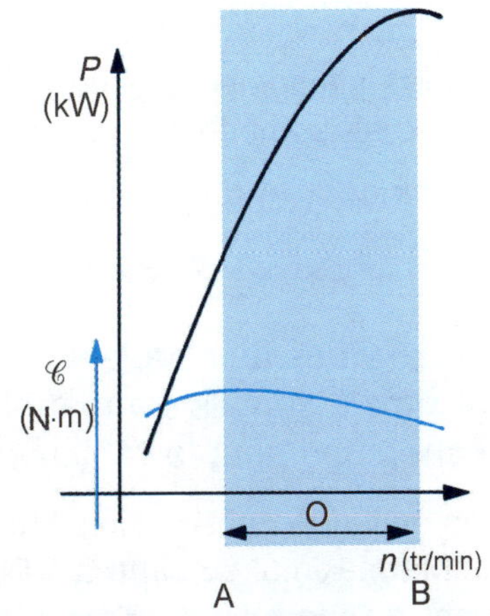

Figure 1.6 • Utilisation optimale du couple et de la puissance du moteur.

P : puissance.
𝒞 : couple.
A : régime de couple maximal.
B : régime de puissance maximale.
O : plage d'utilisation du moteur.

Quelles sont les forces qui s'opposent à l'avancement du véhicule ?

• **À l'arrêt.** La mise en mouvement d'un véhicule arrêté nécessite une force plus importante que celle nécessaire pour entretenir son mouvement.

• **En vitesse uniforme sur sol plat**, nous constatons (figure 1.7) :
– une résistance au frottement (***f***) provenant des engrenages et roulements de la transmission ;
– une résistance au roulement (***d***) des roues provenant de la nature des pneus et de celle du sol, accentuée par la charge supportée par ces roues ;
– une résistance de l'air, dont la pression (***p***), exercée sur les surfaces plus ou moins verticales de l'avant du véhicule, crée une force antagoniste.

Cette force dépend de la vitesse et de la forme du véhicule (C_x)* et croît avec le carré de la vitesse.

• **En montée.** L'action de la pesanteur crée une force opposée à la force motrice (figure 1.8). Elle est proportionnelle à l'angle de la pente et à la masse du véhicule.

Remarques

* C_x : coefficient de pénétration dans l'air.
En descente, la pesanteur s'ajoute à la force motrice.

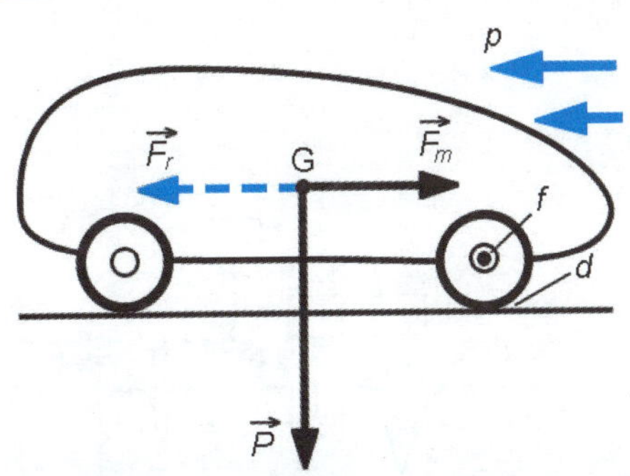

Figure 1.7 • Résistance à l'avancement.

p : résistance de l'air.
f : résistance au frottement.
d : résistance au roulement.
$\vec{F_m}$: force motrice.
$\vec{F_r}$: force résistante.
$\vec{P}$: poids du véhicule.

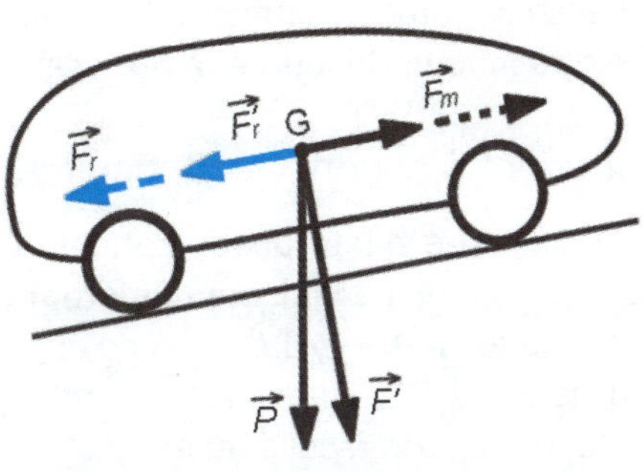

Figure 1.8 • En côte, la force résistante augmente.

$\vec{P}$: poids du véhicule ($m\vec{g}$).
$\vec{F'_r}$: force résistante provenant de la pente.

La transmission

1

Quelles sont les conséquences de l'action de ces forces ?

Ces divers phénomènes opposent aux roues motrices un couple résistant dont le moment peut être défini par (figure 1.9) :

$$\mathcal{M}_O(\vec{F_r}) = F_r R$$

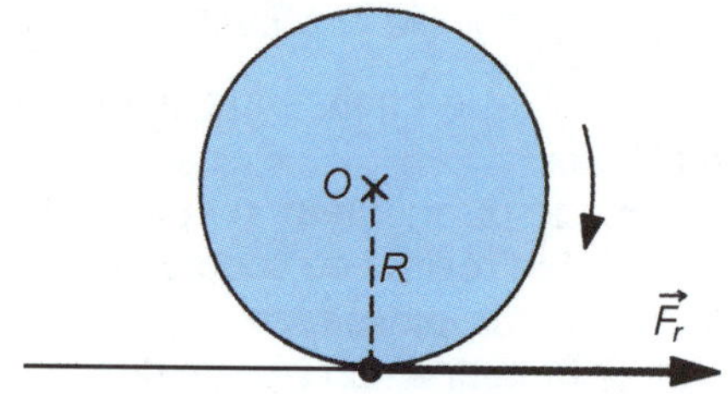

Figure 1.9 • Couple résistant : $\mathcal{M}_O(\vec{F_r}) = F_r R$.

Les régimes de couple et de puissance maximale sont-ils compatibles avec la vitesse recherchée pour le véhicule ?

Soit un moteur à transmission directe (figure 1.10) dont le couple maximal se situe à 3 000 tr/min (50 tr/s). Sachant qu'une roue de diamètre moyen possède un développement d'environ 2 m, nous obtenons :

$$\frac{50 \times 2 \times 3\,600}{1\,000} = 360 \text{ km/h}$$

Les forces résistantes à cette vitesse appliquent à la transmission des **couples résistants** extrêmement élevés.

Pour conserver cette transmission directe et vaincre ces forces, il serait nécessaire d'augmenter le couple et la puissance du moteur dans des proportions considérables (véhicules pour records du monde).

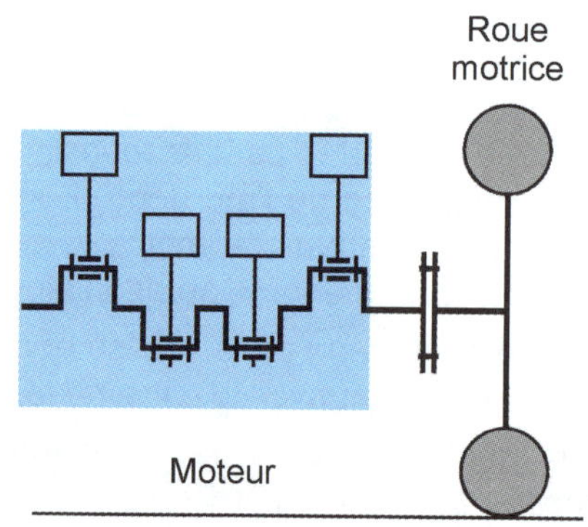

Figure 1.10 • Transmission directe (hypothèse).

Remarque

À vitesse de croisière courante (90 km/h par exemple) le couple résistant reste encore supérieur au couple moteur.

En conclusion, nous constatons qu'en vitesse de croisière sur sol plat :
- le couple du moteur est **inférieur** au couple résistant,
- la vitesse de rotation souhaitée pour les roues ne permet pas au moteur de tourner à un régime suffisant.

Comment résoudre ces difficultés ?

Il est nécessaire d'interposer entre le moteur et les roues motrices un **mécanisme démultiplicateur** dont le rapport se situe entre 1/3 et 1/7, ce qui a pour effet :
- de diviser par 3 à 7 la vitesse de rotation des roues motrices par rapport à celle du moteur ;
- de multiplier le couple moteur transmis aux roues motrices dans les mêmes proportions.

Quel est l'élément qui réalise cette fonction ?

L'organe qui réalise cette réduction permanente se présente sous la forme de deux pignons de diamètre différent et se situe dans le pont avant ou arrière du véhicule. C'est le couple démultiplicateur (figure 1.11).

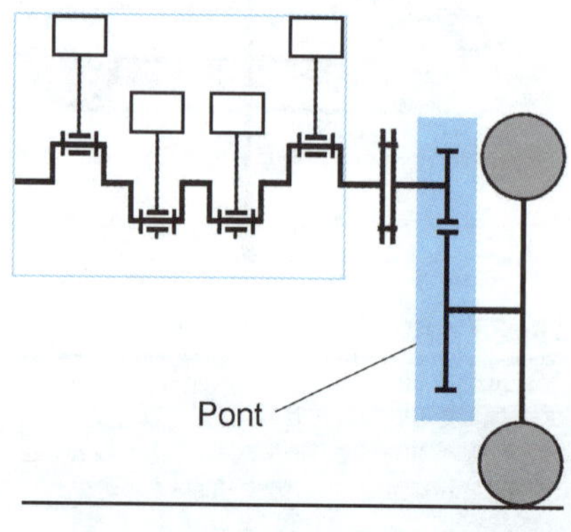

Figure 1.11 • Réducteur permanent appelé pont.

• **À l'arrêt.** Le moteur doit pouvoir tourner au ralenti afin d'éviter son redémarrage après chaque arrêt. Ce **désaccouplement** est réalisé soit par :
– l'embrayage dans sa phase « débrayée » (figure 1.12) ;
– la boîte de vitesses dans sa position « point mort ».

• **Au démarrage.** Le moteur tourne à son régime de meilleur couple, les roues sont arrêtées. Un **accouplement progressif par glissement** est nécessaire. Cette fonction est réalisée par l'embrayage dans sa position « embrayée ».

• **En accélération ou en côte.** La vitesse aux roues est faible et le couple résistant élevé. Le moteur tourne toujours à son régime de meilleur couple.

Les grandes plages de vitesse et de couple résistant aux roues en phase d'accélération et en côte nécessitent l'utilisation de **plusieurs possibilités de démultiplication.** Ces possibilités sont offertes par les boîtes de vitesses à commande manuelle ou automatique à 3, 4 ou 5 rapports dans le cas des véhicules de tourisme courants (figure 1.13).

Remarque

La boîte de vitesses permet également de réaliser la marche arrière.

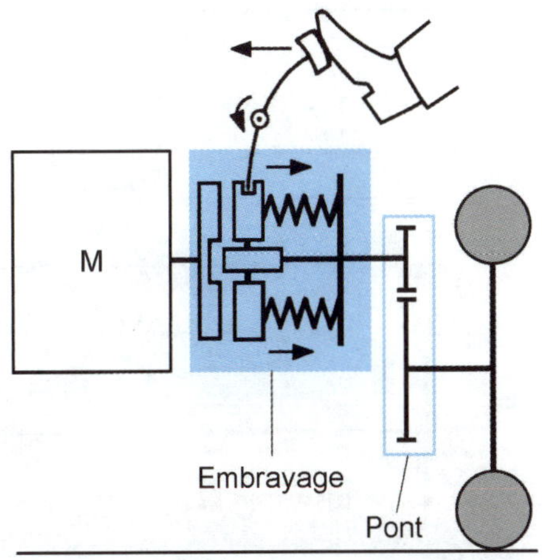

Figure 1.12 • Principe de l'embrayage (en position « débrayée »).

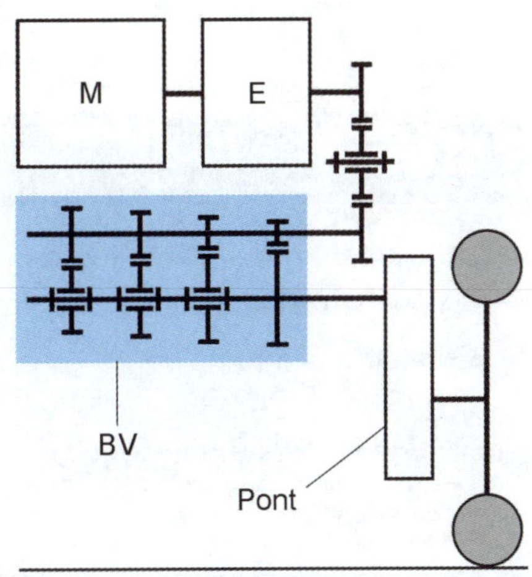

Figure 1.13 • Principe de la boîte de vitesses (en position de première vitesse).

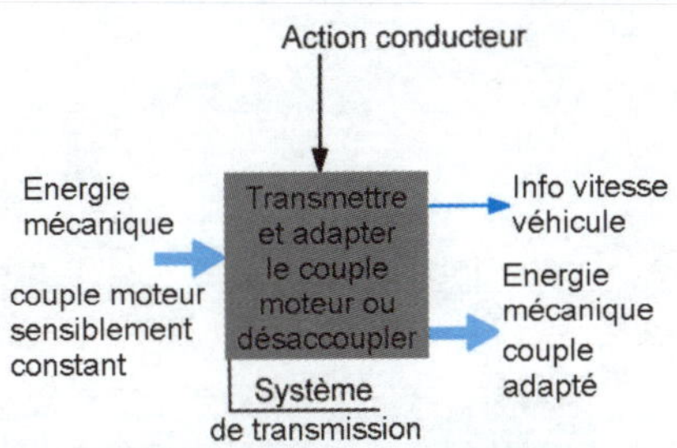

Figure 1.14 • Fonction globale (rappel), analyse systémique niveau A0.

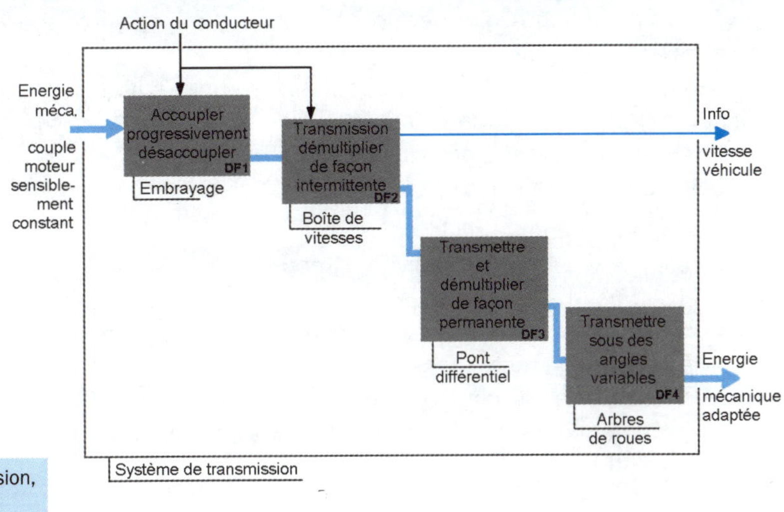

Figure 1.15 • Principe de la transmission, analyse descendante niveau A0.

1

La transmission

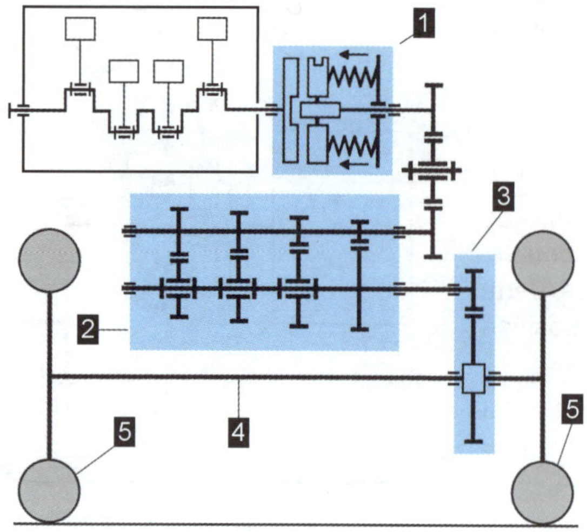

❶ Embrayage.
❷ Boîte de vitesses.
❸ Pont/différentiel.
❹ Arbres de transmission.
❺ Roues motrices.

Figure 1.16 • Principe de la transmission (simplifiée).

Mémo

- **Fonction du système de transmission**
  Transmettre l'énergie motrice aux roues.
- **Conditions à remplir**
  – Permettre un démarrage progressif.
  – Permettre de désaccoupler la transmission.
  – Adapter la puissance et le couple du moteur aux variations des efforts résistants (couple résistant).
- **Éléments constitutifs d'une transmission**
  L'embrayage réalise un accouplement progressif et permet le désaccouplement.
  La boîte de vitesses assure, par des démultiplications étagées, l'adaptation du couple moteur au couple résistant.
  Par le point mort, elle permet de désaccoupler la transmission. Elle réalise la marche arrière.
  Le couple démultiplicateur du pont assure une réduction permanente permettant une utilisation rationnelle de la puissance et du couple moteur ; son différentiel permet aux roues motrices de tourner à des vitesses différentes.
  Les arbres de transmission terminent la liaison avec les roues motrices.
- **Variation du couple résistant**
  Le couple résistant varie suivant l'importance de :
  – la charge (masse du véhicule) ;
  – l'accélération au démarrage et en mouvement (inertie) ;
  – la pente de la route (pesanteur) ;
  – la résistance de l'air (C_x et vitesse) ;
  – la résistance au frottement des organes de transmission ;
  – la résistance au roulement des roues sur le sol.

Testez vos connaissances

1. L'embrayage est situé entre :
- ☐ **a.** le moteur et la boîte de vitesses
- ☐ **b.** la boîte de vitesses et le pont
- ☐ **c.** le pont et les roues

2. Le levier de vitesses agit sur :
- ☐ **a.** l'embrayage
- ☐ **b.** la boîte de vitesses
- ☐ **c.** le pont

3. Dans la transmission, quel est l'élément qui réalise une démultiplication permanente ?
- ☐ **a.** l'embrayage
- ☐ **b.** la boîte de vitesses
- ☐ **c.** le pont

4. Pour obtenir une vitesse du véhicule optimale (entre 0 et 150 km/h, par exemple), la vitesse de rotation du moteur dans sa plage de couple et de puissance maxi doit être :
- ☐ **a.** démultipliée
- ☐ **b.** multipliée
- ☐ **c.** surmultipliée

Pour aller plus loin

1. *Recherchez les éléments qui composent la transmission sur un véhicule au choix. Donnez les caractéristiques de chacun d'eux.*

2. *Quelles différences y a-t-il entre le type d'engrenage d'un pont pour moteur transversal et celui d'un pont pour moteur longitudinal ?*

3. *Qu'entend-on par démultiplication courte et démultiplication longue ? Expliquez les avantages et les inconvénients des deux systèmes.*

Maintenance

Sur le plan pratique, il est nécessaire d'étudier la fiche de niveau 1 suivante du manuel de *Maintenance automobile : le savoir-faire* :

- Fiche n° 17 - Remplacer une transmission.

1

La transmission

2 L'embrayage

Quelles sont les manœuvres à effectuer lors du démarrage d'un véhicule ?

Les manœuvres à effectuer sont les suivantes :

• **Arrêt du véhicule** (figure 2.1) :
– le moteur tourne au ralenti (arbres ***a*** et ***b***) ;
– la transmission ne tourne pas (arbre ***c***).

• **Préparation au démarrage** (figure 2.2). Le premier rapport de démultiplication doit être engagé. Cette manœuvre ne peut être réalisée sans désaccoupler temporairement le moteur de la boîte de vitesses car :
– les vitesses de rotation des pignons à engrener sont **différentes** (vitesse transmission nulle) ;
– le couple résistant est **supérieur** au couple moteur.

Le conducteur engage une vitesse.

• **Démarrage du véhicule** (figure 2.3). Le conducteur accélère, le couple moteur augmente ; un accouplement instantané est impossible sans choc car :
– le couple moteur devient **supérieur** au couple résistant ;
– la vitesse de rotation du moteur est **élevée**, celle des éléments de la transmission est **nulle**.

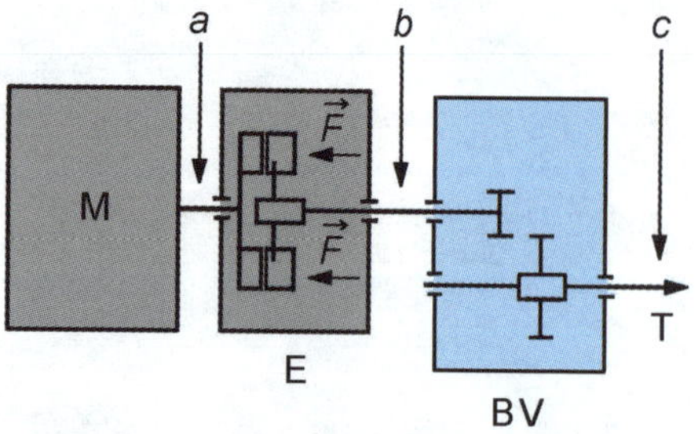

Figure 2.1 • Arrêt du véhicule :
• ***a*** tourne au ralenti.
• ***b*** tourne au ralenti.
• ***c*** ne tourne pas.

M. Moteur.
E. Embrayage.
BV. Boîte de vitesses.
T. Transmission.
$\vec{F}$: force motrice.

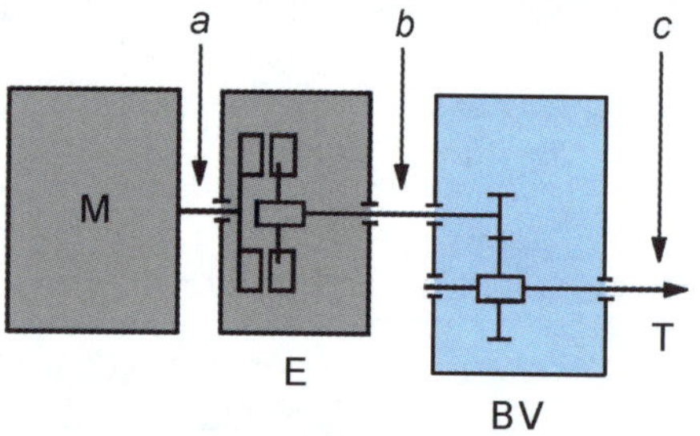

Figure 2.2 • Préparation au démarrage :
• ***a*** tourne au ralenti.
• ***b*** ne tourne pas.
• ***c*** ne tourne pas.

Comment réaliser ces opérations ?

Nous comprenons la nécessité d'adopter un type d'accouplement progressif à **frottement variable.** Cette disposition permet d'obtenir :
– pour un régime constant du moteur, l'entraînement progressif de la transmission jusqu'à l'égalité des vitesses ;
– un équilibre progressif du couple moteur et du couple résistant.

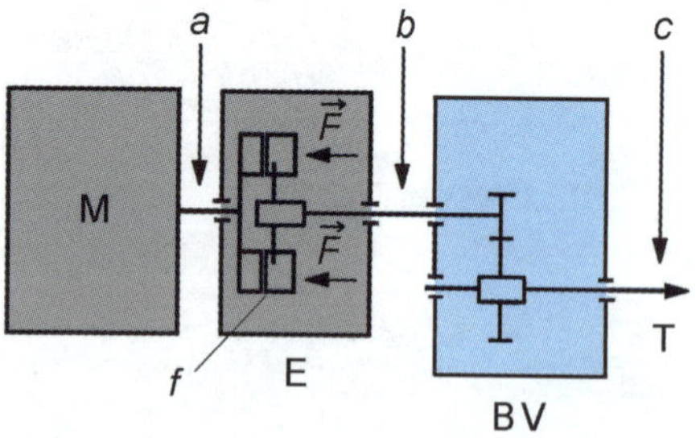

Figure 2.3 • Démarrage :
• ***a*** tourne à vitesse élevée (meilleur couple).
• ***b*** augmente progressivement de régime.
• ***c*** idem.

f : frottement.
$\vec{F}$ augmente progressivement.

Remarque

Dans ce type de transmission, les couples n'évoluent pas de façon inversement proportionnelle aux vitesses de rotation, comme dans les transmissions par engrenages.

Que devient la part d'énergie non transmise en début d'accouplement ?

La part d'énergie qui n'est pas transmise est transformée, par frottement, en **énergie calorifique** ou **thermique** (figure 2.4).

Le rendement de cet organe est donc proportionnel à la progressivité de l'accouplement (augmentation de $\vec{F}$).

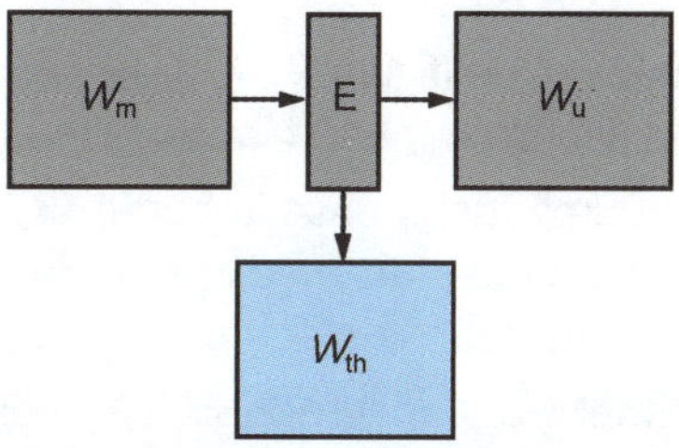

Figure 2.4 • Transmission de l'énergie.

W_m : énergie motrice.
W_{th} : énergie thermique.
W_u : énergie utile à la transmission.

Quelles sont les solutions technologiques possibles ?

Il en existe deux :

• **Embrayage commandé.** Dans ce cas, c'est un accouplement mécanique par embrayage à disques sec ou à bain d'huile.

• **Embrayage automatique** :
– par accouplement mécanique : embrayage centrifuge, embrayage électromagnétique, embrayage piloté ;
– par accouplement hydrocinétique : coupleur, convertisseur.

Quelles sont les conditions à remplir par l'embrayage mécanique à disque ?

L'embrayage à disque doit permettre :

– un **accouplement progressif** par **friction** sans usure rapide des surfaces ;

– une progressivité de l'accouplement sans à-coups dans la transmission ;

– une **évacuation rapide** de l'**énergie calorifique** dégagée pendant l'accouplement ;

– une **transmission intégrale (sans glissement)**, dans sa phase « embrayée », quels que soient les couples à transmettre ;

– une manœuvre facile et un effort réduit de la part du conducteur.

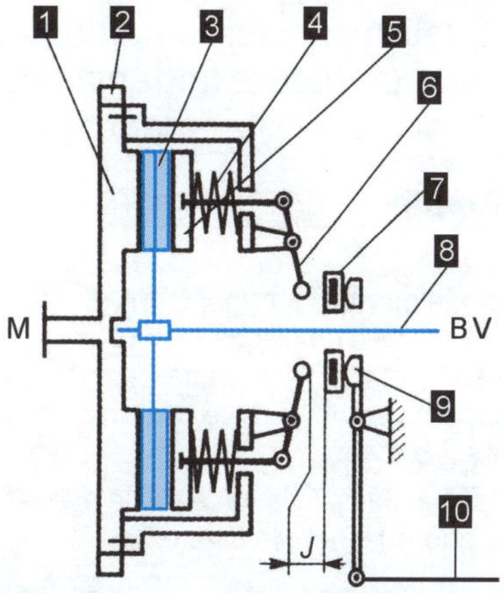

Figure 2.5A • Principe de l'embrayage mécanique : position « embrayée ».

❶ Volant moteur.
❷ Couronne de démarrage.
❸ Disque d'embrayage.
❹ Ressort de pression.
❺ Plateau presseur.
❻ Doigts ou linguets.
❼ Butée d'embrayage.
❽ Arbre primaire de boîte de vitesses.
❾ Fourchette d'embrayage.
❿ Commande.

Quel est le principe de réalisation d'un embrayage à disque sec ?

Les figures 2.5A et B présentent le dispositif de ce type d'embrayage.

Un disque d'embrayage ❸ est garni, sur ses deux faces, d'une matière dont le coefficient de frottement est élevé et qui résiste bien à la chaleur. Il est lié en rotation avec l'arbre primaire (arbre d'entrée) de la boîte de vitesses ❽ et libre en translation sur celui-ci. Serré entre le volant ❶ et le plateau presseur ❺ par des ressorts de pression ❹, il est **entraîné** par **adhérence**.

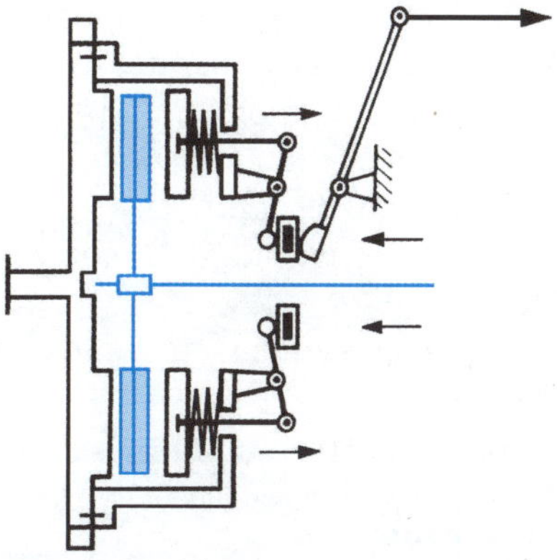

Figure 2.5B • Principe de l'embrayage : position « débrayée ».

La transmission

1

Fonctionnement d'un embrayage à disque sec.

• **Débrayage** (figure 2.5A, page précédente). Le conducteur agit, par la commande ❿, sur la fourchette d'embrayage ❾.

La fourchette pousse la butée ❼. Cette dernière appuie sur les doigts du mécanisme ❻ qui basculent. Le plateau presseur ❺ s'écarte. Le **disque est libéré**.

• **Embrayage** (figure 2.5B, page précédente). Le conducteur relâche progressivement son action. Le plateau presseur est appuyé graduellement sur le disque. Le disque est entraîné avec une adhérence de plus en plus prononcée.

Lorsque la force pressante exercée par les ressorts est maximale, l'**accouplement est réalisé**.

Quelles sont les conditions à réaliser pour permettre la transmission d'un couple élevé sans glissement après embrayage ?

Exemple

Données :
- couple maximal à transmettre, $\mathscr{C} = 96$ N · m ;
- rayon moyen du disque, $r_m = 0{,}1$ m ;
- coefficient d'adhérence des garnitures, $f = 0{,}4$;
- nombre de surfaces de contact, $n = 2$ (éléments 1 et 5 de la figure 2.5A).

Nous cherchons F, la force totale des ressorts à appliquer.
Appliquons la formule (figure 2.6) $\mathscr{C} = r_m f n F$,

de laquelle on tire : $$F = \frac{\mathscr{C}}{r_m f n}$$

donc : $$F = \frac{96}{0{,}1 \times 0{,}4 \times 2}$$

Cette valeur est l'**intensité théorique** de la force à appliquer.
Pour tenir compte des aléas et de l'usure, l'intensité totale pratique devra être légèrement **supérieure**. Par exemple, $F = 1\,420$ N. Si le mécanisme comporte six ressorts, l'intensité de la force de chacun d'eux sera de :

$$\frac{1420}{6} = 240 \text{ N}$$

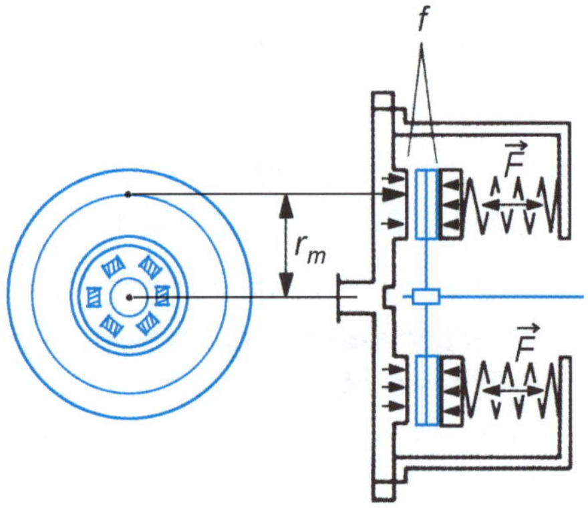

Figure 2.6 • Transmission du couple moteur : $F = \dfrac{\mathscr{C}}{r_m f n}$

Pour un même couple à transmettre, si r_m est supérieur, l'intensité de la somme des forces $\vec{F}$ peut être inférieure.

En conclusion, pour permettre une **transmission intégrale** du couple moteur, on peut donc agir, en fabrication, sur les éléments suivants :
- diamètre du disque,
- matière des garnitures et conception (à sec ou à bain d'huile),
- nombre de surfaces frottantes (monodisque ou multidisques),
- force du (ou des) ressort(s).

Remarque

La force totale des ressorts est limitée afin de ne pas imposer au conducteur un effort trop important.

Dans ce type d'embrayage (à ressorts), la force pressante sur le disque diminue avec l'usure des garnitures. Le nombre de pièces constitutives ne facilite pas son équilibrage dynamique.

■ Qu'appelle-t-on embrayage à diaphragme ?

Ce montage (figure 2.7) comporte un **ressort unique** en forme de diaphragme qui assure simultanément les fonctions des doigts et des ressorts hélicoïdaux d'un mécanisme classique.

■ Quels sont les avantages de ce montage ?

Les avantages sont les suivants :

- grande progressivité au démarrage,
- faible effort à exercer sur la pédale,
- force pressante sur le disque peu variable, malgré l'usure des garnitures (figure 2.8),
- meilleure ventilation et bon équilibrage dynamique de l'ensemble.

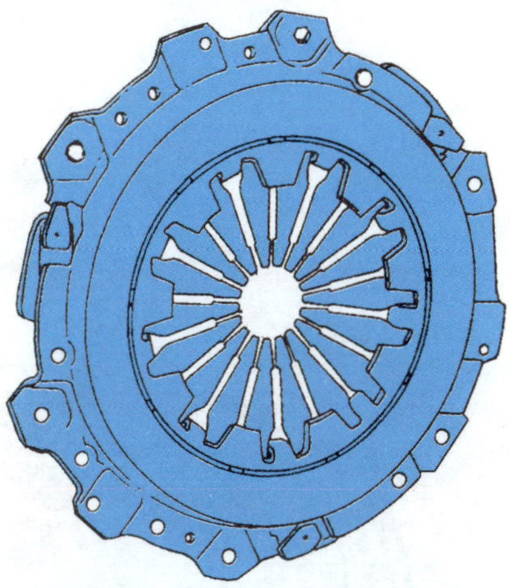

Figure 2.7 • Mécanisme d'embrayage à diaphragme.

1

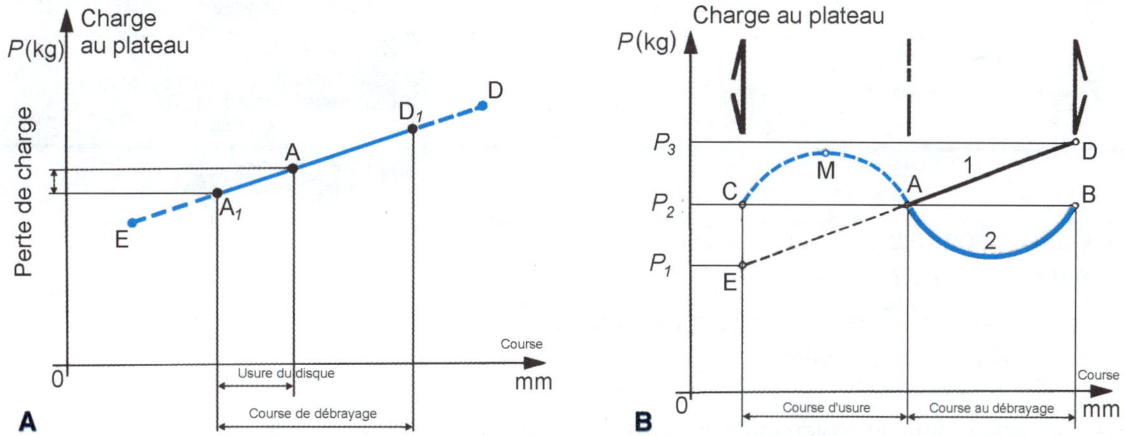

Figure 2.8 • Comparaison de la force pressante exercée sur le disque :
A. Dans un embrayage à doigts et ressorts.
B. Dans un embrayage à diaphragme.
(document Renault).

Remarque

La plupart des butées sont en contact permanent avec le diaphragme.

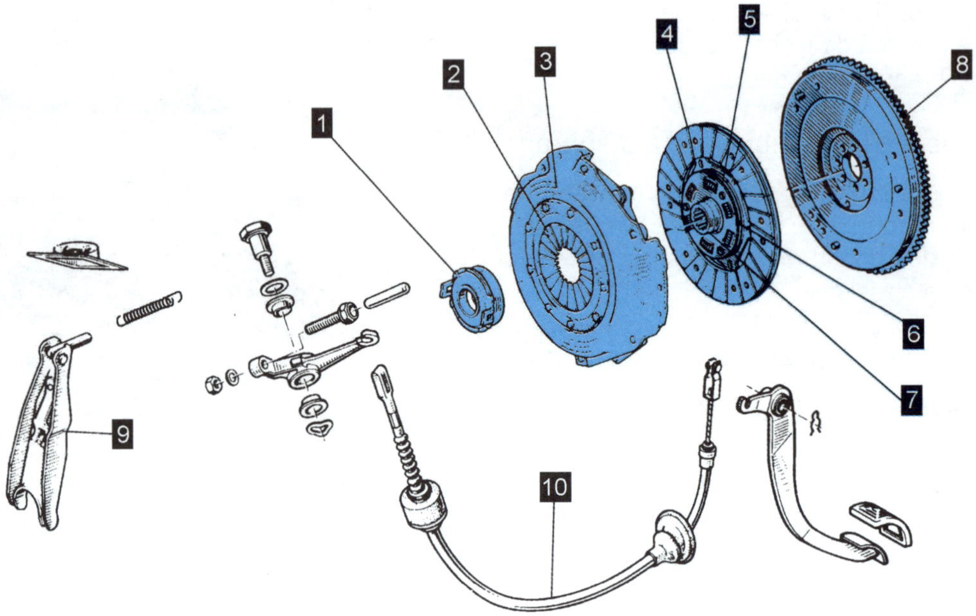

❶ Butée d'embrayage.
❷ Diaphragme.
❸ Boîtier du mécanisme.
❹ Garniture du disque.
❺ Voile du disque.
❻ Ressort d'amortissement.
❼ Liaison glissière avec l'arbre primaire de boîte de vitesses.
❽ Volant moteur.
❾ Fourchette d'embrayage.
❿ Commande mécanique.

Figure 2.9 • Éléments d'un système d'embrayage (document Renault).

Quelles sont les conditions à remplir par les embrayages automatiques ?

Les embrayages automatiques doivent permettre :

– une **désolidarisation** totale lorsque le moteur tourne au ralenti, à l'arrêt ;

– un **patinage** plus ou moins important au démarrage en fonction des vitesses relatives et des couples (moteur/transmission) ;

– un **accouplement** sans glissement après démarrage, le couple doit alors être transmis intégralement.

Ces opérations doivent se réaliser sans action extérieure du conducteur.

Quels sont les différents systèmes d'embrayage automatique ?

On distingue notamment :

– l'embrayage classique couplé à un embrayage **centrifuge** semi-automatique ;

– l'embrayage classique **piloté** électrohydrauliquement (système Renault, par exemple) ;

– le **convertisseur hydraulique** utilisé le plus souvent avec une boîte automatique, à trains épicycloïdaux (➔ Leçon 7).

Quels sont les éléments de l'embrayage piloté (principe Renault) ?

Il se caractérise par l'**absence de pédale d'embrayage** (figure 2.10).

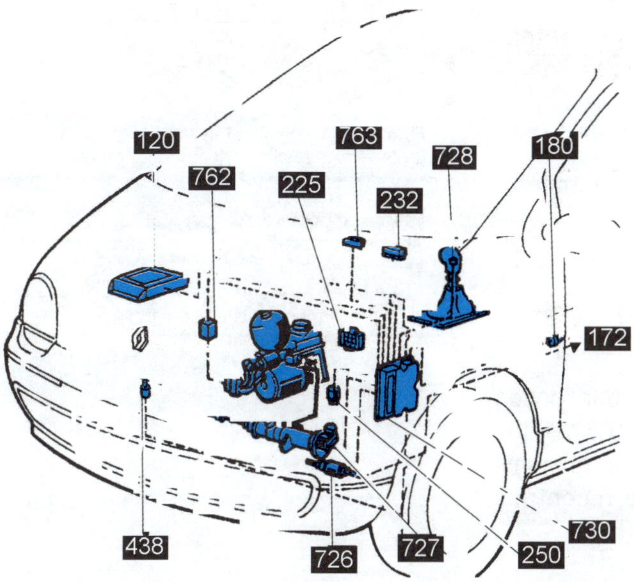

120. Calculateur d'injection.
172. Feu de recul.
180. Contacteur de feuillure porte-conducteur.
225. Prise diagnostic.
232. Relais démarrage.
250. Capteur de vitesse véhicule.
438. Contacteur de capot.
726. Capteur de vitesse engagée.
727. Capteur position embrayage.
728. Capteur levier de vitesses.
730. Calculateur.
762. Relais groupe électropompe (GEP).
763. Bruiteur.
——— Liaisons hydrauliques
-------- Liaisons électriques

Figure 2.10 • Embrayage piloté (document Renault).

L'automatisation de la commande d'embrayage nécessite l'utilisation :
– d'un **groupe électropompe** (GEP) et d'un vérin hydraulique chargé d'effectuer l'action embrayage-débrayage, au niveau de la commande du mécanisme ;
– d'un **calculateur** pour gérer l'ensemble ;
– de divers **capteurs**, dont un situé dans la boule du levier de vitesses ;
– d'**informations** délivrées par le calculateur d'injection.

Par quel dispositif l'embrayage est-il commandé ?

Dans la boule du levier de vitesses sont intégrés deux contacts :
– un « **tiré** », contact fermé lorsqu'on tire sur le levier ;
– un « **poussé** », contact fermé lorsqu'on pousse sur le levier.

Un effort supérieur à un seuil déterminé, appliqué sur la boule du levier de vitesses par le conducteur, ferme l'un des deux contacts en le reliant à la masse.

1

La transmission

Cette information permet au calculateur de connaître la volonté du conducteur de changer de vitesse.

Remarque

Différents systèmes de sécurité évitent le démarrage du moteur lorsque le levier de vitesses est engagé. L'ensemble est géré par le calculateur d'injection.

Quel est le principe de fonctionnement des éléments de puissance (figure 2.11) ?

La pompe hydraulique est entraînée par un moteur électrique. Elle génère la pression hydraulique nécessaire à l'alimentation du vérin et à la charge de l'accumulateur.

L'accumulateur permet un fonctionnement intermittent du moteur de pompe.

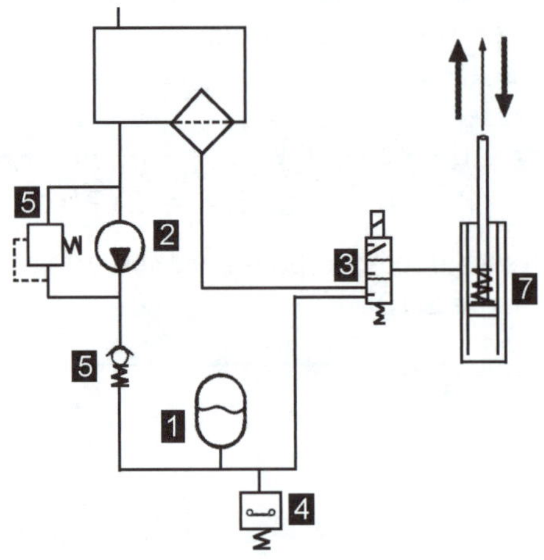

Figure 2.11 • Schéma hydraulique de l'embrayage piloté (document Renault).

1. Un accumulateur de pression.
2. Une pompe hydraulique.
3. Une électrovanne.
4. Un pressostat.
5. Un bloc hydraulique (intégrant les circuits hydrauliques, un clapet de surcharge, un clapet antiretour).
6. Un réservoir et un filtre.
7. Un vérin (récepteur).

Quel est le principe de fonctionnement d'un coupleur (figures 2.12A et B) ?

Un fluide hydraulique est mis en mouvement par l'action d'une roue à aube appelée **pompe**. L'énergie cinétique acquise par le fluide exerce une pression plus ou moins élevée sur les ailettes d'une roue à aube réceptrice appelée **turbine**.

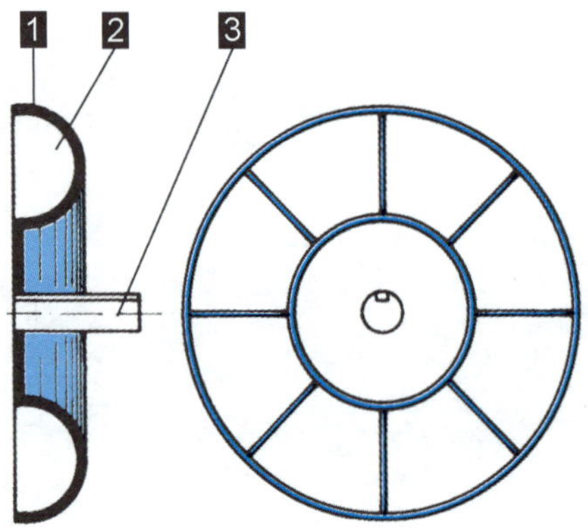

Figure 2.12A • Principe de réalisation du coupleur.

1. Demi-tore.
2. Aube.
3. Arbre d'entraînement.

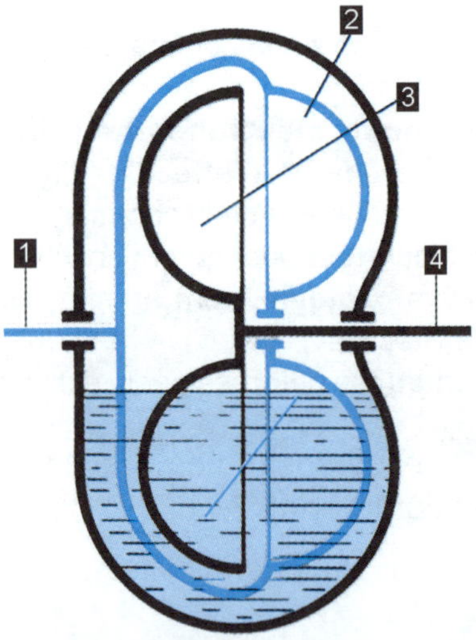

Figure 2.12B • Coupleur hydraulique : position « désaccouplée ».

1. Arbre moteur.
2. Impulseur.
3. Turbine.
4. Arbre récepteur (côté transmission).

Comment le coupleur est-il réalisé ?

Il se compose de deux roues en forme de **demi-tore** portant des aubes droites ou obliques et radiales. Ces demi-tores tournent face à face avec un jeu minimal.

La roue émettrice appelée pompe est solidaire du vilebrequin. La roue réceptrice appelée turbine est solidaire de l'arbre primaire de boîte de vitesses.

L'ensemble est placé dans un carter étanche renfermant une certaine quantité d'un **fluide hydraulique** de faible indice de viscosité, mais de masse volumique élevée.

Quel est le principe de fonctionnement d'un coupleur ?

Lorsque le moteur tourne (figure 2.13), la rotation et la force centrifuge agissant sur le fluide lui communiquent un **mouvement hélicoïdal** grâce à la forme demi-torique et aux aubes de la pompe. Après avoir frappé les aubes de la turbine, le fluide, qui a perdu de sa vitesse, revient vers la pompe en poursuivant son mouvement qui s'accélère à nouveau au passage dans la pompe.

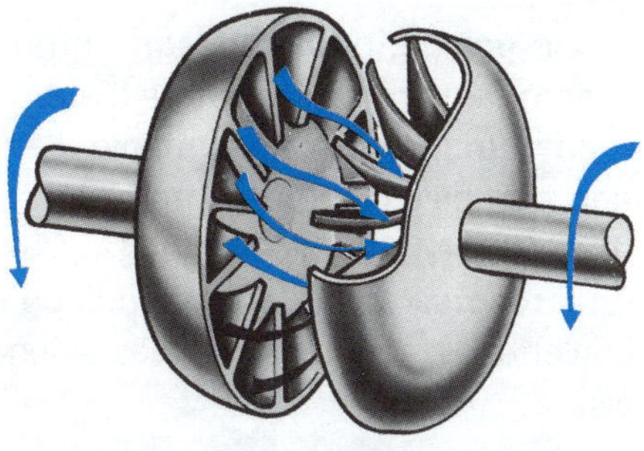

Figure 2.13 • Principe de coupleur (document Citroën).

La vitesse de circulation de l'huile et l'énergie cinétique produite **augmentent proportionnellement** à la vitesse de la pompe et de la turbine.

À haut régime, les deux éléments se trouvent fortement accouplés. Il subsiste toutefois un **léger glissement**. Le rendement du coupleur est donc légèrement inférieur à 100 %.

Quel est l'inconvénient majeur du coupleur ?

Si son fonctionnement est satisfaisant dans sa phase d'accouplement (vitesse constante), son rendement est faible dans les phases de glissement, lorsque la turbine offre une grande résistance (démarrage). Dans cette phase, on constate que les jets d'huile viennent frapper les aubes de la turbine sans les déplacer, ce qui produit un échauffement exagéré de l'huile par frottement et une perte d'énergie.

1

La transmission

Comment pallier cet inconvénient ?

On remédie à ces défauts en équipant la transmission d'un **convertisseur de couple**.

Qu'est-ce qu'un convertisseur de couple ?

Un convertisseur est un embrayage hydrocinétique, basé sur le principe du coupleur.

Comme le coupleur, il permet un démarrage automatique et progressif du véhicule mais permet en même temps une multiplication du couple moteur lorsque le couple résistant est élevé.

Quels sont les éléments du convertisseur ?

Le convertisseur de couple (figures 2.14 et 2.15) comporte :
– une **pompe**, ou **impulseur**, entraînée par le moteur comportant un grand nombre d'aubes inclinées ;
– une **turbine** réceptrice, munie d'aubes dont l'orientation particulière tient compte de l'arrivée comme du retour des jets d'huile ;
– un **réacteur**, situé entre la pompe et la turbine, muni d'ailettes extérieures orientées selon un angle très précis.

Le réacteur est monté sur une roue libre qui lui permet de tourner dans le sens de l'impulseur mais lui interdit la rotation en sens inverse.

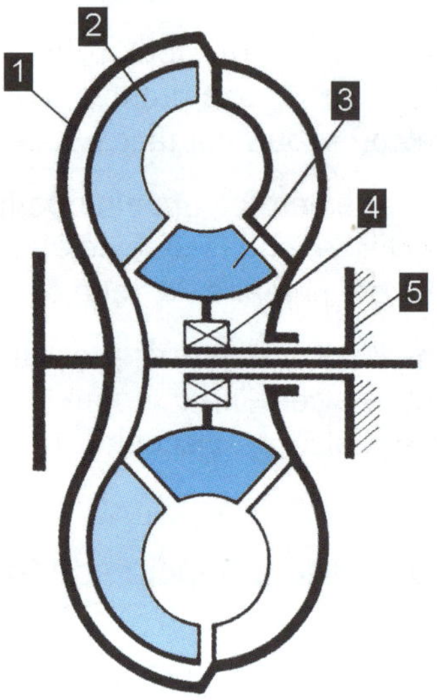

Figure 2.14 • Convertisseur de couple.

❶ Impulseur.
❷ Turbine.
❸ Réacteur.
❹ Roue libre.
❺ Point fixe (carter).

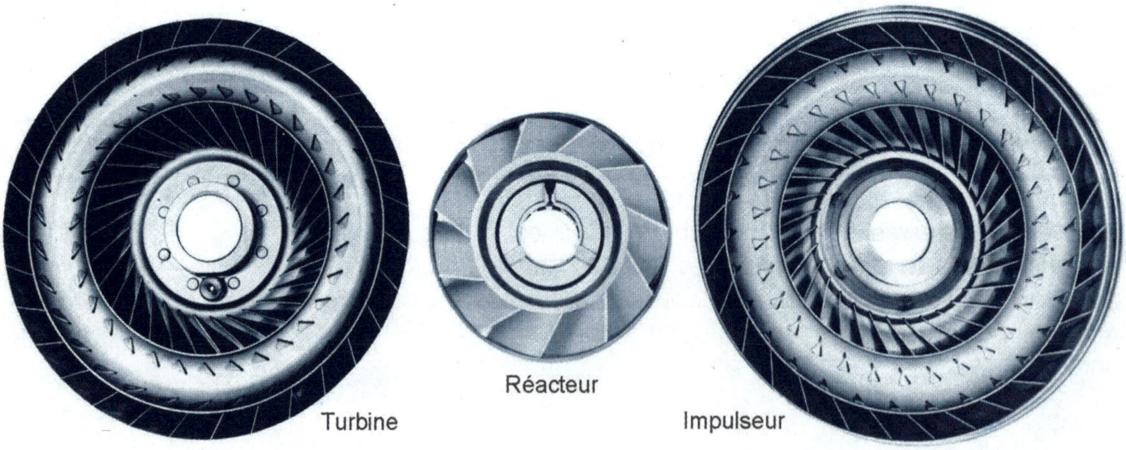

Figure 2.15 • Éléments du convertisseur.

Quel est le principe de fonctionnement du convertisseur ?

Pour faciliter la compréhension, nous commencerons par effectuer une comparaison analogique avec le comportement de deux ventilateurs dont un seul serait entraîné.

Lorsque le ventilateur pompe tourne, si l'on soumet l'axe du ventilateur récepteur à un léger couple résistant, on constate que le souffle de la pompe qui tourne à une vitesse élevée, entraîne difficilement le second ventilateur (figure 2.16A).

Si l'on dispose un tube réacteur qui récupère le souffle perdu et le renvoie à l'arrière des pales du ventilateur pompe, on constate que :
– pour une même vitesse de rotation de la pompe, la force avec laquelle le souffle appuie sur les pales du second ventilateur est augmentée ;
– la valeur de cette force est d'autant plus grande que la turbine réceptrice tourne lentement (figure 2.16B).

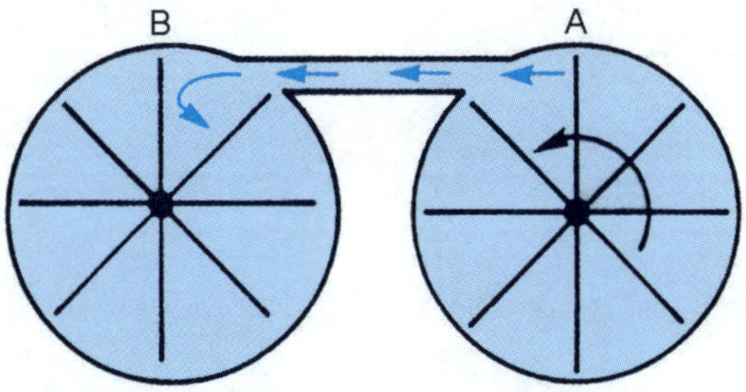

Figure 2.16A • B tourne difficilement.

A. Ventilateur pompe.
B. Ventilateur récepteur.

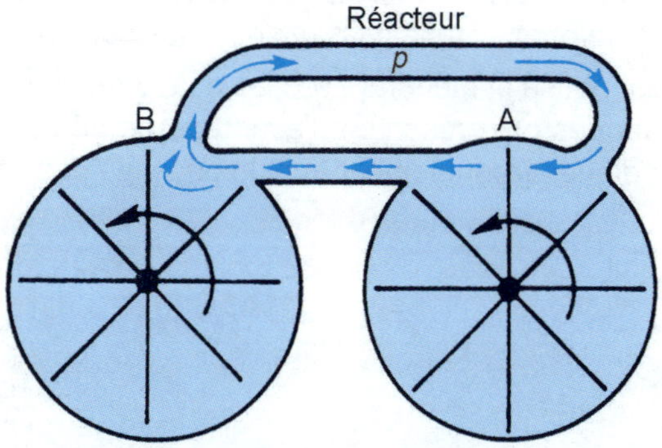

Figure 2.16B • Récupération du souffle perdu. Augmentation du couple récepteur.

Dans le convertisseur (figure 2.17), ce rôle de récupérateur d'énergie sera joué par le réacteur qui aura pour fonction de réorienter les jets d'huile revenant de la turbine et de les projeter au dos des aubes de l'impulseur.

■ Quels sont les avantages du convertisseur ?

Le convertisseur permet d'obtenir :
– une **progressivité** et une **souplesse** supérieures à celles obtenues par un embrayage mécanique ;
– une **diminution** de la fréquence de passage des vitesses ;
– un frein moteur identique à celui obtenu avec une transmission classique ;
– une **longévité** des éléments mécaniques moteur et de la transmission plus importante.

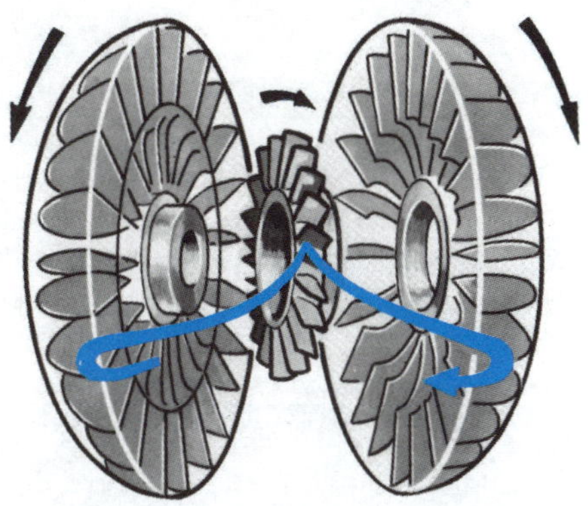

Figure 2.17 • Convertisseur hydraulique en fonctionnement.

Le convertisseur peut-il être employé seul ?

Bien qu'il permette une amplitude de rapports appréciable (2,2/1 à 1/1), le convertisseur ne peut couvrir toutes les conditions de fonctionnement d'un véhicule. Néanmoins, grâce à cette multiplication du couple, la boîte de vitesses pourra comporter moins de rapports, plus espacés les uns des autres que dans la transmission par embrayage classique à disque.

Le convertisseur présente-t-il des inconvénients ?

• Son rendement est légèrement inférieur à celui de l'embrayage à disque car il subsiste un léger glissement.

• Comme tout embrayage centrifuge, il ne peut assurer automatiquement que le démarrage et le retour au ralenti.

Il est possible d'y adjoindre un **embrayage de coupure** afin de permettre le passage des vitesses en roulant.

Il est utilisé en général avec les boîtes de vitesses automatiques qui présentent l'avantage de ne pas nécessiter de désaccouplement lors du passage des vitesses.

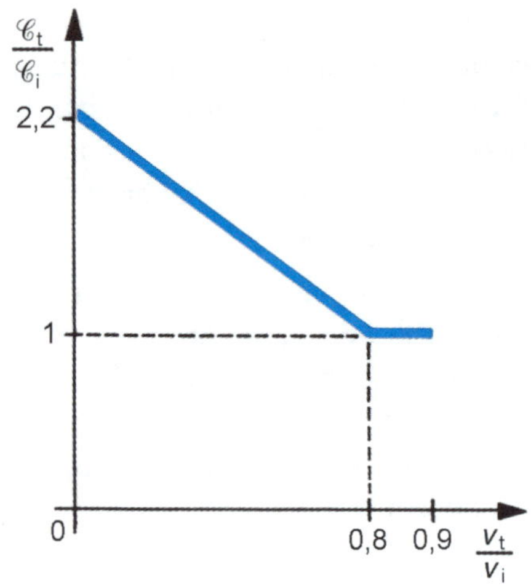

Figure 2.18 • Évolution du rapport de couple en fonction du rapport de vitesses.

$\mathscr{C}_t$: couple turbine.
$\mathscr{C}_i$: couple impulseur.
v_t : vitesse turbine.
v_i : vitesse impulseur.

Mémo

- **Fonctions**

L'embrayage permet :
– de désaccoupler momentanément la transmission pour effectuer les changements de rapports de vitesses ;
– d'accoupler progressivement afin de transmettre le couple moteur d'une manière variable et progressive.

- **Principe**

Ce type d'accouplement est fondé sur les principes de la friction mécanique ou de l'énergie cinétique hydraulique.
Le couple moteur peut n'être transmis que partiellement.
L'énergie non utilisée est dissipée sous forme d'énergie calorifique.

- **Solutions technologiques**

• Embrayages commandés : embrayages mécaniques à disques simples ou multiples à sec ou à bain d'huile.
• Embrayages à sec automatiques :
– mécaniques : embrayage classique piloté, embrayage centrifuge, embrayage électromagnétique ;
– hydrocinétiques : convertisseur (coupleur multiplicateur de couple).

Testez vos connaissances

1. Moteur tournant, véhicule à l'arrêt, quel est l'élément qui ne tourne pas ?

- ☐ **a.** le mécanisme
- ☐ **b.** le disque
- ☐ **c.** la butée

2. Le disque d'embrayage est monté sur son arbre en liaison :

- ☐ **a.** pivot
- ☐ **b.** glissière
- ☐ **c.** fixe

3. Plus le couple à transmettre est élevé, plus le disque d'embrayage doit être :

- ☐ **a.** épais
- ☐ **b.** mince
- ☐ **c.** de grand diamètre
- ☐ **d.** de petit diamètre

4. Dans un convertisseur hydraulique, l'élément qui fait monter le liquide en pression est :

- ☐ **a.** l'impulseur
- ☐ **b.** le réacteur
- ☐ **c.** la turbine

Pour aller plus loin

1. *Recherchez les caractéristiques de l'embrayage d'un véhicule de votre choix.*

2. *Effectuez une recherche sur un véhicule équipé d'un embrayage mécanique piloté (sans pédale d'embrayage). Indiquez :*
– les éléments constitutifs ;
– le principe de fonctionnement.

Maintenance

Sur le plan pratique, il est nécessaire d'étudier les 2 fiches suivantes du manuel de *Maintenance automobile : le savoir-faire* :

- Fiche n° 16 - Contrôler et régler une garde d'embrayage ; niveau 1.
- Fiche n° 46 - Remplacer un embrayage ; niveau 2.

3 Constitution des boîtes de vitesses à trains parallèles

Quelles sont les principales formes de boîtes de vitesses (figure 3.1) ?

Selon la position des éléments moteur, transmission, roues, nous rencontrons des boîtes de vitesses dont :

– l'arbre d'entrée ou arbre primaire ❶ se situe du **même côté** que l'arbre de sortie ou arbre secondaire ❷ des boîtes/pont ;

– l'arbre primaire est à l'**opposé** de l'arbre secondaire.

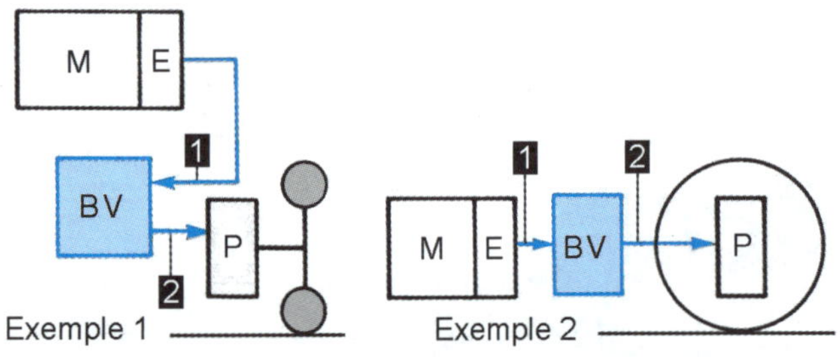

Figure 3.1 • Disposition de la boîte de vitesses dans la transmission.

Exemple 1. Moteur transversal ou tout à l'avant ou tout à l'arrière (boîtes/pont).
Exemple 2. Disposition dite « classique ».

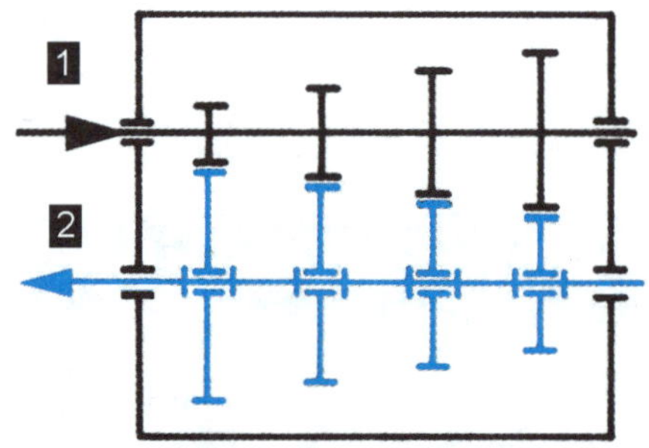

Figure 3.2 • Disposition des arbres.

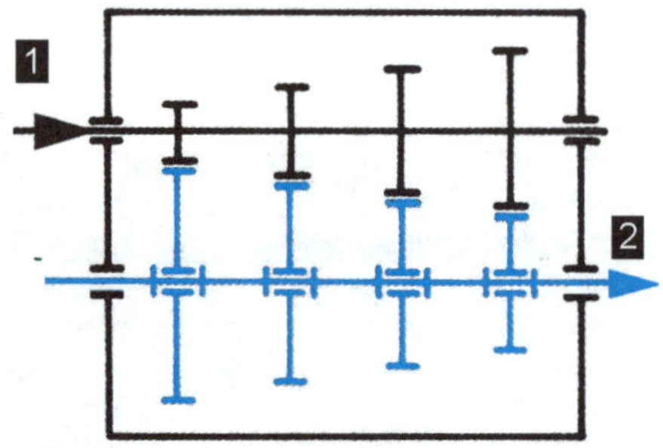

Figure 3.3 • Engrenages élémentaires à deux arbres.

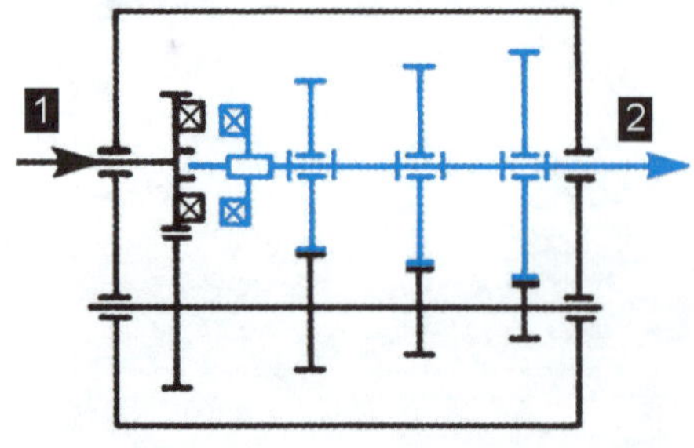

Figure 3.4 • Trains d'engrenages à trois arbres.

Quelles sont les dispositions internes qui en découlent ?

Dans l'exemple 1 de la figure 3.1, on trouve généralement une suite d'engrenages élémentaires (figure 3.2) montés sur deux arbres parallèles. Dans l'exemple 2, on peut rencontrer :

– un montage d'engrenages sur deux arbres parallèles (figure 3.3) ;

– un montage de trains parallèles à trois arbres (figure 3.4).

Remarque

Il est possible de rencontrer, dans l'exemple 1, des boîtes comportant trois arbres, deux arbres coulissant l'un dans l'autre.

Quels sont les types de dentures utilisées dans les engrenages ?

Les engrenages peuvent être :

• à **denture périphérique** (figure 3.5) :
– droite (parallèle à l'axe de rotation des pignons),
– hélicoïdale (profil partiel d'une hélice),
– spirale,
– à chevrons (exceptionnellement) ;

• **à denture latérale.** Ce sont des crabots : petites dents à entrée biseautée dont le grand nombre facilite l'engrènement ;

• de deux types de denture, **latérale et périphérique** ;

• pourvus d'une **denture intérieure** (couronne).

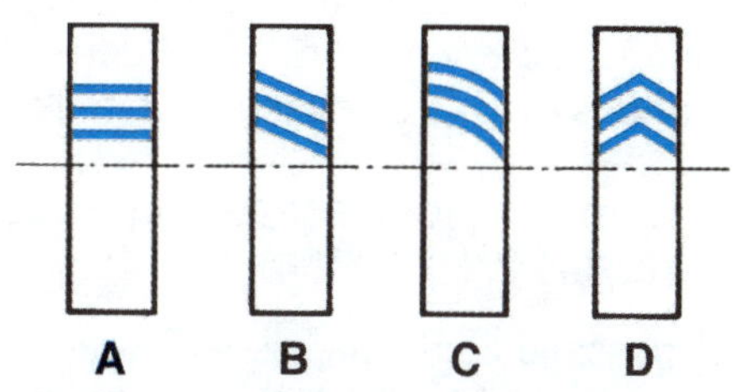

Figure 3.5 • Différents types de denture périphérique.
A. Denture droite.
B. Denture hélicoïdale.
C. Denture spirale.
D. Denture à chevrons.

Quelles sont les actions reçues par les dentures des pignons ?

La force motrice est transmise par l'action des dents du pignon menant sur celles de la roue menée.

1. Denture droite (figure 3.6A). La force ($\vec{F}$) est perpendiculaire à la dent. Il y a une bonne transmission de l'effort mais le fonctionnement est **bruyant** (chocs) et l'usure importante.

2. Denture hélicoïdale (figure 3.6B). L'action des dents ($\vec{F_2}$) se trouve inclinée et se décompose en deux actions :

• $\vec{F_1}$: force d'entraînement en rotation ;

• $\vec{F_3}$: force ou poussée axiale parasitaire dont le sens dépend, pour un pignon :
– du fait que ce pignon soit menant ou mené,
– du sens de rotation,
– du sens de l'hélice.

Dans ce cas, la transmission est **silencieuse**, sans jeu, mais le rendement est plus faible ($F_1 < F_2$ du fait de F_3).

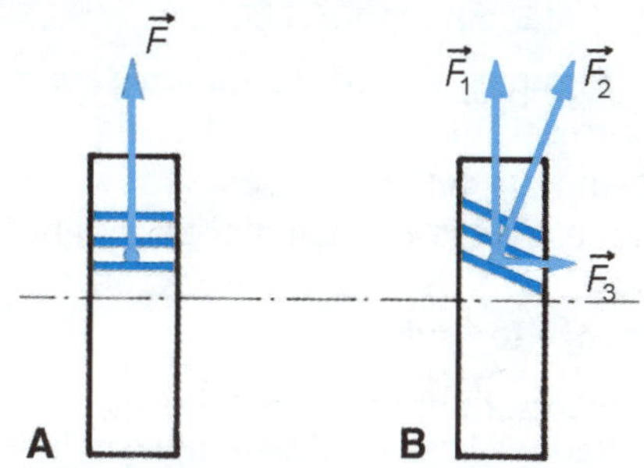

Figure 3.6 • Décomposition des forces.

Remarque

Pour un engrenage, les forces axiales de chaque pignon sont inverses.

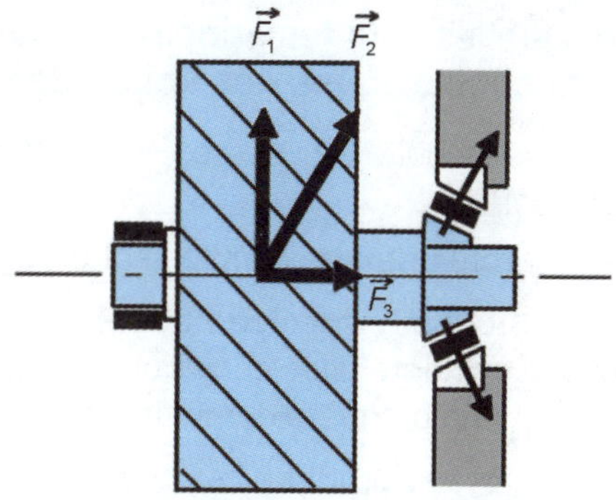

Figure 3.7 • Répartition des poussées axiales sur roulement à contact oblique.

Par quels montages peut-on s'opposer à ces poussées axiales ?

• Montage des arbres sur roulements à billes à contact ou à rouleaux coniques montés en opposition (figure 3.7).

• Pour deux engrenages voisins, le sens des hélices est mis en opposition afin que les forces axiales s'annulent (figure 3.8).

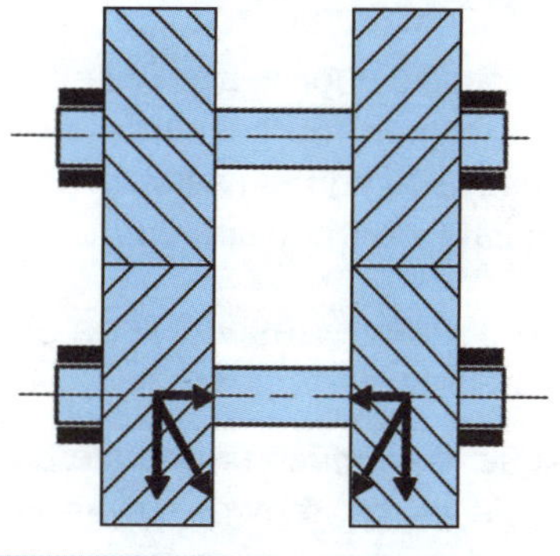

Figure 3.8 • Montage d'engrenages en opposition : les forces axiales s'annulent.

1 *La transmission*

• Le pignon à denture chevron réagit comme deux pignons en opposition. Il est peu utilisé, notamment pour des raisons de difficulté de taillage.

Comment le passage d'un rapport est-il réalisé ?

Le passage d'une vitesse s'effectue par accouplement d'un pignon lié à l'arbre primaire et d'un pignon lié à l'arbre secondaire.

• **Pignons à denture droite**. L'accouplement s'effectue par engrènement de la denture extérieure.

Pour cela, l'un des deux pignons doit se déplacer sur l'arbre avec lequel il est lié en rotation. Il prend le nom de **baladeur** (figure 3.9).

• **Pignons à denture hélicoïdale**. La forme des dents permettant difficilement l'engrènement extérieur, le baladeur devrait se déplacer suivant une hélice identique à celle du taillage. Les pignons à engrener sont donc en prise constante. L'un des deux pignons est **monté fou** sur son arbre.

L'accouplement s'effectue en emboîtant un **moyeu baladeur** libre en translation mais lié en rotation à son arbre. L'engrènement est assuré latéralement par des **crabots** (figure 3.10).

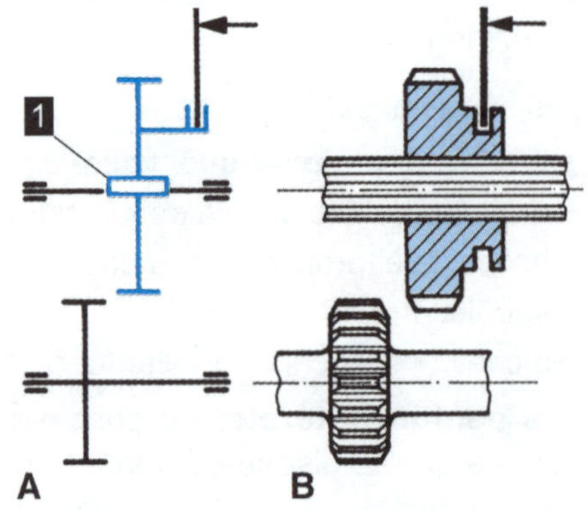

Figure 3.9 • Principe du baladeur.

A. Schématique :
❶ Liaison glissière.
B. En coupe.

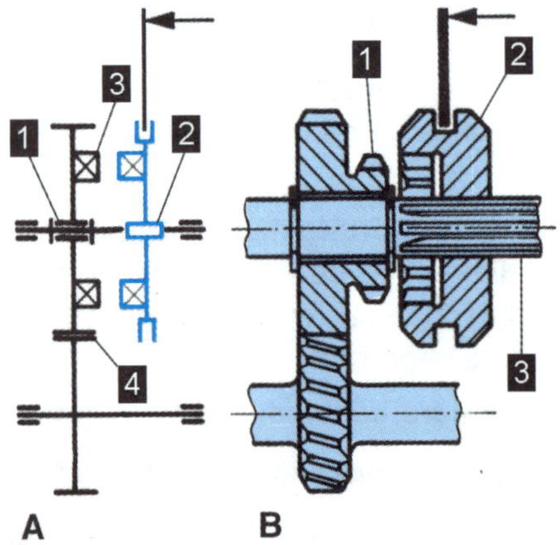

Figure 3.10 • Principe du craboteur.

A. Schématique :
❶ Liaison pivot.
❷ Liaison glissière.
❸ Crabots.
❹ Prise constante.
B. En coupe :
❶ Crabots.
❷ Craboteur.
❸ Cannelures.

Quelles sont les principales dispositions technologiques des boîtes de vitesses ?

Le type de boîte de vitesses schématisée en figure 3.11 comporte :

• un arbre **primaire** comportant un pignon unique ;

• un arbre **intermédiaire** dont la première roue est en prise constante avec le pignon primaire. Cet engrenage réalise une première démultiplication (permanente) ;

• un arbre **secondaire** comportant :

– des pignons fous libres en rotation et liés en translation avec leur arbre,

– des craboteurs liés en rotation et libres en translation sur le même arbre.

Au passage d'une vitesse, le craboteur choisi se déplace vers le pignon fou concerné. Après engrènement des crabots, le pignon fou se trouve lié en rotation avec son arbre par l'intermédiaire du moyeu du craboteur.

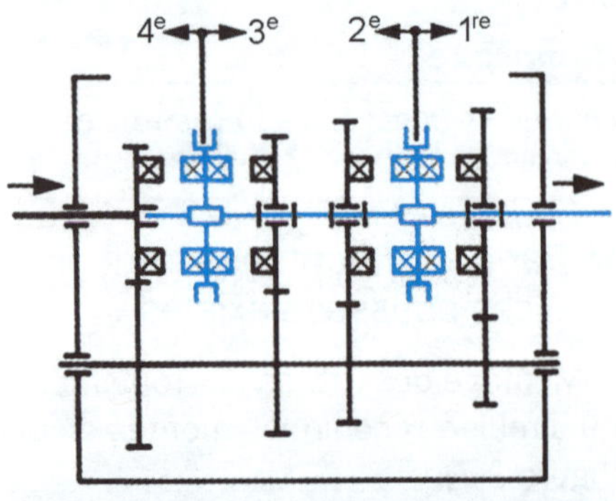

Figure 3.11 • Schéma d'une boîte de vitesses à trois arbres, quatre vitesses, la quatrième en prise directe.

Le passage des vitesses est-il toujours possible sans choc ?

Lorsque le conducteur change de vitesse en roulant, il effectue les manœuvres suivantes :

1. Débrayer.
2. Lâcher l'accélérateur.

3. Désaccoupler la vitesse engagée (passage au point mort).

4. Accoupler la vitesse choisie.

5. Embrayer.

6. Agir sur l'accélérateur.

Pour que la manœuvre s'effectue sans choc, il est nécessaire que les éléments à accoupler aient la **même vitesse circonférentielle** ou que, ayant le même diamètre, ils aient la même vitesse de rotation.

■ Quelles sont les difficultés techniques rencontrées au passage des vitesses ?

Prenons l'exemple du passage de troisième en deuxième vitesse par crabotage. Supposons des rapports de démultiplication de 3/4 en troisième et 1/2 en deuxième (figures 3.12 et 3.13).

Regardons les vitesses des différents éléments.

• **Roulage en troisième** (avant manœuvre) :

– arbre primaire (moteur) = 3 600 tr/min ;

– pignon mené de troisième, craboteurs, arbre secondaire :

$$\frac{3\,600 \times 3}{4} = 2\,700 \text{ tr/min}$$

• **Après désaccouplement** (passage au point mort) :

– arbre primaire (moteur au ralenti) 800 tr/min ;

– arbre secondaire, craboteurs (solidaires de la transmission) = 2 700 tr/min ;

– pignon de deuxième :

$$\frac{800 \times 1}{2} = 400 \text{ tr/min}$$

En conclusion, les éléments à accoupler – craboteur et pignon fou de deuxième – tournent à des **vitesses différentes**. L'accouplement ne peut pas se faire sans choc des crabots. Pour permettre le passage de la vitesse sans choc, il est nécessaire d'**augmenter la vitesse du pignon fou** de deuxième jusqu'à ce qu'elle atteigne 2 700 tr/min.

■ Comment remédier à ce défaut ?

Deux possibilités se présentent :

– le conducteur embraye, donne un coup d'accélérateur, débraye puis réaccouple, ce qui nécessite de sa part une grande habileté (double débrayage) ;

– on équipe les craboteurs d'un mécanisme de **synchronisation** qui aura pour rôle d'amener les deux pignons à engrener à des vitesses de rotation identiques avant de réaliser le crabotage.

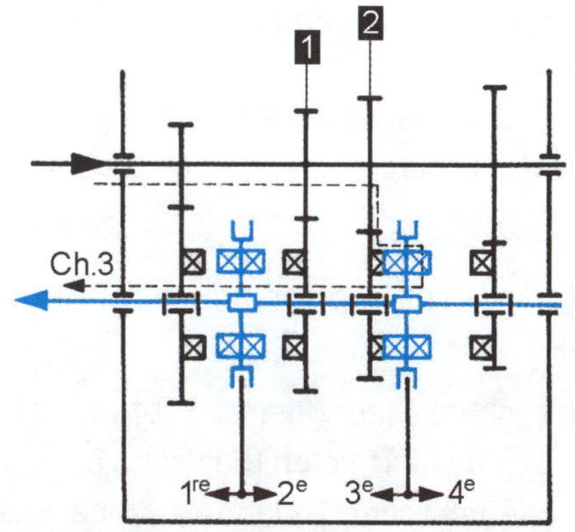

Figure 3.12 • Schéma d'une boîte de vitesses à deux arbres.

❶ Engrenage de deuxième.
❷ Engrenage de troisième.
Ch. 3 : chaîne cinématique en troisième.

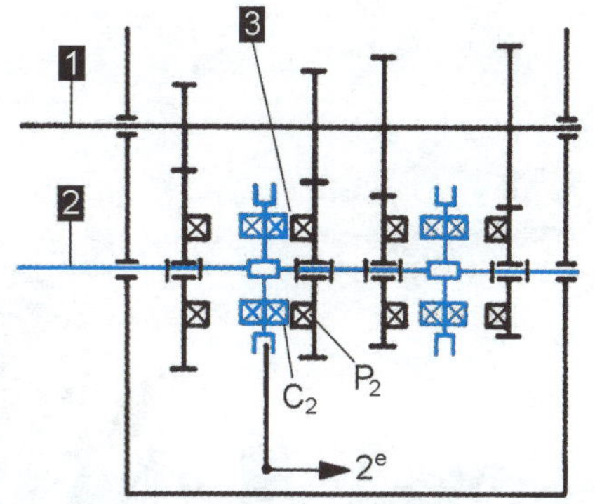

Figure 3.13 • Exemple numérique.

❶ Vitesse de l'arbre primaire : 400 tr/min.
❷ Vitesse de l'arbre secondaire : 2 700 tr/min.
❸ Passage en deuxième impossible sans choc.

1

La transmission

Le dispositif de synchronisation :
- agit automatiquement sans intervention du conducteur,
- rend le passage des vitesses silencieux,
- évite l'usure anormale des crabots et leur rupture par chocs.

Quel est le principe de fonctionnement d'un synchroniseur ?

Le synchroniseur (figures 3.14 et 3.15) comprend :
- un **moyeu** ❶ lié en tous sens à son arbre ;
- une **couronne** à denture droite intérieure ❷ liée en rotation avec le moyeu et libre en translation ;
- un dispositif de **friction** ❸ interposé entre la couronne et le pignon à engrener ;
- un **pignon fou** ❹ comportant une denture latérale à crabots.

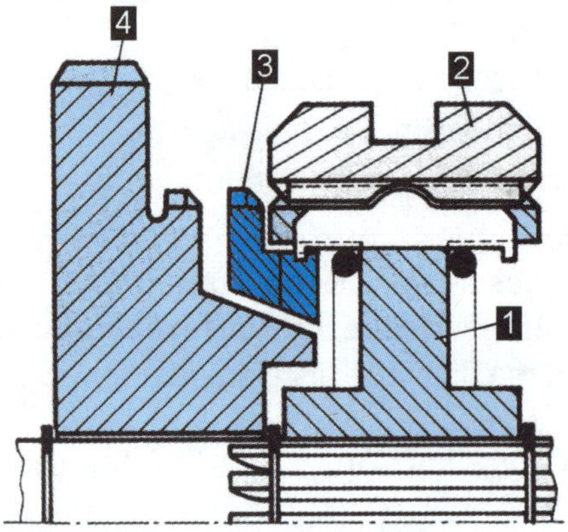

Figure 3.14 • Synchroniseur, principe de fonctionnement : point mort.

Figure 3.15 • Éléments d'un synchroniseur (document Citroën).
De gauche à droite : pignon fou, bague de synchro, moyeu de synchro, couronne.

Lorsque le conducteur déplace son levier, la couronne du synchroniseur est poussée axialement. Elle se déplace sur les cannelures de son moyeu en quittant son verrouillage, et entraîne en translation le dispositif de friction (figure 3.16A). Celui-ci se trouve alors en contact avec une surface de friction du pignon fou.

Le frottement accélère le pignon fou.

Lorsque les vitesses sont devenues identiques, la couronne vient engrener ses crabots sur ceux du pignon fou (figure 3.16B).

Remarque

Tant que les vitesses des deux éléments à engrener sont différentes, le dispositif de friction, étant mis en contrainte, se positionne de telle sorte que la couronne ne peut venir s'engrener immédiatement sur le pignon fou. Lorsque les vitesses sont égalisées, le dispositif de friction se trouve libéré et ne s'oppose plus au déplacement de la couronne.

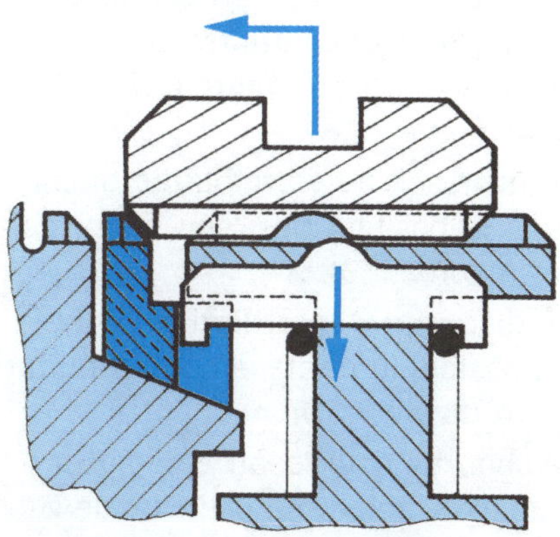

Figure 3.16A • Une partie de la couronne vient appuyer l'anneau de friction sur le cône du pignon fou.

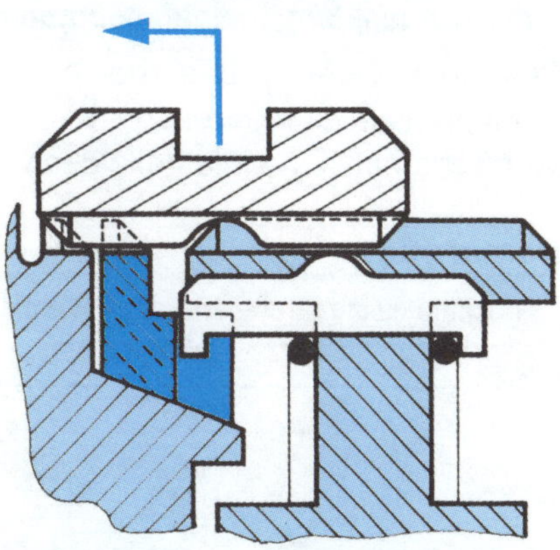

Figure 3.16B • Les vitesses sont égalisées, l'anneau est libéré, la couronne vient engrener sur les crabots du pignon fou.

Comment les vitesses sont-elles sélectionnées ?

La figure 3.17 nous présente une boîte de vitesses dans ses différentes positions.

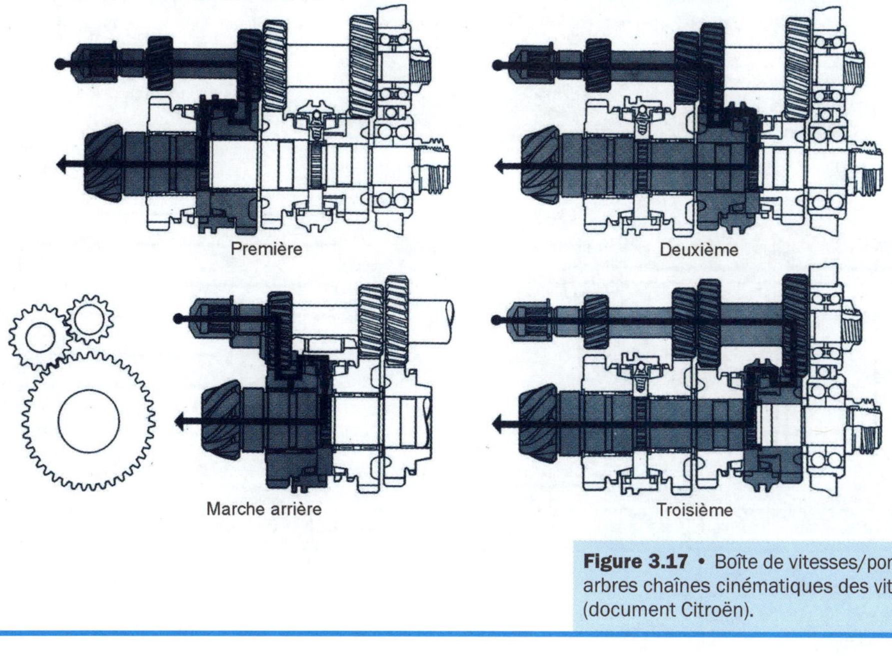

Figure 3.17 • Boîte de vitesses/pont à deux arbres chaînes cinématiques des vitesses (document Citroën).

1

La transmission

Chaque couronne de synchroniseur et chaque baladeur comportent une **rainure** périphérique dans laquelle vient se placer une **fourchette** actionnée par un **coulisseau** (figure 3.18).

Un dispositif de **verrouillage** maintient les coulisseaux dans la position désirée : point mort ou vitesse engagée (figure 3.19).

Un dispositif d'**interdiction** (double verrouillage) rend impossible le déplacement simultané de deux coulisseaux (figure 3.20).

Le choix du coulisseau à déplacer est effectué par l'extrémité du **sélecteur** ou levier de vitesses.

Le sélecteur doit donc être manœuvré dans deux directions perpendiculaires pour effectuer le passage d'une vitesse :

- mouvement latéral, **sélection** du coulisseau ;
- mouvement longitudinal, **déplacement** du coulisseau.

Ces mouvements à effectuer ont été **normalisés** afin d'uniformiser les manœuvres d'un véhicule à l'autre. Ils sont schématisés par la grille des vitesses.

Remarque

La position de la marche arrière peut varier suivant les modèles.

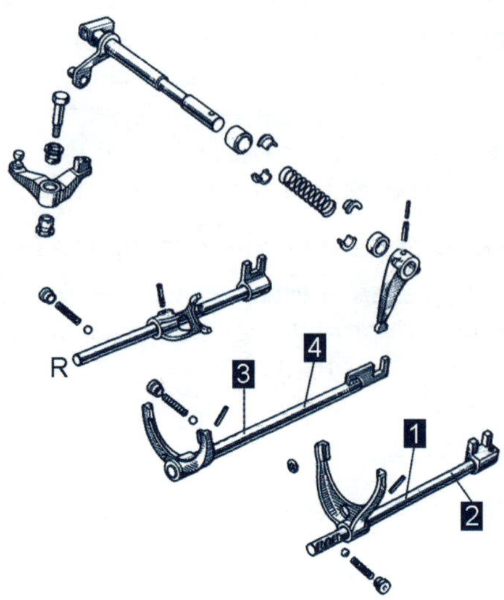

Figure 3.18 • Commande des vitesses (document Citroën).

❶ et ❷. Coulisseau de 1re/2e avec fourchette et verrouillage.
❸ et ❹. Coulisseau de 3e/4e avec fourchette et verrouillage.
R. Coulisseau de marche AR avec fourchette et verrouillage.

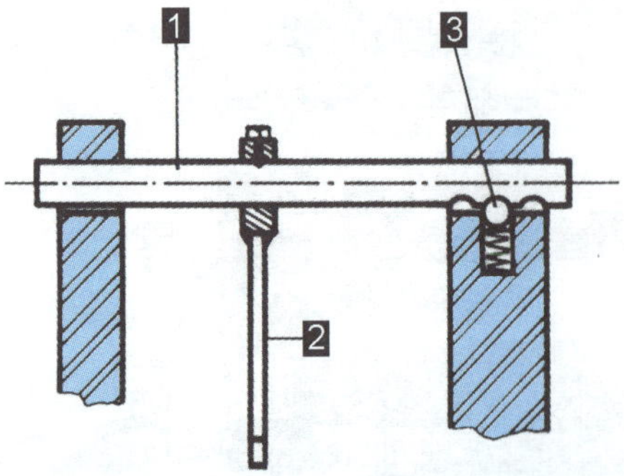

Figure 3.19 • Dispositif de verrouillage.

❶ Coulisseau.
❷ Fourchette.
❸ Bille et ressort de verrouillage.

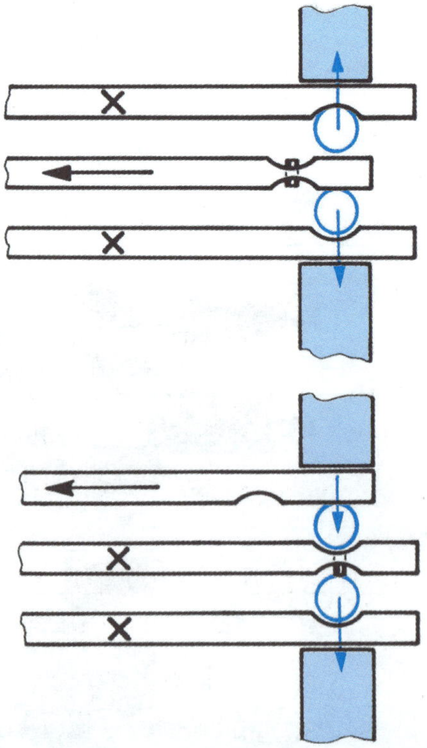

Figure 3.20 • Exemple de dispositif d'interdiction.

Quelles sont les contraintes subies par les divers éléments des boîtes de vitesses ?

La transmission du couple moteur produit des efforts très importants qui provoquent notamment :
– une usure des dents des pignons par frottement,
– des risques de rupture de dent par à-coups et chocs,
– une flexion des arbres et une surcharge radiale des roulements,
– un déplacement axial des arbres aux accélérations et aux décélérations produisant une usure axiale des roulements.

Les manœuvres répétées produisent une **usure** :
– des éléments coulissants,
– des verrouillages et interdictions (perte d'efficacité et de précision),
– des fourchettes dans leurs rainures,
– des synchroniseurs (dispositif de friction et crabots).

La conception des éléments, les matières employées et leur traitement devront permettre de résister à ces actions. Ces éléments devront être parfaitement **lubrifiés**.

Comment la lubrification des boîtes de vitesses est-elle réalisée ?

Le mode de graissage pourra être différent selon la position de la boîte de vitesses.

• Boîte de vitesses **indépendante du moteur**. Une partie des pignons baigne dans l'huile se trouvant dans le fond du carter ; le graissage s'effectue par **barbotage** (figure 3.21).

On peut noter que la force centrifuge projette l'huile vers l'extérieur des éléments.

Des rainures hélicoïdales pratiquées sur les faces latérales des pignons, facilitent l'accès de l'huile vers les axes et les paliers.

• Boîte à **carter ouvert sur le moteur**. Le graissage est assuré par l'huile du moteur et s'effectue par **graissage mixte** (figure 3.22, page suivante) :
– par **pression** aux moyeux et roulements ;
– **onctueux** pour les autres éléments.

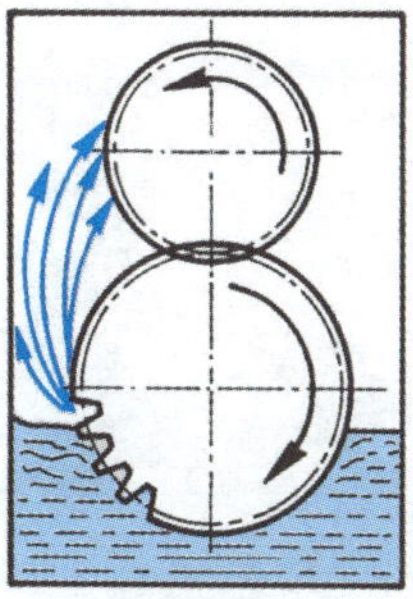

Figure 3.21 • Graissage onctueux par barbotage.

Remarque

Suivant les constructeurs, on utilise une huile spéciale (SAE 80/90) ou une huile moteur.

1

La transmission

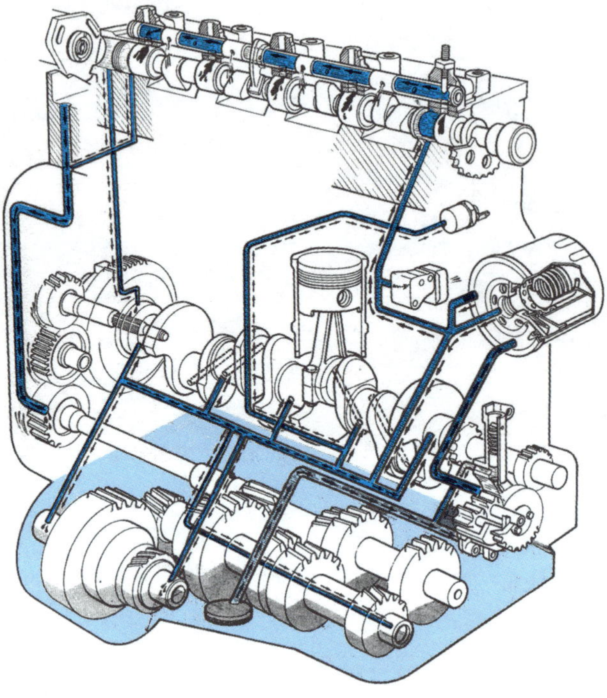

Figure 3.22 • Graissage d'un ensemble groupe motopropulseur (document Renault).

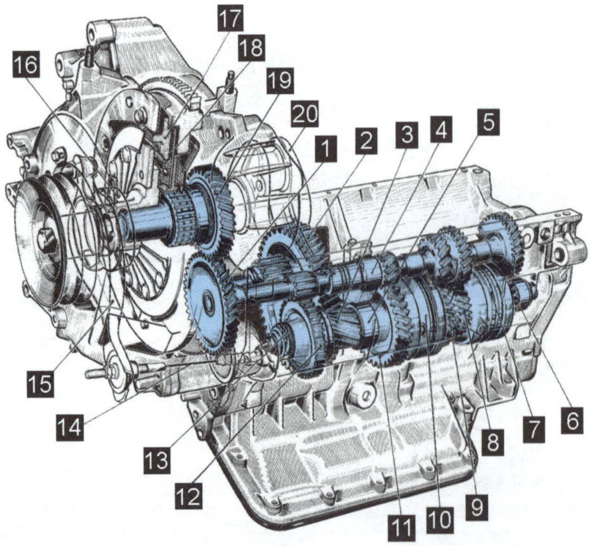

❶ Arbre d'entrée.
❷ Couronne de pont AV.
❸ Pignon de commande de couronne de pont AV.
❹ Arbre primaire.
❺ Arbre secondaire.
❻ Pignon de quatrième.
❼ Synchroniseur troisième/quatrième.
❽ Pignon de troisième.
❾ Pignon de deuxième.
❿ Synchroniseur première/deuxième.
⓫ Pignon de première.
⓬ Pignon de marche AR.
⓭ Vis de commande de compteur.
⓮ Câble de débrayage.
⓯ Fourchette de débrayage.
⓰ Butée à billes.
⓱ Mécanisme d'embrayage.
⓲ Friction.
⓳ Pignon moteur.
⓴ Vilebrequin.

Figure 3.23 • Embrayage. Boîte de vitesses. Pont AV (document Peugeot).

Mémo

- **Principe**
  Les boîtes de vitesses sont constituées de séries d'engrenages aux rapports étagés.
  Le mouvement est transmis par des engrenages élémentaires ou par des trains d'engrenages à arbre intermédiaire.
- **Forme des pignons**
  Les pignons peuvent être :
  – à denture périphérique, droite, hélicoïdale, spirale ou à chevrons ;
  – à denture latérale, crabots.
  Le même pignon peut comporter des dentures périphériques et d'autres, latérales, pour le crabotage.
- **Montage des arbres et des pignons**
  Les pignons à denture hélicoïdale produisent des poussées axiales qui doivent être contenues par :
  – des roulements à billes à contact oblique ou à rouleaux coniques montés en opposition ;
  – des engrenages dont les dentures sont opposées deux à deux.
- **Passage des vitesses**
  Le passage des vitesses s'effectue en accouplant un pignon lié à l'arbre primaire et un pignon de l'arbre secondaire.
- **Synchronisation**
  Le passage silencieux des vitesses est réalisé par un synchroniseur qui permet d'égaliser les vitesses des pignons à engrener.
- **Sélection des vitesses**
  Des fourchettes actionnant les baladeurs ou les synchroniseurs sont commandées par des coulisseaux. Les coulisseaux sont manœuvrés successivement par un sélecteur. Les mouvements du sélecteur sont conditionnés par la grille des vitesses du véhicule.
- **Système de graissage**
  Selon la position de la boîte de vitesses par rapport au moteur, le graissage peut être :
  – par barbotage ;
  – mixte, pression et onctueux.

Testez vos connaissances

1. L'arbre primaire de la boîte de vitesses est entraîné par :	☐ **a.** le moteur ☐ **b.** le pont ☐ **c.** les roues
2. Les pignons de l'arbre primaire sont montés en liaison :	☐ **a.** pivot ☐ **b.** glissière ☐ **c.** fixe
3. Quel est l'arbre qui est relié aux roues (par la transmission) :	☐ **a.** primaire ☐ **b.** secondaire ☐ **c.** intermédiaire
4. Le baladeur est, avec son arbre, en liaison :	☐ **a.** pivot ☐ **b.** glissière ☐ **c.** fixe
5. Le synchroniseur est, avec son arbre, en liaison :	☐ **a.** pivot ☐ **b.** glissière ☐ **c.** fixe

Pour aller plus loin

1. *Recherchez comment est réalisée la marche arrière dans un type de boîte de vitesses au choix. Effectuez tous les schémas nécessaires à la compréhension.*
2. *Expliquez le principe du dispositif permettant d'indiquer la vitesse du véhicule et de totaliser les kilomètres parcourus.*
3. *Recherchez les raisons pour lesquelles, dans un véhicule, une ou plusieurs vitesses « sautent ».*

Maintenance

Sur le plan pratique, il est nécessaire d'étudier la fiche de niveau 2 suivante du manuel de *Maintenance automobile : le savoir-faire* :

- Fiche n° 47 - Contrôler et régler une boîte de vitesses.

4 Principe de fonctionnement des mécanismes démultiplicateurs

■ Rappelons la nécessité des mécanismes démultiplicateurs de la transmission.

Nous avons compris, en étudiant la leçon 1, la nécessité d'équiper le véhicule (figure 4.1) :

- d'un réducteur ou démultiplicateur **permanent** : le **pont** ;
- d'un démultiplicateur **intermittent**, manuel ou automatique – la **boîte de vitesses** – qui permet :

– différents rapports de démultiplication en marche avant,
– un rapport en marche arrière,
– la mise au point mort.

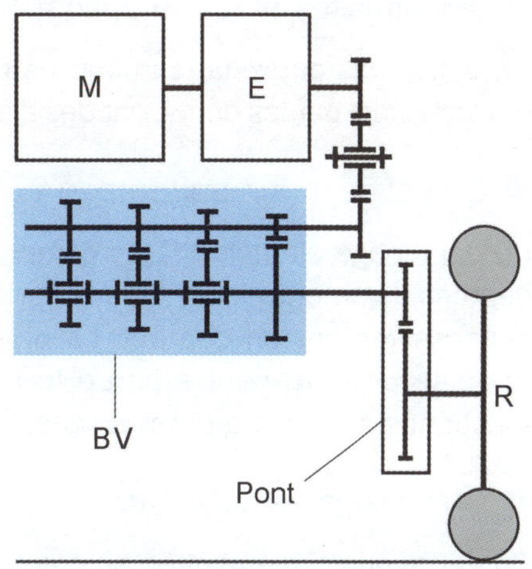

Figure 4.1 • Éléments de la transmission.

E. Embrayage.
BV. Boîte de vitesses.
R. Roue.

■ Quelle est la fonction principale des mécanismes démultiplicateurs (figure 4.3) ?

La puissance (*P*) du moteur est transmise par un couple moteur ($\mathscr{C}$) et une vitesse angulaire (ω) tels que :

$$P = \mathscr{C} \times \omega$$
$$(\text{W} = \text{N} \cdot \text{rad/s})$$

Nous savons qu'il est nécessaire de maintenir le moteur à une vitesse de rotation la plus **constante** possible afin de conserver un **couple satisfaisant**.

Pour conserver une puissance constante à la transmission, si la vitesse des roues (ω_2) diminue, le couple ($\mathscr{C}_2$) appliqué aux arbres de roues doit augmenter dans les mêmes proportions.

Sachant que $\mathscr{C}_1\omega_1 = \mathscr{C}_2\omega_2 = \text{C}^{\text{te}}$, nous déduisons que :

$$\mathscr{C}_2 = \mathscr{C}_1 \frac{\omega_1}{\omega_2}$$

Le quotient $\dfrac{\text{vitesse d'entrée}}{\text{vitesse de sortie}}$ est le rapport à appliquer au couple moteur ($\mathscr{C}_1$) pour multiplier sa valeur.

Les mécanismes démultiplicateurs – pont et boîte de vitesses – ont donc pour fonction de **multiplier le couple du moteur** par la **démultiplication des vitesses**.

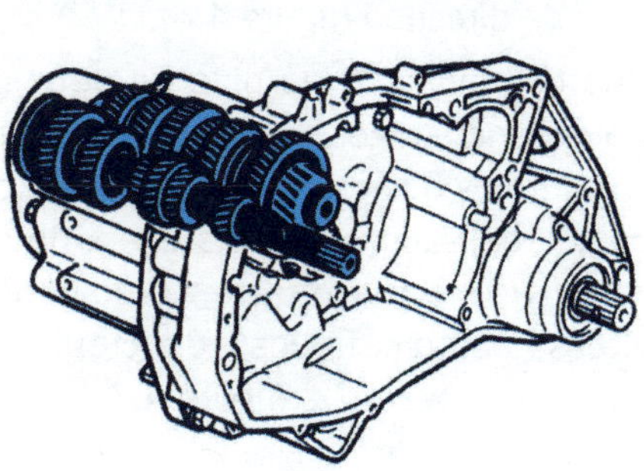

Figure 4.2 • Mécanisme démultiplicateur (document Citroën).

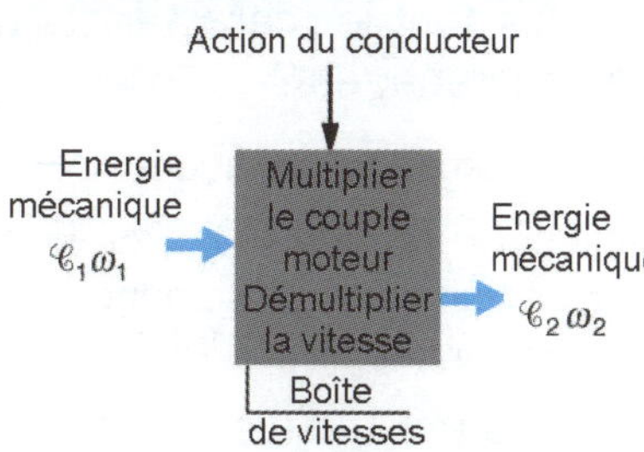

Figure 4.3 • $\mathscr{C}_1\omega_1 = \mathscr{C}_2\omega_2 = \text{C}^{\text{te}}$.

■ Qu'appelle-t-on rapport de démultiplication ?

Le quotient $\dfrac{\omega_1}{\omega_2} = \dfrac{\text{vitesse angulaire d'entrée}}{\text{vitesse angulaire de sortie}}$ permet de calculer le couple de sortie. Nous le nommerons **rapport de couple**.

Le **rapport de démultiplication**, étant inversement proportionnel au rapport de couple, sera donc le quotient inverse : $\frac{\omega_2}{\omega_1} = \frac{\text{vitesse angulaire de sortie}}{\text{vitesse angulaire d'entrée}}$

Quels sont les éléments mécaniques permettant de réaliser la démultiplication des vitesses et la multiplication du couple ?

On utilise des **engrenages** dont les roues dentées, en contact direct par les dents, ont des diamètres différents.

Qu'est-ce qu'un engrenage ?

Un engrenage élémentaire se compose de deux roues dentées, l'une entraînant l'autre par l'action des dents successivement en contact. La plus petite roue est appelée **pignon**, l'autre garde le nom de **roue**. Son fonctionnement doit être **réversible**.

Quels sont les différents types d'engrenages ?

On utilise principalement en automobile :
– les engrenages à axes **parallèles** : pont pour moteur transversal, boîte de vitesses manuelle (figure 4.4) ;
– les engrenages à axes **concourants** : couple conique des ponts pour moteurs longitudinaux (figure 4.5) ;
– les engrenages **gauche** à vis et roue tangente : boîtiers de direction (figure 4.6).

Une combinaison de plus de deux roues est appelée train d'engrenages. On distingue :
– les trains d'engrenages parallèles ou pignons en cascade : réalisation de la marche arrière ;
– les trains planétaires épicycloïdaux : boîtes de vitesses automatiques, réducteurs divers, surmultiplicateurs ou *overdrive* (figure 4.7).

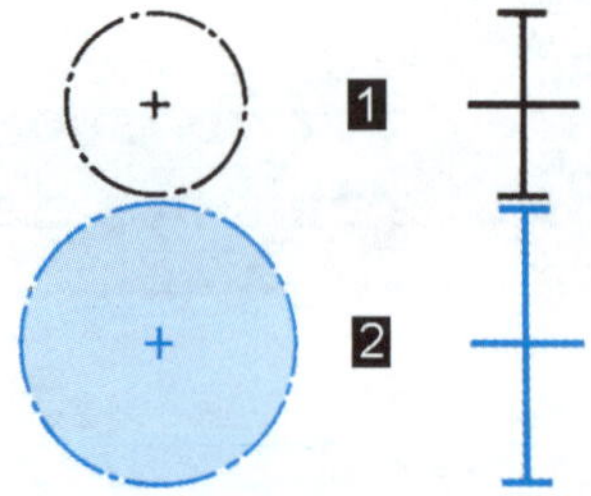

Figure 4.4 • Engrenage parallèle.

❶ Pignon.
❷ Roue.

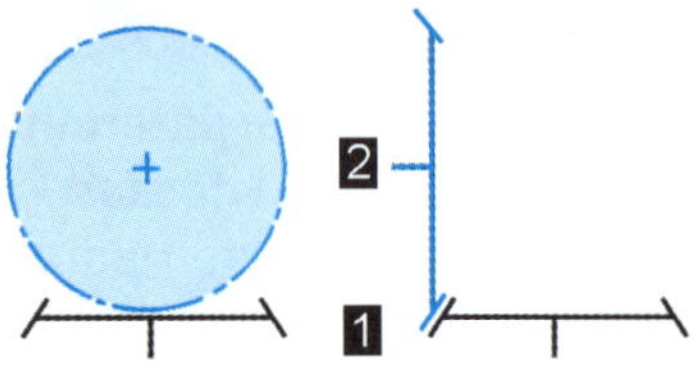

Figure 4.5 • Engrenage concourant (couple conique).

❶ Pignon.
❷ Couronne.

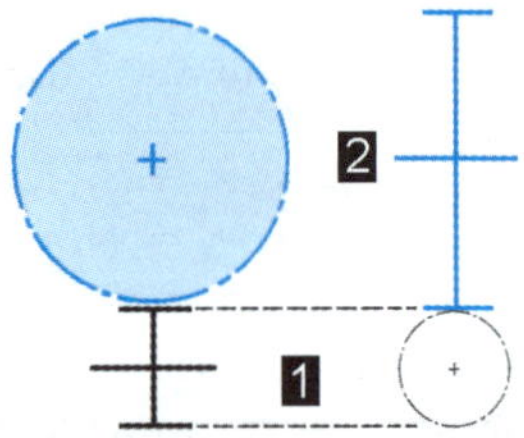

Figure 4.6 • Engrenage gauche.

❶ Vis sans fin.
❷ Roue.

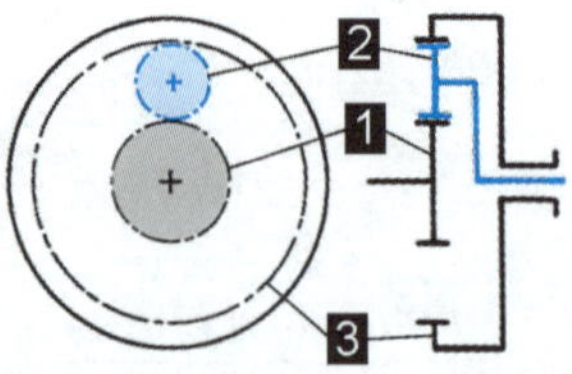

Figure 4.7 • Train épicycloïdal.

❶ Planétaire.
❷ Satellite.
❸ Couronne.

Caractéristiques principales des engrenages

Quelles sont les caractéristiques statiques des engrenages ?

Leurs caractéristiques statiques sont les suivantes :

– le **diamètre primitif** (d). C'est le diamètre des roues de friction qui, sans glissement, donneraient le même rapport de démultiplication ;

– le **module** (m). C'est le quotient du diamètre primitif (d) par le nombre de dent (z), déterminé par un calcul de résistance des matériaux : $m = d/z$.

– le **pas** (p). C'est la longueur de l'arc du cercle primitif compris entre les flancs de deux dents consécutives.

– le **nombre de dents** (z). Pour un module donné, celui-là est proportionnel au diamètre primitif :

$$z = \frac{d}{m}$$

– le **rapport de vitesse** (ou de **démultiplication**). De la définition du rapport de démultiplication (voir pages 30 et 31) et de ce qui précède, on peut déduire la relation suivante :

$$\frac{n_2}{n_1} = \frac{\omega_2}{\omega_1} = \frac{z_1}{z_2} = \frac{d_1}{d_2}$$

Quelles sont les caractéristiques dynamiques des engrenages ?

Trois vitesses caractérisent chaque pignon en mouvement :

– la **vitesse de rotation** (n). Celle-ci est exprimée en tours par minute (tr/min) ;

– la **vitesse angulaire** (ω). Celle-ci s'exprime en radians par seconde (rad/s) et se calcule par la relation :

$$\omega = \frac{2\pi n}{60}$$

– la **vitesse circonférentielle** (v_c). Vitesse périphérique du cercle primitif du pignon, elle s'exprime en mètres par secondes (m/s) et se calcule par la formule :

$$v_c = \frac{\pi d n}{60}$$

avec d en mètres, n en tr/min.

Dans un engrenage, les vitesses de rotation et angulaire sont variables en fonction des rapports, la vitesse circonférentielle est identique pour tous les pignons en contact par la denture.

Démontrons les transformations effectuées par un engrenage élémentaire.

Exemple

On se référera aux figures 4.9 et 4.10.

Soit un pignon (P_1) avec :
- d_1 = 0,10 m,
- z_1 = 30 dents,
- n_1 = 1 000 tr/min,
- $\mathscr{C}_1$ = 100 N · m.

Soit un autre pignon, ou roue (P_2), avec :
- d_2 = 0,20 m,
- z_2 = 60 dents.

Calculons d'abord la vitesse n_2 de la roue P_2. Sachant que $\frac{n_1}{n_2} = \frac{d_2}{d_1}$, la vitesse de rotation du pignon P_2 sera :

$$n_2 = n_1 \times \frac{d_1}{d_2} = \frac{1\,000 \times 0{,}10}{0{,}20} = 500 \text{ tr/min}$$

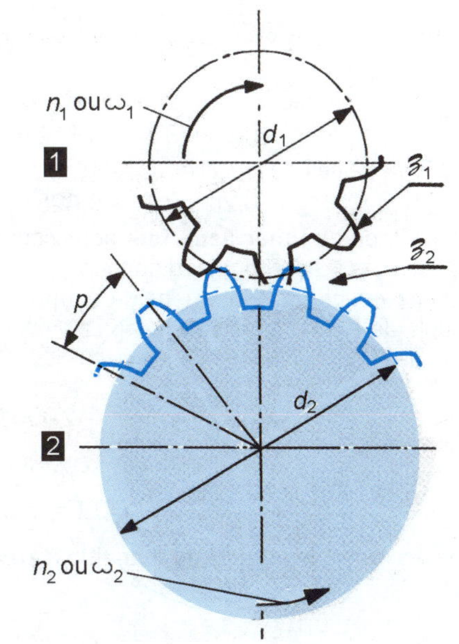

Figure 4.8 • Engrenage : caractéristiques principales.

❶ Pignon menant.
❷ Roue menée.
d_1 et d_2 : diamètres primitifs.
p : pas.
z_1 et z_2 : nombre de dents.
n_1 et n_2 : vitesse de rotation, en tours par minute.
ω_1 et ω_2 : vitesse angulaire, en radians par seconde.

$$\frac{n_2}{n_1} = \frac{\omega_2}{\omega_1} = \frac{z_1}{z_2} = \frac{d_1}{d_2}$$

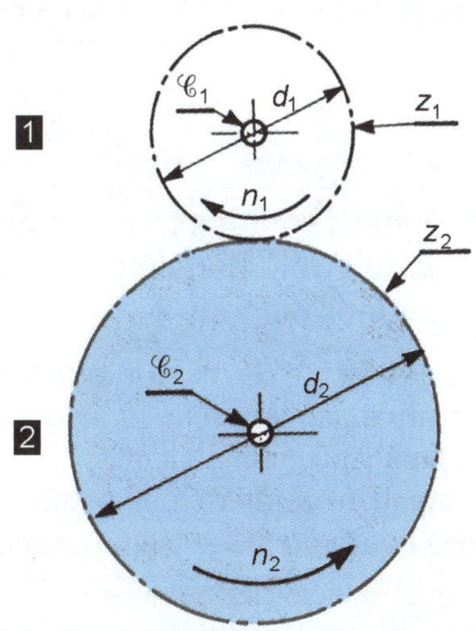

Figure 4.9 • Transformations effectuées par un engrenage.

❶ Pignon menant.
❷ Roue menée.

ou, par un autre calcul :

$$n_2 = n_1 \times \frac{Z_1}{Z_2} = \frac{1\,000 \times 30}{60} = 500 \text{ tr/min}$$

En effet, P_1 possédant un périmètre (πd) égal à :

$$0{,}10 \times 3{,}14 = 0{,}314 \text{ m}$$

le périmètre de P_2 est égal à :

$$0{,}20 \times 3{,}14 = 0{,}628 \text{ m}$$

Donc P_1 doit tourner **deux fois** pour couvrir la périphérie du pignon P_2 et le faire tourner d'un tour.

Voyons maintenant la valeur de couple $\mathcal{C}_2$ (figure 4.10). Le couple de P_1 est $\mathcal{C}_1$ = 100 N·m. La valeur de F_1 (action d'une dent de P_1 sur P_2) est :

$$F_1 = \frac{\mathcal{C}_1}{r_1} = \frac{100}{0{,}05} = 2\,000 \text{ N}$$

Valeur du couple $\mathcal{C}_2$:

$$\mathcal{C}_2 = F_1 r_2 = 2\,000 \times 0{,}1 = 200 \text{ N} \cdot \text{m}$$

En conclusion, le **rapport de démultiplication** de cet engrenage est :

$$\frac{d_1}{d_2} = \frac{0{,}10}{0{,}20} \quad \text{ou} \quad \frac{Z_1}{Z_2} = \frac{30}{60} \quad \text{ou} \quad \frac{n_2}{n_1} = \frac{500}{1\,000} = \mathbf{\frac{1}{2}}$$

quotient par lequel on multiplie la vitesse de P_1 pour connaître la vitesse de P_2.

Le **rapport de couple** est le rapport (ou fraction) inverse :

$$\frac{d_2}{d_1} = \frac{0{,}20}{0{,}10} \quad \text{ou} \quad \frac{Z_2}{Z_1} = \frac{60}{30} \quad \text{soit} \quad \frac{\mathcal{C}_2}{\mathcal{C}_1} = \frac{200}{100} = \frac{2}{1} = \mathbf{2}$$

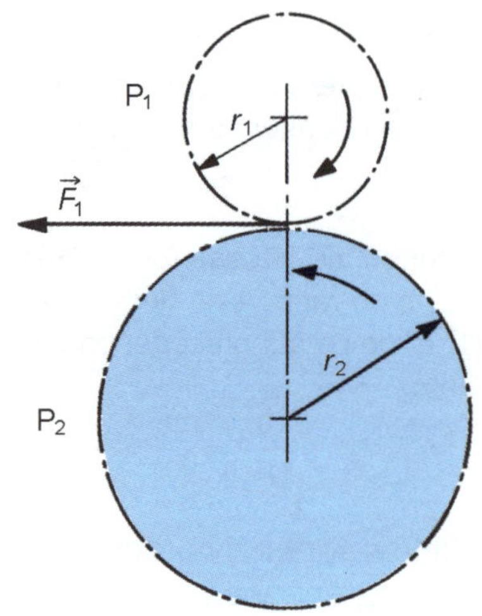

Figure 4.10 • Multiplication du couple.

$$r_1 = \frac{d_1}{2} = 0{,}05 \text{ m}$$

$$r_2 = \frac{d_2}{2} = 0{,}10 \text{ m}$$

$$F_1 = \frac{\mathcal{C}_1}{r_1} = \frac{100}{0{,}05} = 2\,000 \text{ N}$$

$$\mathcal{C}_2 = F_1 r_2 = 2\,000 \times 0{,}10 = 200 \text{ N} \cdot \text{m}$$

Remarque

Lorsqu'il s'agit d'un train d'engrenages, le **rapport de démultiplication** se calcule en effectuant le produit des différents rapports, soit (figure 4.11) :

$$\frac{\text{produit des nombres de dents des pignons menants}}{\text{produit des nombres de dents des roues menées}}$$

le **rapport de couple** s'effectue par le rapport inverse :

$$\frac{\text{menés}}{\text{menants}}$$

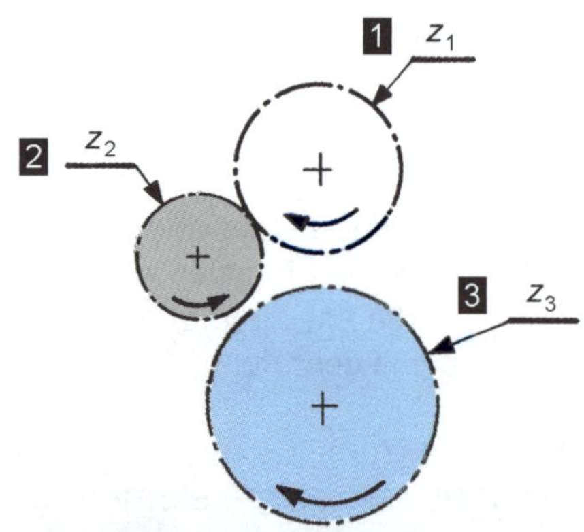

Figure 4.11 • Train d'engrenages à roue intermédiaire.

❶ Pignon menant.
❷ Pignon intermédiaire ou renvoi.
❸ Roue menée.

$$R = \frac{Z_1 \times Z_2}{Z_2 \times Z_3} = \frac{Z_1}{Z_3}$$

■ Quelles sont les transformations effectuées par un train parallèle comportant plus de deux pignons ?

• Si le nombre de roues intermédiaires est :
– **pair**, la dernière roue menée tourne en **sens inverse** du premier pignon menant ;
– **impair**, la dernière roue menée tourne dans le **même sens** que la première pignon menant.

• Quel que soit le nombre de roues intermédiaires, le rapport de démultiplication est le rapport entre le nombre de dents du **premier pignon menant** et celui de la **dernière roue menée** :

$$R = \frac{Z_1 \times Z_2}{Z_2 \times Z_3} = \frac{Z_1}{Z_3}$$

Remarque

Une roue intermédiaire est à la fois menée et menante.

En conclusion, une roue intermédiaire permet de **changer le sens de rotation** de la roue menée et d'éloigner son axe de celui de la roue menante, mais ne **modifie pas les rapports**.

■ Par quelle disposition des trains d'engrenages peut-on modifier les rapports ?

Lorsque le rapport de démultiplication à réaliser est important ou lorsque les arbres d'entrée et de sortie doivent être coaxiaux, on utilise deux engrenages ayant un arbre intermédiaire commun.

Dans ce cas, on effectue le **produit des rapports** de démultiplication (figure 4.12) :

$$R = \frac{Z_1}{Z_2} \times \frac{Z_3}{Z_4}$$

Exemple

Si $R = \frac{Z_1}{Z_2} = \frac{Z_3}{Z_4} = \frac{1}{2}$ alors : $\frac{1}{2} \times \frac{1}{2} = \frac{1}{4}$.

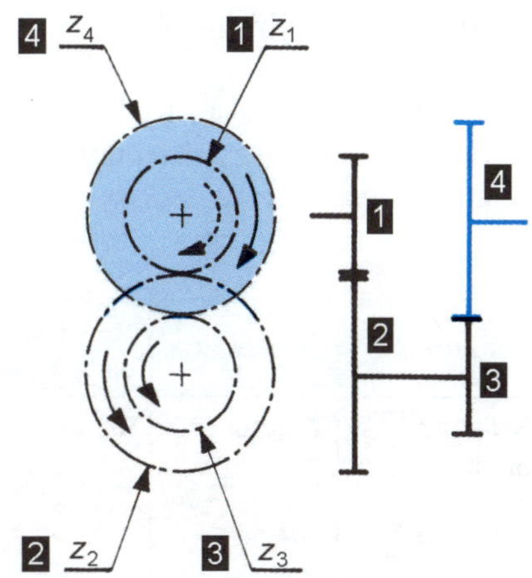

Figure 4.12 • Train d'engrenages à arbre intermédiaire.

❶ Pignon menant primaire.
❷ Roue menée de l'arbre intermédiaire.
❸ Pignon menant de l'arbre intermédiaire.
❹ Roue menée secondaire.

$$R = \frac{Z_1}{Z_2} \times \frac{Z_3}{Z_4}$$

■ Quels sont les éléments d'un train planétaire épicycloïdal ?

Un train épicycloïdal simple comprend (figure 4.13) :
- un pignon central appelé **planétaire** (P) ;
- une roue à denture intérieure appelée **couronne** (C) ;
- un ou plusieurs **satellites** en contact par leur denture avec le planétaire et la couronne et liés entre eux par un **porte-satellites** (PS).

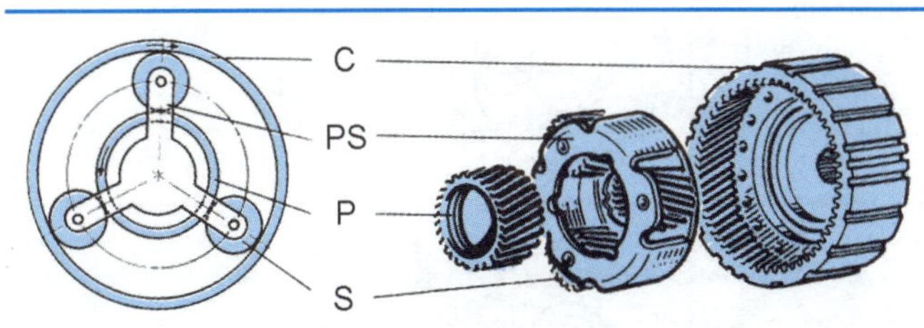

C. Couronne.
PS. Porte-satellite.
P. Planétaire.
S. Satellite.

Figure 4.13 • Train épicycloïdal (document Renault).

■ Quel est son principe de fonctionnement ?

Chaque élément est lié à un arbre. Pour obtenir une démultiplication, il faut :
- un autre récepteur,
- qu'un arbre soit moteur,
- que le troisième soit bloqué pour servir de point d'appui.

1

La transmission

■ Quelles sont les possibilités d'un train épicycloïdal simple ?

Selon l'élément bloqué, moteur ou récepteur, on voit apparaître plusieurs possibilités qui figurent dans le tableau ci-dessous.

Couronne	Planétaire	Porte-satellites	Satellites	Schémas	Résultat
Solidaire du planétaire	Moteur	Récepteur	Ne tournent pas	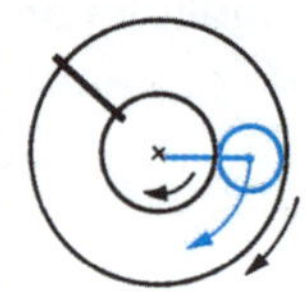 Fig. 4.14	Prise directe (rapport 1)
Motrice	Fixe	Récepteur	Entraînent le porte-satellites	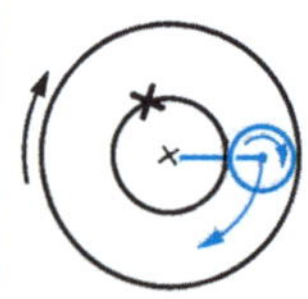 Fig. 4.15	Grande démultiplication
Fixe	Moteur	Récepteur	Entraînent le porte-satellites	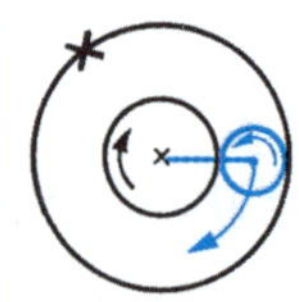 Fig. 4.16	Petite démultiplication
Réceptrice	Fixe	Moteur	Entraînent la couronne à grande vitesse	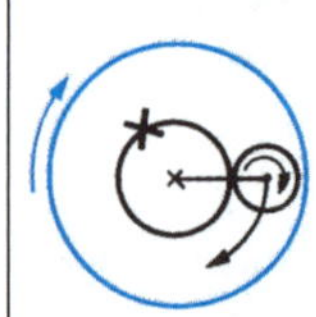 Fig. 4.17	Surmultiplication
Réceptrice	Moteur	Fixe	Etraînent la couronne en sens inverse	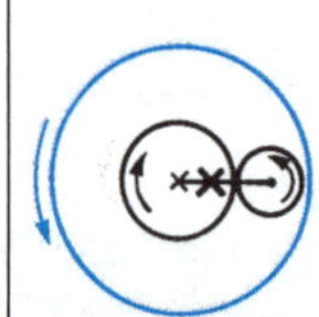 Fig. 4.18	Marche arrière
Folle	Moteur	Récepteur		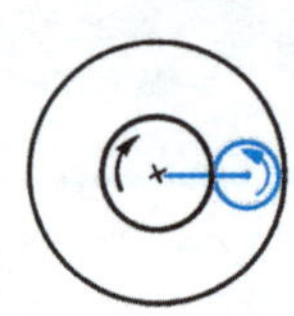 Fig. 4.19	Point mort

Nous voyons que ce type de train d'engrenages offre un nombre important de combinaisons par rapport au faible nombre de pignons et au faible encombrement.

Comment calcule-t-on les rapports de démultiplication dans un train épicycloïdal ?

Si le porte-satellites tourne en prenant le point O comme centre de rotation, on comprend que le rapport entre la vitesse de la couronne et celle du planétaire se trouve modifié (figure 4.20).

Considérons, en premier lieu, la **vitesse relative** (v_r) entre P et PS (figure 4.21) :

$$v_r(P/PS) = \omega_P - \omega_{PS}$$

De même, si nous calculons la vitesse relative de C par rapport à PS (figure 4.22), nous trouvons que :

$$v_r(C/PS) = \omega_C - \omega_{PS}$$

Le rapport $\frac{\omega_C}{\omega_P}$, lorsque ω_{PS} est différent de 0, devient :

$$\frac{\omega_C}{\omega_P} = \frac{v_r(C/PS)}{v_r(P/PS)} \quad \text{soit} \quad \frac{\omega_C - \omega_{PS}}{\omega_P - \omega_{PS}}$$

ceci étant égal au quotient :

$$\frac{\text{nombre de dents du pignon menant}}{\text{nombre de dents du pignon mené}}$$

Afin de pouvoir donner un signe positif ou négatif selon le sens de rotation, on multiplie ce dernier rapport par $(-1)^n$ dans lequel n est le **nombre de contacts extérieurs** entre le planétaire et la couronne.

La **raison** d'un train épicycloïdal est donc :

$$\frac{\omega_C - \omega_{PS}}{\omega_P - \omega_{PS}} = (-1)^n \times \frac{Z_P}{Z_C}$$

On nomme cette relation **formule de Willys**. S'il s'agit d'un train épicycloïdal simple, le nombre de contacts extérieurs étant 1, on peut utiliser la formule de Willys simplifiée :

$$\frac{\omega_C - \omega_{PS}}{\omega_P - \omega_{PS}} = \frac{Z_P}{Z_C}$$

Remarque

Dans les boîtes automatiques courantes, on peut rencontrer un train complexe (figure 4.23) qui se compose :
- de deux planétaires (P_1 et P_2) de diamètres différents ;
- de deux satellites (S_1 et S_2) engrenant chacun sur un des planétaires et montés sur le même porte-satellites (PS) ;
- d'une couronne (C).

Ce mécanisme permet d'obtenir trois rapports de démultiplication bien étagés, un point mort et une marche arrière.

Qu'entend-on par rapport total d'une transmission ?

L'ensemble des éléments démultiplicateurs comprend :
- la boîte de vitesses, démultiplicateur intermittent ;
- le pont, couple démultiplicateur permanent.

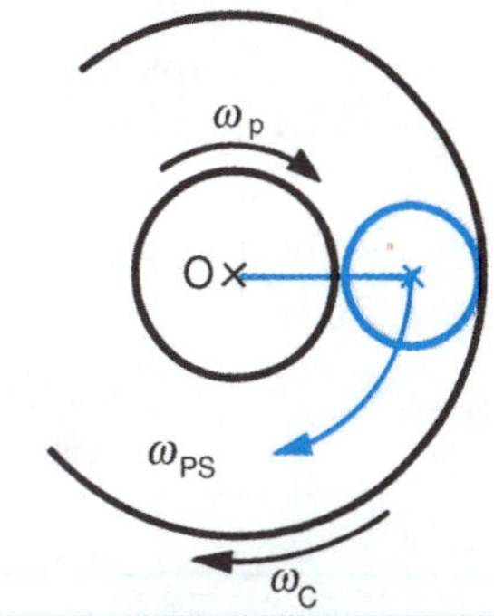

Figure 4.20 • Vitesse angulaire des éléments.

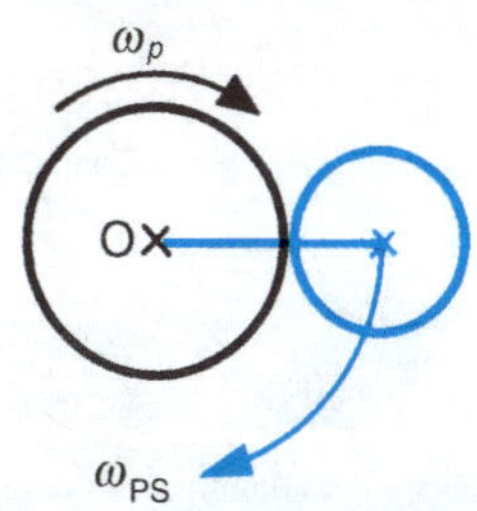

Figure 4.21 • Vitesse relative P/PS : $v_r(P/PS) = \omega_P - \omega_{PS}$

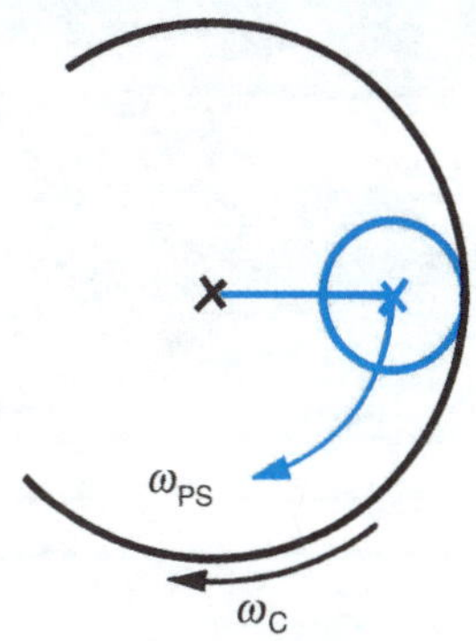

Figure 4.22 • Vitesse relative C/PS : $v_r(C/PS) = \omega_C - \omega_{PS}$

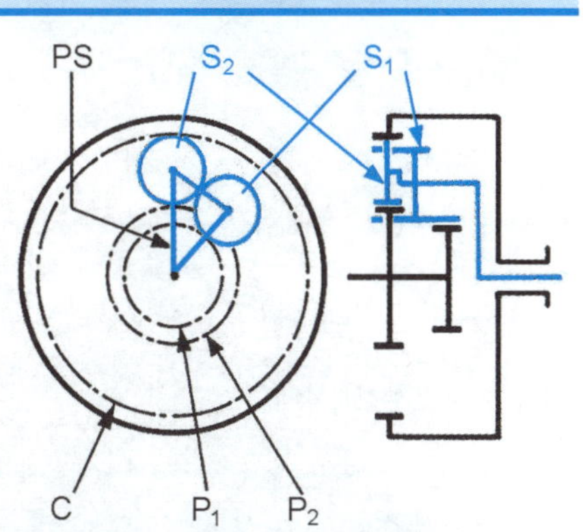

Figure 4.23 • Train épicycloïdal complexe (exemple Renault).

S_1 engrène avec P_1 et S_2.
S_2 engrène avec P_2, C et S_1.

Ces deux éléments sont en série l'un avec l'autre. Le rapport total d'une transmission est donc le produit des rapports des deux éléments.

$$\text{Rapport total de démultiplication} = \underbrace{\frac{Z_1 \times Z_3}{Z_2 \times Z_4}}_{\text{(rapport de la boîte de vitesses)}} \times \underbrace{\frac{Z_5}{Z_6}}_{\text{(rapport du pont)}}$$

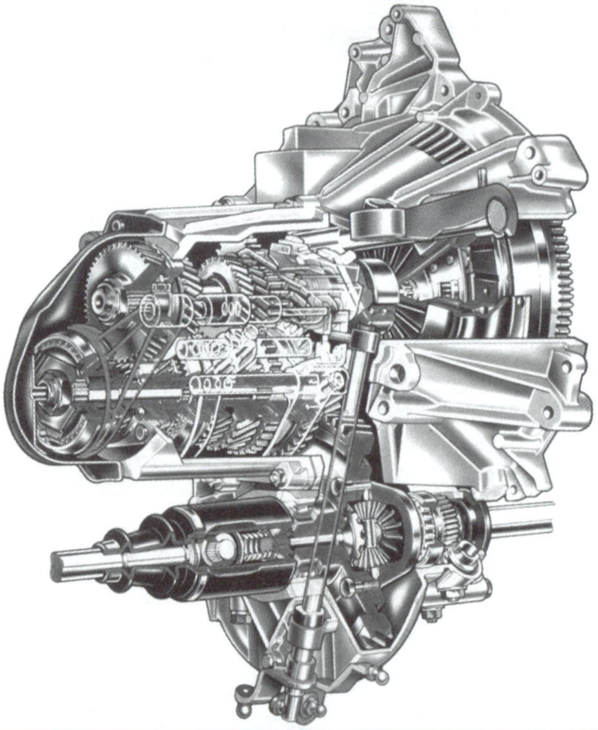

Figure 4.24 • Boîte de vitesses à trains parallèles (à commande manuelle et embrayage classique ; document Citroën).

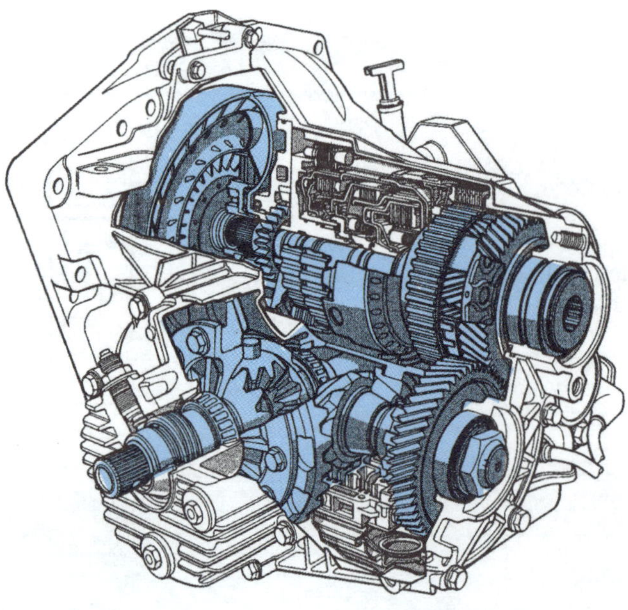

Figure 4.25 • Boîte de vitesses à trains épicycloïdaux (automatique avec convertisseur ; document Renault).

Mémo

- **La transmission comporte :**
  - un réducteur permanent, le pont ;
  - un réducteur intermittent à plusieurs rapports, la boîte de vitesses.
- **Fonction principale des mécanismes démultiplicateurs**
  Les mécanismes démultiplicateurs ou réducteurs ont pour fonction de multiplier le couple moteur par démultiplication des vitesses en utilisant le principe du levier.

  Le rapport de couple est égal à : $\frac{\text{vitesse angulaire d'entrée}}{\text{vitesse angulaire de sortie}}$.

  Le rapport de démultiplication est calculé par le rapport inverse : $\frac{\text{vitesse angulaire de sortie}}{\text{vitesse angulaire d'entrée}}$.
- **Réalisation**
  On utilise un engrenage élémentaire composé d'un pignon et d'une roue de diamètres différents ou un train d'engrenages. On distingue :
  - les engrenages parallèles (pont pour moteur transversal) ;
  - les engrenages concourants (couple conique) ;
  - les trains d'engrenages parallèles (BV manuelles) ;
  - les trains épicycloïdaux (BV automatiques).
- **Caractéristiques d'un engrenage élémentaire**
  - Diamètre primitif (d) : diamètre des roues de friction qui, sans glissement, donneraient le même rapport de démultiplication.
  - Nombre de dents (z) : pour un module donné, il est proportionnel au diamètre primitif :

$$z = \frac{d}{m}$$

- **Rapport de démultiplication**
  Le rapport de démultiplication est obtenu en effectuant le quotient :

$$\frac{\text{produit des dents des pignons menants}}{\text{produits des dents des roues menées}}$$

- **Trains épicycloïdaux**
  Train simple : il comprend un planétaire, un ou plusieurs satellites liés à un arbre porte-satellites, une couronne.
  Il offre un grand nombre de combinaisons par rapport au faible nombre de pignons. Il n'est pas nécessaire de désaccoupler pour changer de rapport.
  La raison des trains épicycloïdaux est définie par la formule de Willys :

$$\frac{\omega_C - \omega_{PS}}{\omega_P - \omega_{PS}} = (-1)^n \times \frac{z_P}{z_C}$$

Testez vos connaissances

1. Soit 2 pignons engrenés P_1 et P_2. P_1 a un diamètre D_1 = 0,10 m, sa vitesse de rotation N_1 = 600 tr/min. Si P_2 a un diamètre D_2 = 0,12, calculez sa vitesse N_2 :

- ☐ **a.** 300 tr/min
- ☐ **b.** 400 tr/min
- ☐ **c.** 500 tr/min

2. Le rapport de couple est par rapport au rapport de démultiplication :

- ☐ **a.** proportionnel
- ☐ **b.** inversement proportionnel
- ☐ **c.** égal

Testez vos connaissances

3. Dans un engrenage comprenant 3 pignons engrenés en « cascade », si le pignon 1 tourne à droite, le pignon 3 :

☐ **a.** tourne à droite
☐ **b.** tourne à gauche
☐ **c.** ne tourne pas

Pour aller plus loin

1. *Soit deux pignons à denture extérieure (engrenage parallèle) dont les diamètres sont* d_1 *= 0,10 m et* d_2 *= 0,07 m. La vitesse de rotation du pignon étant 1 000 tr/min, calculez :*
– la vitesse de rotation du pignon 2 en tours par minute et en radians par seconde ;
– la vitesse circonférentielle des deux pignons.

2. *Relevez le nombre et la grille des vitesses pour deux véhicules de votre choix équipés d'une boîte manuelle, relevez les rapports de démultiplication (ou les rapports de couple selon les données du constructeur).*

3. *Relevez le nombre et la grille des vitesses pour un type de boîte automatique. Donnez toutes les possibilités du levier de sélection. Relevez les rapports de démultiplication (ou de couple selon le cas).*

5 Constitution des boîtes de vitesses automatiques à trains épicycloïdaux

Quels sont les inconvénients présentés par le passage manuel des vitesses ?

Lorsque le passage des vitesses est laissé à l'initiative du conducteur, la vitesse engagée ne correspond pas toujours parfaitement aux conditions instantanées de fonctionnement qui sont :
– fonctionnement dans la **plage des vitesses optimales** du moteur considéré correspondant à ses vitesses de puissance et de couple maximal ;
– **vitesse** du véhicule ;
– **charge** du moteur (côtes, descentes, reprises).

Ces manœuvres (figure 5.1) nécessitent de sa part :
– une attention soutenue ;
– un effort musculaire répétitif ;
– une tenue temporaire du volant d'une seule main pendant la manœuvre du levier.

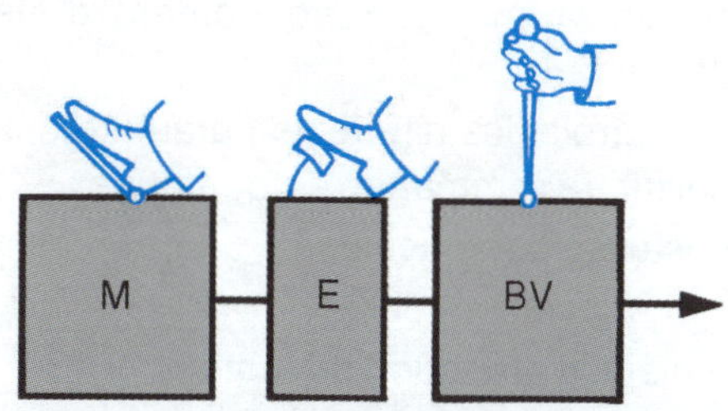

Figure 5.1 • Élément de la transmission classique.

M. Moteur.
E. Embrayage mécanique à commande positive.
BV. Boîte de vitesses à trains parallèles à commande positive.

Comment remédier à ces inconvénients ?

La suppression de la manœuvre de passage des vitesses peut être obtenue par l'**automatisation** des boîtes de vitesses (figure 5.2), qu'elles soient :
– à trains parallèles,
– à trains épicycloïdaux.

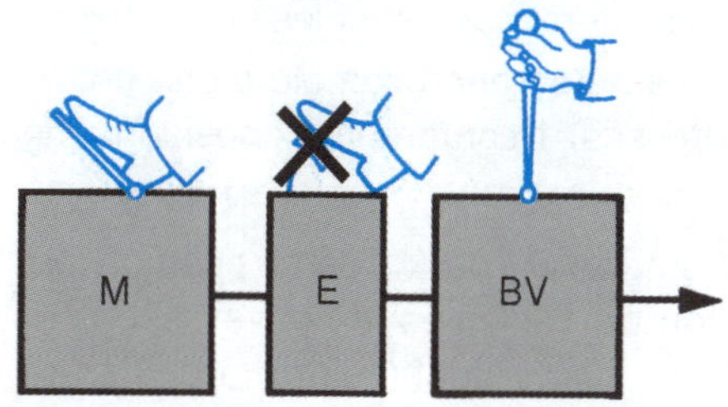

Figure 5.2 • Éléments de la transmission semi-automatique.

M. Moteur.
E. Embrayage automatisé.
BV. Boîte de vitesses à trains parallèles à commande positive.

Quels sont les inconvénients des boîtes de vitesses à trains parallèles ?

• À chaque changement de rapport, il est nécessaire de désaccoupler le moteur de la boîte de vitesses, ce qui oblige à **conserver l'embrayage** et à l'automatiser.

• Pendant la manœuvre d'embrayage, on enregistre un **ralentissement** du véhicule.

• Ces manœuvres provoquent dans la transmission des **à-coups** néfastes aux éléments mécaniques et au confort des passagers.

Quels sont les avantages présentés par les boîtes de vitesses à trains épicycloïdaux ?

• Le passage d'un rapport s'effectue par immobilisation de certains éléments des trains : il n'est pas nécessaire de désaccoupler le moteur de la boîte de vitesses pour passer les rapports.

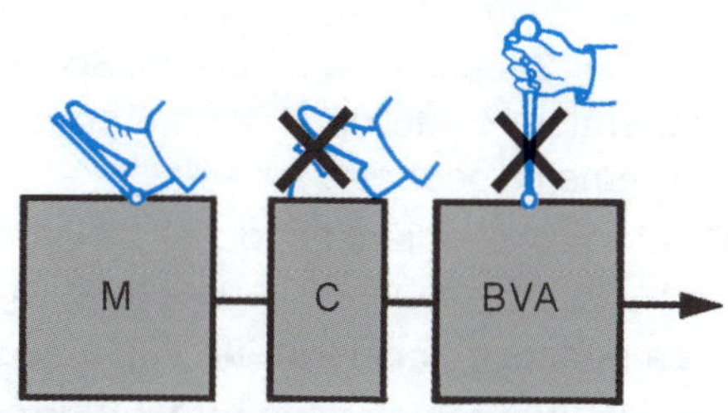

Figure 5.3 • Éléments de la transmission automatique.

M. Moteur.
C. Convertisseur.
BVA. Boîte de vitesses à trains épicycloïdaux à programme automatique.

1 La transmission

• On obtient une continuité dans la propulsion qui limite les pertes de vitesse.
• L'automatisation est plus aisée à réaliser.

Quelles sont les conditions à remplir par les boîtes de vitesses automatiques ?

• Obtention de trois ou quatre rapports en marche avant. Le nombre de vitesses est réduit grâce à l'utilisation d'un convertisseur.
• Engagement automatique des rapports par immobilisation ou mise en mouvement d'éléments du train (figure 5.4).
• Contrôle des différents paramètres influant sur le dispositif de commande automatique :
- vitesse du véhicule,
- charge du moteur,
- plage d'utilisation du moteur.
• Commande manuelle occasionnelle des vitesses.
• Mise au point mort, marche arrière, immobilisation du véhicule.

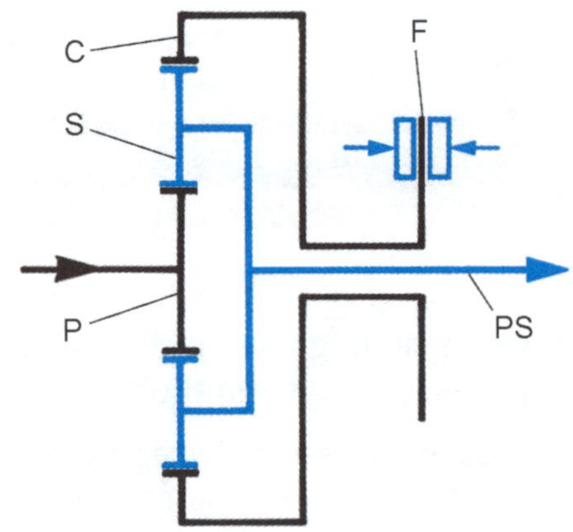

Figure 5.4 • Train épicycloïdal : le passage d'un rapport s'effectue par blocage d'un élément du train. Il n'est pas nécessaire de désaccoupler la transmission.

P. Planétaire.
S. Satellite.
C. Couronne.
PS. Porte-satellites.
F. Frein.

Quelles sont les commandes dont dispose le conducteur ?

Les commandes sont les suivantes :

• **Le sélecteur** (exemple d'une boîte de vitesses à trois vitesses). Il comprend six positions (figure 5.5) qui sont :

P R N D 2 1

Position P (*park*). Cette position permet l'immobilisation du véhicule ; le convertisseur est désolidarisé du train épicycloïdal (point mort) ; l'arbre de sortie est verrouillé par un doigt s'engageant mécaniquement dans la couronne réceptrice.

Position R (*reverse*) : marche arrière.

Position N (*neutral*) : point mort.

Position D (*drive*) ou **A** (automatique). Le passage des trois vitesses s'effectue automatiquement en fonction des conditions instantanées de fonctionnement.

Position 2 (deuxième imposée). Seuls les passages de la première et de la deuxième sont automatiques, la troisième ne peut être passée.

Position 1 (première imposée). La première est maintenue selon la volonté du conducteur.

• **La pédale d'accélérateur.** Elle a deux fonctions :
- agir sur le remplissage du moteur par une ouverture plus ou moins grande du papillon des gaz ;
- intervenir sur la commande automatique de passage des vitesses.

En position A du sélecteur, plus la pédale est enfoncée :
- plus le moteur prend une accélération rapide ;

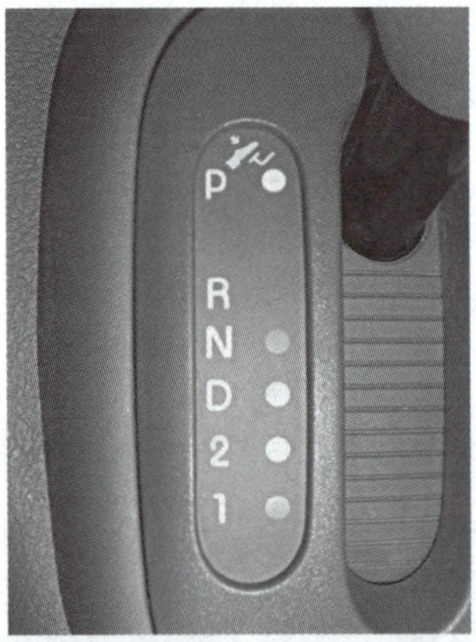

Figure 5.5 • Levier de sélection pour transmission automatique (document Renault).

– plus l'utilisation du rapport est longue, plus le moteur atteint un régime élevé avant le passage du rapport supérieur (figure 5.6).

Lorsque la pédale est complètement enfoncée – position « *kick-down* » – l'accélération est maximale :
– le moteur est poussé jusqu'à son régime de puissance maximale avant le passage du rapport supérieur ;
– selon la vitesse du véhicule, au moment de cette accélération brusque, il peut se produire une rétrogradation automatique (reprise pour doubler par exemple).

Le conducteur retrouve ainsi dans l'automatisme toutes les possibilités des boîtes de vitesses à commande manuelle par simple action sur la pédale d'accélérateur.

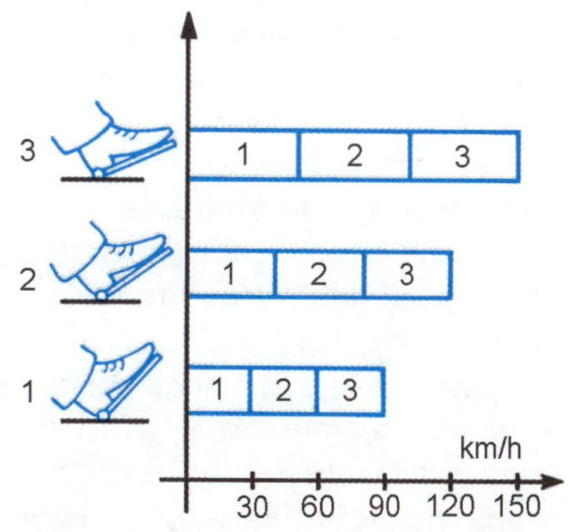

Figure 5.6 • Vitesses de passage des rapports en fonction de la position de la pédale d'accélérateur.

On remarque que si l'accélérateur passe de la position 1 à la position 3 alors que le véhicule roule à 90 km/h, il se produit une rétrogradation de la troisième en deuxième.

■ Quels sont les principaux éléments d'une boîte de vitesses automatique ?

Une boîte de vitesses automatique comprend différents éléments :

• le **train épicycloïdal complexe** qui permet d'obtenir trois ou quatre rapports de marche avant bien étagés et un rapport de marche arrière ;

• l'ensemble de **freins** et d'**embrayages hydrauliques multidisques**, ainsi qu'une ou plusieurs roues libres, qui permettent le blocage, la mise en mouvement ou la réaction des éléments du train ;

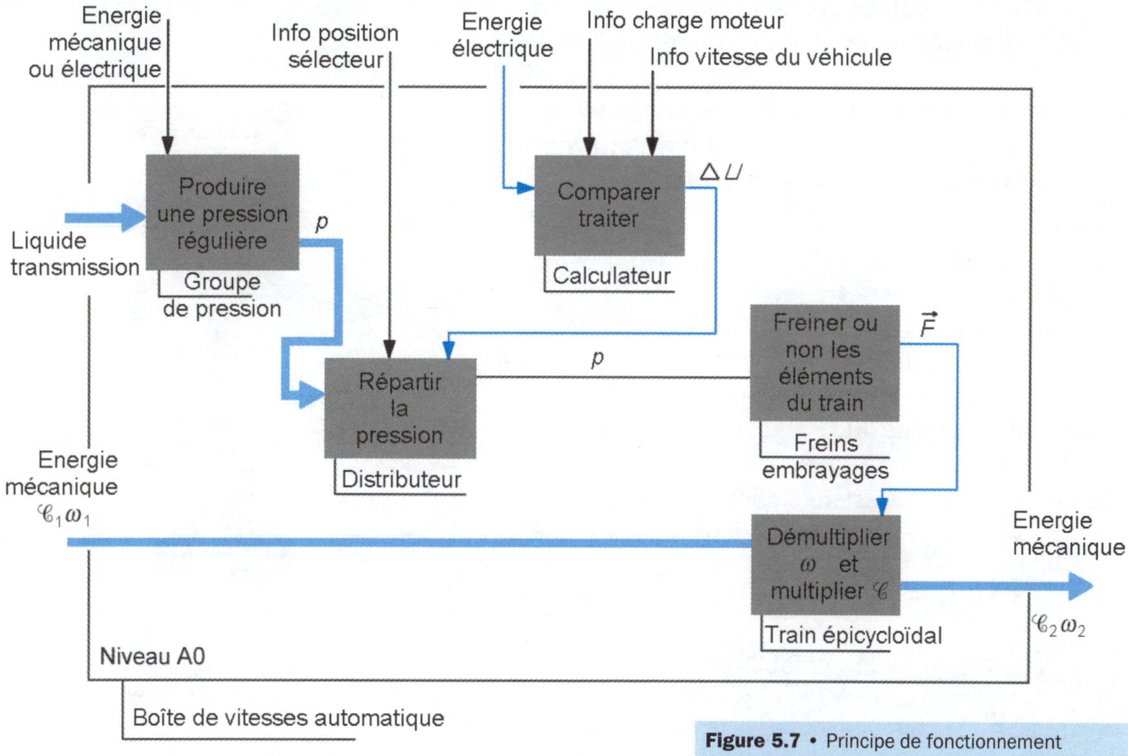

Figure 5.7 • Principe de fonctionnement d'une boîte de vitesses automatique (analyse descendante généralisée).

• le dispositif de **distribution hydraulique** qui actionne les freins et embrayages et comprend :
– une pompe hydraulique à engrenage (qui alimente également le convertisseur) ;
– un régulateur de pression ;
– un ensemble de tiroirs de distribution actionnés mécaniquement ou hydrauliquement ;
– un récepteur hydraulique pour chaque frein et chaque embrayage ;

• le dispositif de commande qui comprend une **servo-commande** hydraulique ou électronique qui décide du passage des vitesses en fonction des informations reçues des **détecteurs** hydrauliques ou électriques selon le type de commande et qui relèvent :
– la vitesse du véhicule (vitesse de sortie de boîte de vitesses),
– la charge du moteur (position de la pédale d'accélérateur).

Le dispositif de commande agit sur le circuit de distribution en parallèle avec le sélecteur manuel pour effectuer la mise en action des récepteurs désirés (➔ Leçon 6).

Quels sont les types de trains épicycloïdaux utilisés ?

Le train épicycloïdal peut se présenter sous plusieurs formes :
– train à **deux planétaires** et deux jeux de satellites ;
– train à **deux couronnes** et deux jeux de satellites.

Quels sont les éléments qui constituent un train à deux planétaires (➔ transmission Renault, figures 5.8 et 5.9) ?

Ce type de train comprend :
– un petit planétaire (P_1) ;
– un grand planétaire (P_2) ;
– trois satellites simples (S_1) ;
– trois satellites doubles (S_2), montés sur un arbre porte-satellites (PS) libre en rotation dans un seul sens grâce à une roue libre (RL) ;
– une couronne (C).

Chacun des éléments est commandé par :
– un embrayage (E_1) qui peut rendre moteur le planétaire (P_1) ;
– un embrayage (E_2) qui peut rendre moteur le planétaire (P_2) ;
– un frein (F_1) qui peut immobiliser le porte-satellites (PS) ;
– un frein (F_2) qui peut immobiliser le planétaire (P_2) ;
– une roue libre (RL) qui bloque le porte-satellites (PS) dans le sens opposé à celui de la couronne (C).

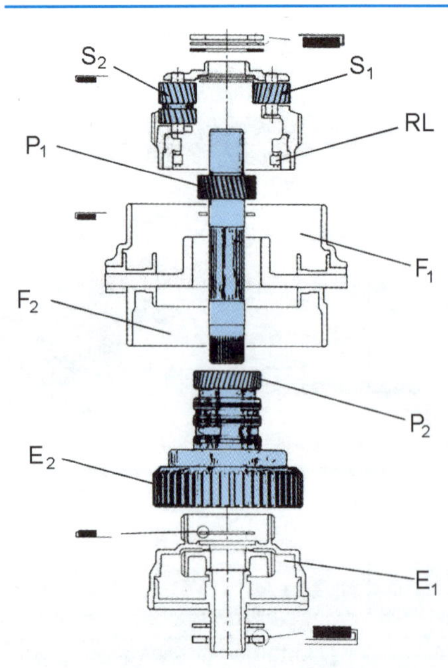

Figure 5.8 • Train épicycloïdal à deux planétaires (document Renault).

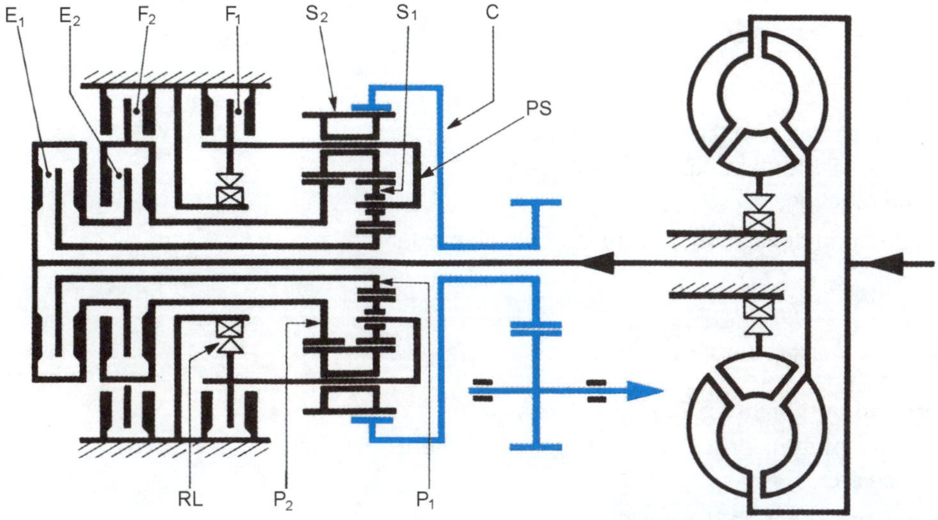

Figure 5.9 • Schéma de principe d'une boîte de vitesses à train épicycloïdal à deux planétaires.

Comment le passage des rapports est-il réalisé ?

Pour chacun des rapports, trois éléments sont sollicités :

– un élément **moteur**, entraîné par un embrayage solidaire de l'arbre primaire et du convertisseur ;

– un élément **récepteur**, lié à l'arbre secondaire et à la transmission ;

– un élément de **réaction** (point d'appui) bloqué par un frein ou une roue libre.

• **Premier rapport** (figures 5.10).

P_1 est moteur grâce à la mise en action de l'embrayage E_1. Il entraîne en rotation les satellites S_1. Les satellites S_1 entraînent en rotation les satellites S_2 qui entraînent la couronne (toujours réceptrice) liée à l'arbre de sortie.

Le couple résistant offert par la couronne bloque le porte-satellites sur sa roue libre et sert ainsi d'élément de réaction.

Le rapport de démultiplication ainsi obtenu est calculé par le quotient $\frac{\omega_C}{\omega_{P_1}}$.

Remarque

En position A (automatique), la décélération en première vitesse ne permet pas le frein moteur du fait de la roue libre. En position 1 (première imposée), on obtient le frein moteur grâce à l'action du frein F_1 qui bloque le porte-satellites S_2 dans les deux sens (accélération et décélération).

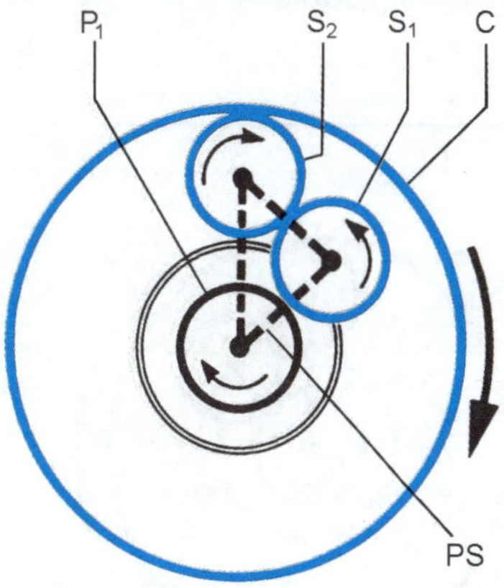

Figure 5.10A • Premier rapport.

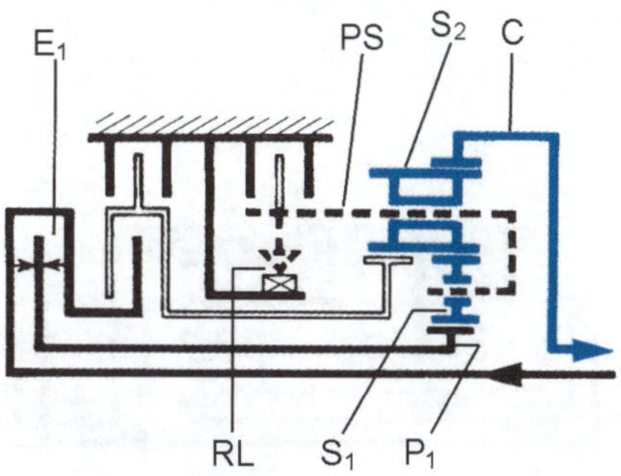

Figure 5.10B • Premier rapport.

——— Élément moteur P_1 par E_1.
-------- Élément de réaction : porte-satellites par RL.
——— Transmission du mouvement par S_1, S_2 et C.
═══ Éléments non sollicités.

• **Deuxième rapport** (figure 5.11).

P_1 est moteur grâce à l'action de l'embrayage E_1. P_2 est bloqué par le frein F_2. Le planétaire P_1 entraîne les deux jeux de satellites qui entraînent la couronne.

Le porte-satellites tourne également dans le même sens car les satellites S_2 roulent sur le planétaire P_2 qui sert d'élément de réaction.

Le rapport de démultiplication obtenu est calculé par le quotient :

$$\frac{\omega_C\,(\omega_{P_1} + \omega_{P_2})}{\omega_{P_1}\,(\omega_{P_2} + \omega_C)}.$$

• **Troisième rapport** (figure 5.12).

P_1 est toujours moteur grâce à E_1. P_2 est également entraîné grâce à E_2.

Ces deux pignons étant de diamètres différents et tournant à la même vitesse ont pour effet de bloquer le train épicycloïdal qui tourne comme un seul élément.

Le rapport obtenu est égal à 1.

• **Marche arrière** (figure 5.13).

P_2 est moteur grâce à l'embrayage E_2.

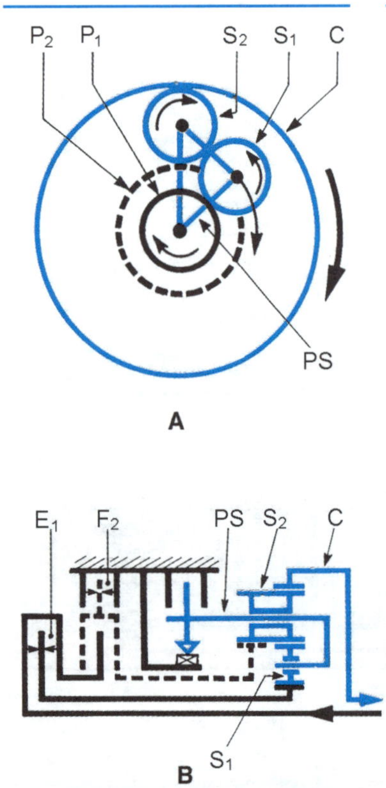

Figure 5.11 • Deuxième rapport.

P_1. Moteur.
P_2. Élément de réaction.
PS tourne.
S_1, S_2, C. Éléments récepteurs.

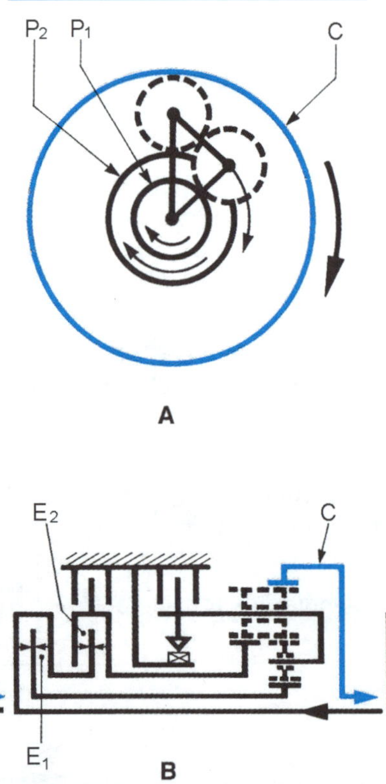

Figure 5.12 • Troisième rapport.

P_1 et P_2. Moteurs.
Les pignons étant de diamètres différents,
le train se trouve bloqué.

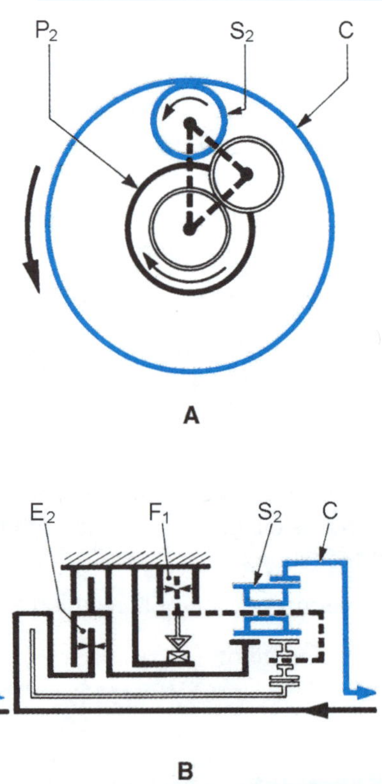

Figure 5.13 • Marche arrière.

P_2. Moteur.
PS bloqué
(élément de réaction).
S_2 et C. Récepteurs.

Le porte-satellites est bloqué par le frein F_1 et sert d'élément de réaction. Les satellites S_2 tournent sur eux-mêmes entraînant la couronne en sens inverse de P_2.

Le rapport de démultiplication est $\frac{\omega_C}{\omega_{P_2}}$.

Remarque

Le frein moteur est assuré dans toutes les positions.

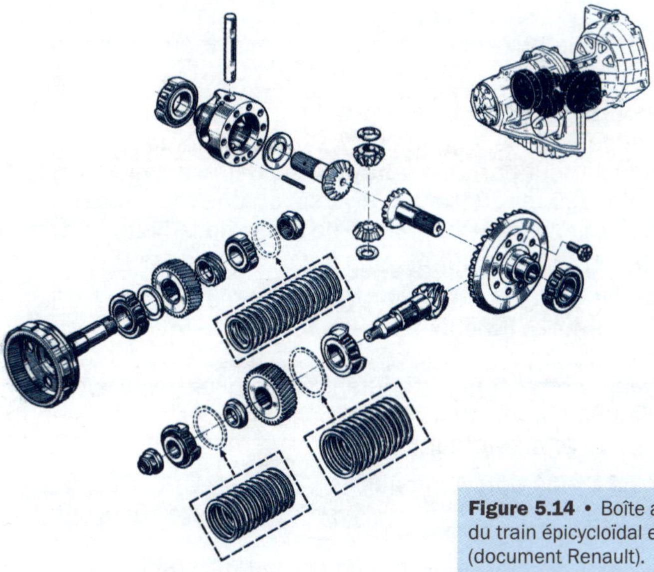

Figure 5.14 • Boîte automatique : éléments du train épicycloïdal et du pont différentiel (document Renault).

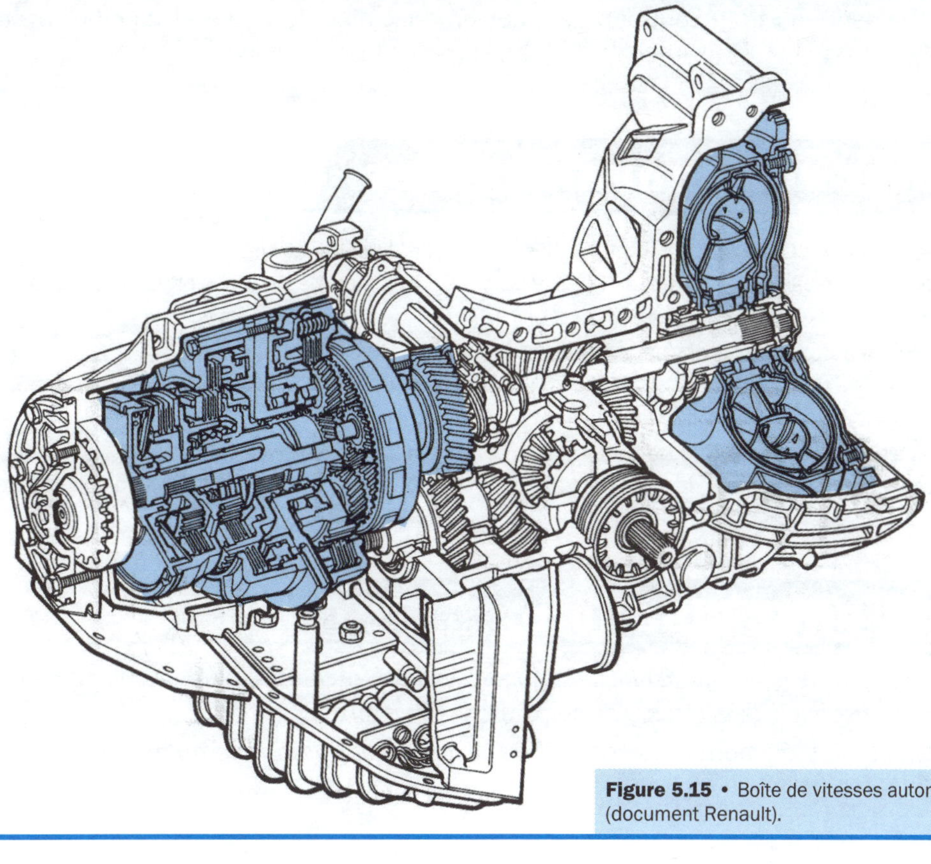

Figure 5.15 • Boîte de vitesses automatique (document Renault).

Mémo

- **Automatisme intégral des vitesses**
  L'automatisme intégral des vitesses est réalisé grâce à l'utilisation d'un train épicycloïdal complexe qui permet :
  – l'obtention de trois ou quatre rapports de marche avant, d'un point mort, d'une marche arrière, et d'une position parking ;
  – une conduite plus aisée sans action sur le levier de vitesses ;
  – le passage des rapports sans désaccouplement moteur/transmission ;
  – une poussée continue aux roues, évitant le ralentissement produit à chaque désaccouplement.
- **Passage des rapports**
  Le passage des rapports dans le train épicycloïdal s'effectue grâce à :
  – un élément rendu moteur par un embrayage solidaire du convertisseur ;
  – un élément de réaction rendu fixe par un frein ou une roue libre ;
  – un élément récepteur solidaire de l'arbre de sortie de la boîte de vitesses.
- **Mise en action des freins et embrayages**
  La mise en action des freins et des embrayages est réalisée par :
  – un distributeur hydraulique actionnant les récepteurs de frein et d'embrayage, alimenté par une pompe à engrenage ;
  – une commande agissant sur le distributeur en parallèle avec le sélecteur manuel ;
  – un ensemble de détecteurs influant sur le passage des vitesses en fonction de la vitesse du véhicule, de la charge du moteur.
- **Différents types de trains épicycloïdaux**
  Les trains épicycloïdaux utilisés sont de type complexe et peuvent se présenter sous plusieurs formes :
  – train à deux planétaires, deux jeux de satellites et une couronne ;
  – train à deux couronnes, deux jeux de satellites et un planétaire.
  Les éléments du train sont sollicités par un ensemble de freins et d'embrayages multidisques à commande hydraulique et une ou plusieurs roues libres.

Testez vos connaissances

1. Dans une boîte de vitesses automatique, les décisions de passage des vitesses sont prises par :	☐ **a.** le conducteur ☐ **b.** le groupe de pression ☐ **c.** le calculateur
2. Les boîtes automatiques ont pour systèmes d'engrenages :	☐ **a.** des synchroniseurs ☐ **b.** des trains épicycloïdaux ☐ **c.** des craboteurs
3. Dans les véhicules à boîte automatique, le moteur est relié à la boîte de vitesses par :	☐ **a.** un convertisseur ☐ **b.** un embrayage ☐ **c.** une liaison directe

Pour aller plus loin

1. *Indiquez trois types de véhicules équipés d'une transmission automatique. Donnez les caractéristiques de la transmission pour chacun d'eux.*

2. *Nommez les éléments constitutifs d'un train épicycloïdal complexe pour une boîte à 4 rapports de marche avant.*

6
Les circuits de commande des boîtes de vitesses automatiques

Nous avons vu dans la leçon précédente que, pour réaliser un rapport avec un train épicycloïdal, il était nécessaire d'obtenir :

– un élément rendu **moteur** grâce à un embrayage,

– un élément de **réaction**, bloqué par un frein ou par une roue libre,

– un élément récepteur.

Il est donc indispensable, pour réaliser le passage des vitesses, de **commander sélectivement et automatiquement** la mise en action des embrayages et des freins concernés pour chaque rapport.

Comment la commande des embrayages et des freins est-elle réalisée ?

Chaque embrayage et frein agissant sur le train épicycloïdal est actionné par un récepteur hydraulique qui entre en action lorsqu'une pression lui est appliquée (figures 6.1 et 6.2).

Un bloc ou distributeur hydraulique, comprenant un ensemble de vannes, reçoit la pression d'une pompe et la dirige vers les différents embrayages et freins selon :

– la position du sélecteur manuel,

– la vitesse du véhicule,

– la position de la pédale d'accélérateur (charge du moteur).

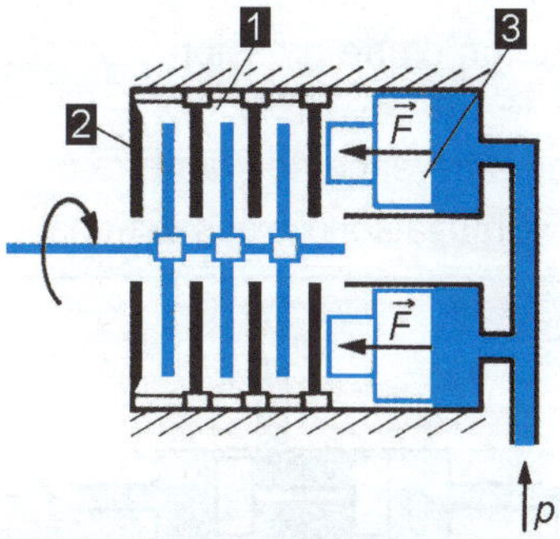

Figure 6.1 • Principe de fonctionnement d'un embrayage frein multidisques à commande hydraulique.

❶ Disques métalliques liés en rotation au carter fixe et libre en translation (liaison glissière).
❷ Disques d'embrayage liés en rotation à un arbre du train épicycloïdal libre en translation (liaison glissière).
❸ Pistons permettant de comprimer l'empilage grâce à l'action d'une pression hydraulique (*p*).

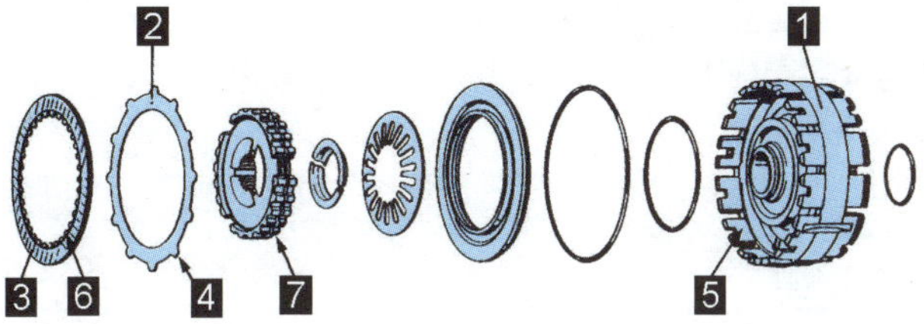

❶ Élément porteur solidaire du carter de boîte de vitesses.
❷ Disques métalliques fixes en rotation grâce aux encoches ❹ s'encastrant dans les rainures ❺ de l'élément porteur.
❸ Disque d'embrayage garni de matière de friction lié en rotation au moyeu par des cannelures ❻. Moyeu solidaire du train épicycloïdal ❼.

Figure 6.2 • Éléments d'un embrayage multidisques (document Citroën).

1

La transmission

Quel est le principe de fonctionnement des vannes hydrauliques ?

• **Vanne manuelle appelée également tiroir de sélection.** Le déplacement du sélecteur manuel provoque le déplacement d'un tiroir hydraulique qui alimente ou met en fuite certains circuits, selon la position qui lui a été donnée (figure 6.3).

• **Vanne automatique appelée vanne du tiroir de passage.** Le déplacement du tiroir est provoqué par des actions à distance (figures 6.4). Il est possible de faire varier la position du tiroir par :

– une différence de pression aux deux extrémités du tiroir ;

– l'action d'une pression d'un côté et celle d'un ressort taré de l'autre ;

– une différence de diamètre des extrémités du tiroir ;

– la conjugaison de ces actions.

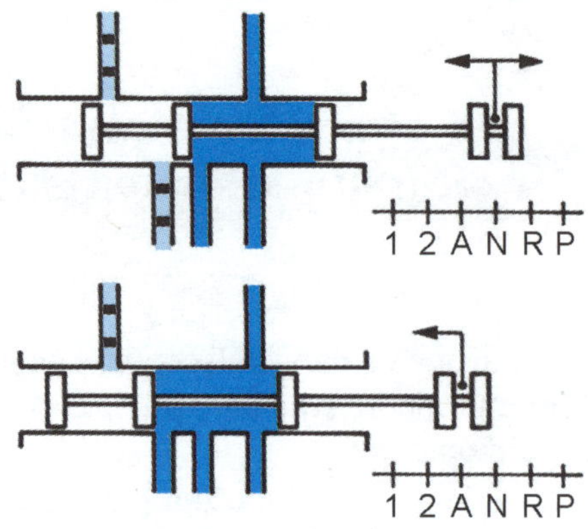

Figure 6.3 • Principe de fonctionnement d'une vanne manuelle ou tiroir de sélection.

circuit alimenté.

circuit en fuite ou en décharge.

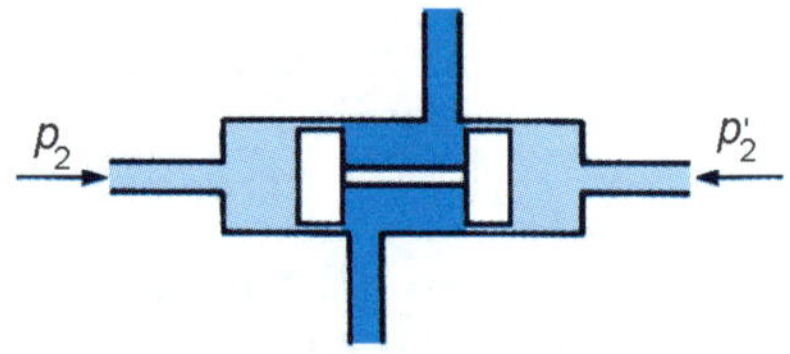

Figure 6.4A • Position d'équilibre si : $p_2 = p'_2$

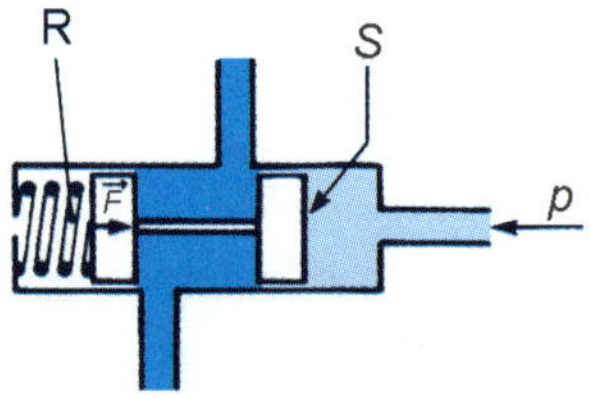

Figure 6.4B • Position d'équilibre si : $F = pS$

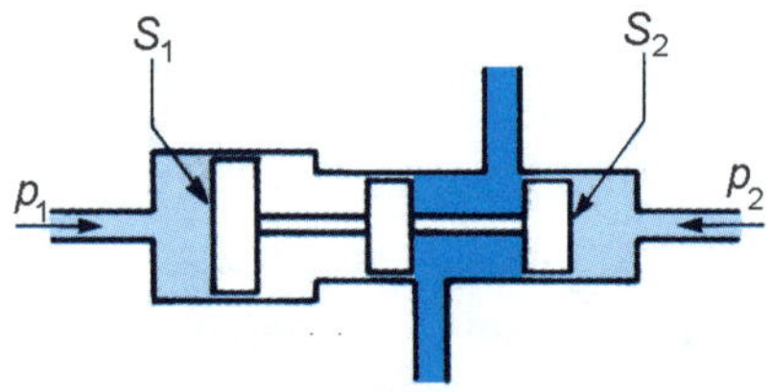

Figure 6.4C • Position d'équilibre si : $p_1S_1 = p_2S_2$

Comment les actions qui déterminent le déplacement des tiroirs sont-elles provoquées ?

Lorsque le sélecteur est en position A (automatique), le déplacement des tiroirs est conditionné par les informations communiquées par deux éléments antagonistes qui sont :

– un **détecteur de vitesse** du véhicule dont l'action tend à faire engager le rapport supérieur ;

– un **détecteur de position de la pédale d'accélérateur** (charge du moteur) dont l'action tend à s'opposer à l'engagement du rapport supérieur.

La **comparaison** de ces deux informations peut être effectuée :

– **électriquement**, par comparaison des tensions reçues des détecteurs électriques par un comparateur électronique ;

– **hydrauliquement**, par l'action de pressions variables, agissant aux deux extrémités des vannes ou tiroirs et provenant des détecteurs hydrauliques.

Principes de fonctionnement des éléments de détection électrique.

• **Information vitesse du véhicule.** Un petit alternateur appelé **gouverneur** (figures 6.5 et 6.6), entraîné en rotation par l'arbre secondaire de la boîte de vitesses, débite un courant dont la tension est proportionnelle à la vitesse du véhicule. La montée en tension favorise la commande de passage du rapport supérieur par le comparateur.

• **Information charge du moteur** (figures 6.7). Un **mécanisme à levier** fixé sur le gouverneur, commandé mécaniquement par la pédale d'accélérateur, modifie la position des masses polaires du gouverneur.

Ce mécanisme tend à s'opposer à l'élévation de tension. Son action est proportionnelle à l'enfoncement de la pédale d'accélérateur.

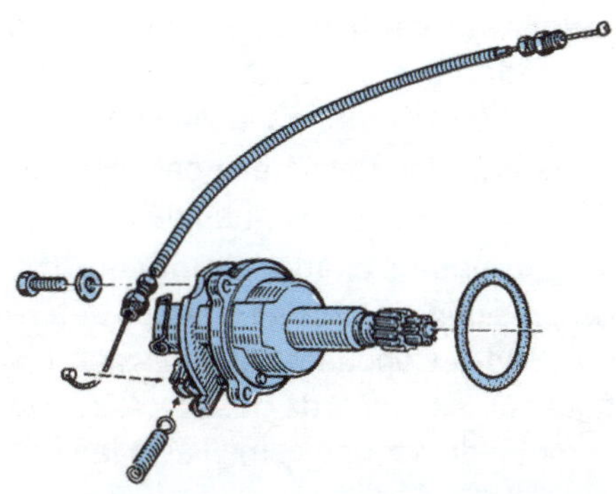

Figure 6.5 • Gouverneur (document Renault).

Figure 6.6A • Dessin de gouverneur en position facteur vitesse.

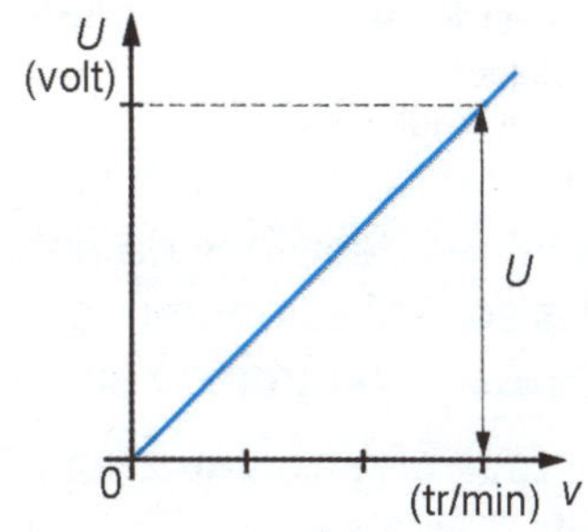

Figure 6.6B • Information vitesse.
La tension est proportionnelle à la vitesse du véhicule.

Figure 6.7A • Dessin de gouverneur en position facteur charge.

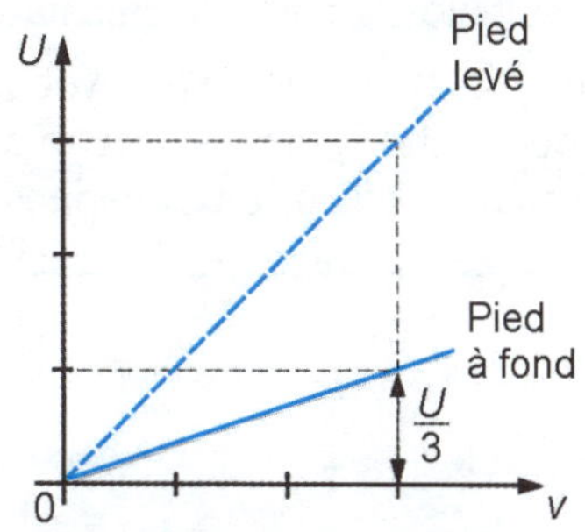

Figure 6.7B • Information charge.
Accélérateur à fond, la tension est diminuée d'environ 2/3.
Pour une vitesse de rotation donnée, il existe une plage de tension allant de pied levé à pied à fond.

Remarque

Ces deux systèmes de détection sont maintenant remplacés par des capteurs électroniques (charge et vitesse) qui informent le calculateur de commande de passage.

La transmission

1

Principes de fonctionnement des éléments de détection hydraulique.

• **Information vitesse du véhicule** (figure 6.8). Un **régulateur centrifuge**, entraîné en rotation par l'arbre secondaire, augmente la pression hydraulique (p_2), proportionnellement à la vitesse du véhicule.

Cette pression favorise le passage du rapport supérieur en agissant sur les vannes de commande.

• **Information charge du moteur** (figure 6.9). Un **tiroir de pression de charge moteur** détermine une pression qui tend à s'opposer à la pression du régulateur centrifuge sur les tiroirs de passage des vitesses. Ce tiroir est commandé par une came liée à la pédale d'accélérateur.

Remarque

Nous voyons que dans tous les cas, le fonctionnement des freins et des embrayages est commandé par un circuit hydraulique. Par contre, le circuit de servocommande à qui incombent les décisions de passage des vitesses est constitué d'un ensemble d'éléments qui peuvent être :
- en partie électriques et en partie hydrauliques (commande électrohydraulique) ;
- entièrement hydrauliques.

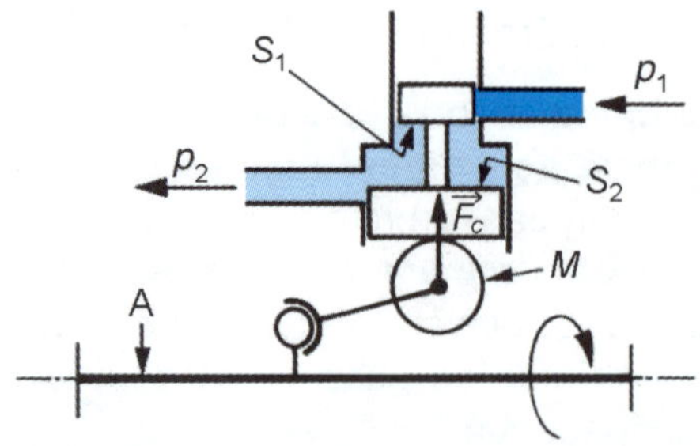

Figure 6.8 • Principe du régulateur centrifuge.

p_1 : pression principale de la pompe.
Lorsque la vitesse de rotation de l'arbre secondaire (A) augmente, le tiroir se déplace actionné par la force centrifuge $\vec{F_c}$ acquise par la masse ***M***. La position d'équilibre à toutes les pressions (régulation) est obtenue par la différence de section de S_1 et S_2.
Si p_2 augmente anormalement, la pression agit d'une manière plus importante sur S_2.
Le tiroir est repoussé en opposition avec *M*.
p_1 est à nouveau obturé.

Comment les décisions de passage des rapports sont-elles obtenues dans les boîtes de vitesses à commande électrohydraulique ?

Un **calculateur électronique** (figure 6.10) reçoit les informations suivantes :

- position du levier de vitesses ;
- position de la pédale d'accélérateur ;
- vitesse du véhicule, soit par ses propres capteurs, soit par multiplexage avec le calculateur d'injection.

Après analyse et comparaison avec un programme préétabli, il déclenche la mise en action d'un ou de plusieurs électropilotes accouplés à des vannes hydrauliques.

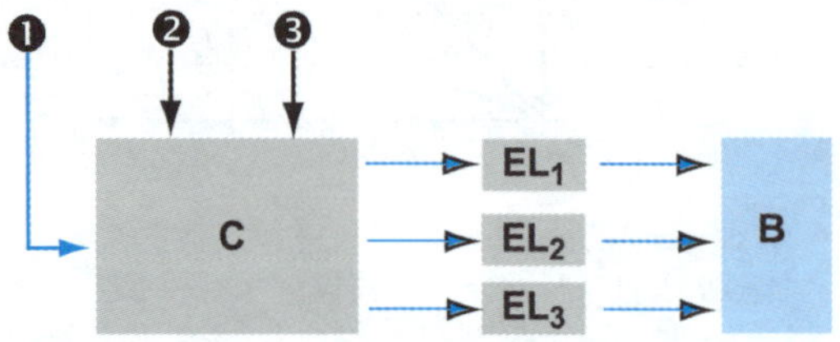

Figure 6.10 • Commande électrohydraulique.

❶ Informations sur le levier de vitesses.
❷ Informations sur la charge du moteur.
❸ Informations sur la vitesse du véhicule.
C. Calculateur électronique.
EL. Électropilotes.
B. Bloc hydraulique.

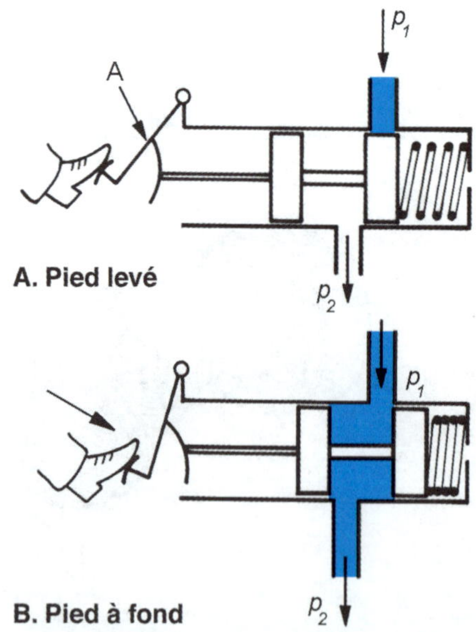

Figure 6.9 • Principe de fonctionnement du tiroir de pression de charge moteur.
(**A**) p_2 nulle. (**B**) p_2 maximale.

A. Accélérateur.
p_1. Pression d'alimentation.
p_2. Vers les vannes de commandes.

Quel est le rôle des électropilotes ?

Les électropilotes permettent de maintenir ou de diminuer la pression qui s'exerce à une des extrémités du tiroir de la **vanne de passage**, (VP) (figure 6.11). Les électropilotes agissent sur la vanne de passage en parallèle avec la **vanne manuelle** (VM).

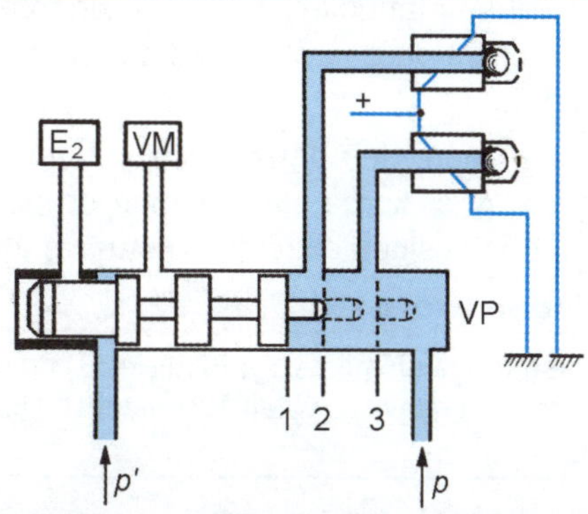

Figure 6.11 • La mise en fuite successive des deux électropilotes permet le passage de la deuxième et de la troisième vitesse.

Fonctionnement d'ensemble du circuit électrohydraulique (figure 6.13).

• **Position N** (*neutral*) ou point mort (figure 6.12). Le conducteur met le levier de sélection en position neutre. Il obtient simultanément :

– la mise à la masse des deux électropilotes (EL_1 et EL_2) ;
– le positionnement du tiroir de la vanne manuelle (VM) en N.

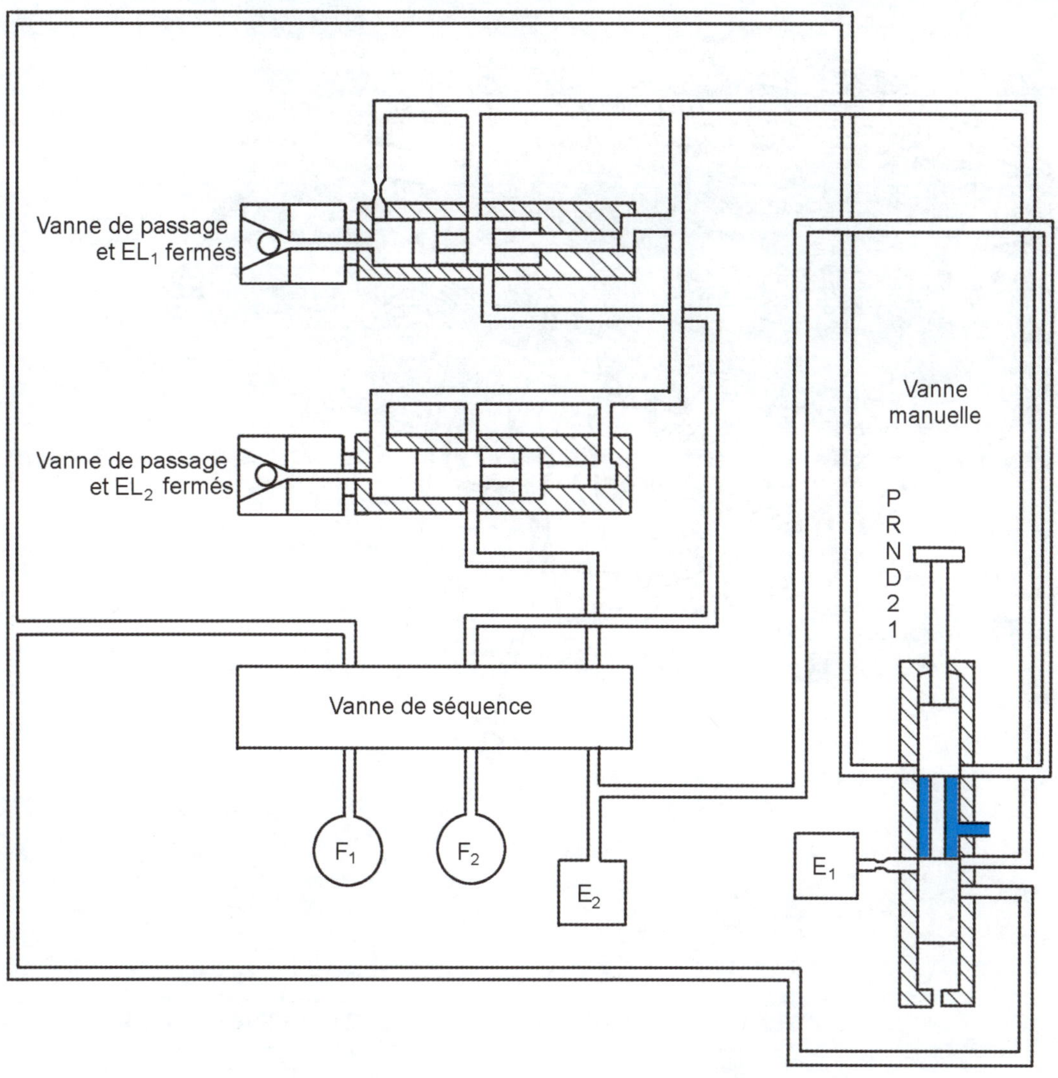

Figure 6.12 • Position point mort (document Renault).

1 La transmission

La vanne manuelle en cette position ne permet **aucune alimentation** des éléments de commande du train épicycloïdal.

Par ailleurs, les deux électropilotes étant obturés, la pression s'exerce sur la vanne de passage et la maintient en position extrême. **Aucun rapport n'est engagé.**

Remarque

Lorsque les éléments E_1, E_2, F_1 et F_2 doivent être desserrés, leurs alimentations sont mises en fuite ou en décharge.

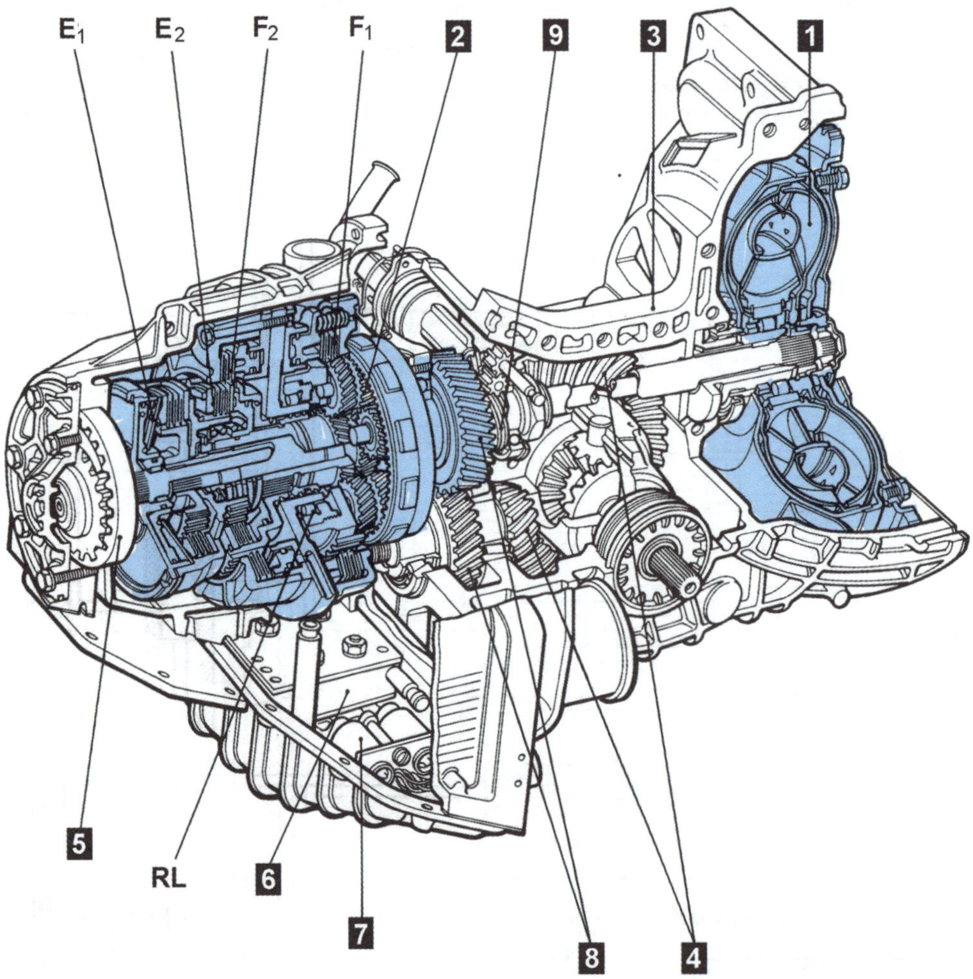

❶ Convertisseur de couple.
❷ Train épicycloïdal et ses éléments.
❸ Carter de différentiel.
❹ Pignon d'attaque. Couronne.
❺ Pompe à huile.
❻ Distributeur hydraulique.
❼ Électropilotes.
❽ Pignons de descente.
❾ Vis sans fin du gouverneur.
E_1 et E_2. Embrayage.
F_1 et F_2. Frein.
RL. Roue libre du train épicycloïdal.

Figure 6.13 • Boîte à commande électrohydraulique (document Renault).

• **Position automatique D ou A** (figure 6.14). Le levier de sélection est mis en position D ou A pour obtenir une conduite entièrement automatique.

On obtient simultanément :
– la position A du contacteur du comparateur qui n'assure plus de liaison électrique,
– le positionnement de la vanne manuelle en A.

• **Première automatique (sans charge)** (figure 6.14). Le véhicule est immobile, la tension du gouverneur est nulle et les électropilotes EL_1 et EL_2 sont alimentés.

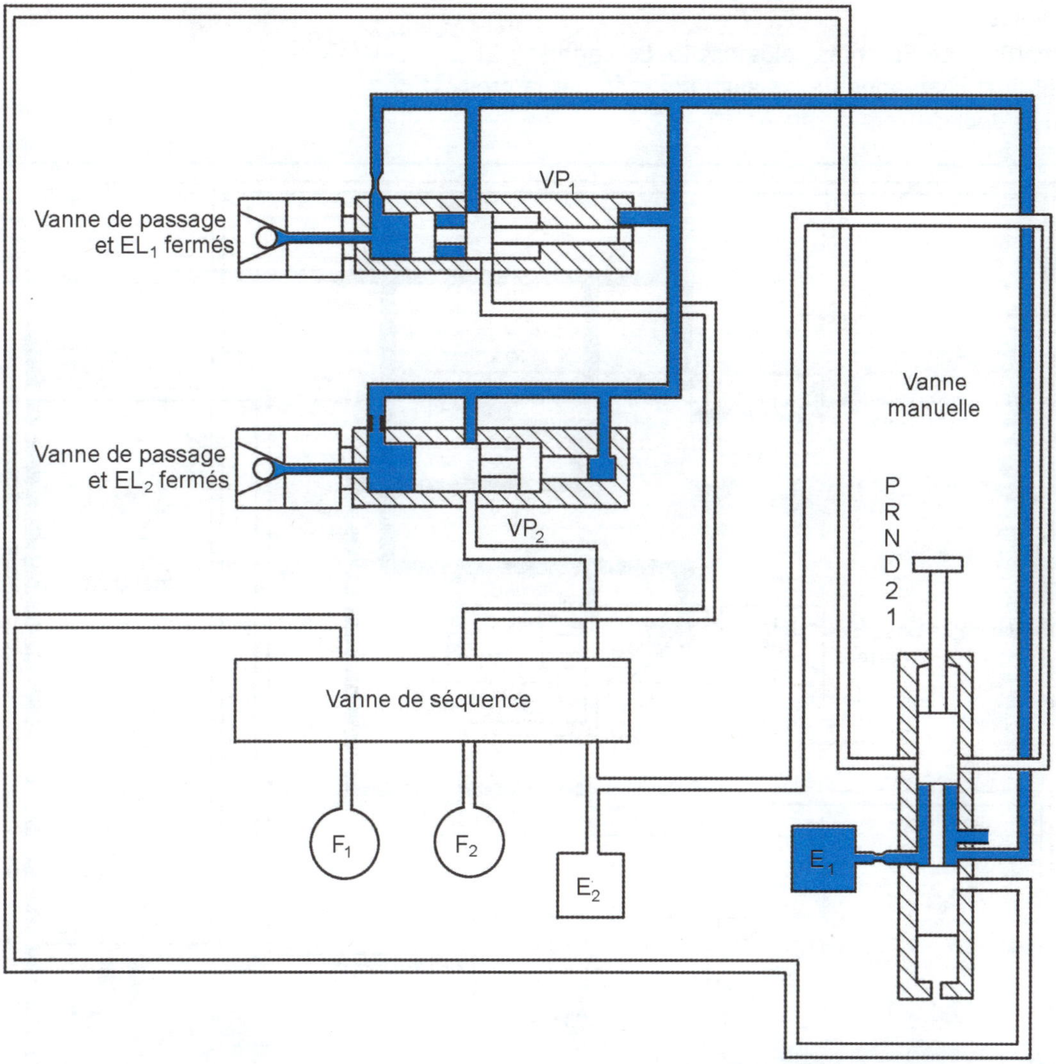

Figure 6.14 • Première automatique (document Renault).

Malgré son déplacement, la vanne manuelle conserve le circuit hydraulique précédent. De plus, elle permet l'alimentation directe de l'embrayage E_1. Ce même canal alimente la partie gauche de la vanne de passage (VP).

La section de gauche étant plus importante que celle de droite, la vanne de passage reste en position extrême droite. L'embrayage E_1 étant alimenté, la turbine est solidaire de P_1. Le porte-satellites se bloque sur sa roue libre.

À l'accélération, la voiture démarre sur le **premier rapport**. La voiture roule en première vitesse, la **tension du gouverneur croît** proportionnellement à la vitesse du véhicule.

• **Deuxième automatique** (figure 6.15). Lorsque la tension atteint la valeur prédéterminée, elle provoque le fonctionnement du dispositif de commande des électropilotes.

L'électropilote EL_1 n'est plus excité. Le canal de EL_1 étant libéré, la vanne de passage poussée par la pression se déplace vers la gauche.

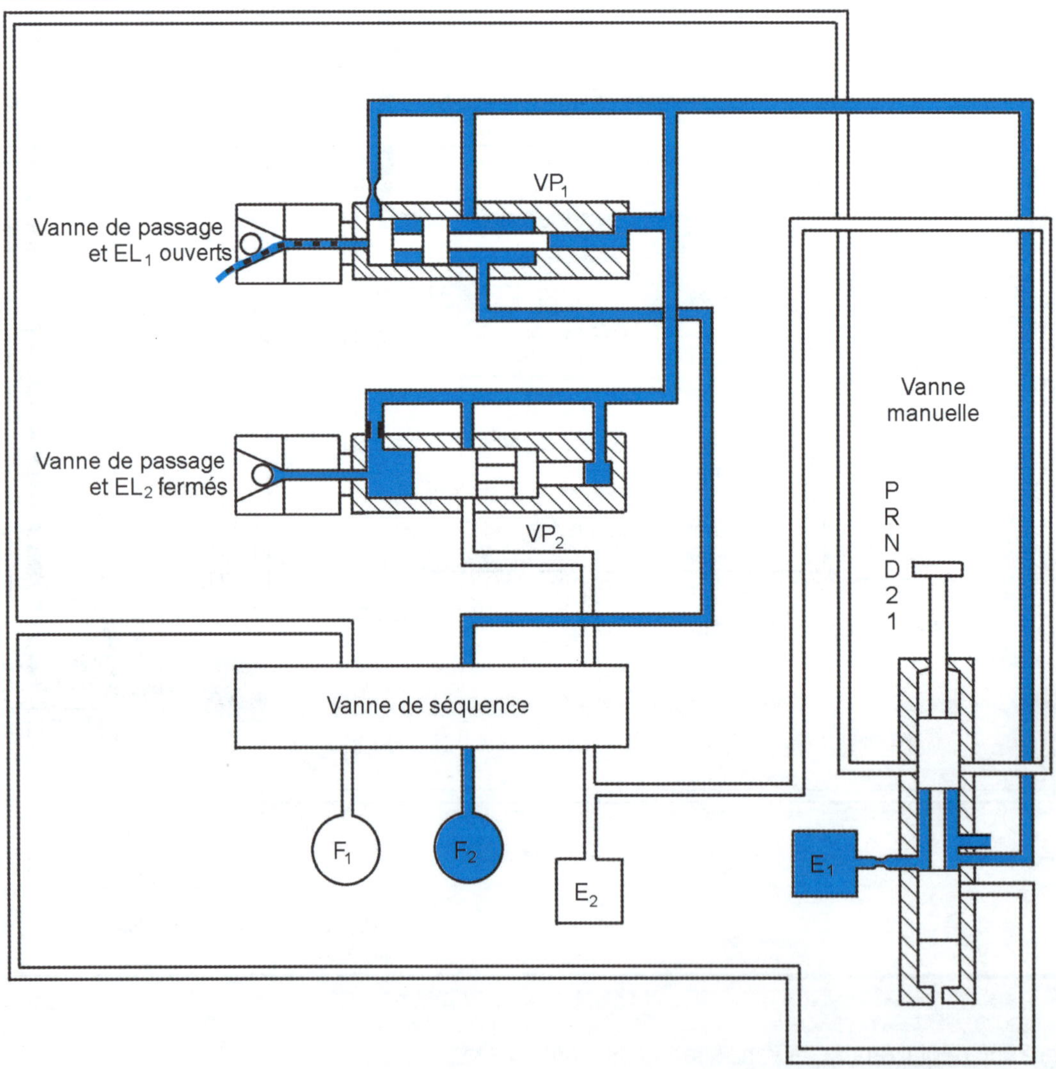

Figure 6.15 • Deuxième automatique (document Renault).

Le déplacement de la vanne de passage a ouvert au centre un canal de liaison avec la vanne manuelle (VM) qui alimente directement le frein F_2. L'embrayage E_1 est toujours alimenté et le frein F_2 est bloqué pour immobiliser P_2. La voiture est entraînée sur le **deuxième rapport**. La voiture roule en deuxième vitesse et la tension du gouverneur continue de s'accroître. Le comparateur déclenche l'ordre de passage en **troisième vitesse**.

EL_2 est mis en fuite. P_2 est moteur. P_1 reste moteur grâce à E_1. Les deux planétaires (de diamètre différent) tournent à la même vitesse. Le train épicycloïdal est donc bloqué et tourne d'une seule pièce : le rapport est 1. C'est la **prise directe**.

La rétrogradation s'effectue suivant le processus inverse.

Le circuit de commande permet de réaliser tous les programmes que nous avons énumérés plus haut, notamment :

– première, deuxième, troisième automatiques avec charge du moteur (entre pied levé et pied à fond) ;

– première imposée, deuxième imposée, parking, marche arrière.

Figure 6.16 • Boîte de vitesses automatique (document Citroën).

Mémo

- **Commande des embrayages et des freins**
  Chaque embrayage et frein, agissant sur le train épicycloïdal, sont actionnés par un récepteur hydraulique.
  Un bloc hydraulique, comprenant un ensemble de vannes, reçoit la pression d'une pompe et la dirige vers les différents récepteurs selon :
  – la position du sélecteur,
  – la vitesse du véhicule,
  – la position de la pédale d'accélérateur.
- **Mise en action des tiroirs de commande du bloc hydraulique**
  La mise en action des récepteurs est réalisée par le déplacement de tiroirs hydrauliques commandés :
  – mécaniquement par une vanne de sélection ;
  – hydrauliquement par des vannes automatiques.
- **Circuit de servocommande**
  Si, dans tous les cas, le circuit de commande des freins et embrayages est hydraulique, les circuits de servocommande auxquels incombent les décisions de passage des vitesses peuvent être :
  – en partie électriques et en partie hydrauliques (commande électrohydraulique) ;
  – entièrement hydrauliques (commande hydraulique).
- **Décision de passage des vitesses**
  Lorsque le sélecteur est en position A (automatique) ou D (*drive*), les décisions de passage des vitesses sont conditionnées par les informations données par :
  – un détecteur de vitesse du véhicule – gouverneur électrique ou régulateur centrifuge hydraulique – dont l'action tend à faire engager le rapport supérieur ;
  – un détecteur de charge moteur actionné par la pédale d'accélérateur : décalage des masses polaires du gouverneur produisant une chute de tension, ou tiroir hydraulique de pression de charge moteur, dont l'action tend à s'opposer au passage du rapport supérieur.
  – un potentiomètre informant le calculateur.

Testez vos connaissances

1. Dans une boîte de vitesses automatique, les freins et les embrayages sont commandés :

☐ **a.** mécaniquement
☐ **b.** hydrauliquement
☐ **c.** électriquement

2. Dans une boîte de vitesses automatique, le conducteur peut-il passer les vitesses manuellement ?

☐ **a.** oui
☐ **b.** non
☐ **c.** je ne sais pas

3. Un train épicycloïdal comportant 2 planétaires est appelé :

☐ **a.** train roulant
☐ **b.** train mobile
☐ **c.** train complexe

Pour aller plus loin

Expliquez le principe de fonctionnement d'un variateur de vitesses utilisé sur certains cyclomoteurs.

7 La motricité en virage et en tout terrain

Quels sont les problèmes posés par la motricité en virage ?

Lorsqu'un véhicule circule sur un sol plan, possède des roues identiques et également gonflées, une charge également répartie, on observe que :

• **en ligne droite**, le centre (G) du véhicule ainsi que les roues parcourent la même distance et ont donc la même vitesse ;

– **en virage** (figure 7.1), les mêmes éléments parcourent un arc de cercle de rayon :

– R_V pour le véhicule,

– R pour les roues gauches,

– r pour les roues droites.

Exemple

Dans le cas d'un virage à droite d'un quart de cercle, nous avons : $R_V = 6$ m ; $R = 7$ m ; $r = 5$ m.

– Pour les roues gauches, la distance parcourue sera :

$$L = \frac{\pi(2R)}{4} = \frac{3{,}14 \times (2 \times 7)}{4} = 10{,}99 \text{ m}$$

– Pour les roues droites, la distance parcourue sera :

$$\ell = \frac{\pi(2r)}{4} = \frac{3{,}14 \times (2 \times 5)}{4} = 7{,}85 \text{ m}$$

Par conséquent, en virage, les **vitesses** des roues droite et gauche sont **différentes**. Pour une même vitesse du véhicule, on observe :

– une **augmentation** de la vitesse des **roues extérieures** au virage,

– une **diminution** de la vitesse des **roues intérieures**.

Dans quelle mesure le même phénomène se produit-il en cas de différences de gonflage ou de charge ?

Une roue sous-gonflée, surchargée ou de diamètre inférieur voit son rayon de roulement **diminuer** ainsi que son développement (figures 7.2 et 7.3).

Exemple

– Roue gauche normalement gonflée : $r = 0{,}30$ m.

– Roue droite sous-gonflée : $r' = 0{,}29$ m.

Développement de la roue gauche :

$3{,}14 \times 2 \times 0{,}30 = 1{,}88$ m

Développement de la roue droite :

$3{,}14 \times 2 \times 0{,}29 = 1{,}82$ m

Soit une différence de : $1{,}88 - 1{,}82 = 0{,}06$ m.

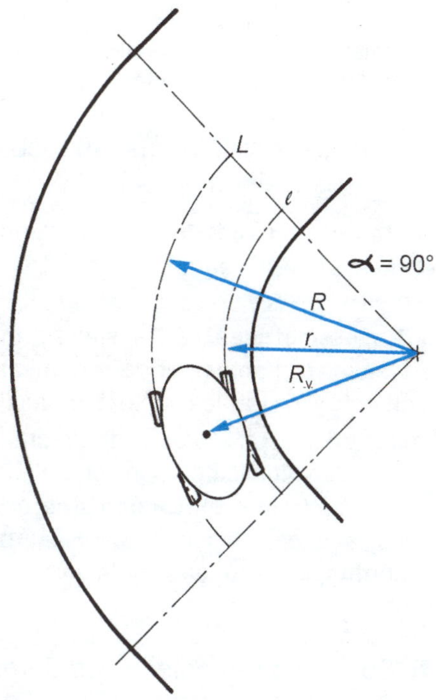

Figure 7.1 • Vitesse des roues en virage.

R_V : rayon de l'arc de cercle parcouru par le centre du véhicule.
R : rayon de la trajectoire de la roue gauche.
r : rayon de la trajectoire de la roue droite.
L : distance parcourue par la roue gauche.
ℓ : distance parcourue par la roue droite.

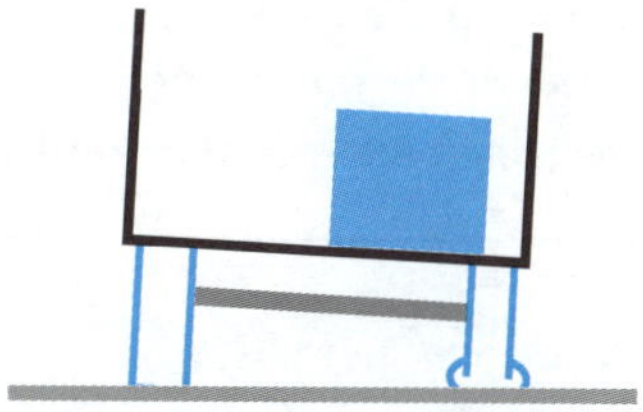

Figure 7.2 • Surcharge d'un pneumatique par mauvaise répartition de la charge.

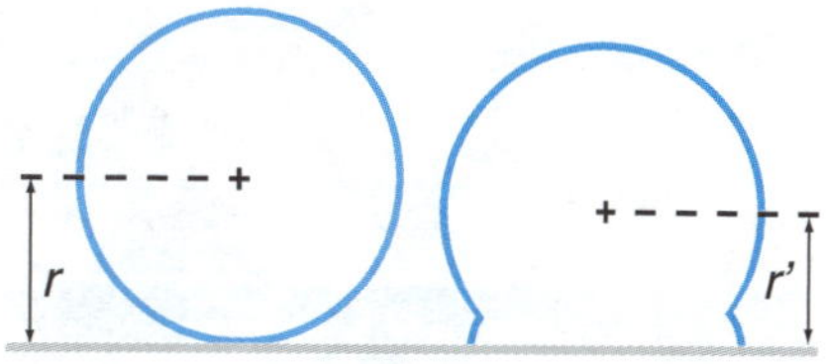

Figure 7.3 • Effet du sous-gonflage ou de la surcharge sur le rayon de roulage d'un pneumatique.

1 La transmission

La roue droite devra donc tourner plus vite que la roue gauche pour parcourir la même distance.
Le comportement des roues, dans ce cas, est le même que dans le cas d'un léger virage à gauche.

Quelles sont les conséquences de ces phénomènes ?

• **Roues non motrices.** Ces roues, étant indépendantes, peuvent tourner librement à des vitesses différentes.

• **Roues motrices.** La transmission de l'effort moteur aux roues s'effectue par deux demi-arbres de transmission entraînés par le couple démultiplicateur.

Si ces deux demi-arbres sont directement solidaires du couple démultiplicateur, on constate :
– une contrainte en **torsion des arbres**, notamment importante dans les manœuvres sur place ;
– un **ripage des pneus** sur le sol, affectant la tenue de route.

Comment remédier à ces défauts ?

Un mécanisme appelé **différentiel** (figure 7.4A) est interposé entre le couple démultiplicateur et les deux demi-arbres de roues.

Sa fonction est de permettre aux deux roues motrices d'un même essieu de tourner à des vitesses différentes en conservant une répartition de l'effort à chaque roue.

Quels sont les éléments qui constituent le différentiel ?

Le différentiel (figure 7.4B) est formé d'un **train épicycloïdal** de forme particulière, dont les engrenages sont de type à axes **concourants**.

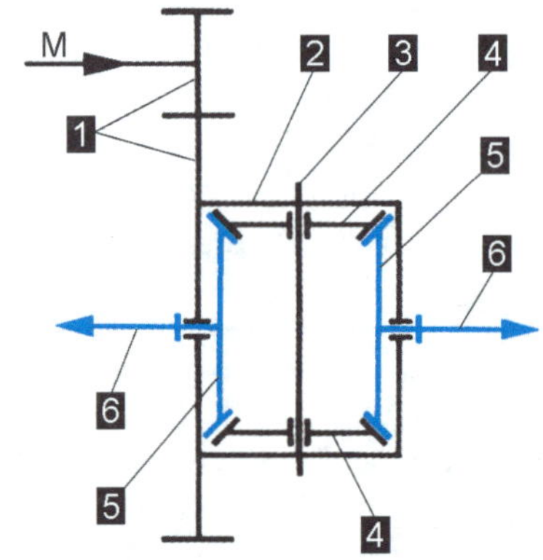

Figure 7.4A • Mécanisme différentiel.

M. Pignon moteur.
❶ Couple démultiplicateur.
❷ Boîtier de différentiel.
❸ Axe porte-satellites.
❹ Satellites.
❺ Planétaires.
❻ Arbres de transmission ou arbres de roues.

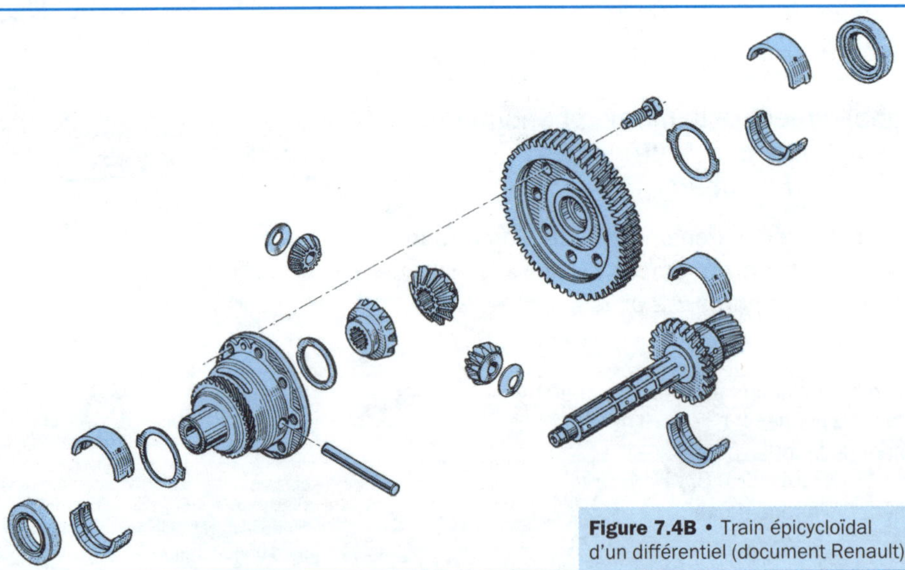

Figure 7.4B • Train épicycloïdal d'un différentiel (document Renault).

Le différentiel comprend :
- un boîtier de différentiel solidaire de la couronne du couple démultiplicateur ;
- deux planétaires (P_1 et P_2) liés en tous sens aux demi-arbres de transmission. Ils tournent librement dans les paliers pratiqués dans le boîtier de différentiel ;
- deux satellites (S) en contact par leur denture avec les deux planétaires et montés fous sur leur axe ;
- un axe porte-satellites (PS) solidaire du boîtier de différentiel.

Quel est le principe de fonctionnement d'un différentiel ?

Comme dans tout train épicycloïdal, pour qu'il y ait transmission, il faut :
- un élément **moteur**,
- un élément **de réaction** (point d'appui),
- un élément **récepteur**.

Si deux des éléments tournent à la même vitesse, le train est bloqué et transmet au rapport 1.

- **Comportement en ligne droite** (figure 7.5).

L'élément moteur est l'axe porte-satellites (PS). Les couples $\mathscr{C}_{r_1}$ et $\mathscr{C}_{r_2}$ appliqués aux planétaires sont égaux. Le train épicycloïdal est bloqué et tourne comme un seul élément. Entraînés par les satellites, P_1 et P_2 tournent à des vitesses identiques.

- **Comportement en virage** (figure 7.6).

PS est toujours moteur. $\mathscr{C}_{r_1}$ et $\mathscr{C}_{r_2}$ sont différents par ralentissement d'une roue et accélération de l'autre. Les satellites S tournent légèrement sur leur axe tel que la vitesse perdue par une roue est transmise à l'autre roue.

La vitesse moyenne des deux roues reste égale à la vitesse de l'axe porte-satellites (boîtier 2).

Quels sont les inconvénients du différentiel ?

Le principe étant basé sur la réaction des planétaires grâce à l'adhérence des pneus sur le sol, la **transmission n'est plus assurée** si, pour une raison quelconque, l'adhérence diminue ou disparaît sur une des roues (figure 7.7).

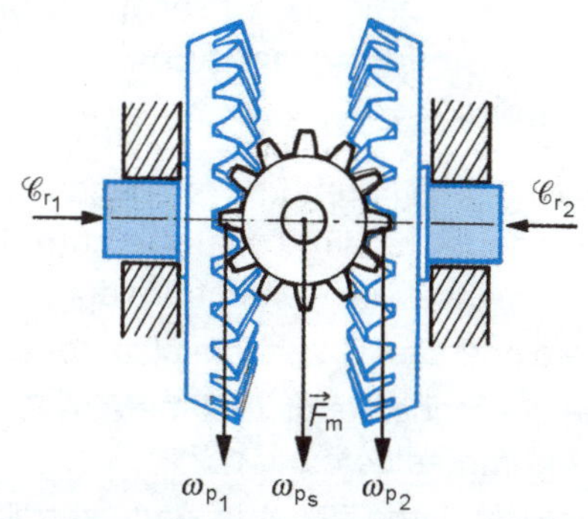

Figure 7.5 • Fonctionnement du différentiel.

$\mathscr{C}_r$: couple résistant des arbres de roues.
$\vec{F}_m$: force motrice.
ω_P : vitesses planétaires.
ω_{PS} : vitesses porte-satellites.
En ligne droite : $\omega_{P_1} = \omega_{P_2} = \omega_{PS}$ (si $\mathscr{C}_{r_1} = \mathscr{C}_{r_2}$)

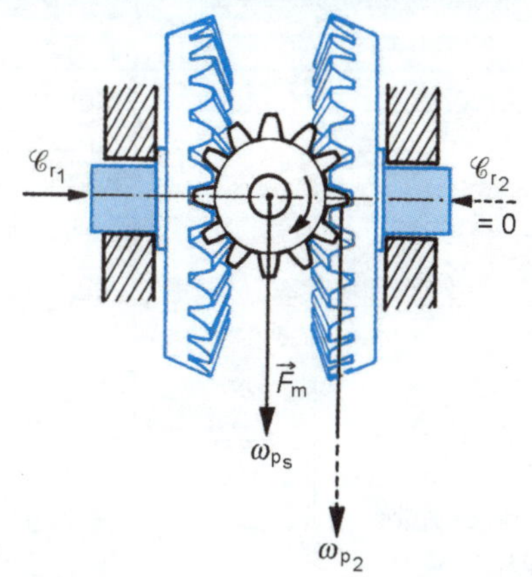

Figure 7.6 • Fonctionnement en virage :
$\omega_{P_1} = \omega_{PS} - \omega_S$
$\omega_{P_2} = \omega_{PS} + \omega_S$

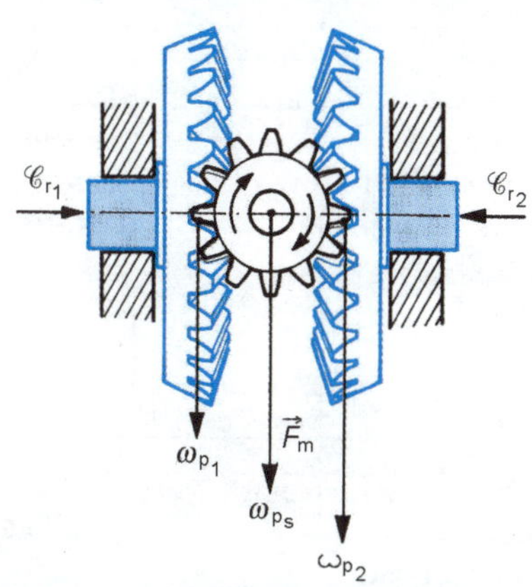

Figure 7.7 • Inconvénient du différentiel : si $\mathscr{C}_{r_2} = 0$, P_1 devient point de réaction.

PS. Moteur.
S : roule sur P_1.
P_2 : récepteur tourne à $\omega_{P_2} = \omega_{PS} + \omega_S = 2\omega_{PS}$.

Quelles sont les différentes phases de fonctionnement possibles d'un différentiel (figure 7.8) ?

Pour bien comprendre les phénomènes observés, il est nécessaire de faire l'analogie entre le différentiel et un train épicycloïdal élémentaire dont :

– le planétaire (P) serait le planétaire (P_1) du différentiel ;

– la couronne serait le planétaire P_2 (sans tenir compte des nombres de dents) ;

– les satellites (S) et le porte-satellites (PS) conserveraient les mêmes fonctions.

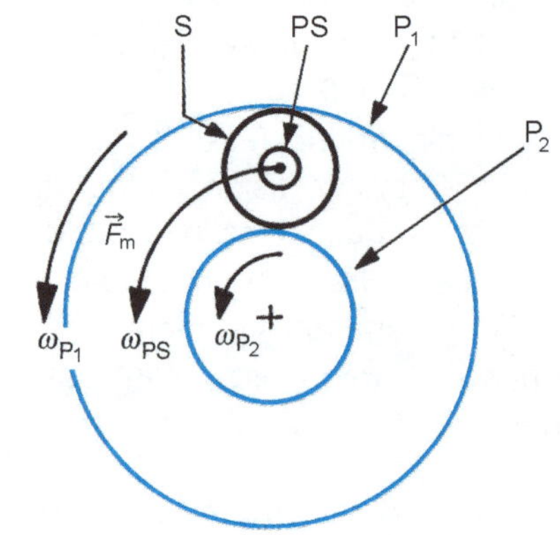

Figure 7.8 • Analogie entre le différentiel et le train épicycloïdal élémentaire.

Le tableau ci-dessous met en évidence cette analogie pendant les différentes phases de fonctionnement.

Phases de fonctionnement	PS	S	P_1	P_2	Résultat	Analogie avec train épicycloïdal élémentaire
Adhérences des deux roues égales ; résistances de P_1 et P_2 identiques	Moteur	Moteur par sa denture ; ne tourne pas	Tournent à des vitesses identiques : $\omega_{P_1} = \omega_{P_2} = \omega_{PS}$		Le train épicycloïdal tourne comme un seul élément	**Fig. 7.9A** 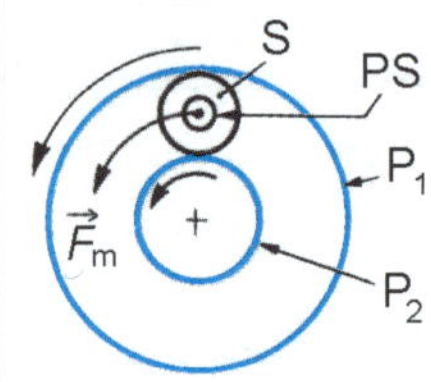
En virage (adhérence égale) : résistances de P_1 et P_2 identiques	Moteur	Moteur par sa denture ; tourne sur lui-même	Tournent à des vitesses différentes : $\omega_{P_1} = \omega_{PS} \cdot \omega_S$ $\omega_{P_2} = \omega_{PS} + \omega_S$		La motricité reste constante malgré les différences de vitesses	**Fig. 7.9B** 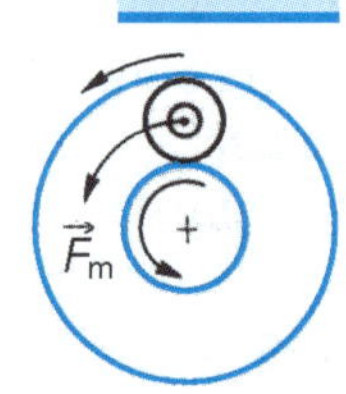
Mauvaise adhérence : sol meuble ou une roue levée ; résistance de P_1 nulle	Moteur	Tourne sur lui-même et roule sur P_2	Tourne deux fois plus vite que PS	Ne tourne pas ; réaction	Le véhicule reste sur place	**Fig. 7.9C** 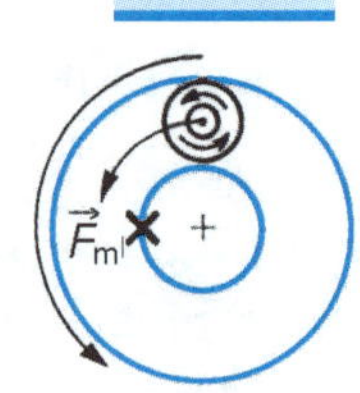
Une roue est levée ; entraînement à la main de la roue levée	Récepteur	Roule sur P_2 ; PS est entraîné avec démultiplication	Moteur	Élément de réaction	Si une vitesse est engagée, le moteur, lié à PS, est entraîné	**Fig. 7.9D** 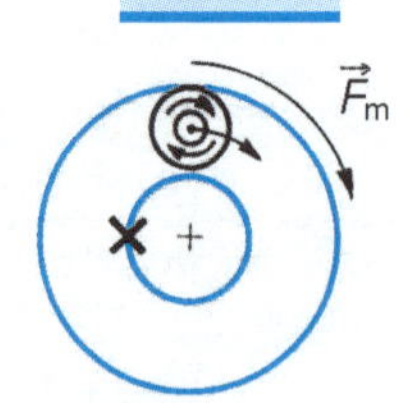

Peut-on remédier à l'immobilisation du véhicule par manque d'adhérence d'une roue ?

La motricité ne peut être assurée que par le blocage du différentiel (figure 7.10).

Le blocage du différentiel consiste à rendre un des planétaires solidaire du boîtier de différentiel, donc de PS, ce qui a pour effet de bloquer le train épicycloïdal. Le planétaire et le porte-satellites tournant à la même vitesse empêchent toute rotation du satellite sur lui-même. Ce dernier entraîne, par sa denture, le second planétaire.

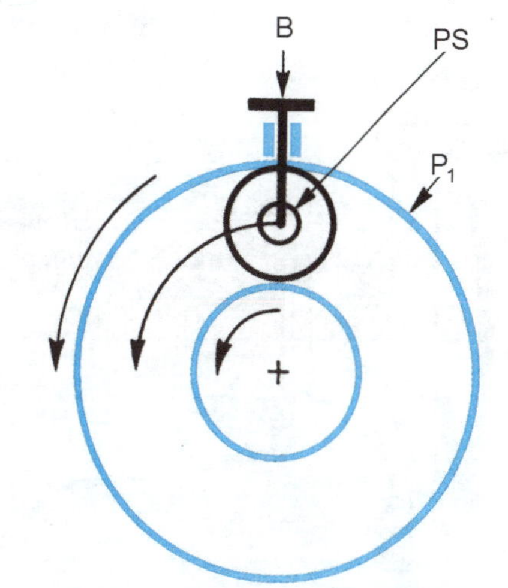

Figure 7.10 • Blocage du différentiel : principe. B rend solidaires P_1 et PS.

Comment le blocage du différentiel est-il réalisé ?

Le dispositif comprend (figures 7.11 et 7.12) :
– un craboteur lié en rotation à un des arbres de roues et libre en translation grâce à des cannelures ;
– une denture à crabots montée sur le boîtier de différentiel.

Lorsque le conducteur agit sur le levier de blocage du différentiel, une **fourchette**, à commande directe ou assistée, **déplace le craboteur** qui vient s'engrener avec la denture du boîtier de différentiel.

La manœuvre doit être effectuée à l'arrêt car, pendant le patinage d'une roue, la différence de vitesse importante entre le boîtier et l'arbre de roue interdit la manœuvre.

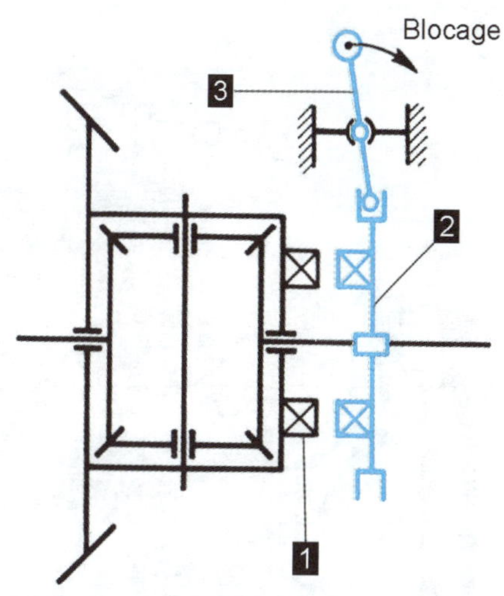

Figure 7.11 • Blocage du différentiel : réalisation.

❶ Denture à crabots solidaire du boîtier de différentiel.
❷ Craboteur lié en rotation avec un des arbres de transmission, libre en translation.
❸ Levier de commande du blocage.

Qu'appelle-t-on pont auto-bloquant ?

Il s'agit d'un pont dont le différentiel comporte un dispositif de blocage qui entre automatiquement en action dès que la différence de vitesse d'un arbre de roue par rapport à l'autre arbre devient trop importante.

Son principe est fondé sur l'action de la **force centrifuge** qui agit sur un ou plusieurs patins de freins ou d'embrayage.

Ces patins sont solidaires des arbres de roues. Les tambours de frottement sont solidaires du boîtier.

Quels sont les problèmes posés par la motricité en tout terrain ?

Si, du fait d'une pente trop prononcée ou de l'inconsistance du terrain, la **résistance du sol** devient **inférieure** à l'effort exercé par les roues motrices, les roues patinent. Le véhicule n'avance plus.

La force d'adhérence, sur un sol donné, étant proportionnelle au poids porté par les essieux, la solution consiste à **rendre les deux essieux moteurs** afin de répartir l'effort sur les quatre roues dans les cas difficiles.

1

La transmission

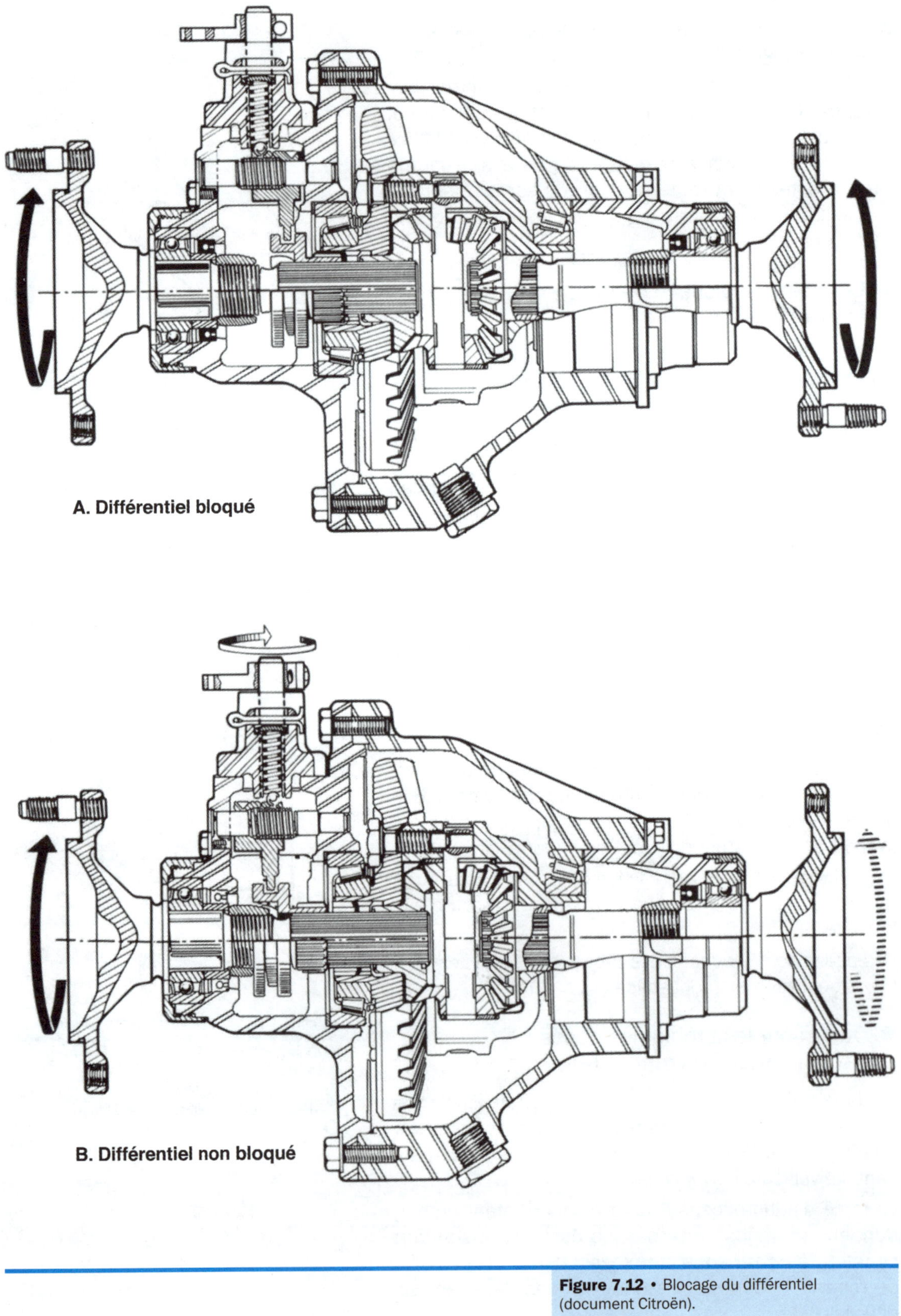

Figure 7.12 • Blocage du différentiel (document Citroën).

On appelle **4 x 4** un véhicule dont quatre roues sur quatre sont motrices et **4 x 2** lorsque, sur les quatre roues, deux seulement sont motrices.

Quelles sont les dispositions technologiques qui permettent de rendre motrices les quatre roues d'un véhicule ?

On distingue deux sortes de 4 x 4 :

– les véhicules qui fonctionnent en permanence avec les quatre roues motrices ;

– les véhicules pouvant fonctionner en 4 x 2 et en 4 x 4. Dans ce cas, le passage d'un mode de transmission à l'autre est obtenu par une boîte de transfert dont la manœuvre est indépendante du levier de vitesses.

Quelles sont les conséquences de la motricité des quatre roues ?

En 4 x 2, le couple moteur appliqué aux roues est réparti sur les deux roues motrices (compte tenu du rapport total de démultiplication).

En 4 x 4, le couple moteur après démultiplication sera réparti sur les quatre roues.

Il est apparu nécessaire, pour les utilisations exceptionnelles (très fortes pentes), d'**augmenter le couple disponible** à chaque roue. À cet effet, les véhicules 4 x 4 pour tout terrain sont équipés d'un **réducteur** supplémentaire actionné par le conducteur grâce à un levier. Le réducteur situé dans la boîte de transfert est en série avec la boîte de vitesses et le pont.

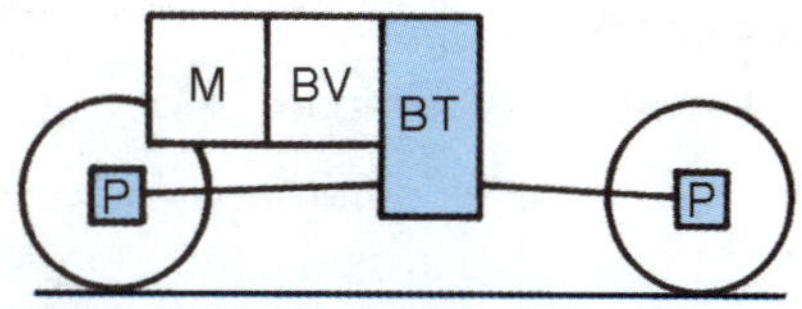

Figure 7.13 • Motricité des quatre roues.

M. Moteur.
BV. Boîte de vitesses.
BT. Boîte de transfert.
P. Ponts avant et arrière.

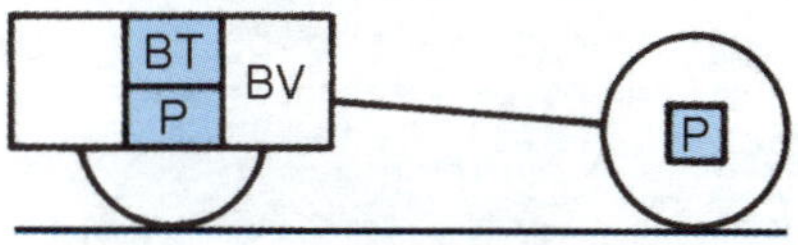

Figure 7.14 • Motricité des quatre roues. Disposition boîte/pont avant et pont arrière.

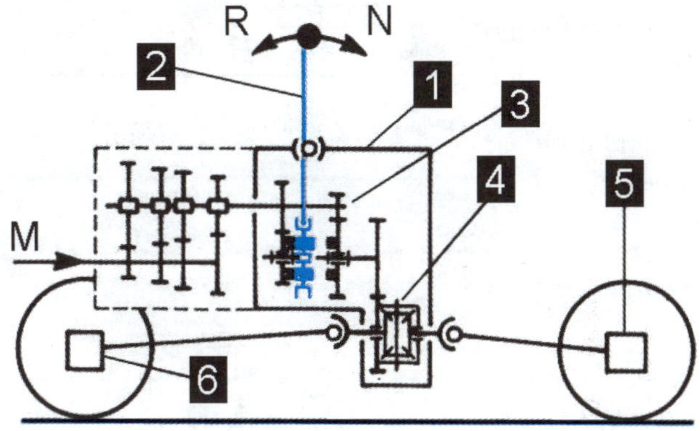

❶ Boîte de transfert.
❷ Commande du réducteur.
❸ Engrenage réducteur.
❹ Différentiel de boîte de transfert.
❺ Pont arrière.
❻ Pont avant.
N. Transmission normale.
R. Transmission « réductée ».
M. Arbre moteur.

Figure 7.15 • Boîte de transfert : réalisation.

1

La transmission

Le rapport de démultiplication total en vitesse « réductée » est donc égal à :

rapport de BV × rapport réducteur × rapport de pont

En utilisation, les différences possibles des vitesses des roues avant par rapport aux roues arrière imposent la présence d'un différentiel intermédiaire. Ce troisième différentiel est situé dans la boîte de transfert entre les arbres de transmission avant et arrière. Il peut être commandé manuellement ou être autoblocant.

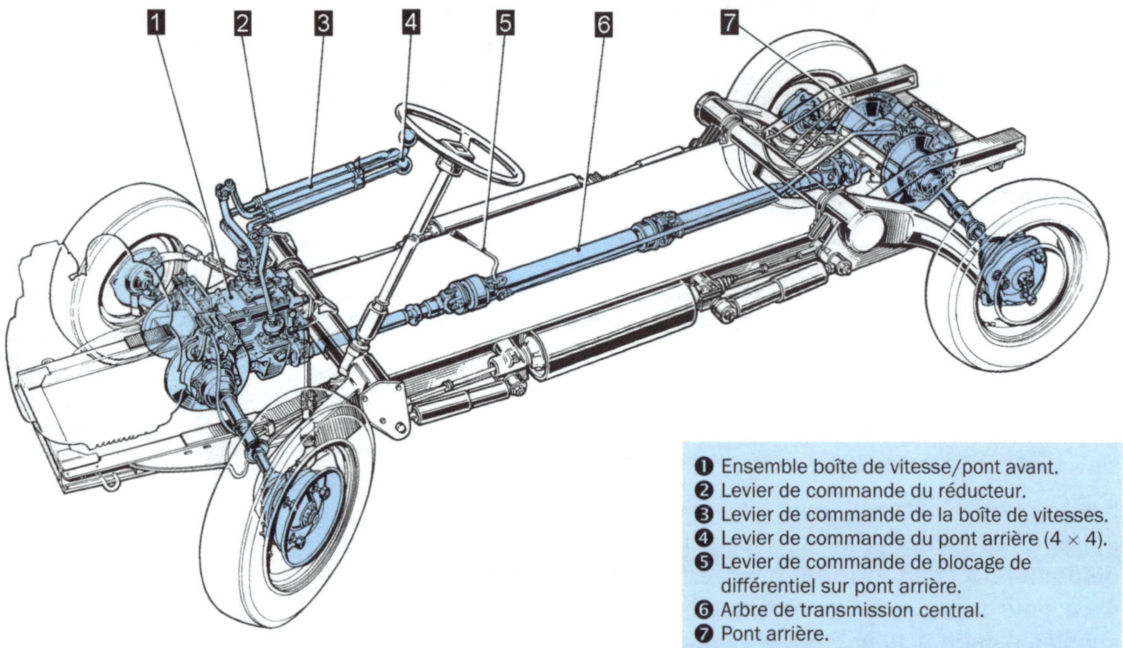

❶ Ensemble boîte de vitesse/pont avant.
❷ Levier de commande du réducteur.
❸ Levier de commande de la boîte de vitesses.
❹ Levier de commande du pont arrière (4 × 4).
❺ Levier de commande de blocage de différentiel sur pont arrière.
❻ Arbre de transmission central.
❼ Pont arrière.

Figure 7.16 • Méhari 4 × 4 (document Citroën).

Comment la transmission aux roues motrices est-elle réalisée ?

Le **moteur** est toujours **solidaire du châssis**. Les roues sont en contact avec le sol. Un mouvement relatif entre le châssis et les roues est nécessaire pour permettre la **suspension**.

Il faut donc prévoir un ou plusieurs **points d'articulation** sur la transmission entre le moteur et les roues, selon la disposition des éléments (figure 7.16, ci-dessus).

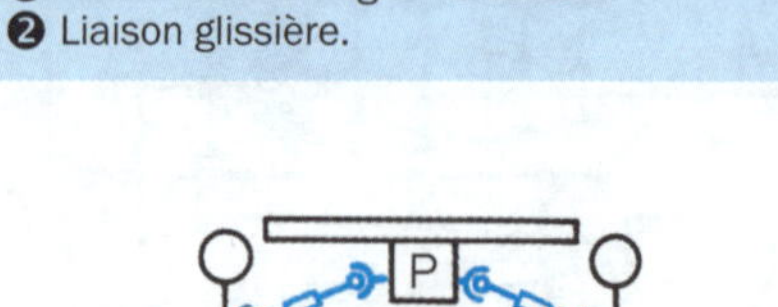

Figure 7.17 • Moteur avant propulsion AR. Pont non suspendu.

❶ Rotation sous angles variables.
❷ Liaison glissière.

Quels sont les points d'articulation possibles de la transmission ?

Plusieurs cas sont possibles.

- **Moteur à l'avant, propulsion arrière :**

– pont solidaire de l'essieu arrière, pont non suspendu (figure 7.17),

– pont solidaire du châssis, pont suspendu (figure 7.18).

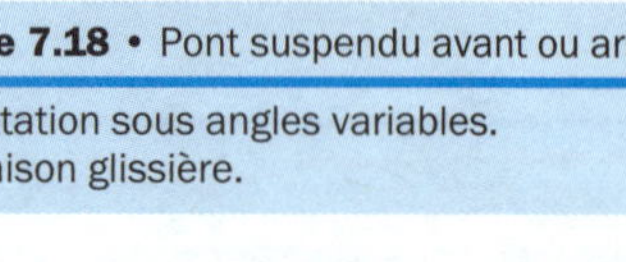

Figure 7.18 • Pont suspendu avant ou arrière.

❶ Rotation sous angles variables.
❷ Liaison glissière.

• **Tout à l'arrière.** L'ensemble moteur-boîte-pont est nécessairement suspendu. La transmission doit permettre des débattements verticaux (voir la figure 7.18).

• **Tout à l'avant :**
– débattements verticaux (suspension) ;
– mouvements horizontaux (braquage des roues).

Quelles sont les conditions à remplir par les arbres de transmission ?

Ils doivent permettre :
– de transmettre le mouvement de **rotation** à des **arbres non coaxiaux** (figure 7.19) ;
– une **liaison glissière** afin de compenser les différences de longueur des arbres provoquées par leurs mouvements angulaires.

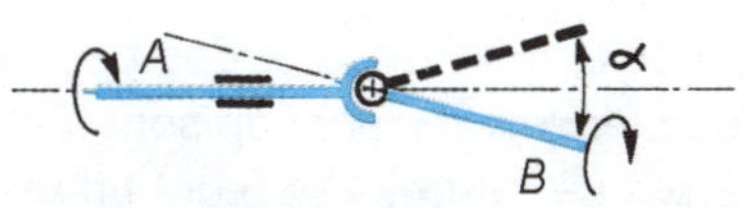

Figure 7.19 • Mouvement angulaire α de *B*. Arbres *A* et *B* non coaxiaux.

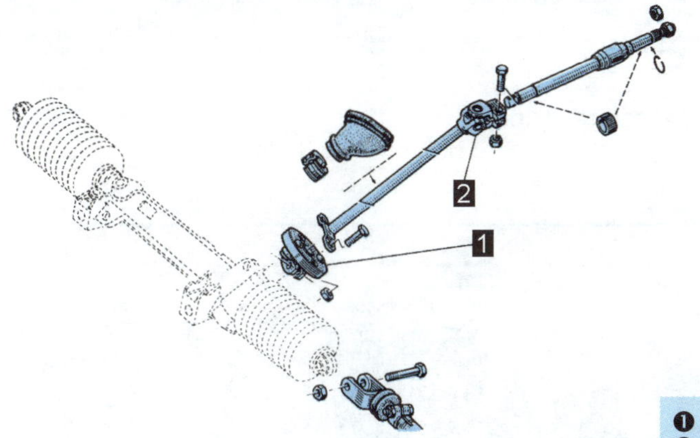

❶ Joint type « flector ».
❷ Joint de cardan.

Figure 7.20 • Articulation de la colonne de direction (document Renault).

Quelles sont les dispositions technologiques utilisées ?

On peut rencontrer pour les faibles variations angulaires (figure 7.20) :

– des joints **élastiques à déformation** (type « flector ») ;

– des **joints de cardan**.

Pour les grandes variations angulaires, des joints **doubles** de cardan ou homocinétiques.

Quel est le principe du joint de cardan ?

Les deux arbres *A* et *B* (figure 7.21) sont terminés par une fourche qui tourillonne sur un croisillon ❷.

Quel est l'inconvénient du joint de cardan ?

Pour un mouvement **uniforme** de *A* et une position angulaire α de *B* par rapport à *A*, on constate que le mouvement de *B* n'est pas uniforme et que ce défaut est proportionnel à la valeur de α. Pour un tour, la

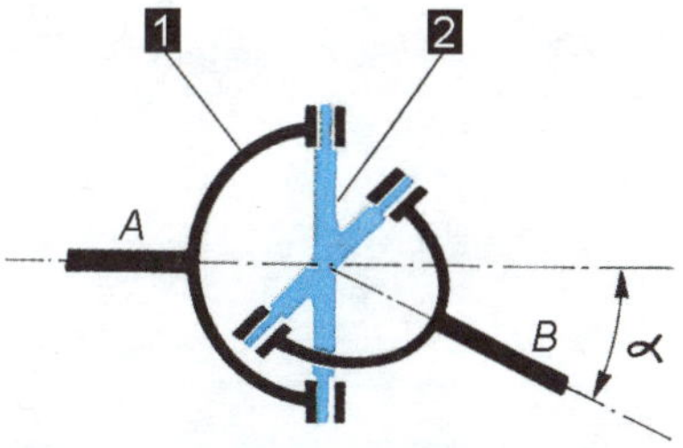

Figure 7.21 • Joint de cardan.

❶ Fourche.
❷ Croisillon.
α : angle de transmission.

vitesse de $\vec{B}$ passe par deux maxima et deux minima (efforts de torsion).

Pour pallier cet inconvénient, on dispose deux joints de cardan dont le montage est tel que (figure 7.22) :

- les fourches de *A* et *B* sont dans le même plan ;
- l'arbre intermédiaire *C* fait travailler chaque cardan sous un angle β égal à la **moitié** de l'angle formé par *A* et *B* ;
- la position symétrique des deux cardans fait que les défauts engendrés par l'un sont annulés par des défauts opposés de l'autre. *A* et *B* ont un **mouvement uniforme**.

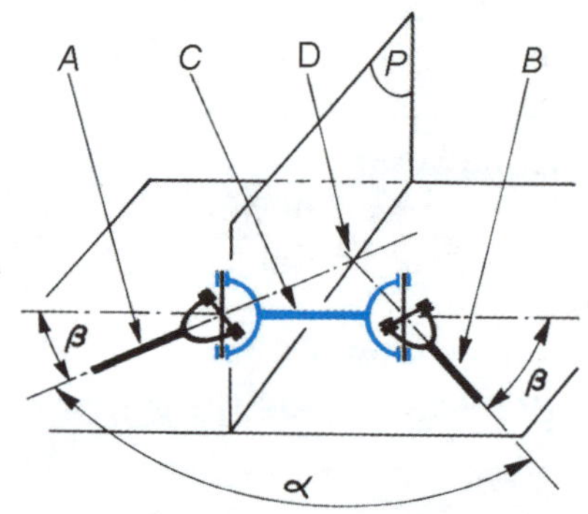

Figure 7.22 • Joint double de cardan ou homocinétique.

***A* et *B*.** Arbres de transmission.
C. Arbre intermédiaire.
D. Intersection des axes *A* et *B*.
***P*.** Plan de symétrie.
α : angle formé par *A* et *B*.
$\beta = \frac{\alpha}{2}$

Qu'appelle-t-on joint homocinétique ?

Un joint homocinétique est un **joint double** de cardan dont l'arbre intermédiaire est réduit à son strict minimum. Les deux joints sont réunis dans un seul élément.

Le joint homocinétique peut être :
- à double croisillon,
- à croisillon à trois branches sur glissière (tripode ; figure 7.23).

Figure 7.23 • Joint de transmission homocinétique tripode (document Renault).

Mémo

- **Différentiel**

Les roues motrices doivent pouvoir tourner à des vitesses différentes en cas de : virage, sous-gonflage, différence de diamètre des roues, charge mal répartie, inégalités du sol.
Le différentiel permet aux deux roues motrices d'un même essieu de tourner à des vitesses différentes en conservant une répartition de l'effort à chaque roue.
Le différentiel comprend :
– un boîtier lié en tous sens à la couronne du couple démultiplicateur ;
– un porte-satellites, solidaire du boîtier et tournant avec lui ;
– deux satellites montés fous sur l'axe porte-satellites dont les dentures permettent l'entraînement des planétaires ;
– deux planétaires, solidaires chacun d'un arbre de roue et tournant dans les paliers du boîtier.
Grâce à ce mécanisme, lorsqu'une roue fait un tour de plus que le boîtier, l'autre fait un tour de moins.

- **Blocage du différentiel**

Lorsqu'une des roues manque d'adhérence, elle patine et le véhicule reste sur place.
Le blocage du différentiel permet de solidariser un planétaire avec le boîtier de différentiel, ce qui a pour effet de bloquer le train épicycloïdal. La commande peut être manuelle ou automatique.

- **Véhicule à quatre roues motrices**

On appelle 4 × 4 un véhicule dont les quatre roues sont motrices, et 4 × 2 lorsque sur quatre roues, deux seulement sont motrices.
La transmission est assurée aux ponts avant et arrière par une boîte de transfert, qui permet, par une commande manuelle, d'utiliser le véhicule en 4 × 2 ou en 4 × 4. Elle peut également comporter un réducteur dont le rôle est d'augmenter temporairement le couple appliqué aux quatre roues pour le franchissement de fortes pentes.

- **Joints de transmission**

La transmission sous des angles variables peut être assurée par :
– des joints élastiques à déformation,
– des joints simples de cardan,
– des joints homocinétiques.
Un joint homocinétique est un joint double de cardan dont l'arbre intermédiaire a été réduit afin que les deux joints soient réunis en un seul élément et dont les vitesses des arbres d'entrée et de sortie sont uniformes.

Testez vos connaissances

1. Dans un virage, les roues intérieures au virage tournent, par rapport aux roues extérieures :

☐ **a.** plus vite
☐ **b.** moins vite
☐ **c.** à la même vitesse

2. Dans un véhicule à moteur transversal, le pont est constitué d'un :

☐ **a.** engrenage simple
☐ **b.** train épicycloïdal
☐ **c.** couple conique

3. Dans un véhicule à moteur longitudinal, le pont est constitué d'un :

☐ **a.** engrenage simple
☐ **b.** train épicycloïdal
☐ **c.** couple conique

Testez vos connaissances

4. Avec un pont classique, si une roue motrice patine, le véhicule :

- ☐ **a.** reste sur place
- ☐ **b.** avance plus lentement
- ☐ **c.** avance normalement

5. Avec un pont autoblocant, si une roue motrice manque d'adhérence, le véhicule :

- ☐ **a.** reste sur place
- ☐ **b.** avance plus lentement
- ☐ **c.** avance normalement

Pour aller plus loin

1. *Le fait que, sur certains véhicules, le pont soit décalé par rapport à l'axe de symétrie du véhicule a-t-il une influence sur le comportement du différentiel ?*

2. *Effectuez une recherche sur un type de véhicule à quatre roues motrices. Donnez toutes les caractéristiques et effectuez tous les schémas nécessaires à la compréhension et à l'utilisation de la transmission. Justifiez les solutions retenues en ce qui concerne les joints de transmission.*

Maintenance

Sur le plan pratique, il est nécessaire d'étudier la fiche de niveau 1 suivante du manuel de *Maintenance automobile : le savoir-faire* :

- Fiche n° 17 - Remplacer une transmission.

CHAPITRE 2

Le freinage

8 Le freinage : généralités

■ Comment un véhicule atteint-il la vitesse désirée ?

La mise en mouvement d'un véhicule arrêté est obtenue grâce à l'action de la **force motrice** ($\vec{F}_m$).

Le passage de la vitesse v_0 à la vitesse v_1 en un temps donné nécessite une **accélération**.

L'accélération est la quantité de vitesse gagnée en une seconde.

Exemple

Un véhicule partant de la vitesse $v = 0$, atteint la vitesse de 72 km/h (20 m/s) en 10 secondes (figure 8.1).

Si nous supposons que l'accélération est constante, on observe que le véhicule doit **gagner 2 m/s par seconde** (2 m/s/s).

L'accélération est donc de 2 m/s². La distance (L) parcourue pendant ces 10 secondes peut se calculer en considérant la vitesse moyenne entre 0 et 20 m/s :

$$v_m = \frac{0 + 20}{2} = 10 \text{ m/s}$$

$$L = v_m\, t = 10 \times 10 = 100 \text{ m}$$

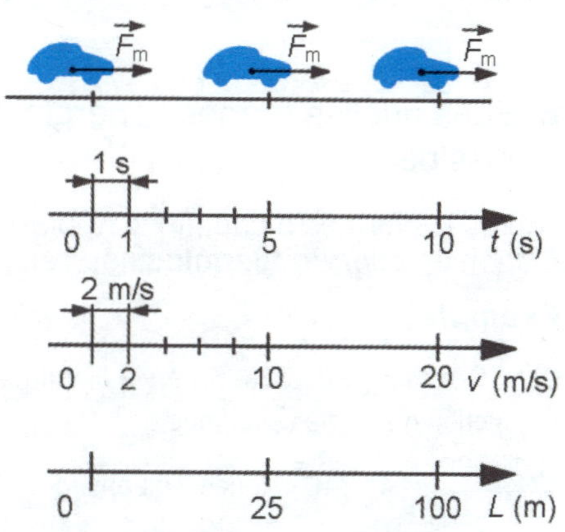

Figure 8.1 • Vitesse et accélération.

Pour atteindre une vitesse de 20 m/s en 10 secondes, il faut réaliser une accélération de 2 m/s² à chaque seconde.

Lorsque le véhicule se déplace à vitesse constante, il y a **équilibre** entre la force motrice et les forces résistantes (figure 8.2) qui sont :

– la résistance au roulement des pneumatiques,

– les résistances mécaniques internes,

– la résistance de l'air agissant sur la surface frontale du véhicule (elle augmente avec le carré de la vitesse),

– l'effet de pente (pesanteur) en montée.

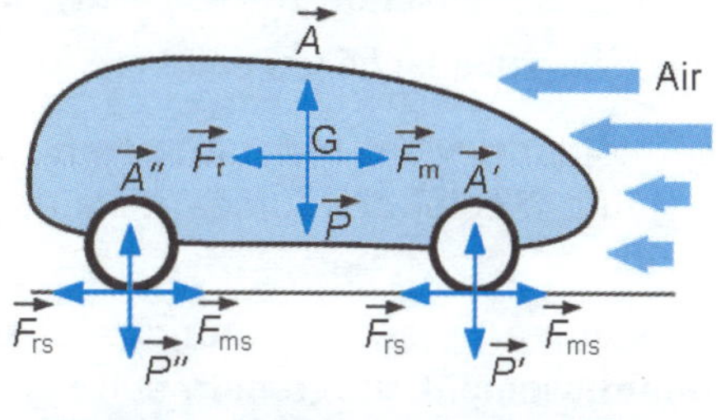

Figure 8.2 • Équilibre des forces appliquées à un véhicule en mouvement uniforme.

$\vec{F}_m$: force motrice.

$\vec{F}_r$: somme des forces résistantes ramenées au centre de gravité.

$\vec{P}$: poids du véhicule ($m\vec{g}$).

$\vec{A}$: action du sol et de la portance.

Remarque

En descente, cette force devient motrice et s'ajoute à F_m.

Par quels phénomènes l'arrêt du véhicule est-il possible ?

Un véhicule en mouvement possède une **énergie cinétique** :

$$E_c = \frac{1}{2} Mv^2$$

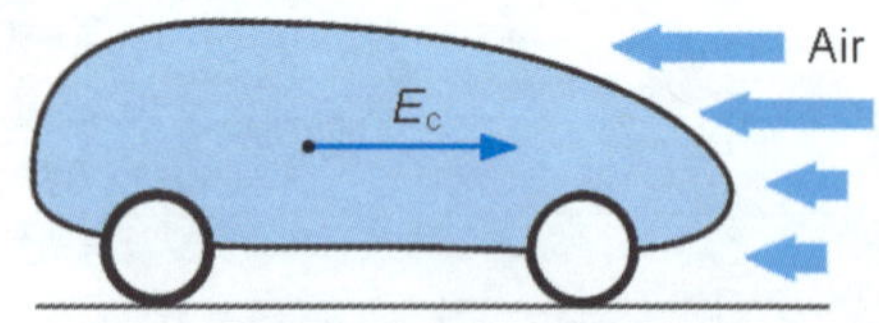

Figure 8.3 • Dans un véhicule en mouvement : $E_c = \frac{1}{2} Mv^2$

Cette énergie est proportionnelle (figure 8.3) :
– à la masse du véhicule (M),
– au carré de la vitesse (v^2).

Exemple

Un véhicule de masse M = 1 000 kg roulant à 72 km/h (20 m/s) a une énergie cinétique E_c égale à :

$$E_c = \frac{1000 \times 20 \times 20}{2} = 200\,000 \text{ J ou } 200 \text{ kJ.}$$

Cette **énergie** devra être **totalement dissipée** pour que le véhicule s'arrête.

Sous quelles formes l'énergie sera-t-elle dissipée ?

Toutes les formes d'énergie sont dissipées par transformation en **énergie thermique** ou calorifique.

Exemple

Dans l'exemple ci-dessus, l'énergie cinétique représenterait une production d'énergie calorifique de :

$$\frac{200\,000}{4{,}18} = 47\,846 \text{ calories, soit environ 47 kcal.}$$

Pratiquement, la suppression de la force motrice (accélérateur lâché) rompt l'équilibre entre $\vec{F}_m$ et $\vec{F}_r$ (figure 8.4).

- En accélération : $F_m > F_r$.
- À vitesse constante : $F_m = F_r$.
- Accélérateur lâché (en palier) : $F_m < F_r$.

Le moteur devient résistant : **frein moteur**. Son effet s'ajoute à celui des forces résistantes définies plus haut.

La somme de ces résistances passives réalise un **ralentissement progressif**, suffisant dans beaucoup de cas. La quantité d'énergie calorifique à produire sera donc inférieure à celle calculée.

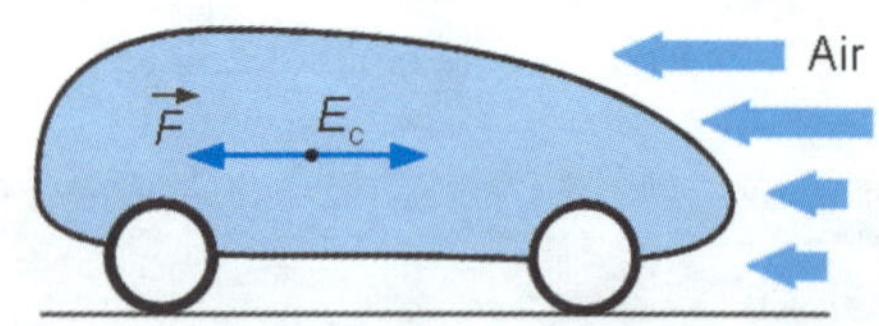

Figure 8.4 • La force motrice ($\vec{F}_m$) est supprimée, la force résistante diminue la vitesse du véhicule : l'énergie cinétique diminue.

Comment l'arrêt d'urgence est-il réalisé ?

Lorsqu'un **arrêt précis**, sur une distance donnée, est **nécessaire**, un **système de freinage** doit être actionné. Il doit, **par frottement**, produire une force résistante (effort retardateur) transformant l'énergie cinétique en énergie calorifique et évacuer la chaleur produite.

Le frottement est réalisé par la mise en contact plus ou moins prononcée de deux surfaces (figure 8.5) :
- l'une est solidaire d'un élément tournant avec les roues,
- l'autre d'un élément fixe au châssis.

Les dispositifs de freinage qui réalisent le frottement sont de deux types :
- les freins à **disque** (figure 8.6),
- les freins à **tambour** (figure 8.7).

Quels sont les éléments constitutifs d'un frein à tambour (figure 8.7) ?

La partie fixe se compose d'un plateau ❶ appelé flasque et de segments garnis (❸ et ❹).

L'écartement des segments peut être actionné par :
- une came commandée par un câble (deux roues),
- un cylindre pneumatique commandé par de l'air comprimé (camions),
- un ou plusieurs cylindres hydrauliques commandés par un liquide sous pression (voitures de tourisme).

La partie mobile est le **tambour** ❺ dont l'alésage intérieur constitue la **piste de freinage**.

La forte chaleur (énergie calorifique) dégagée par le frottement des garnitures sur le tambour doit être évacuée par ce dernier.

Le tambour, réalisé en fonte, possède une assez bonne **conductibilité thermique**. Son **épaisseur importante** lui permet de résister aux déformations (ovalisation), dues à l'action des segments et de la chaleur.

Quel est le principe de fonctionnement d'un frein à tambour classique ?

La came (ou le cylindre) est actionnée par le dispositif de commande. Les segments s'écartent l'un de l'autre et entrent en contact avec le tambour.

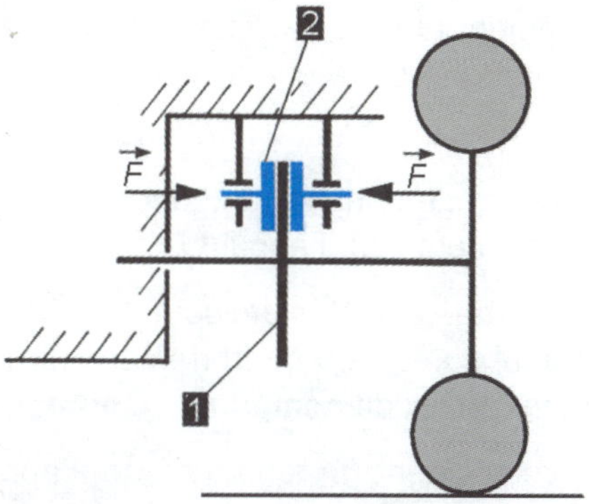

Figure 8.5 • Principe du freinage.

❶ Élément tournant solidaire de la roue (disque ou tambour).
❷ Élément solidaire du châssis entrant en contact avec l'élément tournant sous l'action d'une force.

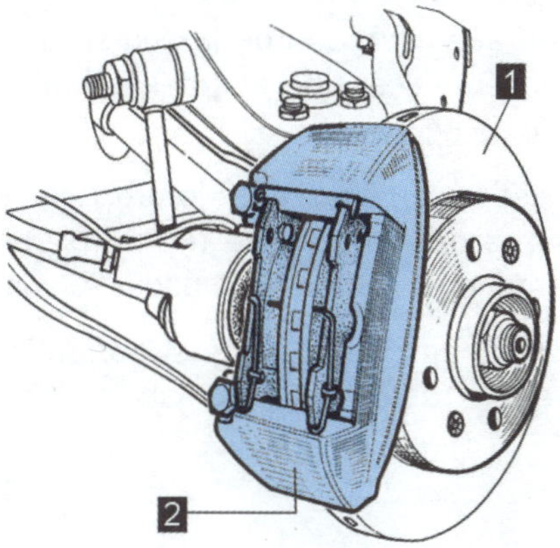

Figure 8.6 • Frein à disque (document Renault).

❶ Élément mobile : disque.
❷ Élément fixe : étrier et plaquettes.

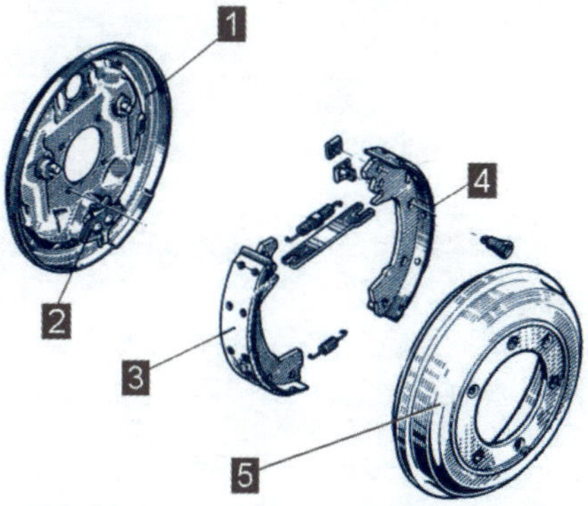

Figure 8.7 • Éléments constitutifs d'un frein à tambour classique (document Renault).

❶ Plateau.
❷ Point fixe.
❸ et ❹ Segments ou mâchoires.
❺ Tambour.

2

Le freinage

Au contact du tambour, par effet d'enroulement, les segments tendent à être entraînés et réagissent de la manière illustrée par les figures 8.8 A et B.

Donnons un sens de rotation (M).

• Centrage dans le tambour par leur mobilité verticale (frottement), sur l'appui ❶ et la commande (C).

• Le segment (P) s'arc-boute sur l'appui ❶ ce qui augmente son action de frottement sur le tambour : le segment (P) est dit **comprimé** ou **primaire** (figure 8.8A).

• Le segment (S) tend à quitter l'appui ❶, et à s'opposer à l'effort de la commande (C), ce qui diminue son action de frottement sur le tambour (figure 8.8B) : le segment (S) est dit **tendu** ou **secondaire**. L'efficacité et l'usure des deux segments sont différentes. On y remédie partiellement en utilisant une garniture plus tendre et plus courte pour le segment secondaire.

Dans tous les cas, l'**usure des garnitures** provoque une augmentation de la course des segments et, par conséquence, une **augmentation de la course** de la pédale de freins.

Il est donc nécessaire de procéder à un réglage périodique des butées de repos (excentriques), afin de ramener la course de la pédale à son minimum.

Cet inconvénient a été supprimé par le montage de freins à tambour à rattrapage automatique.

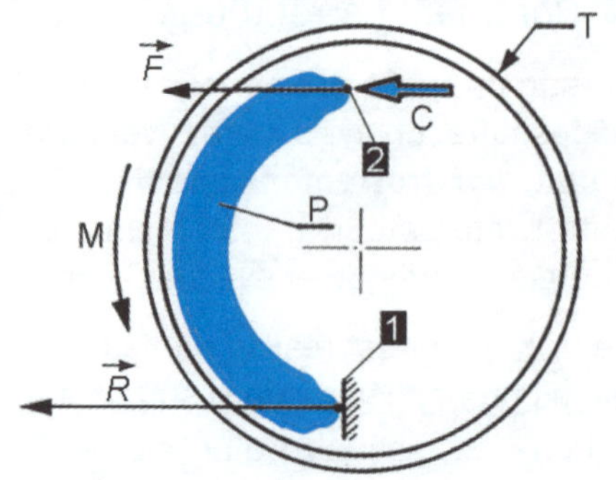

Figure 8.8A • Garniture comprimée ou primaire.

T. Tambour.
P. Segment primaire.
C. Action du cylindre de commande.
M. Sens de rotation.

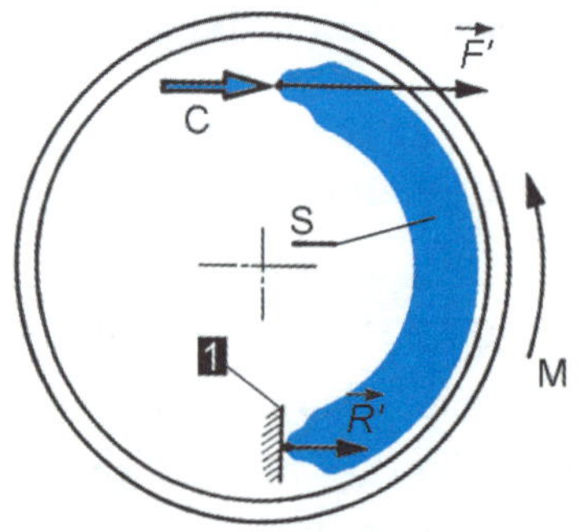

Figure 8.8B • Garniture tendue ou secondaire.

T. Tambour.
S. Segment secondaire.
C. Action du cylindre de commande.
M. Sens de rotation.

■ Quels sont les éléments constitutifs d'un frein à tambour à rattrapage automatique ?

Nous prendrons l'exemple d'un frein Bendix (figures 8.9A et B). Le segment primaire ❸ comporte, articulé à ses extrémités :

– côté cylindre de roue, un levier d'ajustement cranté ❹ percé d'une fenêtre à hauteur de la biellette ❷ ;

– côté point d'appui, un loquet cranté ❺ dont les dents sont maintenues en contact avec celles du levier d'ajustement, sous l'action d'un ressort ❻.

Côté **segment primaire**, la biellette ❷ est accrochée dans la fenêtre du levier d'ajustement et en appui sur le bossage de celui-ci, au repos.

Côté **segment secondaire** ⓭, la biellette est accrochée au segment par l'intermédiaire d'un ressort ❿ et est en appui sur le levier de frein à main ⓫, lui-même en butée sur l'âme du segment ⓭.

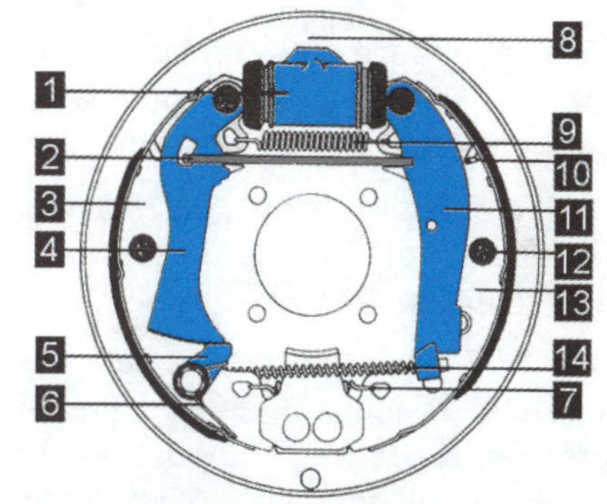

Figure 8.9A • Éléments constitutifs d'un frein à tambour à rattrapage automatique (document DBA Bendix).

❶ Cylindre de roue.
❷ Biellette.
❸ Mâchoire primaire.
❹ Levier d'ajustement.
❺ Loquet de réglage.
❻ Ressort de loquet.
❼ Ressort de maintien.
❽ Plateau.
❾ Ressort de rappel.
❿ Ressort de maintien de la biellette de frein à main.
⓫ Levier de frein à main.
⓬ Ressort d'ancrage.
⓭ Segment secondaire.
⓮ Câble de frein à main.

2

Le freinage

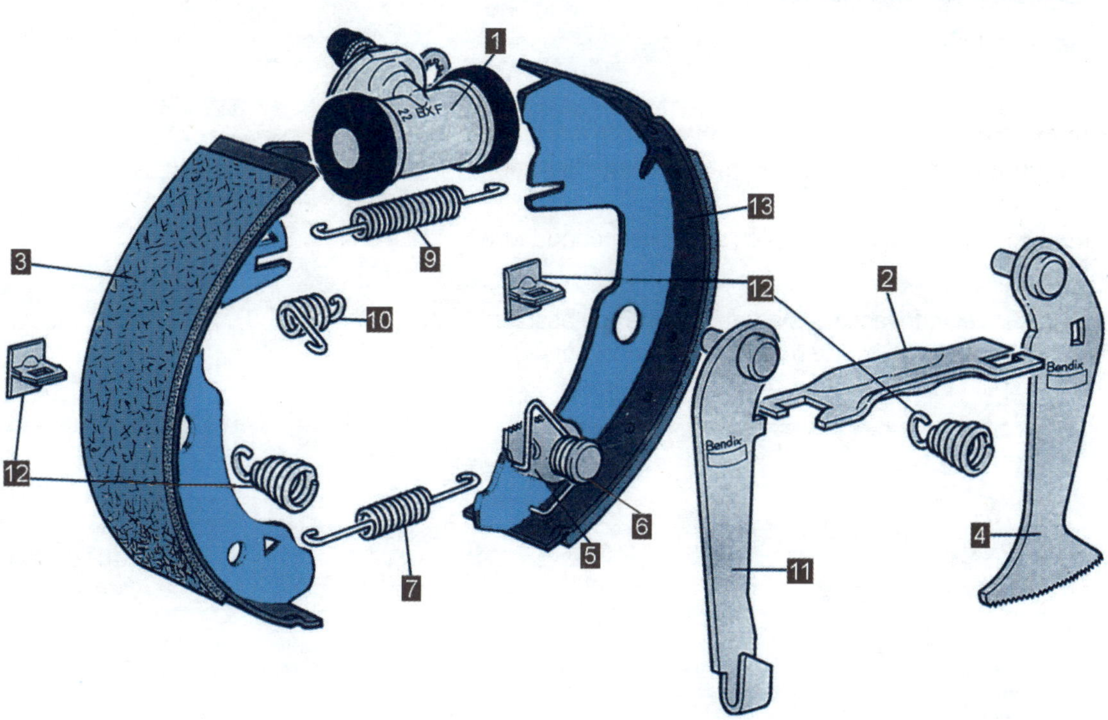

Figure 8.9B • Frein à tambour à rattrapage automatique (document DBA Bendix).

■ Fonctionnement du rattrapage automatique.

Sous l'effet de la pression hydraulique, les deux pistons opposés du cylindre de roue ❶ s'éloignent l'un de l'autre, entraînant les segments.

Dans un premier temps, on rattrape le jeu de fonctionnement (*J*) défini par le crochet de la biellette ❷ et le levier d'ajustement ❹.

Ensuite, le levier pivote sur son axe en s'éloignant du segment sur lequel il est articulé. Si l'usure des garnitures est suffisante, le loquet de verrouillage ❺ laisse échapper une dent par rapport au levier d'ajustement.

■ Fonctionnement du frein à main.

L'effort appliqué par le câble à l'extrémité du levier de frein à main ⓫ fait pivoter celui-ci sur son axe, communiquant l'effort à la biellette ❷ et au levier d'ajustement ❹ qui prend appui sur son point d'articulation, côté cylindre de roue et sur le loquet ❺ par la denture verrouillant le mécanisme de réglage automatique.

Les segments primaire et secondaire se déplacent jusqu'au contact des garnitures sur le tambour.

■ Quels sont les inconvénients des freins à tambour ?

Bien que d'une bonne efficacité, les freins à tambour présentent plusieurs inconvénients :

• masse relativement importante (masse non suspendue) ;

• **mauvaise évacuation de la chaleur**, d'où :
– risque de déformation des tambours par dilatation (ovalisation),
– mauvaise stabilité du freinage (différent à chaud et à froid).

Les freins à disque, associés à une commande assistée (servofrein), permettent de remédier à ces défauts.

Quels sont les différents types de freins à disque ?

Ils sont de deux types :
- à étrier coulissant (figures 8.10 et 8.11) ;
- à étrier fixe (figures 8.12 et 8.13).

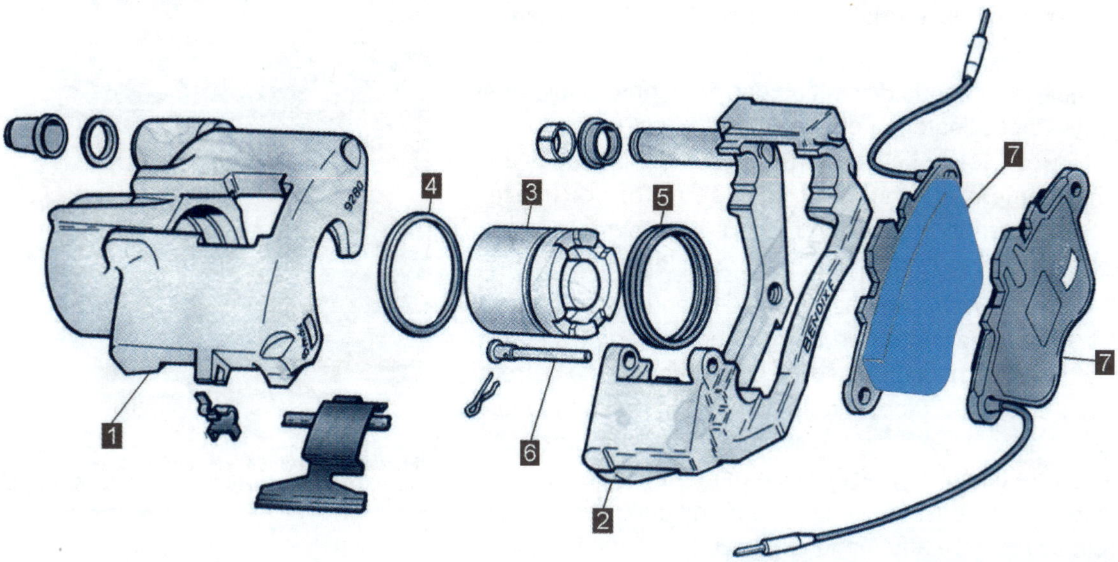

❶ Étrier.
❷ Chape avec colonnette.
❸ Piston.
❹ Joint de piston.
❺ Capuchon de piston.
❻ Axe de verrouillage.
❼ Plaquettes.

Figure 8.10 • Frein à disque à étrier coulissant.

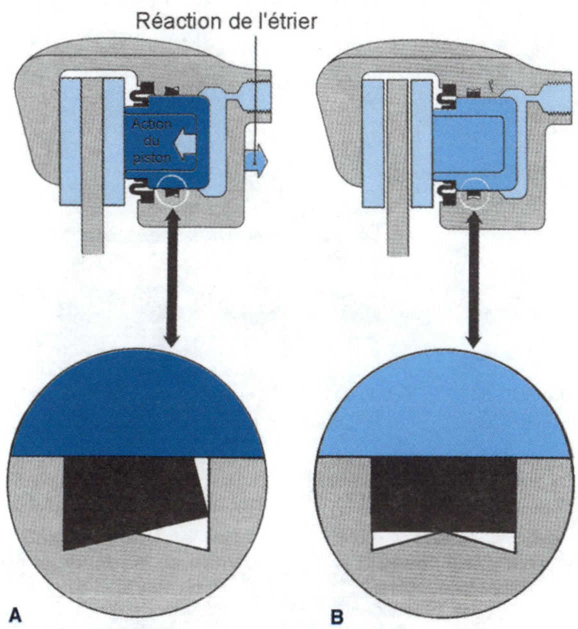

A. Freinage.
B. Défreinage.

Figure 8.11 • Frein à disque à étrier coulissant.

2 Le freinage

Quel est le fonctionnement des freins à étrier coulissant ?

Lorsqu'on établit la pression dans le circuit hydraulique (freinage), celle-ci agit, d'une part, sur le piston qui applique son patin sur le disque et, d'autre part, sur le fond de l'alésage du cylindre.

L'étrier se déplace axialement et applique le deuxième patin sur le disque.

Le joint caoutchouc de section carrée, monté dans une gorge trapézoïdale (ou en forme de M), est serré sur le piston et assure l'**étanchéité** (figure 8.11A). Lors du déplacement du piston, le joint se déforme (figure 8.11B). Lorsque la pression hydraulique chute, le joint, en reprenant sa forme initiale, rappelle le piston.

Si pour obtenir le freinage désiré, la course du piston est supérieure au jeu de déformation du joint d'étanchéité, le piston coulisse sur le joint déformé. Au défreinage, le joint ne rappellera le piston que de son jeu de déformation. Il y a donc un **rattrapage automatique**. La plaquette côté piston est libérée par le recul de celui-ci, l'autre est repoussée par le voile du disque, l'ensemble frein se recentre automatiquement.

Figure 8.12 • Frein à étrier fixe (photo Jeanbor © Photeb).

Quels sont les éléments constitutifs des freins à étrier fixe (figures 8.12 et 8.13) ?

Les freins à étrier fixe sont moins répandus sur les véhicules de tourisme de gamme moyenne, car ils ont un encombrement supérieur aux freins coulissants, par contre, ils permettent un excellent défreinage.

Le frein est composé de deux demi-coquilles en fonte assemblées par des vis. La liaison hydraulique entre les deux demi-coquilles comportant chacune un piston est assurée par un canal intérieur. Le frein est **directement fixé sur le porte-moyeu**.

Quel est le principe de fonctionnement des freins à étrier fixe (figures 8.13A et B) ?

Sous l'action de la pression hydraulique, les deux pistons appliquent simultanément leurs plaquettes sur le disque. Comme pour le frein coulissant, ce sont les joints caoutchouc qui assurent le rappel des pistons au défreinage, et le rattrapage automatique d'usure.

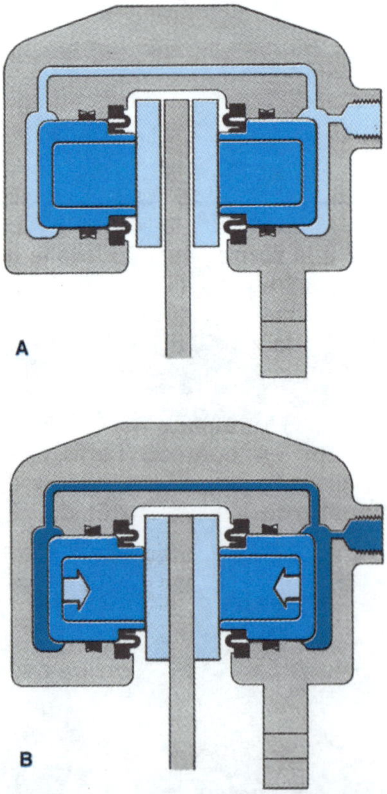

Figure 8.13 • Frein à étrier fixe (document DBA Bendix).

A. Au repos.
B. En cours de freinage.

Quels sont les avantages des freins à disque ?

Les freins à disque :
- permettent une **bonne évacuation de la chaleur** ;
- supportent les sollicitations intensives ;

– **conservent leur efficacité** malgré la chaleur et la dilatation du disque.

Quels sont les matériaux constituant les garnitures de frein ?

Les garnitures de frein sont conçues dans un **matériau de friction** capable de réaliser le frottement avec les parties tournantes (disque ou tambour). Les coefficients de frottement des garnitures se situent entre 0,25 et 0,50. Toutes les garnitures ne sont donc pas identiques.

Quelles sont les qualités demandées aux garnitures de frein ?

Lors du freinage, les parties frottantes sont soumises à des **efforts et à des températures élevées**, cette dernière pouvant atteindre 600 à 700 °C.

La principale qualité d'une garniture de frein sera donc de présenter un **coefficient de frottement constant**, indépendant de la vitesse, de la pression et de la température.

La diminution d'efficacité en température d'une garniture s'appelle le « *fading* » ou évanouissement, et peut se traduire par une perte presque totale de freinage d'un demi-train.

Les garnitures de frein doivent, de plus, présenter des caractéristiques de :

– résistance convenable à l'usure ;

– non-agressivité vis-à-vis des pistes de frottement ;

– absence de bruit ou de broutement.

Les plaquettes de freins à disque (figure 8.14) doivent également récupérer rapidement leur coefficient de frottement après mouillage.

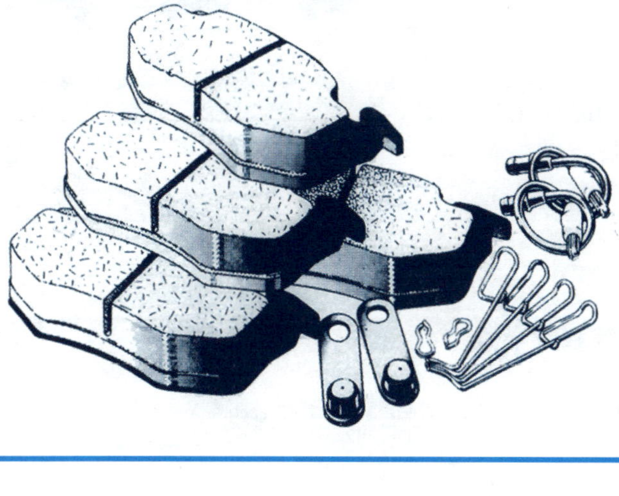

Figure 8.14 • Plaquettes de freins à disque.

Qu'est-ce que le couple de freinage (figure 8.15) ?

Le dispositif de freinage réalise un couple de freinage ($\mathscr{C} = Fr$), dont la valeur est proportionnelle :

– à la force avec laquelle la garniture appuie sur la piste de freinage (*F*), *F* étant elle-même proportionnelle à la force communiquée à la plaquette (*T*) et au coefficient de frottement (*f*) de la garniture ;

– au rayon intérieur du tambour ou au rayon moyen de la piste de freinage du disque (*r*).

Le couple de freinage produit sur la roue un effort retardateur appelé **traînée**.

Dans un freinage normal, dès que les éléments frottants entrent en contact, l'effort retardateur **apparaît** puis **augmente** jusqu'à une valeur qui demeure sensiblement **constante** jusqu'à l'arrêt du véhicule.

L'effort retardateur provoque une diminution progressive et constante de la vitesse, c'est la **décélération**.

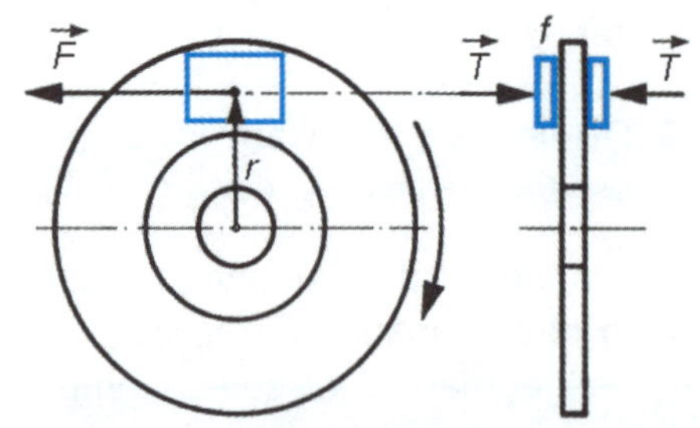

Figure 8.15 • Couple de freinage : $\mathscr{C} = Fr$ (avec $F = Tf$).

De quels facteurs l'effort de freinage à appliquer à chaque roue dépend-il ?

L'effort à appliquer à chaque roue devra être adapté aux possibilités d'adhérence avec le sol.

La force d'adhérence est fonction ($\vec{A} = c\vec{P}$) :

– du **coefficient d'adhérence** (c) des pneus sur le sol (figure 8.16) ;

– du **poids** ($\vec{P} = M\vec{g}$) appliqué à chaque roue.

Éléments en contact	Coefficient d'adhérence (*c*)
Pneumatiques en bon état sur :	
• revêtement rugueux et sec	0,9
• sol mouillé	0,5
• neige tassée	0,3
• verglas	0,1

Figure 8.16 • Valeurs moyennes du coefficient d'adhérence pneus/sol.

Quelle doit être la valeur de la décélération ?

La décélération est l'inverse de l'accélération, soit la quantité de vitesse perdue dans une seconde.

Exemple

Dans l'exemple choisi plus haut (page 71), si le conducteur dispose d'une distance d'arrêt $L = 100$ mètres, celui-ci devra doser son effort de manière à s'arrêter dans cette distance.
Le véhicule réalisera une décélération (figure 8.17) :

$$\gamma = 2 \text{ m/s}^2$$

Quelle est la valeur de la décélération maximale ?

La décélération d'un véhicule se calcule par la formule :

$$\boxed{\gamma = gc}$$

dans laquelle :

• *g* est l'accélération de la pesanteur (9,81 m/s²) ;

• *c* est le coefficient d'adhérence globale des pneumatiques sur le sol (inférieur à l'unité).

La décélération **ne peut** donc être **supérieure** à :

$$\gamma = 9{,}81 \times 1 = \mathbf{9{,}81\ m/s^2}$$

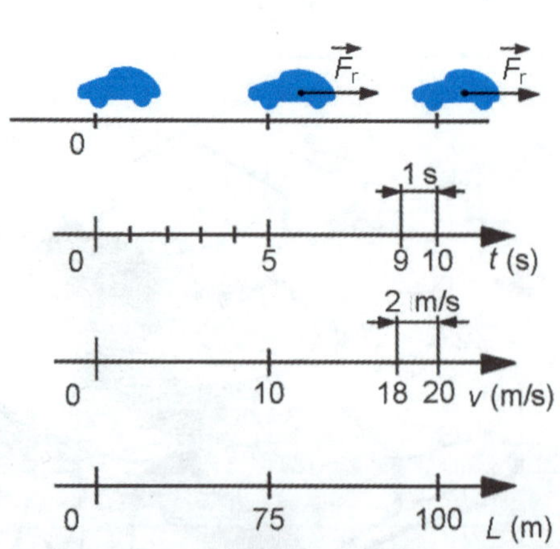

Figure 8.17 • Décélération.
Le véhicule perd 2 m/s².

Quelles sont les valeurs de décélération courantes ?

Des essais ont montré que la décélération maximale possible, en freinage d'urgence, sur une route moderne, sèche, avec des pneumatiques et des freins en bon état, est rarement supérieure à **6 m/s²**.

Remarque

Le blocage des freins doit être évité car :
- la valeur de la décélération **diminue** (par passage de l'adhérence au glissement) ;
- le véhicule devient **impossible à diriger**.

Quelles sont les distances d'arrêt à prévoir ?

La distance parcourue pendant le freinage effectif est égale à :

$$L = \frac{v^2}{2gc} = \frac{v^2}{2\gamma}$$

On observe donc que la **distance parcourue** pendant le temps de freinage effectif augmente avec le carré de la vitesse.

Exemple

Si $v_1 = 72$ km/h = 20 m/s et $\gamma = 6$ m/s², on a :

$$L_1 = \frac{20 \times 20}{2 \times 6} = 33{,}33 \text{ m}$$

Si la vitesse est doublée ($v_2 = 144$ km/h = 40 m/s), pour une même décélération on obtient :

$$L_2 = \frac{40 \times 40}{2 \times 6} = 133{,}33 \text{ m}$$

Remarque

Dans le cas particulier (voir exemple précédent) où la **vitesse est doublée**, la loi générale vue précédemment entraîne donc que la **distance d'arrêt est quadruplée** ($2^2 = 4$).

Comment évalue-t-on la distance effective d'arrêt ?

On doit tenir compte, dans la distance d'arrêt, de la distance parcourue pendant :
- le **freinage effectif**,
- le **temps de réaction du conducteur**,
- le **temps de réponse des freins**.

Le temps de réaction du conducteur se décompose ainsi :
- perception du danger,
- commande des membres par le cerveau,
- passage de la pédale d'accélérateur à celle des freins.

Figure 8.18 • Frein à disque en composite, à matrice métallique (document PSA Peugeot Citroën).

Pour un conducteur qui possède des réflexes normaux et un circuit de freinage en bon état, ce temps peut être estimé entre 75 centièmes de seconde et 1 seconde :
- à 72 km/h, en 1 seconde on parcourt 20 mètres,
- à 144 km/h, en 1 seconde on parcourt 40 mètres.

La **distance effective d'arrêt** peut donc être évaluée (pour un temps de réaction d'une seconde) :
- à **72 km/h** : 33 + 20 = **53 mètres**,
- à **144 km/h** : 133 + 40 = **173 mètres**.

Si le sol est mouillé et les pneumatiques dans un état moyen, la décélération peut diminuer de moitié (3 m/s^2). La distance effective d'arrêt, dans ce cas, sera pratiquement doublée.

Mémo

- **Raison du freinage**
Un véhicule en mouvement possède une énergie cinétique $E_C = \frac{Mv^2}{2}$.
Le freinage permet sa dissipation par frottement (énergie calorifique).
- **Différents modes de freinage**
Le simple ralentissement est réalisé par les efforts résistants :
– résistance de l'air ;
– résistance au roulement, au frottement ;
– frein moteur.
Le freinage précis sur une distance donnée nécessite l'action complémentaire d'un dispositif de freinage.
- **Réalisation du freinage**
Le freinage est réalisé par la mise en contact d'un élément mobile tournant avec la roue et d'un élément fixe au châssis.
Les dispositifs de freinage sont :
– les freins à tambour,
– les freins à disque.
- **Éléments constitutifs et fonctionnement d'un frein à tambour**
Un frein à tambour comprend : un plateau, deux segments maintenus et rappelés par des ressorts, un élément de commande (cylindre de roue), un tambour. Lorsque le cylindre de roue reçoit une pression hydraulique, les segments s'écartent l'un de l'autre et entrent en contact avec le tambour.
La garniture qui se trouve en avant du frein dans le sens de la marche du véhicule est appelée primaire ou comprimée, l'autre, secondaire ou tendue. Elles peuvent comporter un système de réglage manuel ou automatique.
- **Différents types de freins à disque**
– Étrier fixe.
– Étrier flottant.
- **Éléments constitutifs et fonctionnement d'un frein à disque à étrier flottant**
Un étrier monobloc coulisse à l'intérieur d'une chape fixe, il est plaqué par deux clavettes maintenues par des ressorts. Au freinage, la pression hydraulique agit :
– sur le piston qui pousse la première plaquette contre le disque ;
– sur le fond de l'alésage du cylindre ; l'étrier se déplace axialement et appuie la seconde plaquette contre le disque.
Le rattrapage automatique est assuré par la distorsion du joint de piston.

Mémo (suite)

- **Freins à disque à étrier fixe**

  L'étrier est composé de deux demi-coquilles assemblées comportant chacune un piston. Le frein est directement fixé au porte-moyeu.

  Les deux pistons se déplacent simultanément sous l'action de la pression hydraulique et appliquent chacun une plaquette.

  Le rattrapage automatique est assuré par la distorsion des joints des deux pistons.

- **Garniture de frein**

  Les garnitures sont réalisées dans un matériau de friction assurant un coefficient de frottement de 0,25 à 0,50. Les garnitures doivent :

  – conserver leur coefficient de frottement indépendamment de la vitesse, de la pression et de la température ;

  – résister à l'usure mais ne pas attaquer la piste de frottement.

- **Couple de freinage**

  Il est défini par la formule $\mathscr{C} = Fr$ avec :

  • $\vec{F}$ force de frottement de la garniture sur le disque ou le tambour ($F = Tf$) ;

  • r rayon intérieur du tambour ou rayon moyen du disque.

- **Distance d'arrêt**

  La distance d'arrêt d'un véhicule est évaluée en fonction :

  – du temps de réponse du conducteur (réflexes) ;

  – du temps de réponse des freins ;

  – de la vitesse du véhicule (v en mètres par seconde) ;

  – de la décélération possible (γ en mètres par seconde).

  La distance parcourue pendant le freinage effectif est $D = \dfrac{v^2}{2gc}$ soit $\dfrac{v^2}{2\gamma}$

  Elle augmente avec le carré de la vitesse.

2

Le freinage

Testez vos connaissances

1. Le système de freinage transforme l'énergie cinétique acquise en :

☐ **a.** énergie mécanique
☐ **b.** énergie hydraulique
☐ **c.** énergie thermique

2. On appelle frein moteur :

☐ **a.** la résistance de l'air
☐ **b.** les temps résistants du moteur
☐ **c.** le temps moteur

3. Dans un frein à tambour, la garniture qui se trouve en avant dans le sens de la marche du véhicule est appelée (2 réponses) :

☐ **a.** comprimée
☐ **b.** tendue
☐ **c.** primaire ☐ **d.** secondaire

4. Si le constructeur veut augmenter le couple de freinage d'un véhicule, il doit augmenter :

☐ **a.** le diamètre des disques
☐ **b.** la surface des plaquettes
☐ **c.** l'épaisseur des plaquettes

5. Calculer la distance d'arrêt d'un véhicule roulant à 108 km/h sur sol mouillé (décélération gc = 3 m/s) :

☐ **a.** 50 m
☐ **b.** 100 m
☐ **c.** 150 m

Pour aller plus loin

1. *Relevez, pour le véhicule de votre choix, les caractéristiques détaillées des freins, sans tenir compte des dispositifs de commande.*
2. *Quels sont les moyens dont dispose le constructeur pour augmenter le couple de freinage ?*
3. *Calculez la distance d'arrêt d'un véhicule roulant à une vitesse de 108 km/h et freinant avec une décélération constante de 4 m/s^2.*

Maintenance

Sur le plan pratique, il est nécessaire d'étudier les 2 fiches de niveau 1 suivantes du manuel de *Maintenance automobile : le savoir-faire* :

- Fiche n° 20 - Remplacer les plaquettes de frein ;
- Fiche n° 21 - Remplacer les mâchoires de frein.

9

Les systèmes de commande du freinage

■ Comment les freins sont-ils actionnés ?

Dans une installation de freinage, il faut distinguer :

– le dispositif de **freinage**, avec les freins à disque et à tambour (figure 9.1A) ;

– le dispositif de **commande** qui comprend tous les éléments permettant au conducteur d'actionner le dispositif de freinage (figure 9.1B).

Figure 9.1A • Dispositif de freinage : frein à disque (document PSA Peugeot Citroën).

■ Quelles sont les conditions à remplir par le dispositif de commande ?

Le dispositif de commande doit :

• avoir un temps de mise en action **très court** ;

• permettre un **dosage précis** du freinage ;

• nécessiter un **faible effort** de la part du conducteur ;

• répartir la force de freinage :

– uniformément sur les **deux roues** du même essieu, quels que soient l'orientation et les mouvements relatifs des roues par rapport au châssis,

– convenablement sur chacun des **essieux** en fonction de la charge supportée par chacun d'eux ;

• arrêter le véhicule, malgré la défaillance d'un des éléments du circuit.

Figure 9.1B • Dispositif de commande : pédale et frein à main (document PSA Peugeot Citroën).

■ Quels sont les systèmes de commande les plus couramment utilisés ?

La commande peut être réalisée :

– **mécaniquement**, par tringles rigides, câbles souples (libres ou sous gaine) ;

– **hydrauliquement**, par action d'un liquide sous pression ;

– **pneumatiquement**, par action de l'air sous pression ou en dépression.

Ce type de commande est surtout utilisé dans le cas de véhicules industriels.

Pour un véhicule automobile, le code de la route impose **deux** dispositifs de commande du freinage. Leur fonctionnement doit être indépendant.

En véhicules particuliers, on utilise en général :
– une commande **mécanique** pour le frein de secours et de stationnement, appelé plus couramment « frein à main » (figures 9.2A et B) ;
– une commande hydraulique pour le circuit de freinage principal.

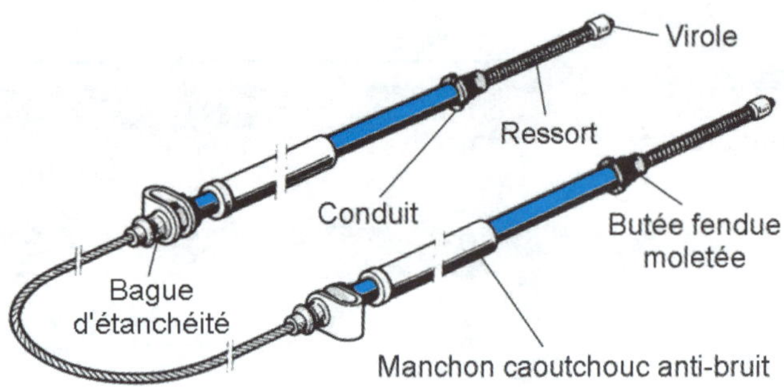

Figure 9.2A • Constitution d'un câble sous gaine. Câble secondaire de frein à main (document DBA Bendix).

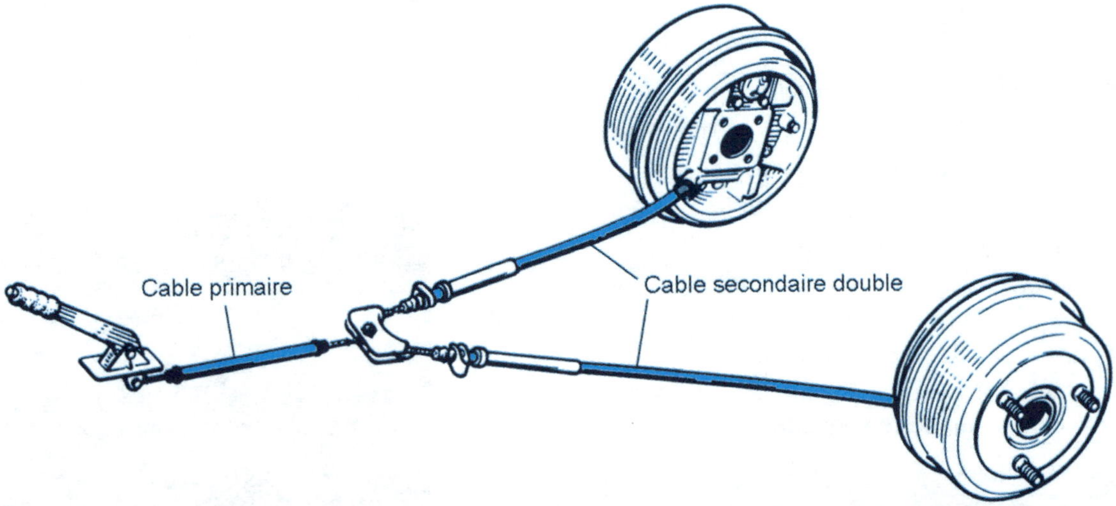

Figure 9.2B • Commande mécanique du frein de secours à action sur les freins à tambour (document DBA Bendix).

Comment le frein de secours est-il réalisé ?

Le frein de secours et de stationnement, qui n'agit que sur un essieu, doit permettre :
– l'**arrêt** du véhicule en cas de défaillance du circuit principal (dans ce cas, la distance d'arrêt est au moins doublée) ;
– l'**immobilisation** permanente de celui-ci.

La commande de frein de secours comprend :
– un levier verrouillable, situé dans l'habitacle à portée de la main du conducteur et du passager ;
– un réseau de câbles libres ou gainés ;

– un mécanisme, commun ou indépendant du dispositif de freinage principal, qui permet la mise en action des garnitures sur leur piste de frottement.

Le mécanisme de frein de secours peut :
– être incorporé dans le frein à tambour (➔ Leçon 8) ;
– être incorporé dans les étriers (figure 9.3) ;
– comporter des étriers indépendants ayant leur propre jeu de plaquettes ;
– se présenter sous la forme de petits freins à tambour incorporés dans le déport des disques (figure 9.4).

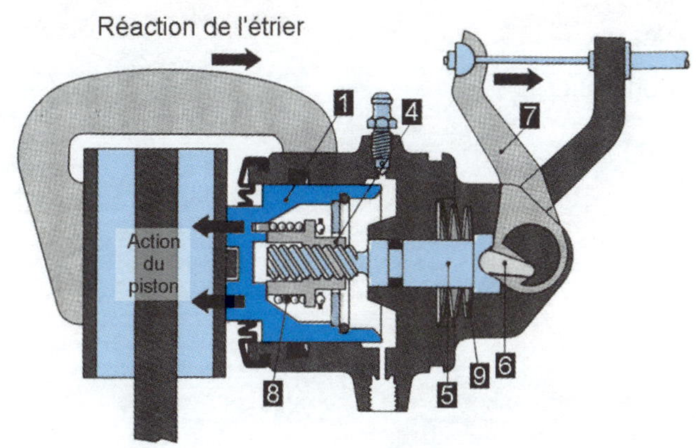

❶ Piston.
❹ Écrou.
❺ Axe.
❻ Poussoir.
❼ Levier.
❽ Ressort.
❾ Rondelle élastique.

Figure 9.3 • Mécanisme de frein de secours incorporé dans l'étrier de frein à disque (document DBA Bendix).

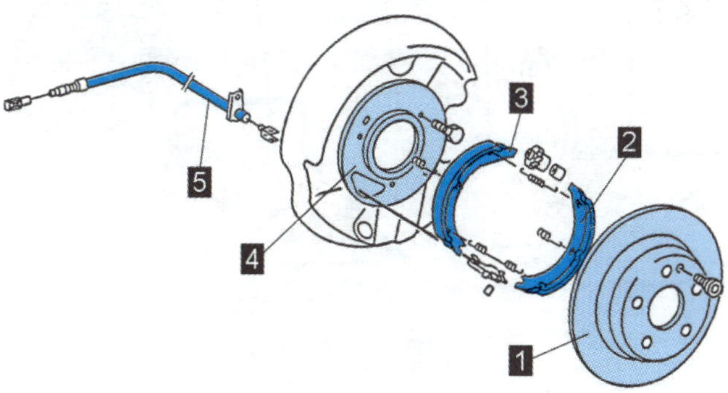

❶ Disque de frein avec tambour intérieur.
❷ et ❸ Mâchoires de frein de secours.
❹ Flasque.
❺ Câble de commande.

Figure 9.4 • Frein de secours à mâchoires indépendantes.

■ La commande mécanique est-elle satisfaisante pour le frein de secours ?

La commande mécanique est bien adaptée au frein de secours car elle :
– est indépendante du système de commande de freinage principal ;
– conserve toute son efficacité durant une action prolongée en stationnement.

2 Le freinage

Quels sont les inconvénients des commandes mécaniques ?

La commande mécanique, valable pour un frein de secours agissant sur deux roues et fonctionnant peu, ne peut être utilisée pour le dispositif de freinage principal pour les raisons ci-dessous.

• **Mauvaise répartition** du freinage :
– aux deux roues du même essieu ;
– des roues avant par rapport aux roues arrière.

• **Mauvaise stabilité** du freinage lors :
– des débattements de suspension ;
– du braquage des roues ;
– nécessité d'un maximum de liaisons rectilignes.

• **Mauvais rendement** (pertes d'énergie par frottement dans les gaines).

• Risques de **grippage** (défreinage retardé).

• **Usure** par distension.

• **Rupture** des brins du câble en usage intensif.

Quels sont les éléments constitutifs d'une commande hydraulique (figure 9.5) ?

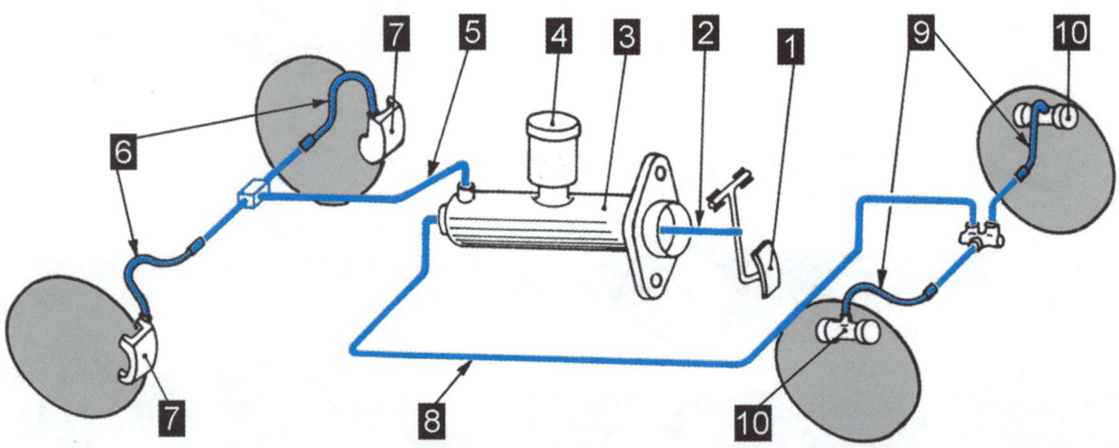

❶ Pédale de freins.
❷ Tige de poussée.
❸ Émetteur ou maître-cylindre.
❹ Réservoir.
❺ Canalisation de freins avant.
❻ Flexibles de freins avant.
❼ Étriers de freins à disque comportant chacun un cylindre récepteur.
❽ Canalisation de frein arrière.
❾ Flexibles de frein arrière.
❿ Cylindres récepteurs pour frein à tambour (cylindre de roue).

Figure 9.5 • Commande hydraulique élémentaire des freins.

Une commande hydraulique élémentaire comprend :
– un **réservoir** de liquide ❹, à la pression atmosphérique, placé en charge par rapport à l'émetteur ;
– un émetteur ou **maître-cylindre** ❸ qui transforme la force mécanique fournie par le conducteur en une pression hydraulique ;
– des **récepteurs** ❼ et ❿ qui transforment cette pression hydraulique en une force capable d'actionner les segments et plaquettes ;
– un réseau de **canalisations** ❺, ❻, ❽ et ❾, souples ou rigides, qui transmettent la pression hydraulique de l'émetteur aux récepteurs.

■ Quel est son principe de fonctionnement ?

Le conducteur appuie sur la pédale de freins. Par l'intermédiaire d'une **tige de poussée** ❷, il communique une **force** au piston de l'émetteur ou maître-cylindre.

Le liquide, pratiquement incompressible, se déplace dans les canalisations.

Son déplacement commande immédiatement la **mise en mouvement** des récepteurs.

Les pistons des cylindres récepteurs poussent les segments et plaquettes contre les pistes de frottement.

Dès que les cylindres récepteurs rencontrent une force résistante, il s'établit dans le circuit une pression *p* :

$$p = \frac{F}{S}$$

La valeur de cette pression *p* est donc :
– proportionnelle à la force communiquée au piston de l'émetteur,
– inversement proportionnelle à sa section.

Les cylindres restitueront une force ($F' = pS'$) proportionnelle :
– à la pression du circuit,
– à la section de chaque cylindre récepteur (figure 9.6).

Remarque

Cette incompressibilité des liquides (pression conservée) est le principe qui va être utilisé dans toute commande hydraulique (voir les paragraphes suivants).

■ Quels sont les avantages présentés par les commandes hydrauliques ?

• La **répartition du freinage** aux deux roues d'un même essieu est **parfaite** car, dans un circuit hydraulique simple, la **pression est égale** en tous les points de l'installation.

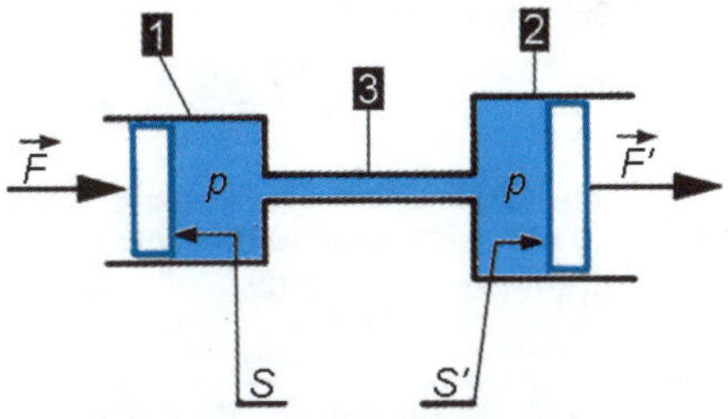

Figure 9.6 • Principe de transmission de la pression et de modification des forces dans un circuit hydraulique.

❶ Émetteur.
❷ Récepteur.
❸ Canalisation.
Côté émetteur : $p = F/S$.
Côté récepteur : $F' = pS'$.

• La force à transmettre peut être **amplifiée** par différence de section entre le cylindre émetteur et les cylindres récepteurs.

• Les canalisations s'adaptent facilement à des **liaisons sinueuses** (coudes).

• Les **frottements** sont inexistants.

Comment la force est-elle multipliée dans la commande des freins ?

La force à transmettre est multipliée :
– **mécaniquement**, par un système de levier, le rapport des forces est fonction du rapport de ces leviers ;
– **hydrauliquement**, par différence de diamètre entre l'émetteur et les récepteurs, le rapport des forces est fonction du rapport des diamètres.

Comment la force est-elle multipliée mécaniquement ?

La pédale de freins s'articule par rapport à un axe. La tige de poussée est fixée à une distance plus ou moins proche de cet axe.

La force ($\vec{F_t}$) communiquée à la tige de poussée dépend :
– de la **force** avec laquelle le conducteur appuie sur la pédale ($\vec{F_c}$),
– du **rapport des distances** par rapport à l'axe.

Exemple

Prenons le cas (figure 9.7) où l'effort du conducteur est égal à :

$$F_c = 50 \text{ N}$$

et où le rapport de bras de levier de la pédale est égal à :

$$R_1 = \frac{4}{1}$$

Dans ce cas, la force de la tige de poussée est :

$$F_t = \frac{50 \times 4}{1} = 200 \text{ N}$$

La force est **multipliée par 4.**
On observe, dans le même temps, que la course de la pédale est 4 fois plus grande que celle de la tige de poussée.

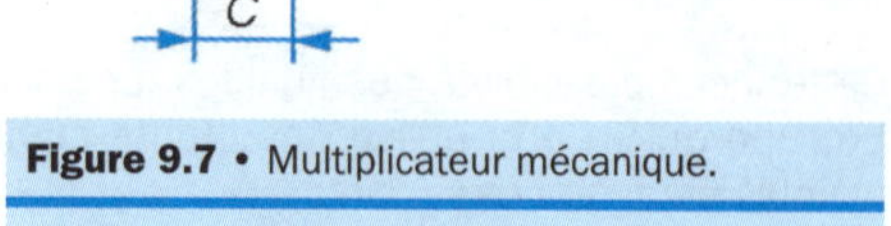

Figure 9.7 • Multiplicateur mécanique.

$$F_t = F_c \times \frac{L_1 + L_2}{L_1} = \frac{4x}{x}$$

$$F_t = F_c \times \frac{4}{1}$$

$$\text{d'où } C_t = C \times \frac{1}{4}$$

Comment la force est-elle multipliée par les commandes hydrauliques ?

Le rapport de multiplication de la force par un système hydraulique est calculé en effectuant :

$$R_2 = \frac{S}{s} = \frac{\text{section du piston récepteur}}{\text{section du piston émetteur}}$$

Exemple

Prenons le cas, illustré par la figure 9.8, où la section du piston émetteur est s = 2 cm², et où la section du piston récepteur est S = 4 cm².
L'intensité de la force de la tige de poussée appliquée au piston émetteur est :

$$F_t = 200 \text{ N}$$

La pression dans le circuit est :

$$p\,(\text{bar}) = \frac{F\,(\text{daN})}{s\,(\text{cm}^2)}, \text{ d'où } p = \frac{20}{2} = 10 \text{ bars.}$$

La pression est égale en tous les points de l'installation.
La force (F_r) avec laquelle le piston récepteur appuie sur la plaquette est donc égale à :

$$F_r = pS = 10 \times 4 = 40 \text{ daN, soit } 400 \text{ N}$$

Nous constatons deux choses.

• La force (F_r) est **deux fois plus grande** que la force de départ (F_t). Nous pouvons vérifier que F_r est égale à $F_t \times R_1$; sachant que R_2 est le rapport hydraulique ayant pour valeur :

$$R_2 = \frac{S}{s} = \frac{4}{2} = \frac{2}{1}$$

on obtient bien : $F_r = \dfrac{200 \times 2}{1} = 400$ N.

• La course du piston récepteur (C_r) est deux fois plus faible que celle du piston émetteur (C_e).

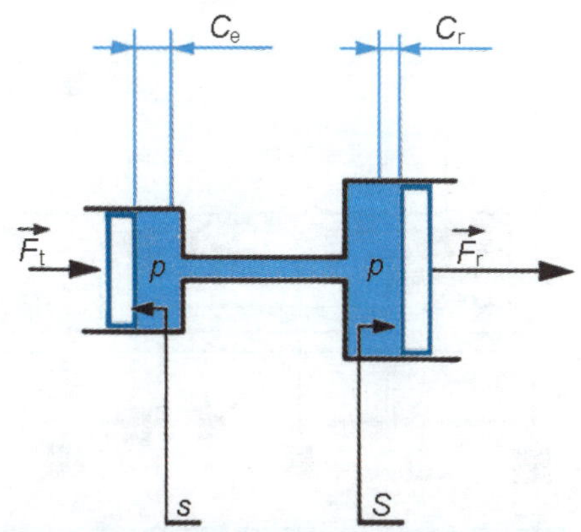

Figure 9.8 • Multiplicateur hydraulique.

$$F_r = F_t \times \frac{S}{s}$$

Si $\dfrac{S}{s} = \dfrac{2}{1}$, alors :

$$F_r = F_t \times \frac{2}{1}$$

$$C_r = C_e \times \frac{1}{2}$$

■ Quels sont les éléments constitutifs d'un maître-cylindre (figure 9.9, page suivante) ?

Un maître-cylindre (simple) comprend :

– un **corps cylindrique** ❶ en communication avec le réservoir par un trou dans lequel est emmanchée une goupille élastique fendue ;

– à son extrémité avant, un ou plusieurs **orifices** ❺ et ❻ en communication avec les cylindres récepteurs ;

– une **soupape de pression résiduelle** ❼ pour le circuit des freins à tambour ❺ ;

– un **piston** ❷ qui coulisse dans le cylindre ;

– une **coupelle secondaire** ❾ qui assure l'étanchéité vers l'extérieur ;

– un **ressort de rappel** ❿ du piston ❷ qui maintient la soupape de pression résiduelle ❼ et la coupelle primaire ❽.

■ Comment le maître-cylindre simple fonctionne-t-il ?

• **Position repos** (figure 9.9). Le piston est maintenu contre la rondelle butée ⓬ par le ressort de rappel ⓫. Dans cette position, le **clapet ❿ est ouvert** et l'ensemble du système est soumis à la pression atmosphérique, p_a.

2 — Le freinage

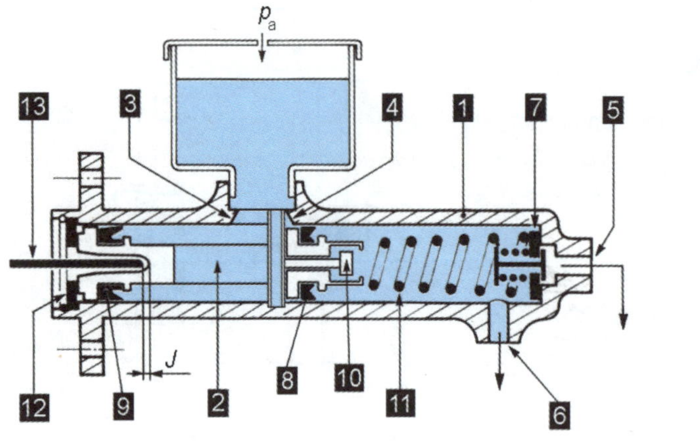

❶ Corps.
❷ Piston.
❸ Trou d'alimentation.
❹ et ❺ Orifices vers freins à tambour.
❻ Orifice vers freins à disque.
❼ Soupape de pression résiduelle.
❽ Coupelle primaire.
❾ Coupelle secondaire.
❿ Clapet et son ressort de rappel.
⓫ Ressort de rappel du piston et de maintien de la soupape
⓬ Rondelle butée.
⓭ Tige de poussée.
J. Jeu de garde.

Figure 9.9 • Maître-cylindre simple pour système mixte (disque et tambour). Position au repos.

• **Freinage** (figure 9.10). Sous l'action de la tige de poussée ⓬, le piston et la coupelle primaire se déplacent vers le fond de l'alésage. Dès que la tête du piston n'est plus en contact avec la goupille, **le clapet se ferme** et permet à la coupelle primaire de repousser le liquide vers l'avant du maître-cylindre.

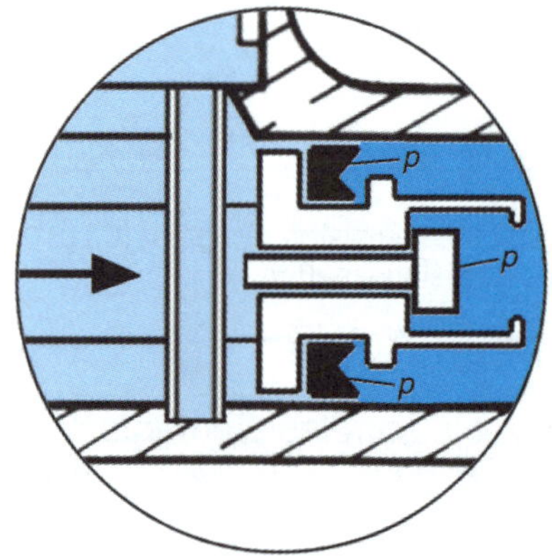

Figure 9.10 • Freinage : clapet fermé.

Le liquide dirigé vers les freins à disque (orifice ❻) permet, dans son déplacement, de repousser les pistons des étriers de freins.

Le liquide dirigé vers les freins à tambour passe par la **soupape de pression résiduelle** (figure 9.11) en repoussant la soupape centrale de son siège. Dès que tous les récepteurs ont effectué leur course, une forte pression s'établit.

S'il n'y a plus de mouvement de liquide, les pressions s'équilibrent de part et d'autre de la soupape de pression résiduelle, celle-ci se referme poussée par son petit ressort.

• **Défreinage**. Il s'effectue en deux temps.

– 1er temps (figure 9.12). Dès que le conducteur **lâche la pédale** de freins, le piston cherche à revenir en position de repos. Le retour du piston étant plus rapide que celui de la colonne de liquide, il se crée une **légère dépression** dans la chambre située en avant du piston.

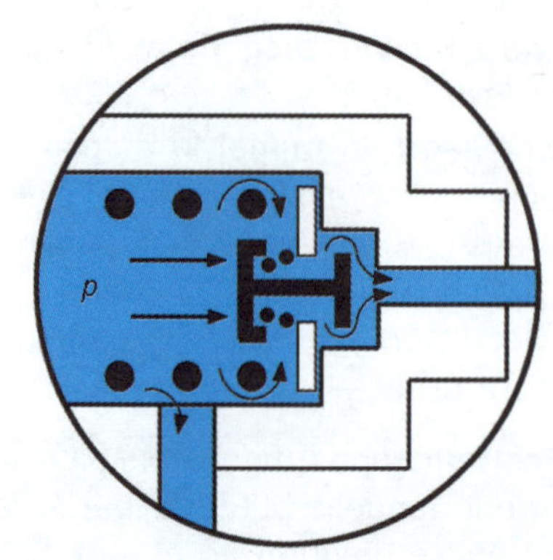

Figure 9.11 • Freinage : la soupape de pression résiduelle est ouverte par la pression *p*.

La chambre située entre les deux coupelles est à la pression atmosphérique. Le liquide contenu dans cette chambre et le réservoir est aspiré vers l'avant et passe par le clapet ❿ entrebâillé par la différence de pression.

À mesure que les **pressions s'équilibrent** par compensation, le piston revient sur sa butée poussé par son ressort de rappel : l'ensemble du maître-cylindre est à la pression atmosphérique.

– 2ᵉ temps (figure 9.13). Le liquide revient des récepteurs de freins à disque et retourne au réservoir par le clapet et la goupille.

Le liquide qui revient des récepteurs de freins à tambour doit, pour pénétrer dans la chambre du maître-cylindre, soulever la soupape de pression résiduelle.

La pression du liquide dans les canalisations est supérieure à la pression régnant dans la chambre (p_a), le passage s'effectue (figure 19.14A).

La pression dans ces canalisations diminue jusqu'à une valeur déterminée par le tarage du ressort interposé entre la soupape et le piston (figure 19.14B).

Cette **pression résiduelle** p_r est nécessaire afin de maintenir les pistons des cylindres récepteurs en contact avec les segments et diminuer ainsi la course à la pédale et le temps de réponse des freins à tambour.

Remarque

Le système de réalimentation du maître-cylindre permet également de compenser :
– l'infime quantité de liquide qui ne revient pas des freins, par l'avancement des pistons récepteurs lié à l'usure des garnitures ;
– les variations de volumes dues à la dilatation du liquide par échauffement.

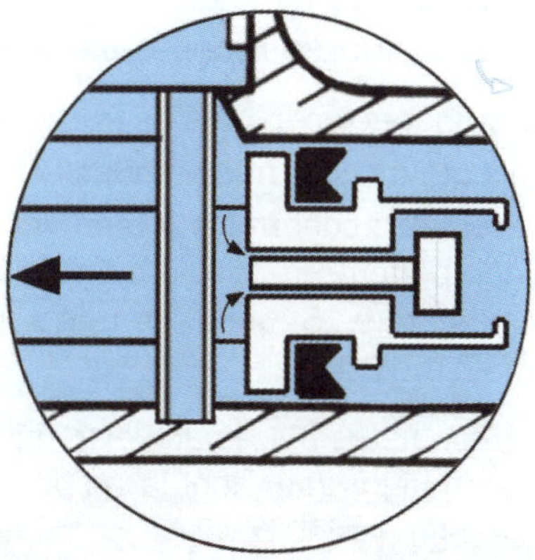

Figure 9.12 • Défreinage : 1ᵉʳ temps.

Le piston recule grâce :
– à la force du gros ressort,
– à l'ouverture du clapet.

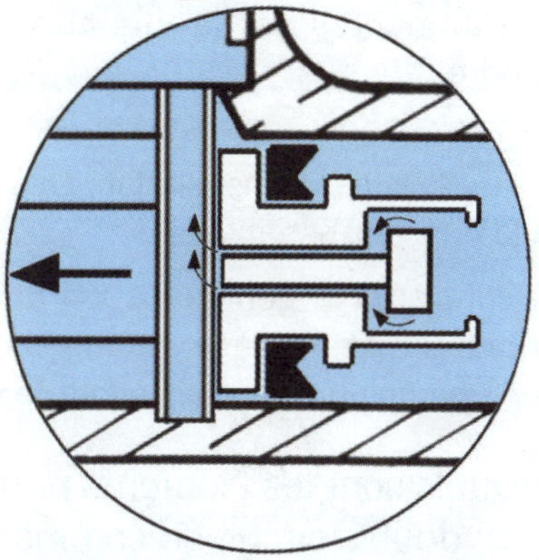

Figure 9.13 • Défreinage : 2ᵉ temps.

Le liquide qui revient des récepteurs passe par le clapet et la goupille.

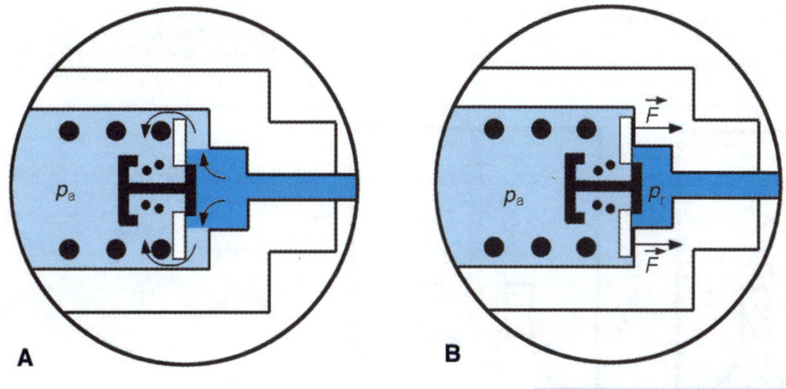

A. Le liquide revient des freins en soulevant la soupape de pression résiduelle.
B. Le ressort ramène la soupape sur son siège et maintient une pression résiduelle dans la canalisation (p_r).

Figure 9.14 • Fin du défreinage.

2

Le freinage

■ Quels sont les éléments constitutifs des cylindres récepteurs hydrauliques ?

Les cylindres récepteurs de freins sont de deux types :

– récepteurs pour **freins à disque** (➔ Leçon 17) ;

– récepteurs pour **freins à tambour** (cylindres de roues) ; ils comportent un piston, cylindre borgne ou deux pistons (figure 9.15) qui s'écartent sous l'effet de la pression (figure 9.16).

Les récepteurs placés aux extrémités des circuits comportent un **purgeur** dont la vis pointeau permet, par un dévissage partiel, l'évacuation du liquide – vidage – ou des bulles d'air qu'il peut contenir – purge (figure 9.17).

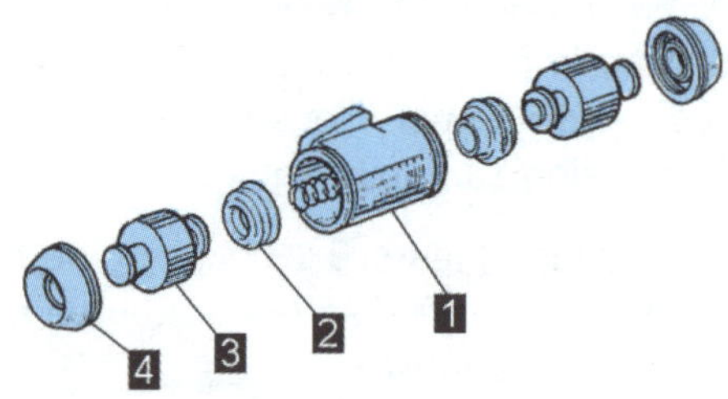

Figure 9.15 • Cylindre récepteur pour frein à tambour (document Renault).

❶ Ressort de poussée.
❷ Coupelles.
❸ Pistons.
❹ Cache-poussière.

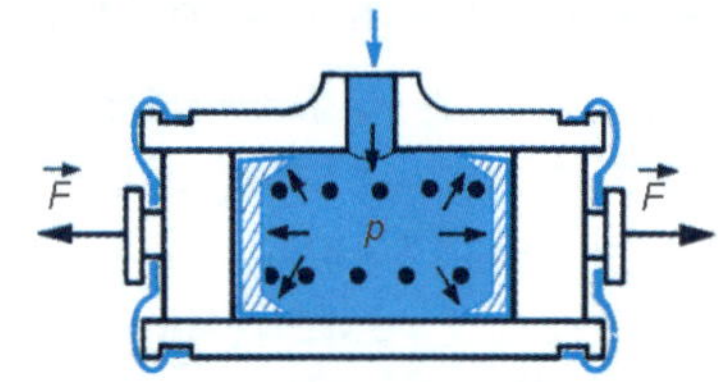

Figure 9.16 • Cylindre récepteur pour frein à tambour (cylindre de roue).

Transformation de la pression hydraulique en force mécanique.

■ Quel est l'inconvénient du circuit de freinage simple ?

Les canalisations et les récepteurs des quatre freins sont alimentés par la **chambre unique** du maître-cylindre.

Lorsqu'une fuite se produit dans le circuit, la pression chute dans toute l'installation. Le circuit se vide. Le freinage principal est annulé.

Au contraire, la généralisation du **double circuit**, en autorisant un freinage, même un cas de défaillance d'une partie du circuit, **améliore la sécurité primaire**.

■ Quels sont les éléments particuliers au double circuit de commande ?

Un double circuit de freinage (figure 9.18) comporte :

– un maître-cylindre double appelé « tandem » dont chaque chambre commande un circuit indépendant ;

– deux réseaux de canalisations indépendants dont les branchements peuvent être différents selon les véhicules.

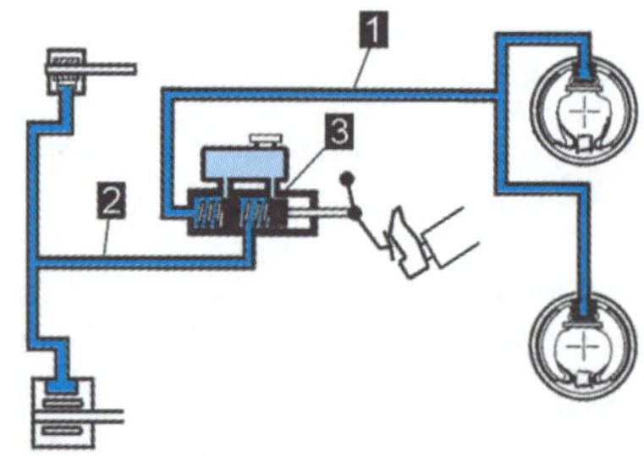

Figure 9.18 • Principe du double circuit de freinage.

❶ Circuit 1.
❷ Circuit 2.
❸ Maître-cylindre double.

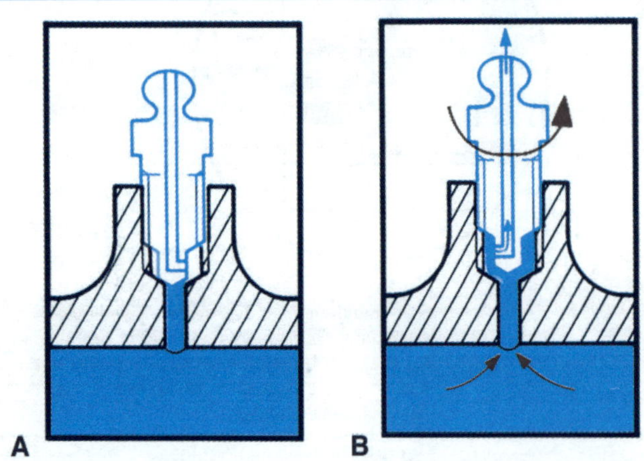

Figure 9.17 • Purgeur :
A. Fermé.
B. Ouvert.

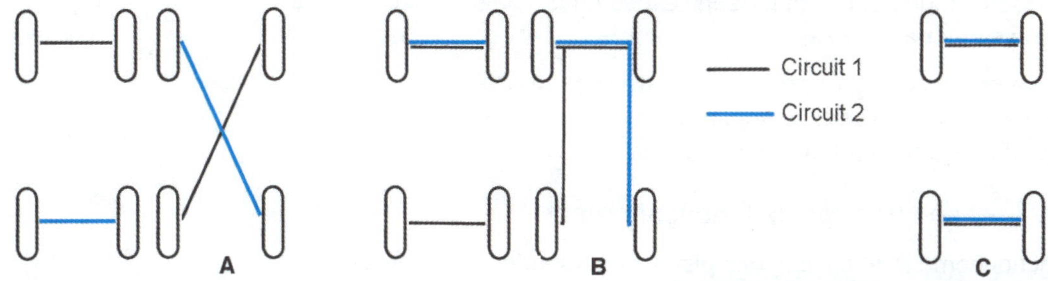

Figure 9.19 • Branchement des deux circuits :
A. Un circuit pour deux roues.
B. Circuit avant doublé.
C. Circuit entièrement doublé.

■ Quels sont les types de branchements possibles du double circuit de commande ?

1. Un circuit pour deux roues (figure 9.19A). Dans ce cas, le circuit est partagé en deux.

Exemple

• Branchement en parallèle, (figure 9.19A, gauche) :
– circuit 1 : roues AV ;
– circuit 2 : roues AR.

• Branchement en croix (figure 9.19A, droite) :
– circuit 1 : roues AV.D et AR.G,
– circuit 2 : roues AV.G et AR.D.

2. Le circuit avant est doublé (figure 9.19B). Cette solution présente plus de difficultés techniques car les étriers de freins avant doivent posséder :
– deux pistons pour les étriers coulissants car il faut un piston par circuit (figure 9.20) ;
– quatre pistons pour les étriers fixes (deux pistons par circuit).

Exemple

• Branchement en parallèle (figure 9.19A et B, gauche).
• Branchement en triangle (figure 9.19B, droite).

3. Tout le circuit est doublé (figure 9.19C). Cette solution nécessite le montage de quatre freins à disque à étrier double et est donc réservée, actuellement, aux véhicules de haut de gamme.

■ Quels sont les éléments constitutifs d'un maître-cylindre « tandem » ?

Le maître-cylindre tandem (figure 9.21) comporte un corps en fonte dans lequel coulissent **deux pistons**.

Le principe de fonctionnement de chacun des deux pistons est identique à celui du maître-cylindre simple étudié dans les pages précédentes. Il est alimenté par un réservoir double comportant deux parties séparées par

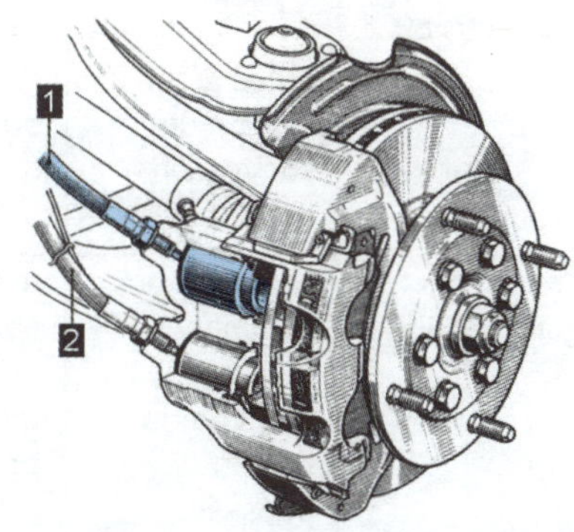

Figure 9.20 • Étrier coulissant pour double circuit (document Renault).

❶ Circuit 1.
❷ Circuit 2.

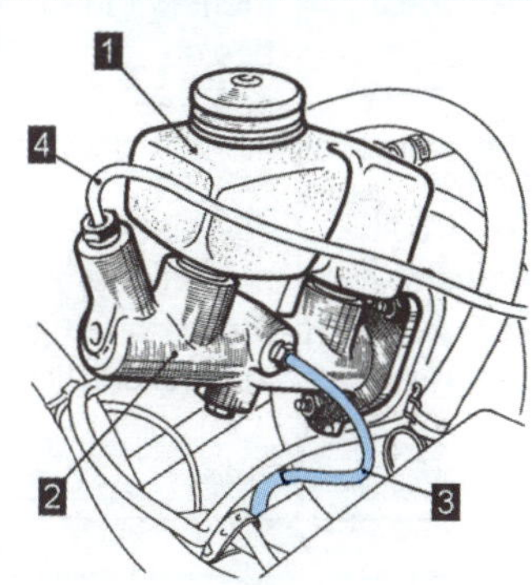

Figure 9.21 • Maître-cylindre à double circuit (document Renault).

❶ Réservoir en deux parties (cloisonné).
❷ Maître-cylindre « tandem ».
❸ Circuit 1 ou primaire.
❹ Circuit 2 ou secondaire.

une cloison intérieure. Le remplissage est commun mais les **sorties indépendantes**.

Il comporte deux ou quatre sorties. S'il ne comporte que deux sorties, celles-ci se séparent ensuite en deux parties afin d'alimenter tous les récepteurs.

■ Quel est son principe de fonctionnement ?

Le fonctionnement de chacun des pistons est identique à celui du maître-cylindre élémentaire en ce qui concerne le principe de mise en pression et le défreinage.

Nous expliquons donc uniquement les points particuliers dans le tableau ci-dessous, ceux-ci étant illustrés dans la figure 9.22.

Position	Piston 1	Piston 2	Pression circuit 1	Pression circuit 2	Course pédale
• *Repos* (figure 9.22A)	En appui sur sa rondelle butée grâce à l'action de son ressort de rappel.	En appui sur sa vis butée grâce à l'action de son ressort de rappel.	p_a	p_a	–
• *Freinage* (figure 9.22B)	Avance, commandé mécaniquement par la tige de poussée.	Avance, commandé hydrauliquement par la pression qui s'établit dans le circuit 1.	Normale, suivant l'effort du conducteur	Normale, suivant l'effort du conducteur	Courte
• *Freinage avec le circuit 1 défaillant* (figure 9.22C)	Avance, commandé mécaniquement par la tige de poussée.	Avance, commandé mécaniquement par la butée du piston 1 sur 2.	Faible ou p_a	Normale	Longue
• *Freinage avec le circuit 2 défaillant* (figure 9.22D)	Avance, commandé mécaniquement par la tige de poussée.	Avance, commandé hydrauliquement par la pression qui s'établit dans le circuit 1.	Normale, dès que le piston 2 a pris appui sur le fond de la chambre 2	Faible ou p_a	Longue

Remarque

La liaison hydraulique des deux pistons est nécessaire car, même en freinage normal, la quantité de liquide déplacé dans le circuit primaire peut être supérieure à celle du circuit secondaire.

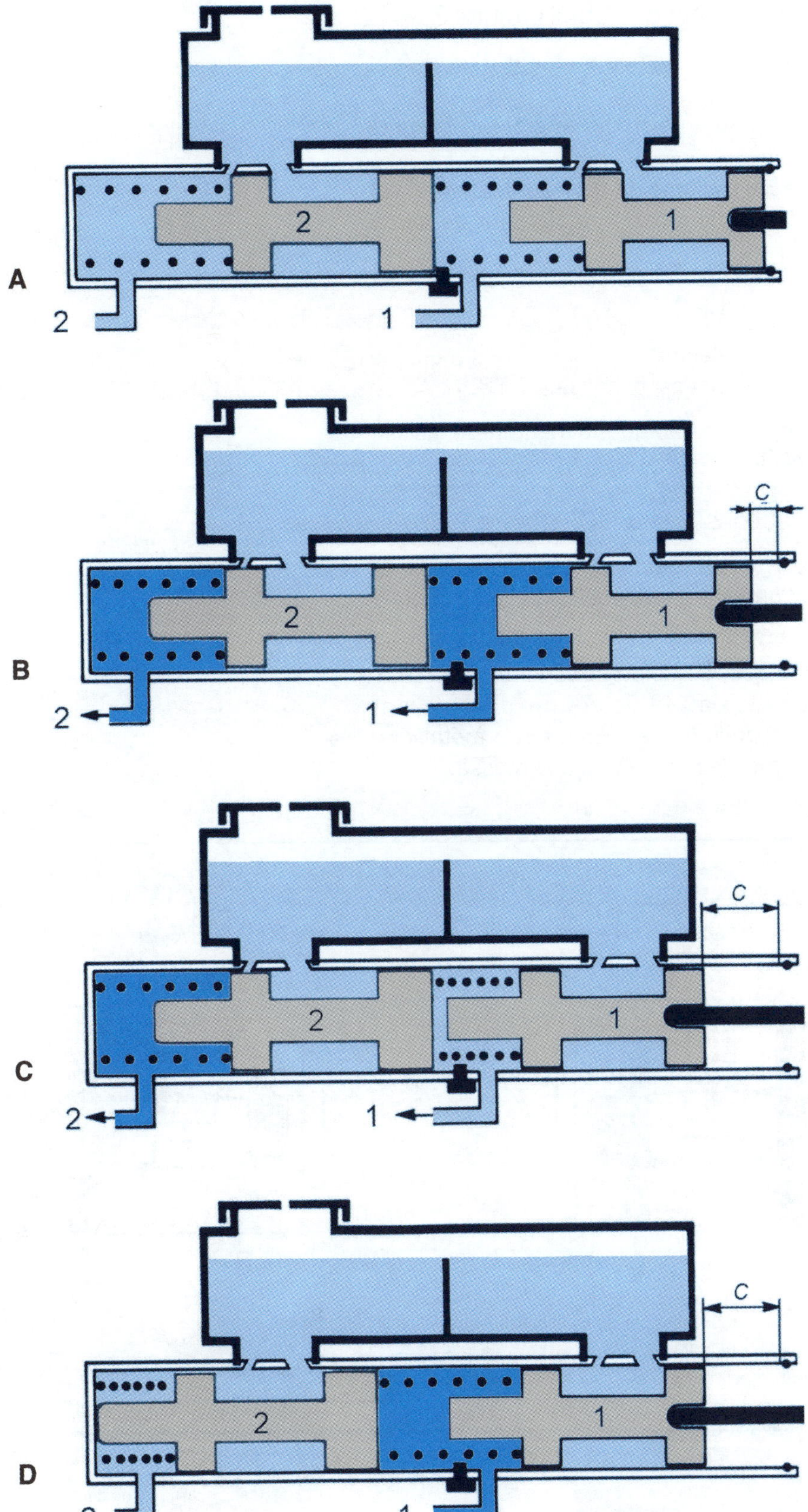

Figure 9.22 • Fonctionnement du maître-cylindre tandem (simplifié).

Comment le conducteur s'aperçoit-il de la défaillance d'un des deux circuits ?

Le conducteur s'aperçoit immédiatement d'un défaut de fonctionnement car :

– la **course** à la pédale de freins augmente brutalement ;

– un **témoin** spécial s'allume au tableau de bord, il est commandé électriquement par un **indicateur de chute de pression** (ICP).

Qu'est-ce qu'un ICP ?

L'ICP est un appareil électrohydraulique dans lequel le passage des deux circuits est canalisé.

Il peut être placé à proximité du maître-cylindre, accolé ou incorporé à celui-ci.

Comment est constitué un ICP (figure 9.23) ?

Dans un corps en fonte coulissent deux pistons ❸ munis chacun d'un joint d'étanchéité, ils sont maintenus en équilibre par deux ressorts.

Une borne électrique ❹ isolée débouche dans l'alésage, elle est reliée au fil de retour d'un voyant lumineux ❺. L'appareil, fixé sur une partie métallique du véhicule, est relié électriquement à la masse.

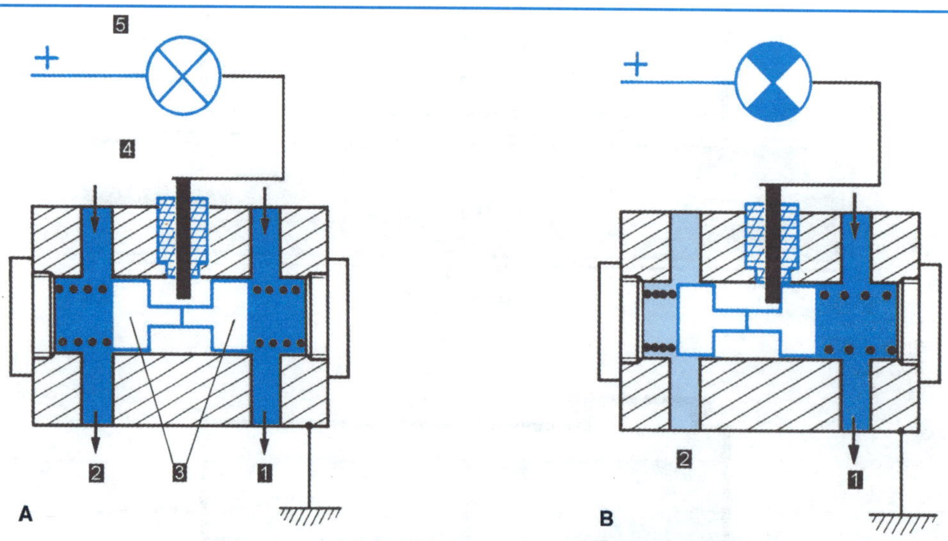

Figure 9.23 • Indicateur de chute de pression.
A. Position freinage sans incident.
B. Freinage avec circuit 2 défaillant.

❶ Circuit 1.
❷ Circuit 2.
❸ Pistons coulissants en contact avec la masse.
❹ Fil électrique de retour de la lampe et borne isolée.
❺ Lampe témoin.

Quel est le principe de fonctionnement d'un ICP ?

Au moment du freinage, si la pression hydraulique est identique dans les deux circuits, les deux pistons se trouvent en équilibre, poussés par des forces égales et directement opposées. Lorsque la pression diminue dans un des deux circuits, le piston sur lequel agit la pression la plus élevée coulisse et établit le contact électrique avec la borne. La lampe témoin s'allume au tableau de bord (figure 9.24).

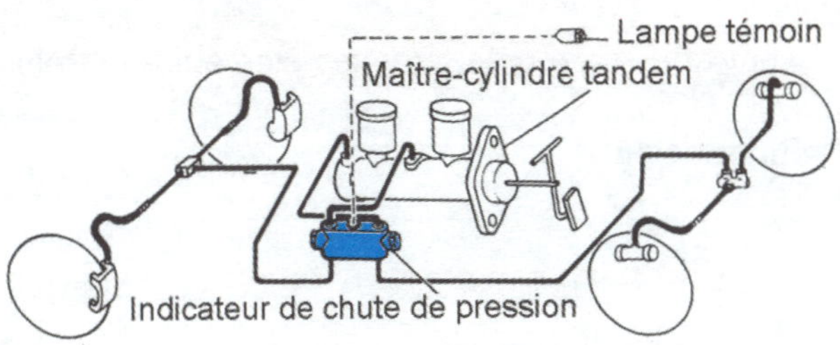

Figure 9.24 • Double circuit de freinage avec indicateur de chute de pression (document DBA Bendix).

La figure 9.25 présente un maître-cylindre tandem avec indicateur de chute de pression incorporé.

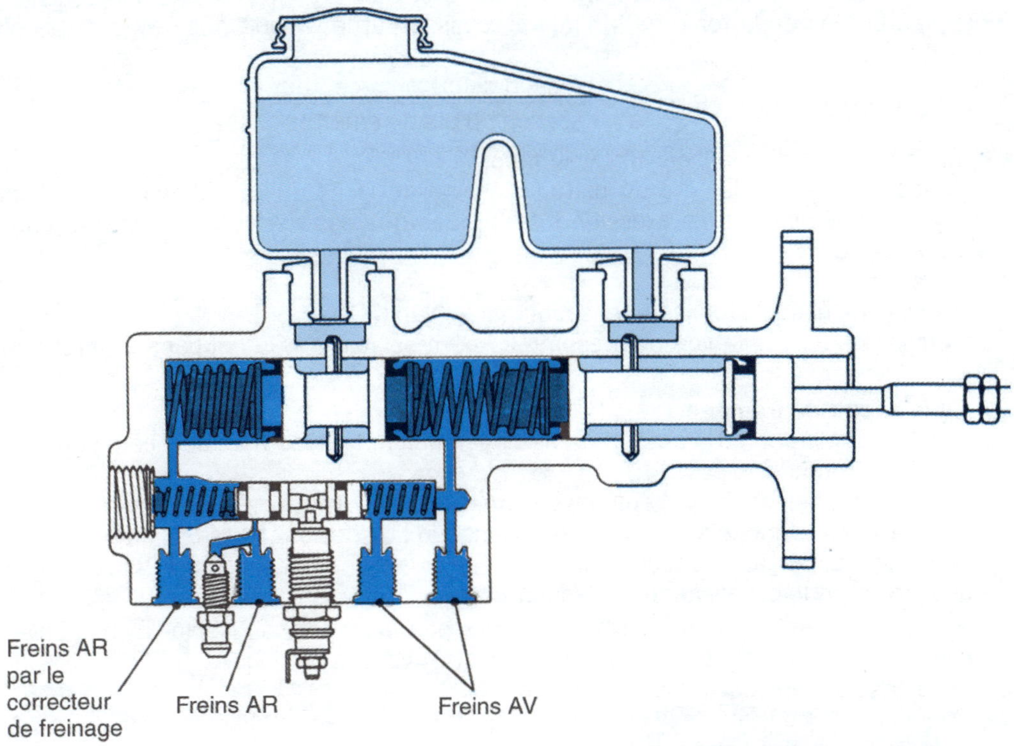

Figure 9.25 • Maître-cylindre tandem avec indicateur de chute de pression incorporé (document Bendix).

Mémo

- **Différents types de commandes**
  - Mécanique : frein de secours et de stationnement.
  - Hydraulique : dispositif de freinage principal.
  - Pneumatique : par pression ou par dépression.
- **Commande mécanique : frein de secours**

  La commande du frein de secours et de stationnement comprend :
  - un levier verrouillable placé dans l'habitacle,
  - un réseau de câbles libres ou gainés,
  - un mécanisme permettant la mise en contact des garnitures avec leur piste de frottement.

  Les mécanismes de frein de secours peuvent être incorporés dans les éléments de freins principaux ou indépendants de ceux-ci.
- **Commande hydraulique élémentaire : frein principal**

  La commande du frein principal comprend :
  - un réservoir en charge,
  - un émetteur ou maître-cylindre,
  - un réseau de canalisations,
  - des cylindres récepteurs,
  - un liquide spécial.
- **Multiplication de l'effort du conducteur**
  - Multiplication mécanique. La pédale de frein forme un levier dont le rapport est fonction des distances entre les points d'appui. La force communiquée à la tige de poussée est égale au produit de la force fournie par le conducteur par le rapport du bras de levier ($F_t = F_C \times R_1$).
  - Multiplication hydraulique. La force restituée par un cylindre récepteur hydraulique est égale au produit de la force de la tige de poussée par le rapport des sections des pistons ($F_r = F_t \times R_2$) où :

$$R_2 = \frac{S}{s} = \frac{\text{section du piston récepteur}}{\text{section du piston émetteur}}$$

- **Fonctionnement du maître-cylindre simple**
  - Freinage. Dès que la tête du piston s'écarte de la goupille, le liquide se déplace et actionne les récepteurs. La pression s'établit dès que ces derniers rencontrent une force résistante.
  - Défreinage.

  1er temps : recul du piston, compensation par le clapet.

  2e temps : retour du liquide des récepteurs au réservoir, par la soupape de pression résiduelle et le clapet.
- **Double circuit de freinage**

  Le double circuit permet d'obtenir un freinage, malgré la mise hors service d'une partie du circuit. Il comprend :
  - un maître-cylindre à deux chambres séparées appelé « tandem »,
  - deux réservoirs indépendants alimentant chacun une des chambres,
  - deux pistons, primaire et secondaire,
  - deux réseaux de canalisations indépendants.

  Le circuit peut être divisé en deux demi-circuits partiellement doublés (à l'avant seulement), ou entièrement doublés. Une fuite sur un des deux circuits provoque :
  - le freinage sur un seul circuit,
  - l'augmentation brutale de la course de la pédale de freins,
  - le fonctionnement d'une lampe témoin mise en circuit par un ICP (indicateur de chute de pression).

Testez vos connaissances

1. Selon la loi de Pascal, la pression hydraulique dans les récepteurs sera d'autant plus forte que le piston du maître-cylindre sera :

- ☐ **a.** de petit diamètre
- ☐ **b.** de grand diamètre
- ☐ **c.** plus long

2. Dans un récepteur hydraulique, la force pressante sur les plaquettes de frein est d'autant plus grande que (2 réponses) :

- ☐ **a.** la pression est élevée
- ☐ **b.** la pression est faible
- ☐ **c.** sa section est grande
- ☐ **d.** sa section est petite

3. En cas de fuite sur un des deux circuits de freinage, la course de la pédale de freins :

- ☐ **a.** augmente
- ☐ **b.** reste la même
- ☐ **c.** diminue

Pour aller plus loin

Quels sont les différents liquides utilisés dans les circuits hydrauliques d'automobile ? Relevez pour chacun leurs caractéristiques et leurs affectations.

Maintenance

Sur le plan pratique, il est nécessaire d'étudier les deux fiches suivantes du manuel de *Maintenance automobile : le savoir-faire* :

- Fiche n° 22 - Purger le circuit de freinage ; niveau 1.
- Fiche n° 51 - Purger les freins avec un appareil ; niveau 2.

10
L'assistance de freinage

Qu'entend-on par assistance du freinage ?

L'assistance du freinage est un dispositif qui permet, pour un **faible effort** sur la pédale de freins, d'obtenir dans le circuit une **forte pression** hydraulique.

Quels sont les dispositifs déjà étudiés permettant d'amplifier l'effort de freinage ?

Nous avons vu (➔ Leçon 9) que les constructeurs utilisent le principe des bras de levier (figure 10.1) :

– **bras de levier mécanique**, rapport de pédale $\frac{A}{B}$;

– **bras de levier hydraulique**, rapport des sections intérieures récepteur/émetteur :

$$\frac{S_1 \text{ ou } S_2}{S}$$

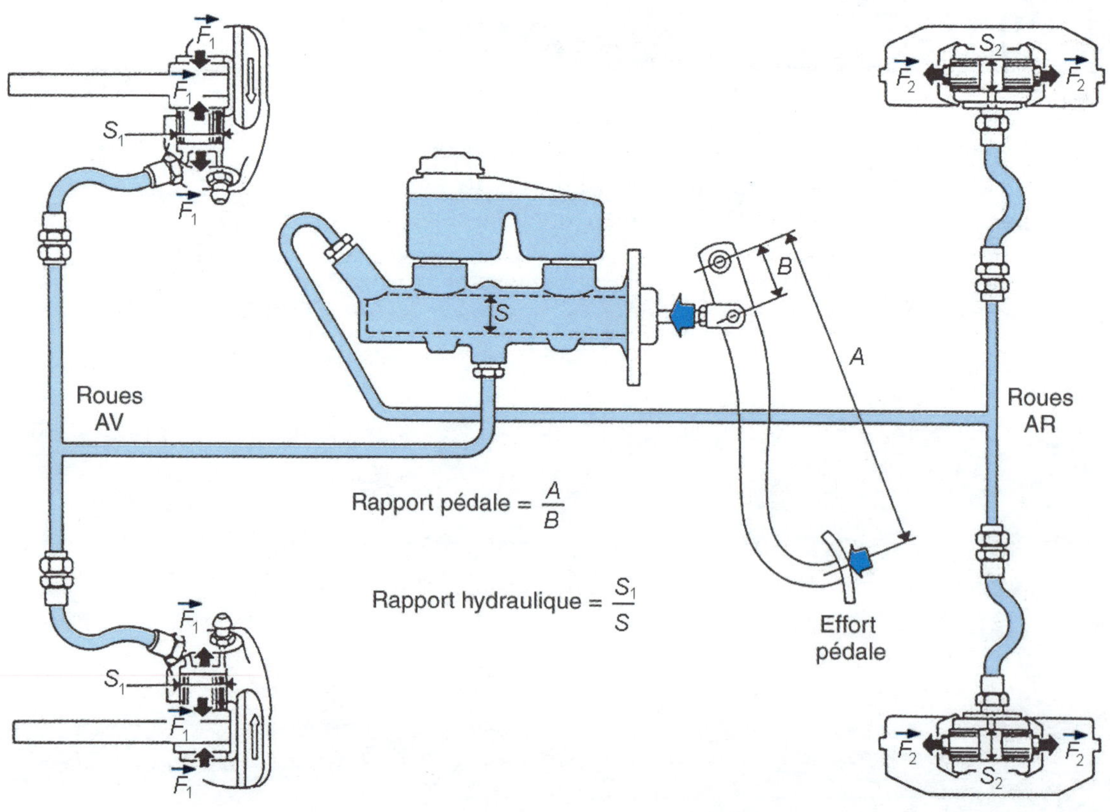

Figure 10.1 • Amplification de l'effort de freinage (document Bendix).

Quels sont les avantages des systèmes d'assistance du freinage ?

Ils permettent d'amplifier l'effort fourni par le conducteur sans obligatoirement utiliser le principe des bras de leviers mécaniques et hydrauliques qui présentent l'inconvénient d'augmenter la course de la pédale.

Par quels moyens l'assistance est-elle obtenue ?

À partir de l'énergie mécanique disponible sur le vilebrequin, on peut obtenir :
- une **dépression** ($p < p_a$) dans la tubulure d'admission, ou par une pompe à vide – dans le cas d'un moteur Diesel (figure 10.2) ;
- une **pression hydraulique** fournie par une pompe à haute pression (figure 10.3) ;
- une **pression d'air** fournie par un compresseur (véhicules industriels).

Quelle est l'origine de la force dans un dispositif d'assistance par dépression ?

La force est obtenue par l'action de pressions différentes sur les deux faces d'un piston coulissant dans un cylindre. Le piston sépare le cylindre en deux chambres A et B (figure 10.4A). Une des chambres (A) est soumise à la pression atmosphérique (p_a), l'autre (B) à une dépression ($p < p_a$).

L'**intensité** de cette force est fonction :
- de la **différence** des pressions,
- de la **section** du piston.

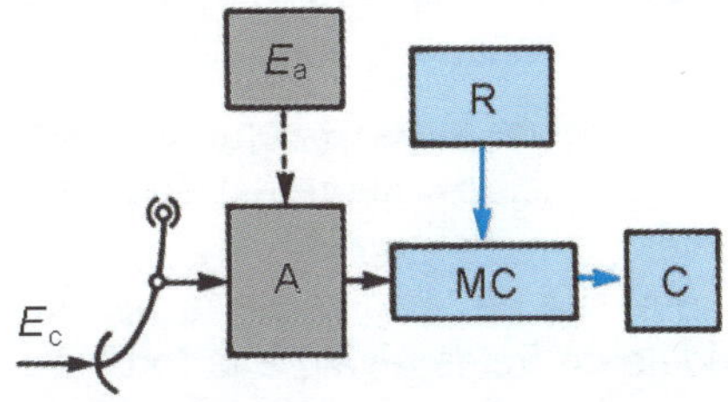

Figure 10.2 • Assistance par dépression.

E_c : énergie du conducteur.
E_a : énergie complémentaire d'assistance (dépression).
A. Dispositif d'assistance.
R. Réservoir hydraulique.
MC. Maître-cylindre.
C. Cylindre récepteur.

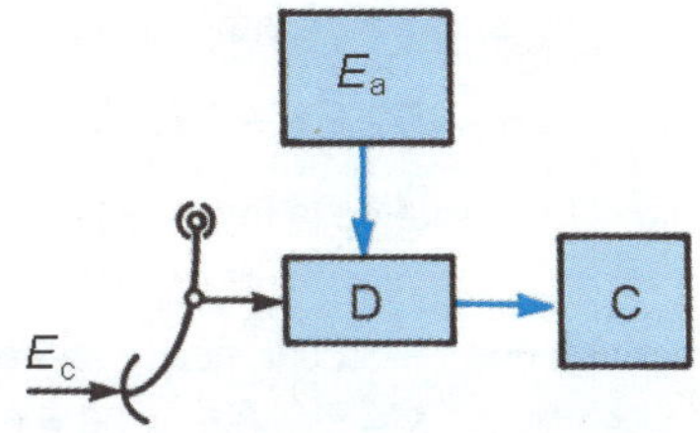

Figure 10.3 • Assistance par pression hydraulique.

E_c : énergie du conducteur.
E_a : énergie complémentaire d'assistance (pompe et réservoir sous pression).
D. Doseur.
C. Cylindres récepteurs.

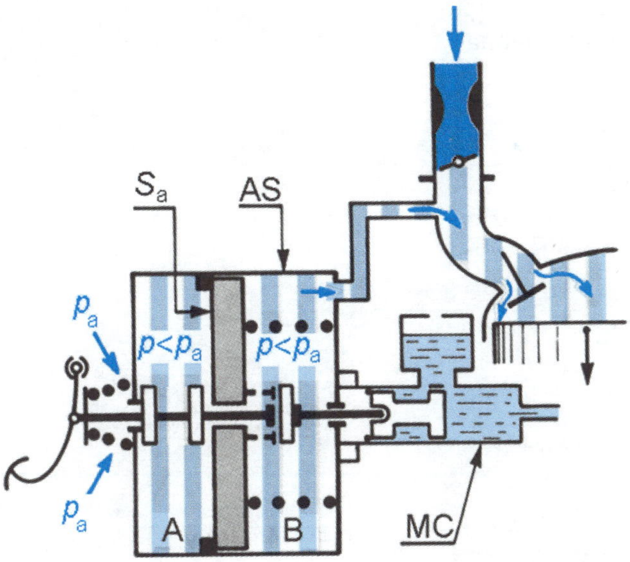

Position au repos :
AS. Assistance cylindre.
S_a. Section du piston d'assistance.
A. Chambre A.
B. Chambre B.

Figure 10.4A • Principe de l'assistance par dépression.

Le freinage 2

Comment l'effort du conducteur est-il amplifié ?

L'intensité de la force communiquée au piston hydraulique du maître-cylindre est égale à la somme de deux forces :
- intensité de la force de la tige de commande de la pédale de freins (égale à la force du conducteur × par le rapport du levier de la pédale) ;
- intensité de la force du piston d'assistance (F_a).

Exemple

En partant de la figure 10.4B, donnons-nous des valeurs numériques :
- force conducteur, $F_c = 10$ daN ;
- rapport de pédale, $R = 3/1$;
- pression dans la chambre B, $p = 0,5$ bar ;
- section du piston d'assistance, $S_a = 60$ cm².

Calculons l'intensité de la force de la tige de commande :

$$F_t = F_c R = 10 \times \frac{3}{1} = 30 \text{ daN}$$

Calculons l'intensité de la force de l'assistance :

$$F_a = (p_a - p)S_a$$

Si nous prenons $p_a \simeq 1$ bar, nous obtenons :

$$F_a = (1 - 0,5) \times 60 = 60 \text{ daN}$$

$$F'_t = F_t + F_a = 30 + 30 = 60 \text{ daN}$$

Nous voyons, dans ce cas, que la force de la tige de commande est **doublée**, grâce à l'action du dispositif d'assistance.

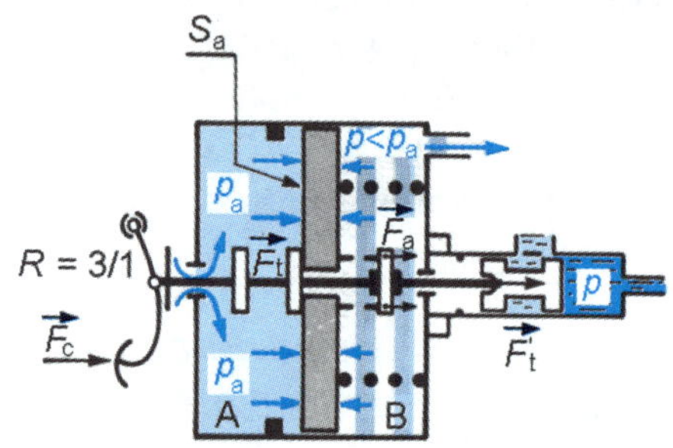

Position au freinage :
S_a. Section du piston d'assistance.
A. Chambre A.
B. Chambre B.

$$F'_t = F_t + F_a ;\ F_t = F_c R$$
$$F'_t = (F_c R) + [(p_a - p)\ S_a]$$

Figure 10.4B • Principe de l'assistance par dépression.

La dépression qui règne dans la tubulure d'admission est maximale en décélération (papillon fermé, vitesse de rotation du moteur élevée), ce qui correspond précisément au cas où le véhicule nécessite un freinage maximal.

Remarque

La différence de pression obtenue étant relativement faible, il est nécessaire d'utiliser un piston d'assistance de **fort diamètre**.

Quels sont les différents dispositifs d'assistance par dépression ?

Ces dispositifs sont :
- l'« **hydrovac** » ;
- le « **master-vac** » (figure 10.5).

Ils sont tous deux fondés sur le principe étudié plus haut. Nous étudierons plus particulièrement le principe du « master-vac », celui-ci étant actuellement le plus utilisé.

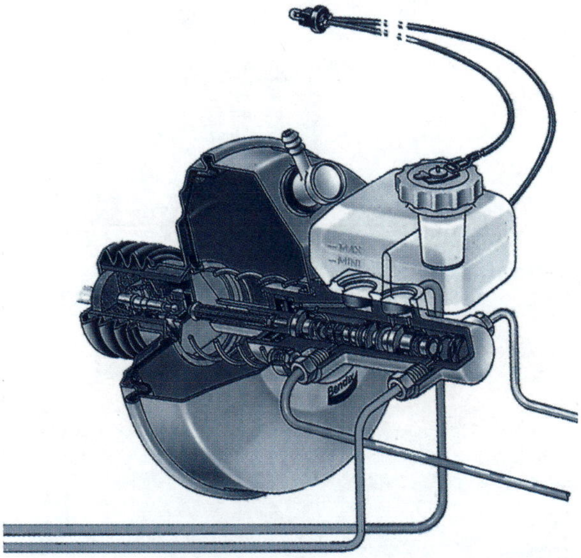

Figure 10.5 • « Master-vac » (document DBA Bendix).

Quels sont les éléments constitutifs du servofrein « master-vac » (figure 10.6 A) ?

Le « master-vac » est intercalé entre la pédale de freins et le maître-cylindre. Il comprend :

– un **cylindre** de grand diamètre ❶, séparé en deux **chambres** (A et B) par un **piston coulissant** ❷ qui commande la tige de poussée ❸ du maître-cylindre ;

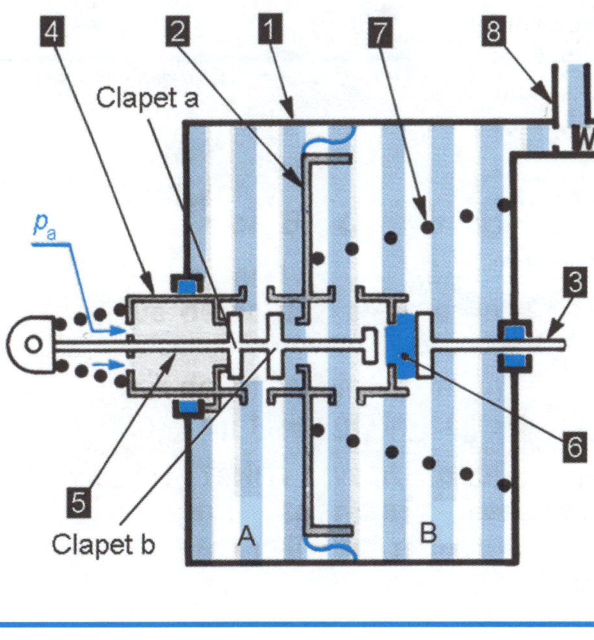

❶ Cylindre.
❷ Piston.
❸ Tige de poussée du MC.
❹ Valve de contrôle comportant deux clapets (a et b).
❺ Tige de commande.
❻ Disque de réaction.
❼ Ressort de rappel.
❽ Clapet anti-retour.

Figure 10.6A • « Master-vac » en position de repos.

– une **valve de contrôle** ❹, solidaire du piston ❷, commandée par la tige ❺ et comportant deux clapets ;

– un **disque de réaction** élastique ❻, qui reçoit les efforts du piston d'assistance et de la tige de commande.

La valve ❹ comporte :
– un **clapet** (a) permettant ou non la communication du cylindre avec l'air à la **pression atmosphérique** ;
– un **clapet** (b) qui ouvre ou ferme la **communication** entre les deux chambres (A et B).

Quel est le principe de fonctionnement du « master-vac » ?

• **Position repos, moteur tournant** (figure 10.6A). Le clapet (a) est **fermé** et empêche l'air à la pression atmosphérique (p_a) de pénétrer dans le cylindre. Le clapet (b) est **ouvert** et permet la communication entre les chambres. Une dépression identique s'établit dans les deux chambres.

Le piston est maintenu dans sa position de repos par un ressort de rappel ❼.

• **Freinage** (figure 10.6B). L'action sur la pédale de freins provoque l'avancement de la tige de commande solidaire des clapets.

Simultanément :
– le clapet (a) est **ouvert** et permet l'entrée de l'air à la pression atmosphérique (p_a) dans la chambre (A) ;
– le clapet (b) est **fermé**, seule la chambre (B) est soumise à la dépression p.

La différence de pression actionne le piston d'assistance qui pousse sur la tige de poussée du maître-cylindre par l'intermédiaire du disque de réaction ❻. La **pression hydraulique** s'établit dans le maître-cylindre.

• **Dosage de l'effort de freinage.** Le conducteur fournit un effort modéré :
– le piston et la valve d'assistance continuent un instant leur course ;
– la tige de commande et les clapets restent immobiles.

Le clapet (a) tend à se refermer, le clapet (b) à s'ouvrir. Il s'établit une **position d'équilibre** entre le piston d'assistance et la tige de poussée, dosée par l'élasticité du disque de réaction.

Si le conducteur augmente légèrement son effort, les clapets se déplacent. Le piston d'assistance reçoit une force supplémentaire puis retrouve une nouvelle position d'équilibre en rapport avec l'effort fourni.

• **Défreinage.** Le conducteur relâche la pédale. La tige de commande revient en position de repos grâce à l'action de son ressort de rappel.

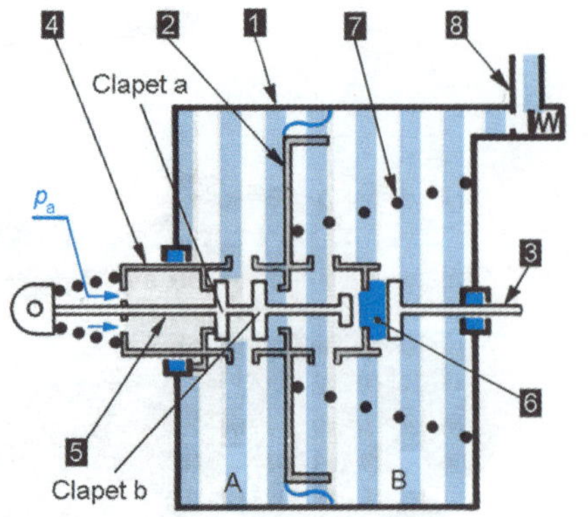

Rappel de la position de repos

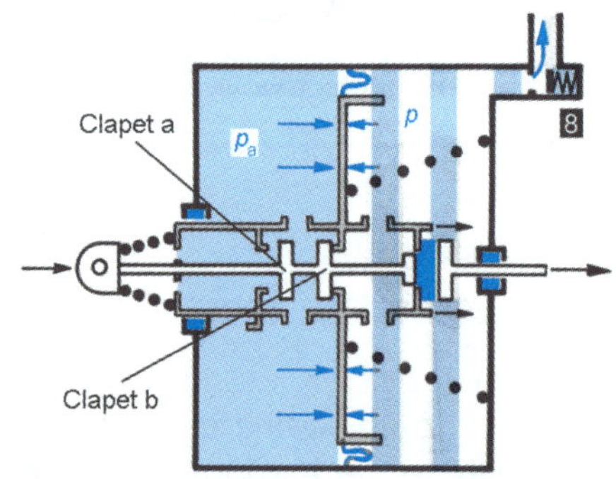

❶ Cylindre.
❷ Piston.
❸ Tige de poussée du MC.
❹ Valve de contrôle comportant deux clapets (a et b).
❺ Tige de commande.
❻ Disque de réaction.
❼ Ressort de rappel.
❽ Clapet anti-retour.

Figure 10.6B • « Master-vac » en position de freinage.

Le clapet (a) est **fermé** et empêche l'entrée de l'air à la pression atmosphérique. Le clapet (b) est **ouvert**, la dépression *p* s'établit dans les deux chambres. Le piston est en équilibre. Le ressort de rappel du piston ramène celui-ci en position de repos.

■ Que se passe-t-il lorsque le moteur est arrêté (figure 10.6B, page précédente) ?

• **Premier temps.** Un clapet anti-retour ❽ placé dans la canalisation de dépression maintient celle-ci dans le cylindre d'assistance après l'arrêt du moteur.

À chaque coup de frein, la mise en communication des chambres (A et B) augmente la pression en (B) jusqu'à l'équilibre des pressions en (A) et (B) à p_a.

• **Deuxième temps.** L'assistance ne fournit plus d'effort. L'action du conducteur est transmise directement au maître-cylindre sans amplification.

La pression hydraulique dépend uniquement de la force du conducteur : la force de freinage est nettement diminuée.

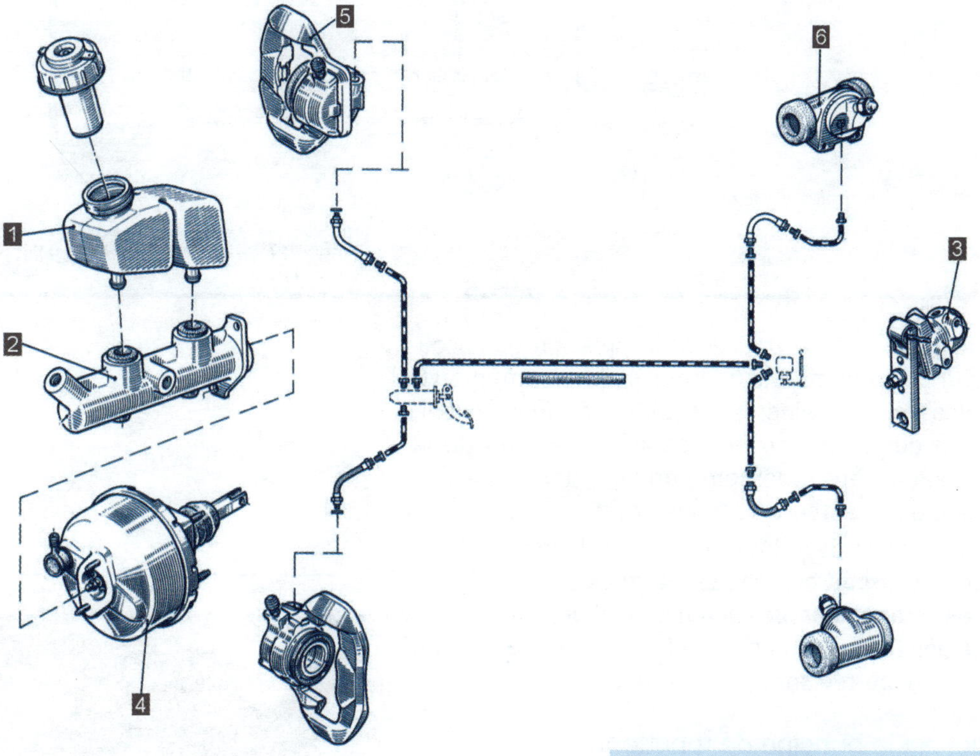

❶ Réservoir double.
❷ Maître-cylindre pour double circuit (tandem).
❸ Correcteur de freinage.
❹ Dispositif d'assistance (master-vac).
❺ Étrier de frein à disques.
❻ Cylindre récepteur de freins à tambour (cylindre de roue).

Figure 10.7 • Circuit de freinage : récapitulation (document Renault).

Quels sont les éléments constitutifs d'une assistance par pression hydraulique (figure 10.8) ?

Le dispositif comprend (gamme moyenne et haut de gamme véhicules Citroën) :

- une **réserve de liquide** sous pression (➔ Leçon 11, fin) ;
- un **doseur** à double tiroir hydraulique qui commande **deux circuits** de freinage indépendants.

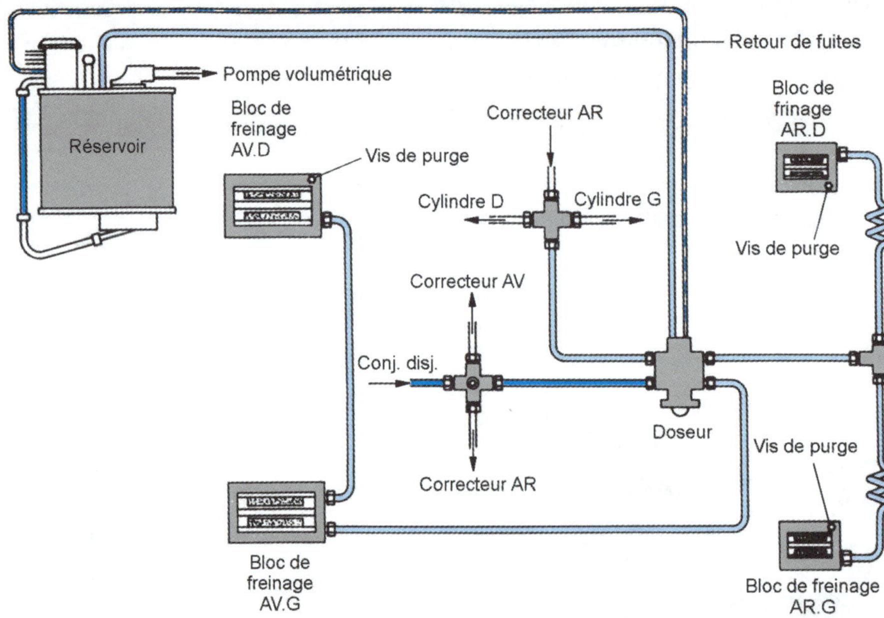

Figure 10.8 • Circuit hydraulique de freinage (document Citroën).

Le circuit des freins avant reçoit la pression de l'accumulateur-conjoncteur-disjoncteur et la communique, après dosage, aux cylindres récepteurs de freins avant. Le circuit des freins arrière reçoit la pression de la suspension arrière et la communique, après dosage, aux cylindres récepteurs de freins arrière.

Cette commande de freinage comporte donc :

- un **double circuit** branché en **parallèle**,
- une **assistance** par pression hydraulique,
- un **dispositif de correction** du freinage en fonction de la charge supportée par l'essieu arrière.

Quel est le principe de fonctionnement d'un doseur de pression ?

Un **tiroir se déplace dans un cylindre** comportant trois orifices (figures 10.10) :

- l'orifice (a) reçoit la haute pression (HP), dont la valeur est de l'ordre de 170 bars ;
- l'orifice (b) permet le retour au réservoir ;
- l'orifice (c) est relié aux récepteurs de freins.

Figure 10.9 • Doseur de freinage (document Citroën).

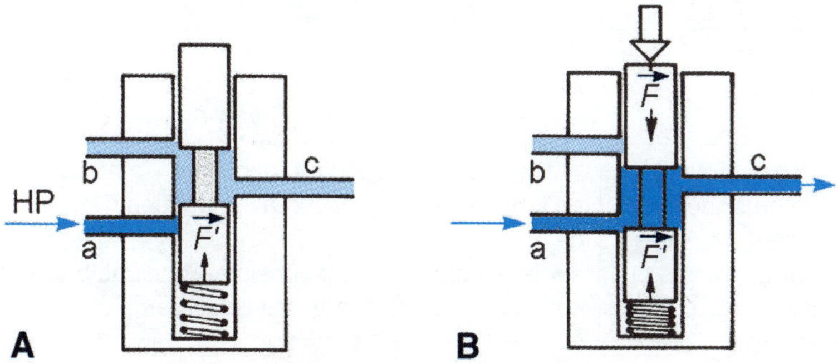

A. Au repos.
B. En cours de freinage.

Figure 10.10 • Tiroir hydraulique simple. Déclenchement du passage de liquide, mais impossibilité de doser.

• **Freinage** (figure 10.10B). Un effort minime $(\vec{F})$ exercé sur le tiroir, entraîne son déplacement :
– l'orifice (b) est obstrué ;
– l'orifice (a) est découvert ;
– l'orifice (c) est alimenté : le liquide sous pression (170 bars) se dirige vers les freins.

• **Défreinage.** Le conducteur lâche la pédale, le ressort ramène le tiroir au repos (figure 10.10A). Ainsi, l'orifice (c) communique avec (b), le liquide retourne au réservoir.

Nous observons, qu'avec ce type de tiroir, il est **impossible de doser l'effort** de freinage.

Le dosage est rendu possible en reliant, par une **dérivation**, l'orifice (c) et la partie inférieure du tiroir (figure 10.11A).

Lorsque le conducteur agit sur le tiroir $(\vec{F})$, la pression s'établit simultanément (figure 10.11B) :
– dans les freins par l'orifice (c) ;
– sous le tiroir par l'orifice (d).

La **contre-pression** qui agit sur la surface inférieure du tiroir a pour effet de créer une force $(\vec{F''})$ dirigée vers le haut et directement opposée à $(\vec{F})$. La pression du liquide dirigé vers les freins est **dosée.**

Le conducteur est obligé de fournir un **effort proportionnel à la force** de freinage désirée.

Comment le doseur de freins Citroën fonctionne-t-il ?

Les figures 10.12A et B, ainsi que le tableau ci-après expliquent ce fonctionnement.

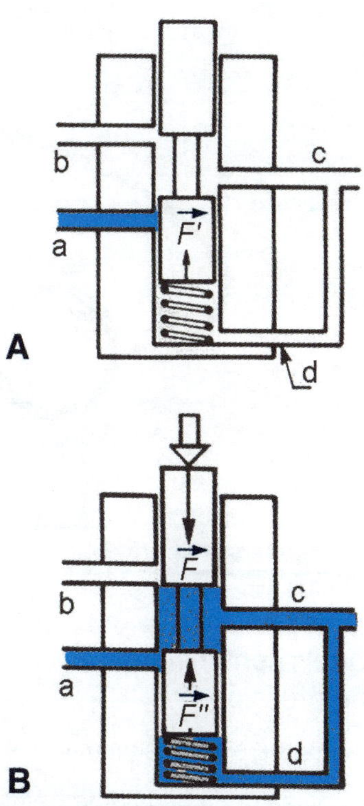

Figure 10.11 • Doseur. Résistance sous la pédale grâce à la contre-pression.

A. Au repos.
B. En cours de freinage.

Position	Tiroir 1	Tiroir 2	Pression freins AV	Pression des freins AR
Repos	Maintenu en butée par son ressort.	Maintenu en butée par son ressort.	p_a	p_a
Freinage	Se déplace, commandé mécaniquement par la pédale de freins.	Se déplace, commandé hydrauliquement par la pression du circuit 1.	Dosée en fonction de l'effort sur la pédale.	Dosée en fonction de la pression dans : – le circuit avant (action hydraulique de 1 sur 2) ; – la suspension AR (variable suivant la charge du véhicule).

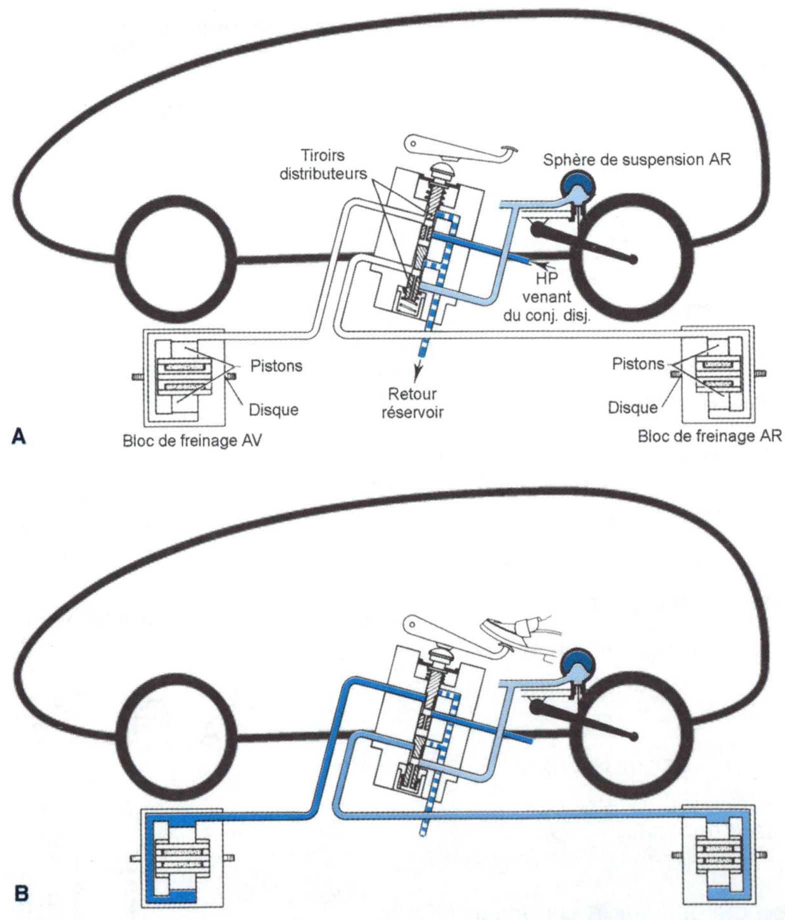

Figure 10.12 • Doseur de freins (document Citroën).
A. Position non freinée.
B. Position freinée.

■ Quels sont les avantages d'un doseur de pression ?

• La montée en pression (circuits) est **instantanée**.

• La course de la pédale de freins, toujours **très courte**, est indépendante de l'usure des garnitures de freins.

Le **temps de réponse** des freins est donc extrêmement **court** et contribue à diminuer la distance d'arrêt du véhicule (sécurité primaire).

Mémo

- **Différentes sources d'assistance**

– Dépression régnant dans la tubulure d'admission (moteurs à essence) ; produite par une pompe à vide (moteurs Diesel).
– Pression hydraulique fournie par une pompe à haute pression (Citroën).
– Pression d'air fournie par un compresseur (véhicules industriels).

- **Assistance par dépression**

La force est obtenue par l'action de pressions différentes sur les deux faces d'un piston coulissant dans un cylindre. Le piston reçoit :
– d'un côté, la pression extérieure (atmosphérique),
– de l'autre, la dépression (pression inférieure à la pression atmosphérique).
L'intensité de la force du piston d'assistance est fonction :
– de la différence des pressions ;
– de la section du piston.

- **La force communiquée au piston hydraulique du maître-cylindre** est égale à la somme de deux forces :
– force de la tige de commande de la pédale de freins (conducteur),
– force du piston (assistance).

- **Les deux principaux dispositifs d'assistance par dépression** sont :
– l'« hydrovac »,
– le « master-vac ».

Le « master-vac » est interposé entre la pédale de freins et le maître-cylindre simple ou double.

- **Assistance par pression hydraulique**

Le dispositif comprend :
– une réserve de liquide maintenue sous pression par une pompe,
– un doseur à deux tiroirs,
– deux circuits de freinage indépendants.

Par action sur la pédale de freins, le doseur met en communication :
– les freins avant et la haute pression venant de la réserve de pression,
– les freins arrière et le liquide de la suspension arrière dont la pression varie selon la charge.

Cette commande comporte donc :
– un double circuit branché en parallèle,
– une assistance par pression hydraulique,
– une correction du freinage en fonction de la charge supportée par l'essieu arrière.

- **Équipement**

Le moteur Diesel est équipé d'un dispositif d'injection permettant de réaliser toutes les conditions de fonctionnement nécessaires.

- **Critique**

Son rendement et son couple moteur sont supérieurs à ceux du moteur à explosion. Sa combustion est plus complète et ses gaz d'échappement, bien que moins toxiques en monoxyde de carbone, peuvent émettre des particules nocives pour les voies respiratoires.

Testez vos connaissances

1. Dans un véhicule à moteur Diesel, la dépression nécessaire au fonctionnement du servofrein provient :

- ☐ **a.** de la dépression tubulure
- ☐ **b.** d'une pompe à vide
- ☐ **c.** d'une pompe haute pression

2. Grâce à l'assistance, l'effort du conducteur sur la pédale de frein :

- ☐ **a.** est augmenté
- ☐ **b.** est diminué
- ☐ **c.** reste le même

3. Si l'on coupe le moteur, l'assistance :

- ☐ **a.** disparaît
- ☐ **b.** reste normale
- ☐ **c.** fonctionne encore quelques instants

Pour aller plus loin

Recherchez, pour le véhicule de votre choix, les caractéristiques du dispositif d'assistance de freinage.

11 Les correcteurs de freinage

De quels facteurs l'effort à appliquer à chaque roue dépend-il ?

Nous avons vu (➔ Leçon 8) que :

• la force retardatrice applicable sans glissement à chaque pneumatique est fonction de sa force d'adhérence avec le sol ;

• la force d'adhérence d'un pneumatique sur le sol est proportionnelle ($\vec{A} = c\vec{P}$) :
– au coefficient d'adhérence (*c*) des matériaux en contact, ici pneu/sol,
– au poids ($\vec{P}$) ou à la force appliquée par cette roue sur le sol.

Pour un coefficient d'adhérence donné, la force d'adhérence est donc fonction du poids $\vec{P}$ (statique) ou de la force $\vec{F}$ (dynamique) appliqués à chaque roue.

Le poids appliqué sur chaque roue est-il uniformément réparti ?

Si le véhicule est à l'arrêt ou roule à basse vitesse, les deux essieux peuvent être différemment chargés.

Le centre de gravité du véhicule peut se trouver :
– vers l'avant ($P' > P''$) ;
– à égale distance des deux essieux ($P' = P''$) ;
– vers l'arrière ($P' < P''$).

Dans les cas où le centre de gravité n'est pas à une distance égale des deux essieux, la force d'adhérence des pneus avant est différente de celle des pneus arrière (figure 11.1). L'effort de freinage ($\vec{F_r}$) à appliquer à chaque essieu ne peut donc pas être identique.

Quelles sont les dispositions technologiques qui permettent de réaliser un couple de freinage différent sur les deux essieux ?

Le couple de freinage est différent s'il existe, de l'avant par rapport à l'arrière, des différences de :
– diamètre de disques ou de tambours,
– section de cylindres récepteurs,
– coefficient d'adhérence des garnitures sur leur piste de frottement.

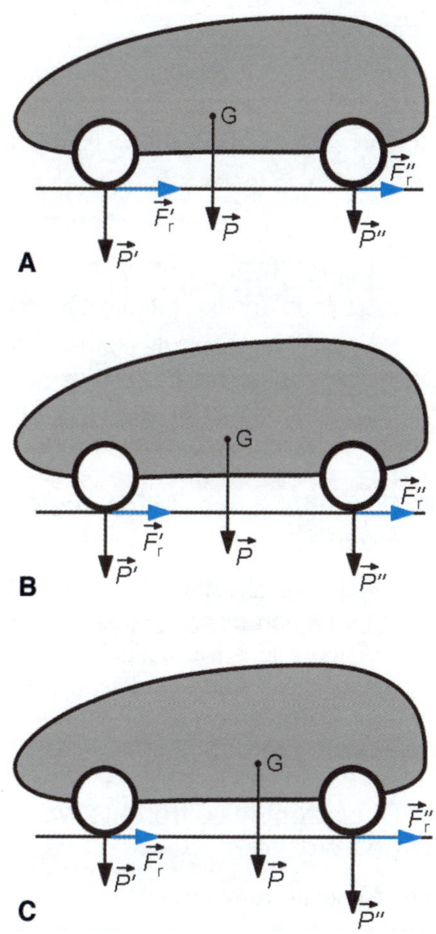

Figure 11.1 • Force d'adhérence par essieu : $\vec{A} = c\vec{P}$

A. $P' > P'' \Rightarrow F'_r > F''_r$
B. $P' = P'' \Rightarrow F'_r = F''_r$
C. $P < P'' \Rightarrow F'_r < F''_r$

Ces dispositions sont-elles suffisantes dans toutes les conditions de conduite ?

Lorsqu'un véhicule roule, il possède une énergie cinétique ($E_c = Mv^2/2$) proportionnelle à sa masse et au carré de sa vitesse. Sachant que E_c est l'équivalent d'un travail ($W = FL$), le véhicule possède une force instantanée dont l'intensité est :

$$F_m = \frac{W}{L}$$

Lorsque le conducteur commence à freiner, l'effort retardateur au niveau du sol provoque un couple de basculement proportionnel à :
- la distance du sol au centre de gravité,
- l'intensité de la force appliquée en ce point.

Il se produit alors un phénomène de plongée qui provoque un **report de charge** dynamique de l'essieu arrière vers l'essieu avant (figure 11.2).

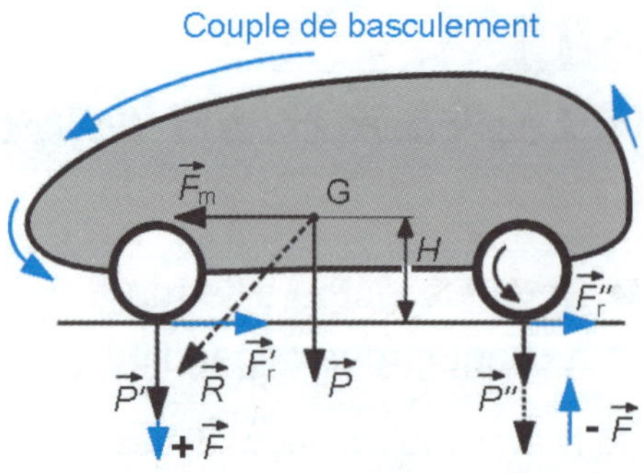

Figure 11.2 • Report de charge au freinage.

Force appliquée aux pneus avant :
$\vec{F}' = \vec{P}' + \vec{F}$
Force appliquée aux pneus arrière :
$\vec{F}'' = \vec{P}'' - \vec{F}$

Remarque

La « plongée » est le phénomène inverse du « cabrage ».

La force appliquée aux pneus avant est :

$\vec{F}' = \vec{P}'$ (poids statique des roues avant) $+ \vec{F}$ (report de charge).

La force appliquée aux pneus arrière est :

$\vec{F}'' = \vec{P}''$ (poids statique des roues arrière) $- \vec{F}$ (report de charge).

Dans les cas de **freinage d'urgence**, le couple de freinage à appliquer à l'essieu avant devra donc être **supérieur** à celui de l'essieu arrière.

Comment la répartition des efforts est-elle modifiée en cas de freinage d'urgence ?

En cas de freinage d'urgence, la répartition nécessaire, du fait du report de charge, est réalisée par la modification des pressions hydrauliques entre le circuit avant et le circuit arrière. Cette modification est obtenue grâce à l'interposition dans le circuit arrière d'un **correcteur de freinage** (figure 11.3).

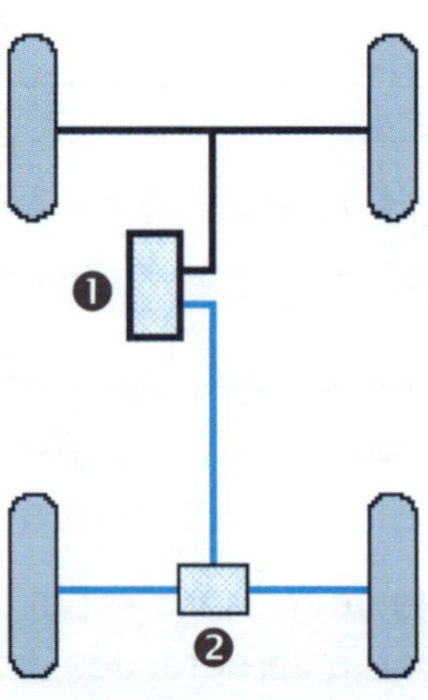

Figure 11.3 • Circuit de freinage.

❶ Maître-cylindre.
❷ Correcteur de freinage.

Quels sont les différents types de correcteurs de freinage ?

Il en existe deux familles :
- les **limiteurs**,
- les **compensateurs**.

Quelles sont les fonctions des limiteurs ?

Les limiteurs ont pour fonction de limiter la pression hydraulique admise dans les récepteurs des roues délestées (en général roues arrière).

■ Quel est le principe de fonctionnement du limiteur asservi ?

On peut observer que lorsqu'un essieu est :
– surchargé, la hauteur caisse/sol dans son axe vertical diminue ;
– délesté, la hauteur caisse/sol augmente.

Il est donc possible de modifier la pression de limitation en rendant le **tarage** du ressort du limiteur **dépendant de la hauteur de caisse** (asservi à la suspension). Ainsi, à chaque position de la hauteur de caisse correspond un tarage de ressort différent (figures 11.4 et 11.5).

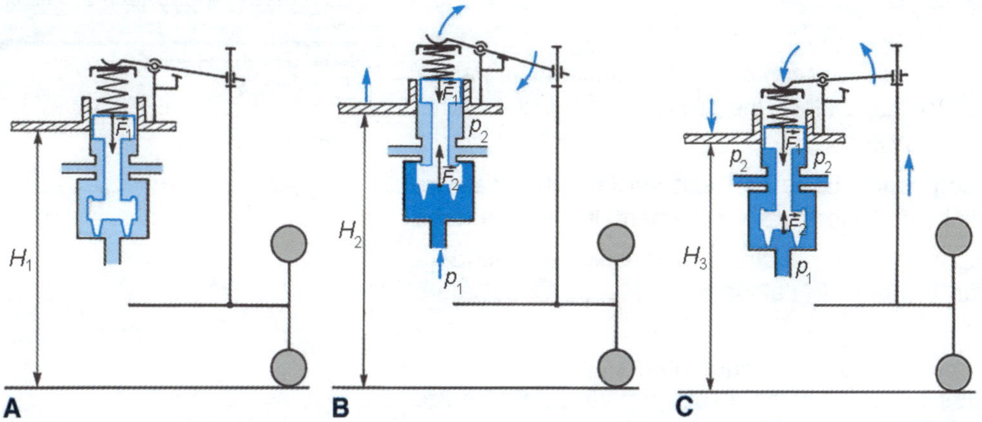

Figure 11.4 • Principe de fonctionnement du limiteur asservi.

A. Position de non freinage, véhicule à vide.
B. Position de freinage modéré, essieu arrière délesté :
$H_2 > H_1$; $F_2 > F_1$; $p_1 > p_2$
Fermeture du clapet à pression moyenne.
C. Position de freinage modéré, essieu arrière chargé :
$H_3 < H_1$; $F_2 < F_1$; $p_1 = p_2$

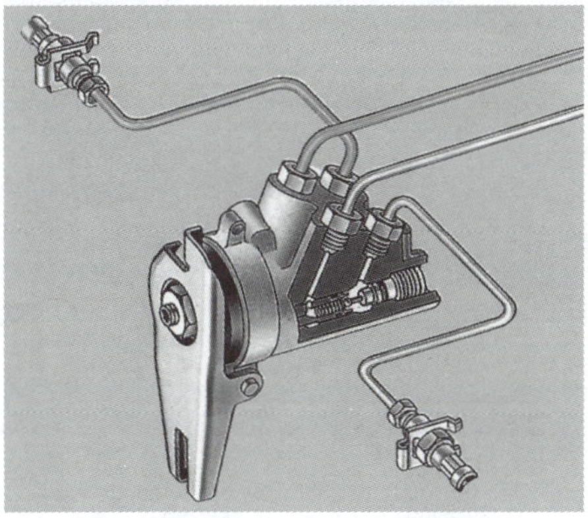

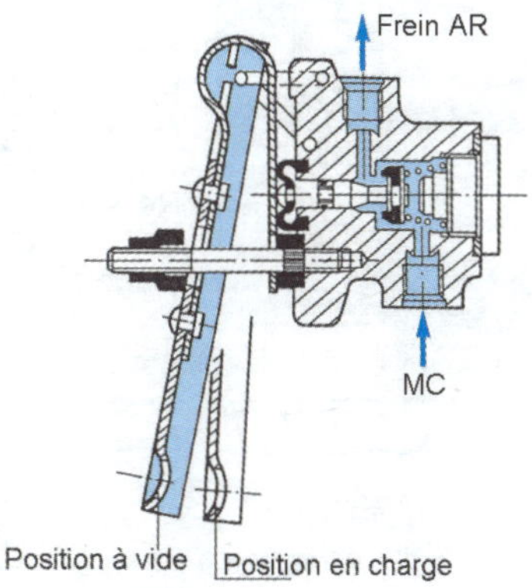

Figure 11.5 • Limiteurs asservis (document DBA Bendix).

La fermeture du clapet du limiteur sera réalisée à des pressions variables en fonction de la charge supportée par l'essieu (figure 11.6).

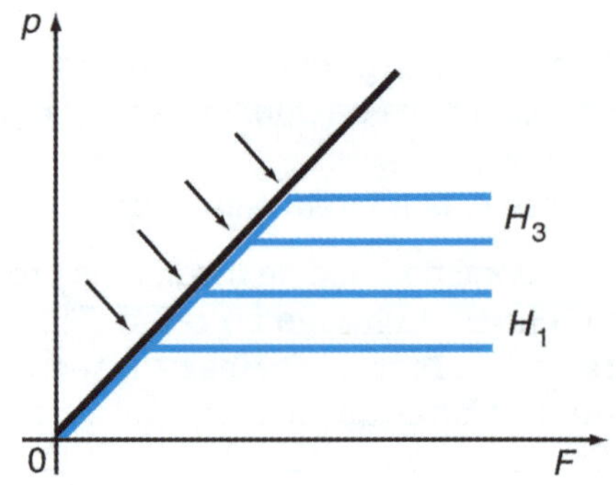

Figure 11.6 • Limiteur asservi. La fermeture du circuit s'effectue à des pressions variables selon *H*.

→ point de fermeture du clapet.

Quel est le principe de fonctionnement des compensateurs ?

Les compensateurs ne limitent pas la pression à une valeur définie mais assurent, à partir d'une certaine valeur, pour chaque pression du circuit avant, une pression arrière plus faible, mais proportionnelle dans un rapport déterminé. Cette proportionnalité est assurée par un **piston étagé**.

Comme les limiteurs, les compensateurs peuvent être :
- non asservis,
- asservis (figure 11.7).

Le compensateur **asservi** est lié à la suspension par un ressort. Il contrôle ainsi une pression variable en fonction de la **charge**.

• **Position repos.** Le ressort agit sur le piston par l'intermédiaire du levier d'asservissement. Il crée une force ($\vec{F_1}$) proportionnelle à la charge de l'essieu et maintient le piston au fond de l'alésage. Le clapet ❹ est alors ouvert.

La communication hydraulique maître-cylindre/cylindre de roues arrière est assurée (figure 11.8A, page suivante), donc :

$$p_1 = p_2$$

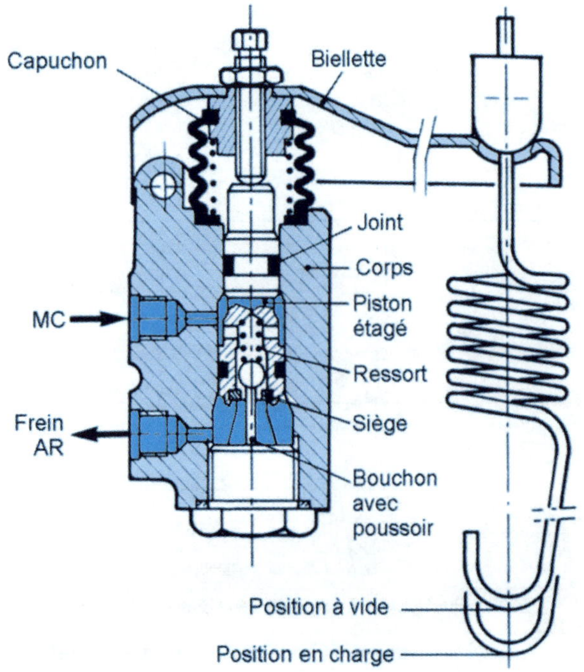

Figure 11.7 • Compensateur asservi. Vue en coupe (document DBA Bendix).

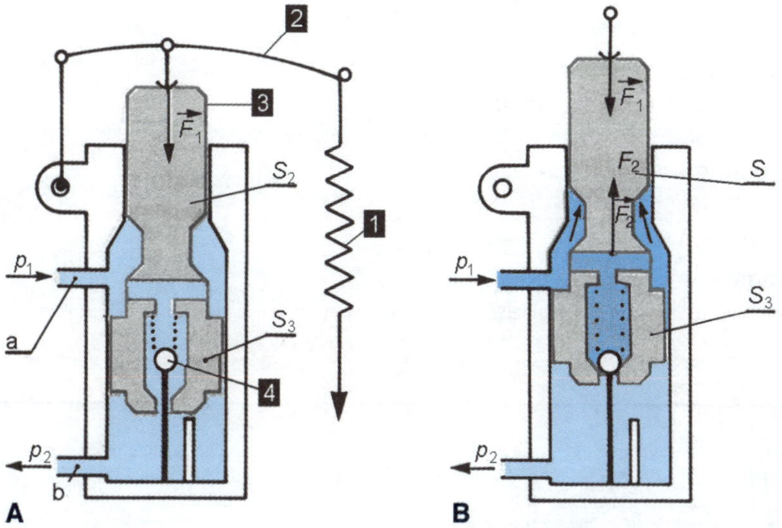

Figure 11.8 • Compensateur asservi à la suspension.

❶ Ressort lié à la suspension.
❷ Levier d'asservissement.
❸ Piston étagé.
❹ Clapet.
A. Position au repos : $p_1 = p_2$
B. Position au freinage : $F_2 > F_1$; $p_2 < p_1$
C. Augmentation de la pression au maître-cylindre (en p_1), p_2 augmente proportionnellement avec un certain rapport.

• **Freinage.** La pression augmente dans l'ensemble du circuit hydraulique ($p_1 = p_2$).

La pression p_1 agit à la fois sur la section S_2 et la section S_3 (**vers le bas**). La pression $p_2 = p_1$ agit sur S_3 (**vers le haut**).

Donc, ces deux actions sur S_3 s'annulent :

$$|p_1S_3| = |p_2S_3|$$

Lorsque p_1 sur S_2 est suffisante ($\vec{F_2}$) pour vaincre l'action du ressort d'asservissement ($\vec{F_1}$), le piston monte, le clapet se ferme (figure 11.8B).

• **Augmentation de la pression.** Le conducteur augmente son effort sur la pédale de freins : p_1 augmente et agit à la fois sur S_2 et S_3. L'équilibre des forces sur S_3 est rompu :

$$|p_1S_3| > |p_2S_3|$$

Le piston redescend, le clapet s'ouvre, p_2 augmente ($p_2 = p_1$) et un nouvel équilibre s'établit sur le piston (figure 11.8C) :

$$|p_1S_3| = |p_2S_3|$$

L'action de p_1 sur S_2 fait remonter le piston, donc le clapet se ferme.

Pendant la phase de **montée en pression**, le piston **oscille** donc autour d'une position d'équilibre. Par une succession d'ouvertures et de fermetures, la **pression arrière augmente moins que la pression avant**.

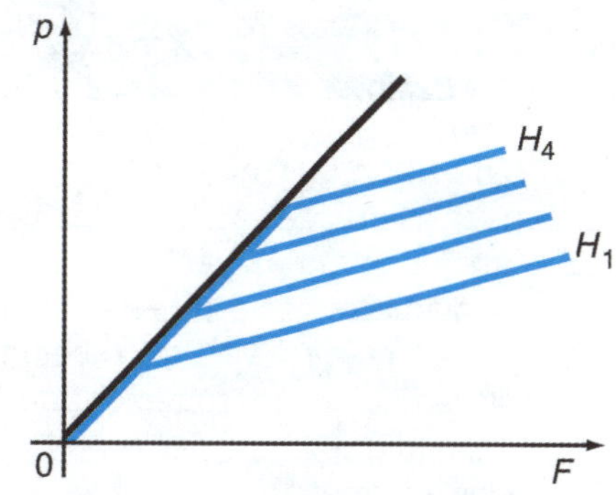

Figure 11.9 • Compensateur asservi.

La compensation commence à des pressions variables selon la charge.
La pression dans le circuit arrière augmente moins que dans le circuit avant.

2

Le freinage

Les correcteurs permettent-ils de réaliser le freinage idéal ?

Les correcteurs de freinage réalisent une solution plus ou moins approchée du problème de la répartition du freinage, car ils ne peuvent tenir compte :
- du report de charge sur un même essieu dans les virages ;
- de l'adhérence réelle de chaque pneu sur le sol.

Certains véhicules haut de gamme comportent un dispositif qui permet le contrôle individuel du blocage des roues (➔ Leçon 12, ABS).

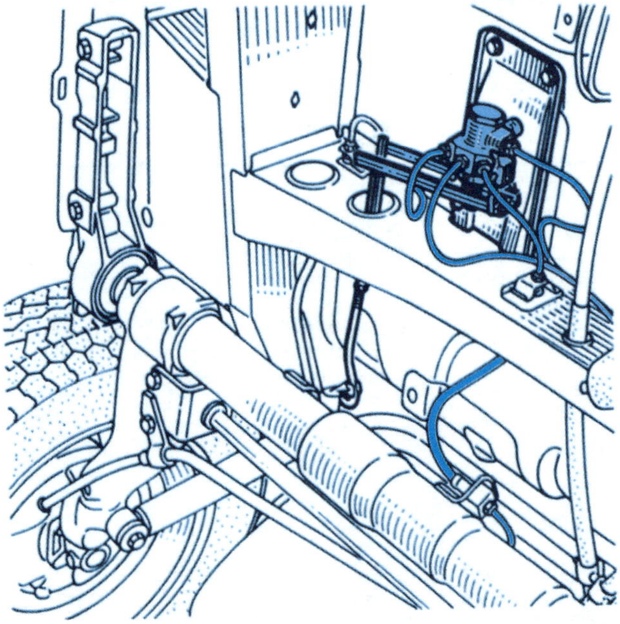

Figure 11.12 • Compensateur asservi. Positionnement sur le véhicule (document Renault).

Mémo

- **Répartition du freinage**

  La répartition des couples de freinage appliqués aux freins avant et arrière est réalisée :
  - statiquement par les différences de :
    1. diamètre des disques et tambours,
    2. section des cylindres récepteurs,
    3. coefficient de frottement des garnitures ;
  - dynamiquement, par répartition de la pression entre les récepteurs hydrauliques des roues avant et arrière.

- **Différents types de correcteurs de freinage**
  - Limiteurs (asservis ou non).
  - Compensateurs (asservis ou non).

Mémo (suite)

- **Principe des limiteurs**
  Ils limitent la pression dans les cylindres récepteurs de l'essieu délesté (en général essieu arrière) à une valeur :
  – prédéterminée par le tarage de son ressort (limiteur non asservi) ;
  – variable selon la charge.
- **Principe des compensateurs**
  Les compensateurs assurent, pour chaque pression du circuit avant, une pression arrière plus faible mais proportionnelle dans un rapport déterminé.
- **Système antiblocage**
  Certains véhicules sont équipés d'un dispositif qui assure le contrôle du blocage de chaque roue et donc tient compte de l'adhérence réelle de chaque pneu sur le sol (ABS).

Testez vos connaissances

1. Sur un véhicule, comment la force de freinage doit-elle être répartie ?

☐ **a.** plus forte à l'avant
☐ **b.** plus forte à l'arrière
☐ **c.** identique aux 4 roues

2. Le correcteur de freinage asservi est relié mécaniquement à :

☐ **a.** la direction
☐ **b.** la suspension
☐ **c.** la carburation

3. La distance de freinage est d'autant plus courte que l'on :

☐ **a.** bloque les roues
☐ **b.** limite la pression dans le circuit arrière
☐ **c.** limite la pression dans le circuit avant

Pour aller plus loin

Relevez, pour le véhicule de votre choix (véhicule sans ABS) :

– le type de correcteur de freinage utilisé ;

– les valeurs et les conditions de contrôle de la pression dans les cylindres récepteurs arrière.

Maintenance

Sur le plan pratique, il est nécessaire d'étudier la fiche de niveau 2 suivante du manuel de *Maintenance automobile : le savoir-faire* :

- Fiche n° 52 - Régler un correcteur de freinage.

12 Les systèmes antiblocage des roues

■ Quelles sont les raisons d'être des systèmes antiblocage des roues ?

Nous avons vu (➔ Leçon 11) que les correcteurs de freinage, aussi perfectionnés soient-ils, avaient leurs limites. Ils ne peuvent en effet tenir compte :
- des reports dynamiques dus à la force centrifuge en virage,
- de l'adhérence réelle de chaque pneu sur le sol (gravillons, verglas, etc.).

Il ne **peut y avoir freinage que s'il y a adhérence**. Tout glissement :
- augmente la distance d'arrêt,
- fait perdre le contrôle de la trajectoire du véhicule (figure 12.1).

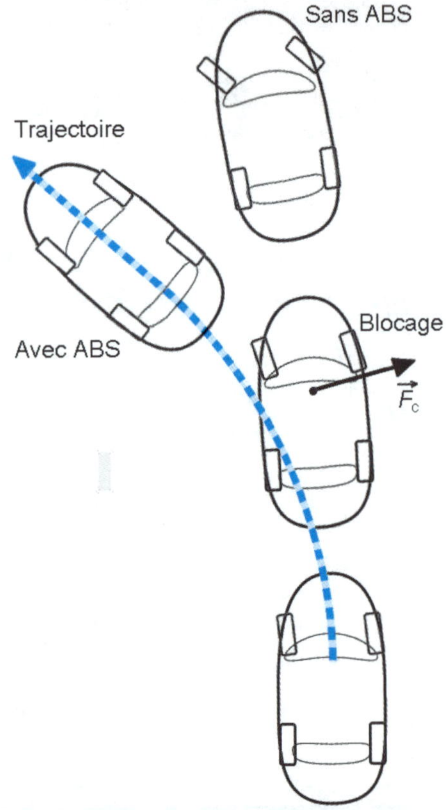

Figure 12.1 • Virage sur sol glissant : sans ABS, s'il y a blocage d'une roue, le véhicule va tout droit.

■ Quelle est la fonction des systèmes antiblocage ?

Les systèmes antiblocage (ABS, ABR, etc.) ont pour fonction de détecter le blocage d'une ou plusieurs roues lors du freinage, et de défreiner les roues concernées pendant un court instant jusqu'à ce qu'elles retrouvent leur adhérence.

Le système permet donc de diminuer la distance d'arrêt du freinage sur sol glissant sans dosage particulier du freinage de la part du conducteur (figure 12.2).

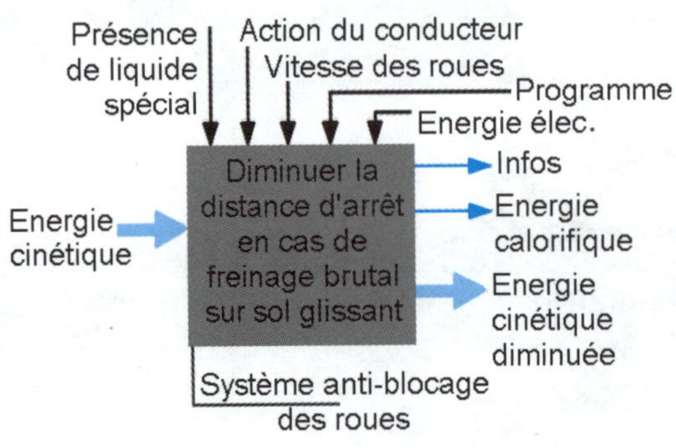

Figure 12.2 • Fonction globale des systèmes ABS.

■ Quels sont les éléments qui composent les systèmes antiblocage ?

Nous pouvons observer que, globalement, tous les systèmes d'antiblocage sont composés des mêmes éléments (exemple figure 12.3) :
- un élément de commande actionné par le conducteur (maître-cylindre classique ou spécial) ;
- un capteur et sa cible à chaque roue ;
- un groupe hydraulique comportant un modulateur ;
- un calculateur électronique.

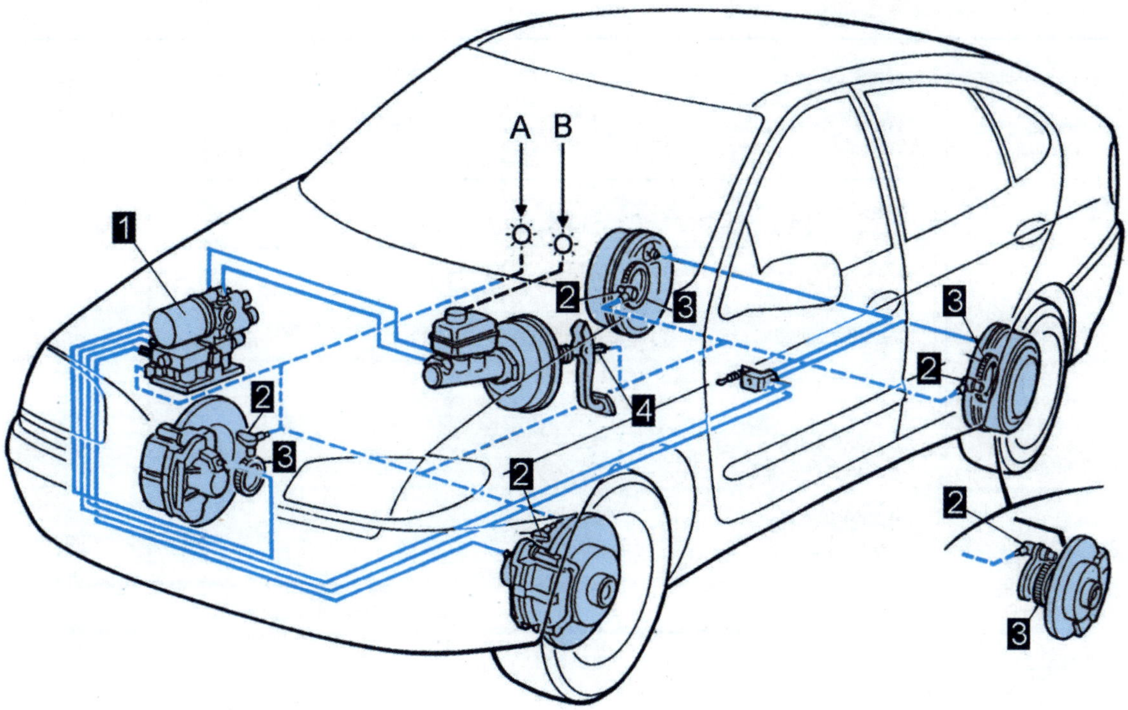

❶ Groupe hydraulique + calculateur.
❷ Capteurs de roues.
❸ Cibles.
❹ Contacteur pédale.
A. Témoin d'ABS.
B. Témoin niveau liquide.

Figure 12.3 • Système ABS sur freins classiques (document Renault).

■ Quel est le principe de fonctionnement des systèmes antiblocage ?

Lorsqu'il y a freinage, le contact pédale met le système en veille. Le calculateur mesure en permanence grâce aux capteurs de roues :
- les conditions de roulage (ligne droite, courbe, etc.),
- les accélérations, les décélérations,
- l'adhérence des pneumatiques.

- **Accélération et décélération.** À partir de la vitesse instantanée d'une roue (donnée par le capteur), il est possible de calculer l'accélération et la décélération de la roue considérée, en observant l'évolution de la vitesse au cours du temps.
- **Adhérence longitudinale pneu/sol.** La logique du calculateur calcule l'adhérence instantanée exacte à partir du comportement des roues en rapport ou non avec la vitesse du véhicule.
- **Conditions de roulage.** En virage : les courbes sont détectées en observant les différences de vitesse des roues intérieures aux virages par rapport à celle des roues extérieures.

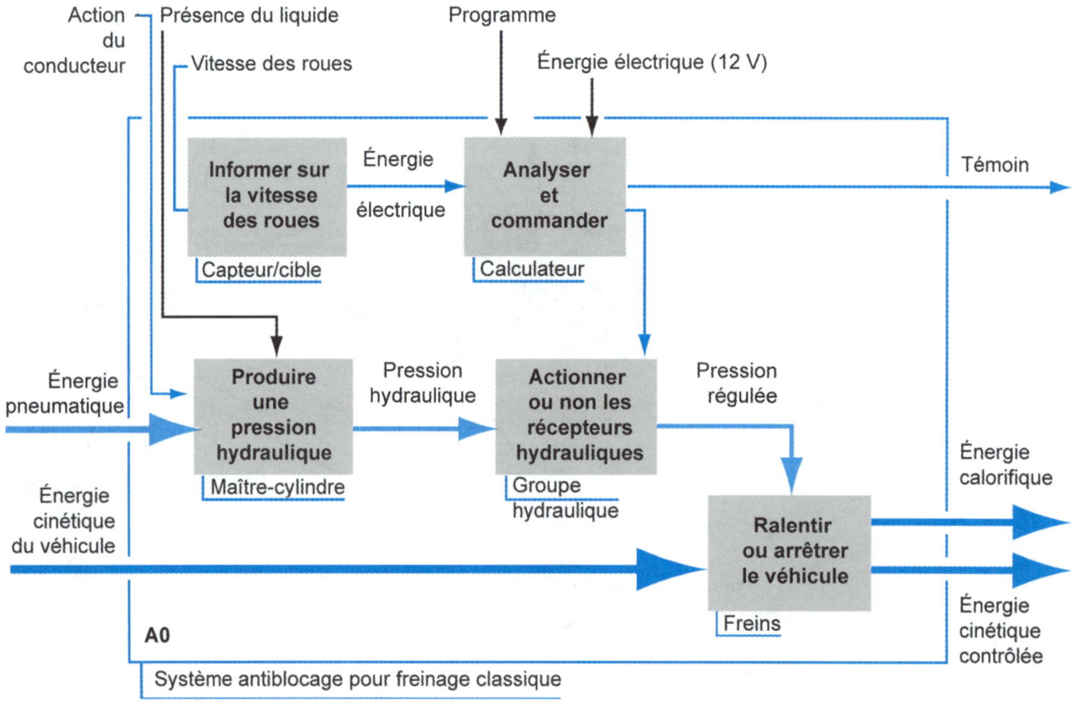

Figure 12.4 • Analyse systémique descendante du système antiblocage pour freinage classique, niveau A0.

■ Quel est le principe de fonctionnement du groupe hydraulique de régulation ?

Dès qu'une roue présente une vitesse de rotation anormale (glissement), le calculateur agit sur le modulateur (électrovannes) afin que la roue soit **défreinée partiellement ou totalement** par baisse ou suppression de la pression hydraulique dans le récepteur concerné (figure 12.5).

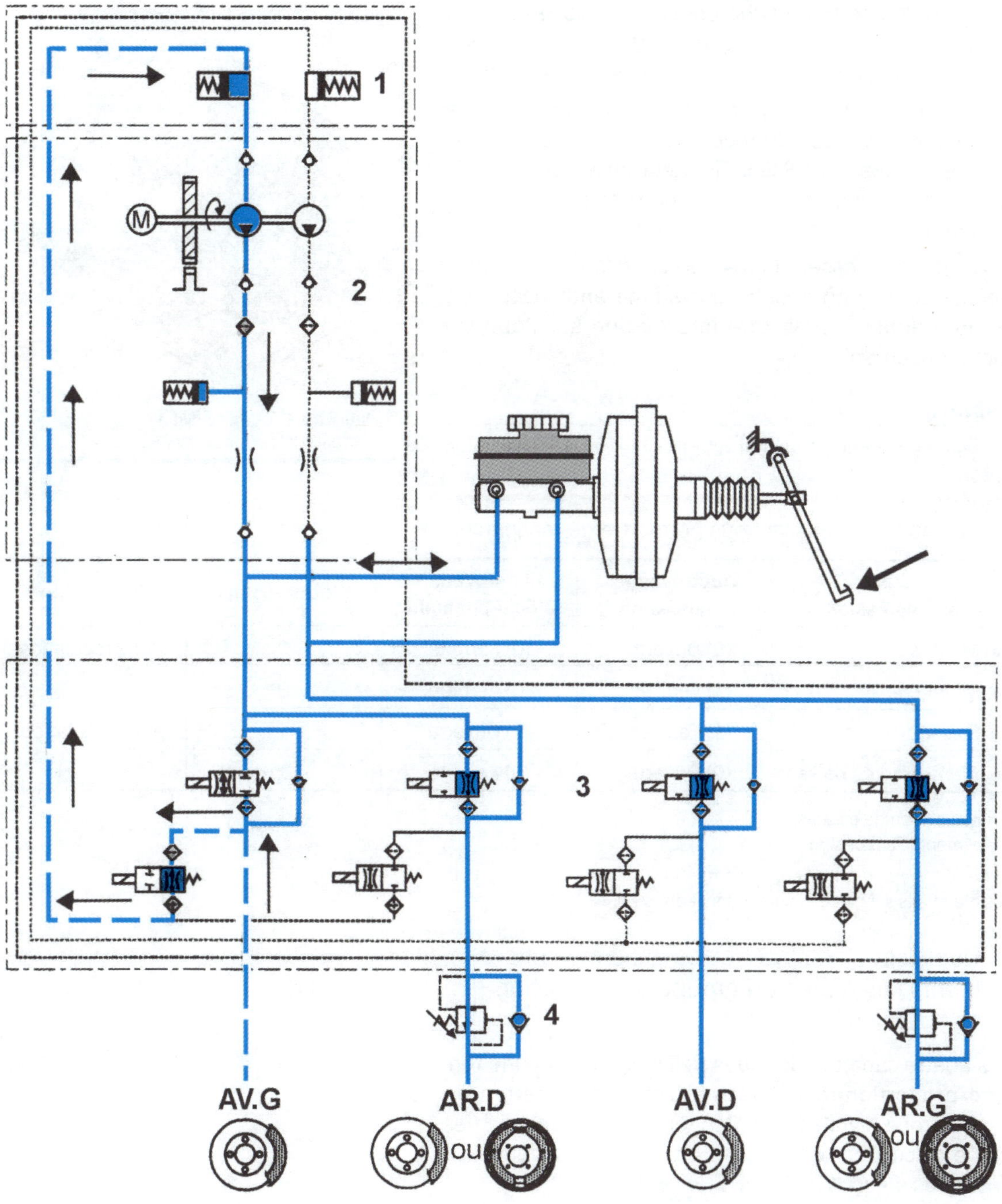

❶ Accumulateur basse pression.
❷ Chambre d'amortissement et moteur-pompe.
❸ Bloc électrovannes (modulateur).
❹ Compensateurs.

Figure 12.5 • Schéma hydraulique du système avec défreinage de la roue avant gauche (document Renault).

Dans l'exemple de la figure 12.5, la roue avant gauche présente des pertes d'adhérence. Si le glissement est total, l'électrovanne d'échappement est mise en position ouverte et simultanément, celle d'admission est fermée.

Dans le même temps, la pompe est actionnée et la pression est évacuée du récepteur. Le liquide en excédent est stocké dans l'accumulateur basse pression. Si la quantité est importante (deux roues bloquées), l'excédent remonte au réservoir.

Le conducteur ressent un à-coup dans la pédale qui lui signale la mise en action du système antiblocage. Ce qui lui permet d'avoir une information sur l'état du contact pneu/sol.

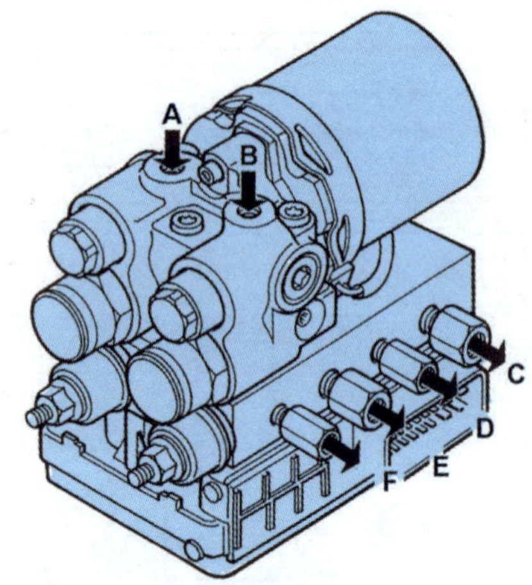

Figure 12.6 • Groupe hydraulique avec calculateur (document Renault).

Remarque

Ce système permet également une montée en pression après baisse.

Le tableau ci-dessous va nous permettre de récapituler.

État de la pression	Électrovanne d'admission	Électrovanne d'échappement	Moteur-pompe	Régulation
• *Montée*	(0) Ouverte	(0) Fermée	0	Sans régulation
• *Maintien*	(1) Fermée	(0) Fermée	0*	Avec régulation
• *Baisse*	(1) Fermée	(1) Ouverte	1	
• *Montée après baisse*	(0) Ouverte	(0) Fermée	1	

0 = non alimentée en tension
1 = alimentée en tension

* Lors du premier maintien, la pompe ne fonctionne pas (0). Lors des maintiens suivants, la pompe fonctionne (1).

Quels sont les paramètres qui déclenchent la mise en action du groupe de régulation par le calculateur ?

Les quatre capteurs de roues délivrent chacun une tension proportionnelle à la fréquence de rotation de chaque roue (figure 12.7). Ces tensions sont converties par le calculateur en courbes de vitesses tangentielles des roues (figure 12.8).

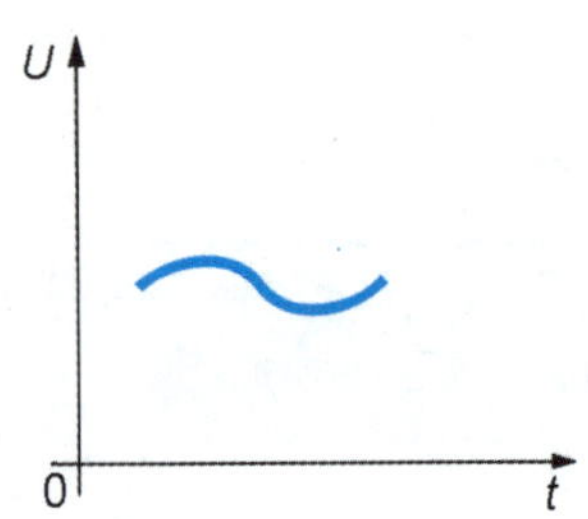

Figure 12.7 • Tension capteur.

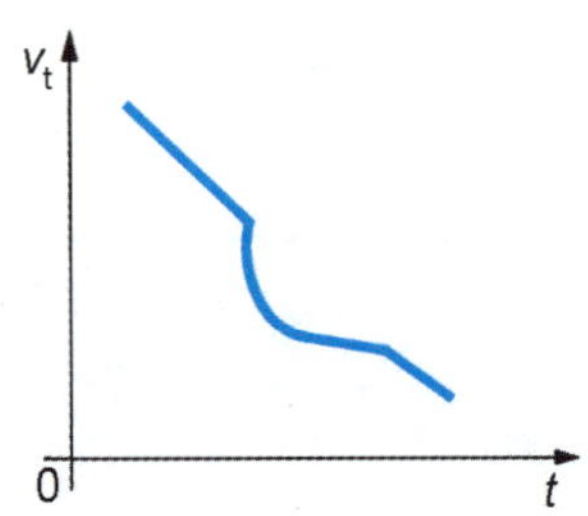

Figure 12.8 • Vitesse tangentielle d'une roue.

À partir de ces vitesses, la logique du calculateur détermine pour chaque roue une grandeur appelée **vitesse de référence** (figure 12.9) qui est proche de la vitesse du véhicule.

À partir de ces mêmes vitesses, la logique « reconnaît » le type d'adhérence et les conditions de roulage : verglas, route mouillée, haute adhérence, virage, etc. Elle en déduit un **seuil de glissement optimal** adapté à chacune des roues (figure 12.10).

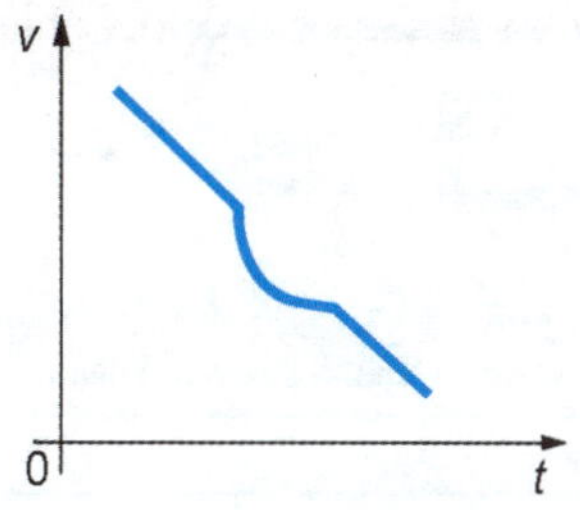

Figure 12.9 • Vitesse de référence.

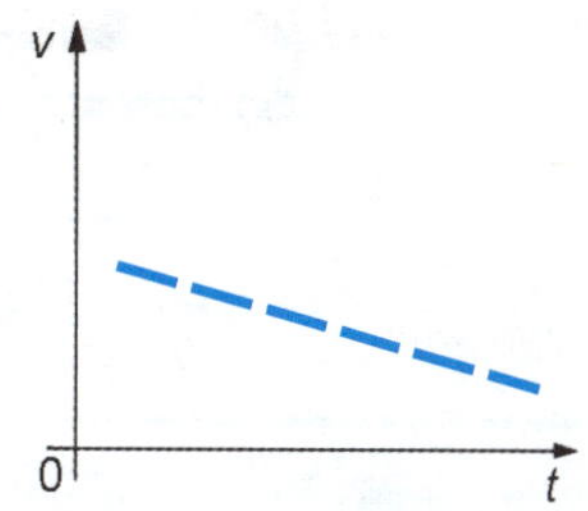

Figure 12.10 • Seuil.

Deux cas peuvent se présenter :

1. La vitesse de la roue concernée **ne descend pas en dessous du seuil** de vitesse ; elle est adaptée aux circonstances de roulage et d'adhérence instantanées. La roue ne se dirige donc pas vers le blocage. L'antiblocage n'est pas actionné (figure 12.11).

2. La vitesse de la roue concernée **descend en dessous du seuil**. Cela signifie que la vitesse de la roue s'écarte trop de la vitesse du véhicule. Le calculateur déclenche une régulation hydraulique en direction de la roue concernée (figure 12.12).

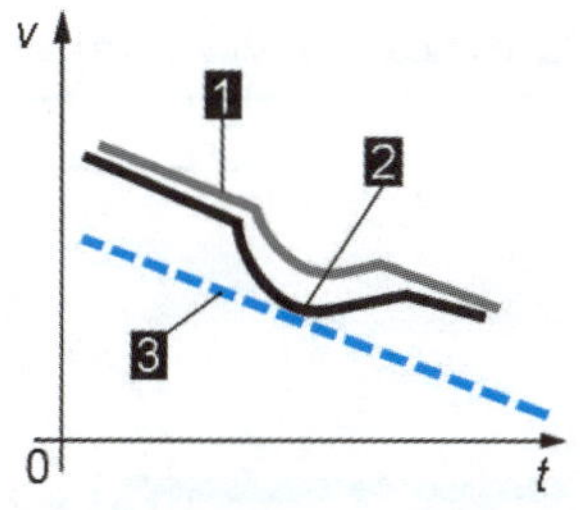

Figure 12.11 • La vitesse de la roue ne passe pas le seuil.

❶ Vitesse de référence.
❷ Vitesse de roue.
❸ Seuil.

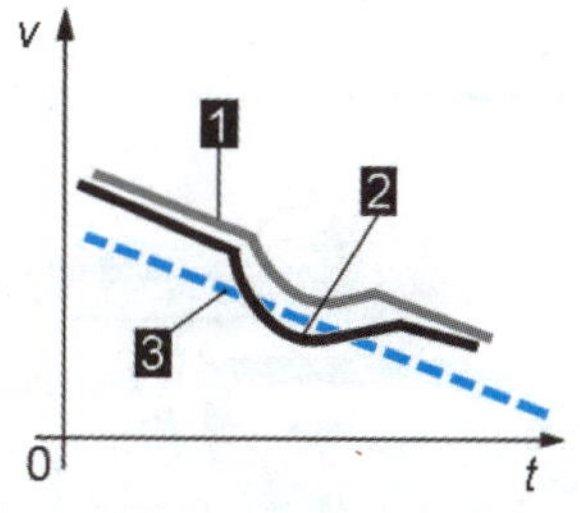

Figure 12.12 • La vitesse passe sous le seuil.

2

Le freinage

■ Quelles sont les caractéristiques d'un système antiblocage intégré ?

Après l'étude d'un système antiblocage sur freins classiques (récapitulation figure 12.13), observons les particularités des systèmes intégrés (figures 12.14, 12.15 et 12.16).

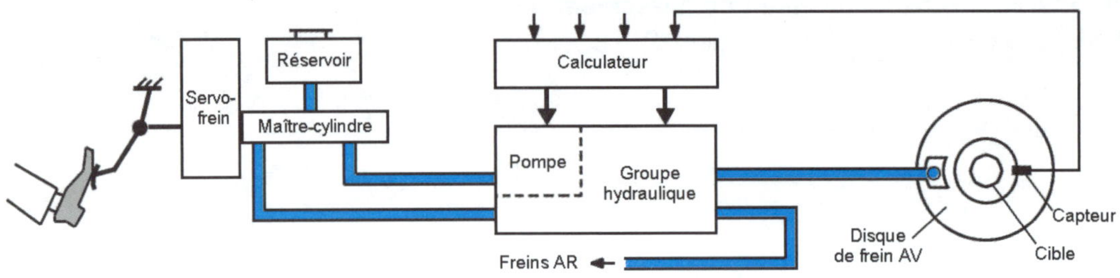

Figure 12.13 • Systèmes sur freinage classique (Bendix, Teves, Bosch).

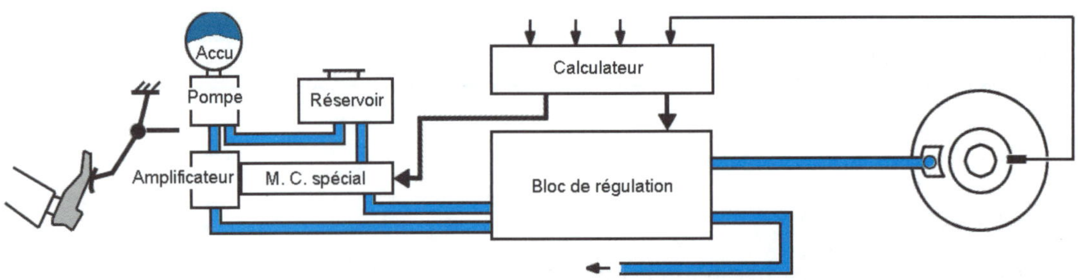

Figure 12.14 • Système intégré Teves.

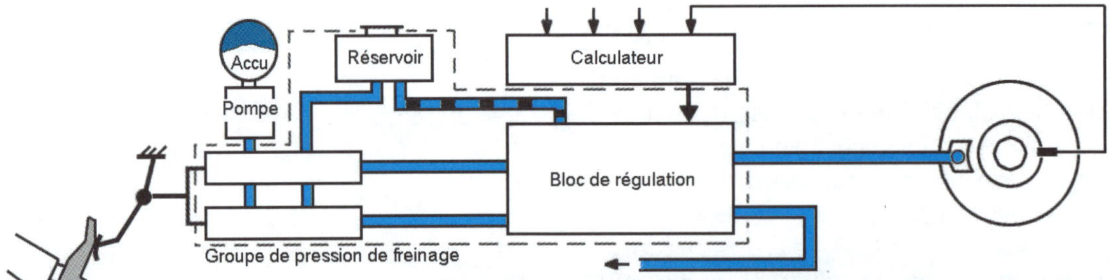

Figure 12.15 • Système intégré Bendix.

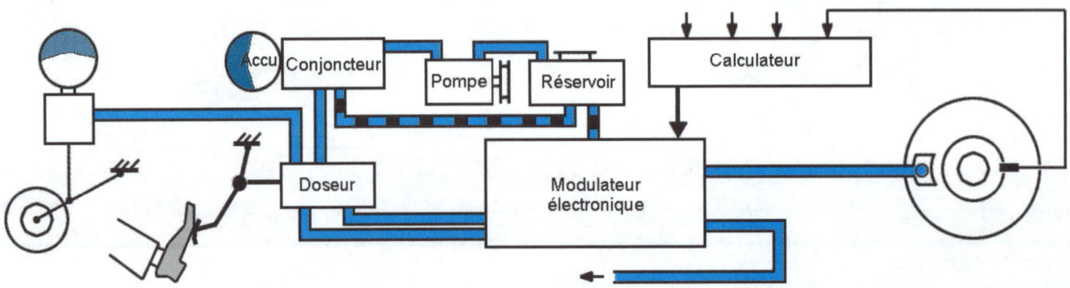

Figure 12.16 • Système Bendix pour Citroën.

Exemple

Regardons le système intégré Bendix (figures 12.15 page précédente et 12.17 ci-dessous).

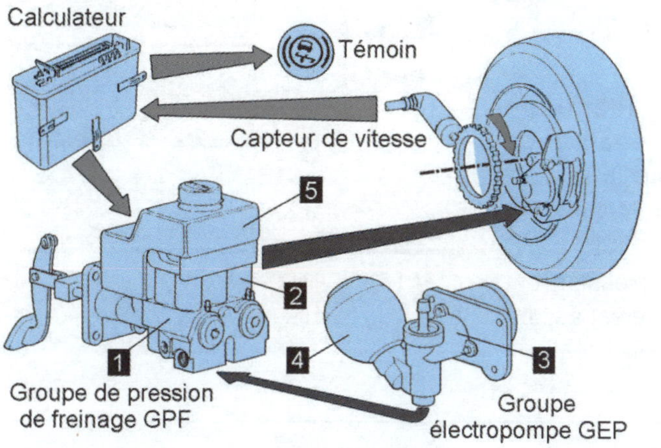

❶ Maître-cylindre spécial à double circuit.
❷ Modulateur.
❸ Pompe aspirante et refoulante.
❹ Accumulateur hydropneumatique.
❺ Réservoir hydraulique.

Figure 12.17 • Système antiblocage intégré (document Bendix).

Dans ce système, le maître-cylindre classique est remplacé par un maître-cylindre spécial à double circuit intégré au groupe hydraulique appelé **groupe de pression de freinage** (GPF). L'assistance du freinage est assurée par un ensemble appelé **groupe électropompe** (GEP) composé d'une pompe aspirante et refoulante, et d'un accumulateur de pression.

La figure 12.18 présente l'analyse des systèmes antiblocage intégrés.

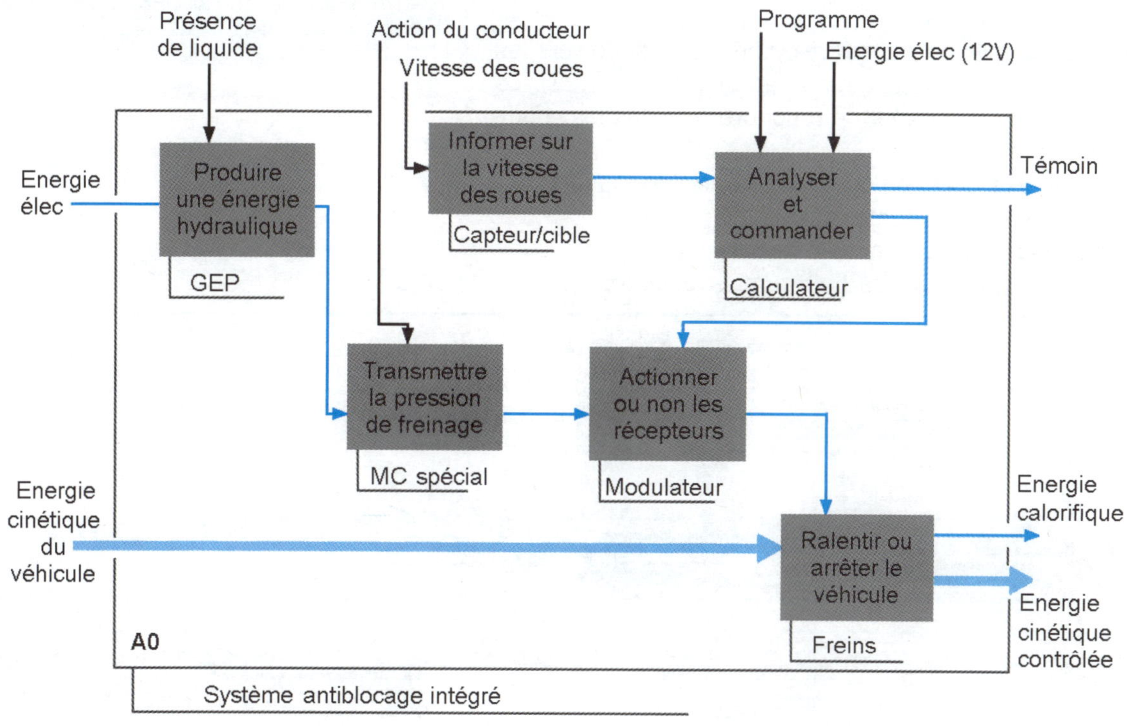

Figure 12.18 • Analyse systémique descendante des systèmes ABR intégrés.

2

Le freinage

Quel est le principe de fonctionnement du maître-cylindre spécial ?

Le maître-cylindre double est composé de deux corps placés l'un à côté de l'autre. Les deux tiges de poussée sont enfoncées simultanément par la pédale grâce à un **palonnier** (figure 12.19).

Chaque corps fonctionne de façon identique (figure 12.20). Le conducteur enfonce les tiges de poussée. Le piston secondaire comprime le ressort simulateur de course. Le tiroir ❺ pousse le pilote ❷ qui soulève la bille ❸ de son siège.

La haute pression venant du groupe de pression est dirigée vers les freins. Le dosage du freinage est assuré par la position d'équilibre du piston primaire réalisée pour chaque force de freinage.

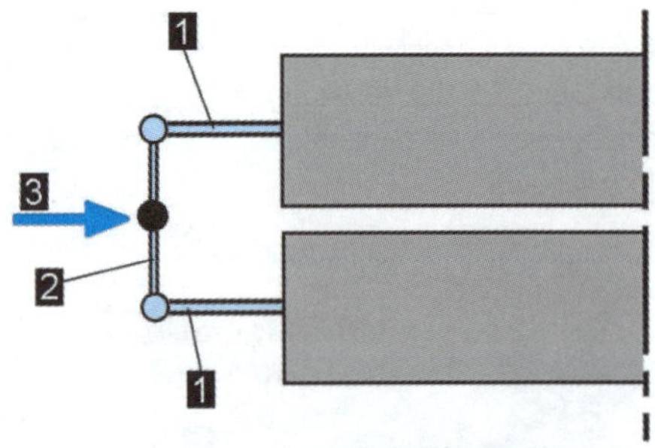

Figure 12.19 • Maître-cylindre double.

❶ Tiges de poussée.
❷ Palonnier.
❸ Action de la pédale de freins.

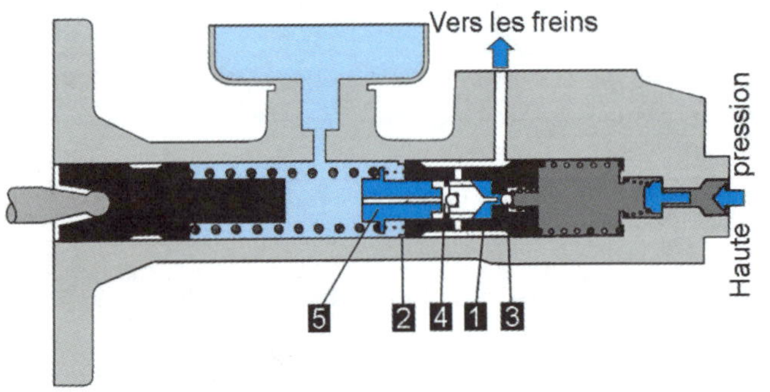

❶ Piston primaire.
❷ Butée.
❸ Clapet.
❹ Pilote.
❺ Tiroir de compensation.

Figure 12.20 • Maître-cylindre double au repos (document Bendix).

Le liquide qui sort du maître-cylindre est dirigé vers les freins en traversant le modulateur (figure 12.21). Le **modulateur** ❸ permet de répondre à toutes les conditions de freinage :
- montée en pression normale : admission rapide ;
- blocage total : détente rapide ;
- blocage partiel : détente lente ;
- reprise du freinage partiel : admission lente.

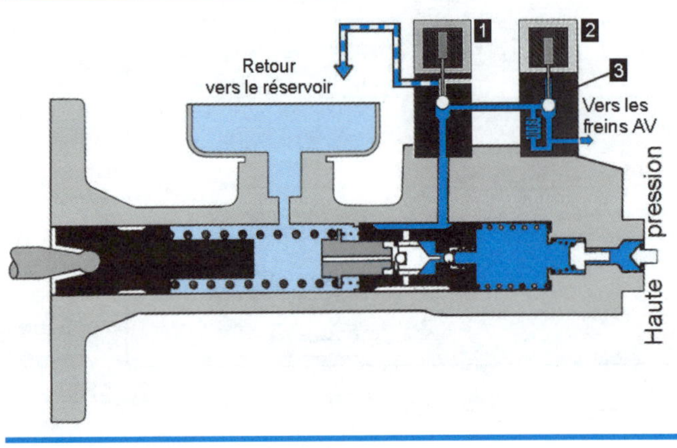

❶ Électrovanne 1.
❷ Électrovanne 2.
❸ Modulateur.

Figure 12.21 • Maître-cylindre double en freinage (document Bendix).

• **Freinage normal** (admission rapide). Il n'y a aucun risque de blocage d'une roue, car les électrovannes ❶ et ❷ sont au repos. Le liquide circule librement vers les récepteurs (figure 12.22).

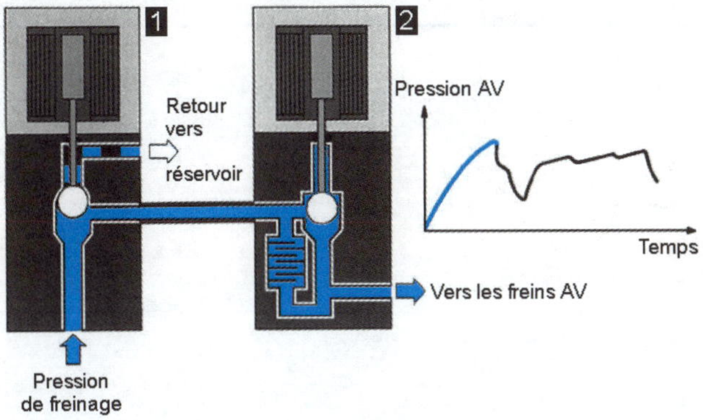

Figure 12.22 • Admission rapide : les électrovannes ❶ et ❷ sont au repos. Freinage normal.

• **Blocage d'une roue** (détente rapide). L'électrovanne ❶ est excitée. Le ou les récepteurs concernés se trouvent à la pression atmosphérique par mise en communication avec le réservoir. Le défreinage est total jusqu'à ce que la ou les roues retrouvent leur adhérence (figure 12.23).

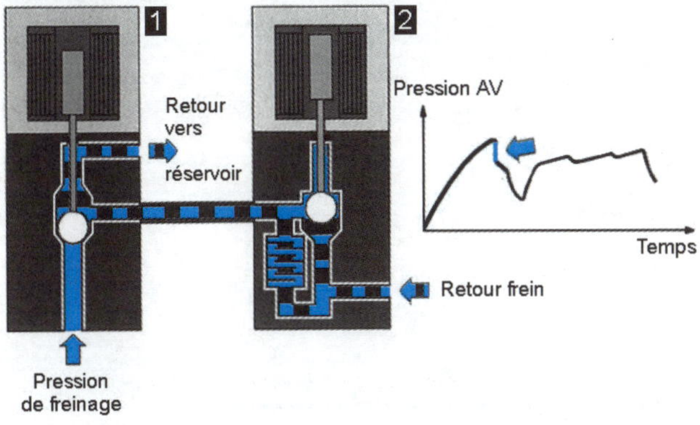

Figure 12.23 • Détente rapide.

2

Le freinage

• **Ralentissement critique d'une roue** (détente lente). Une ou plusieurs roues ont une vitesse qui passe en dessous du seuil critique établi par rapport à l'avancement global du véhicule. Les deux électrovannes sont excitées, le liquide revient des freins en passant par les chicanes. Le défreinage n'est pas brutal (figure 12.24).

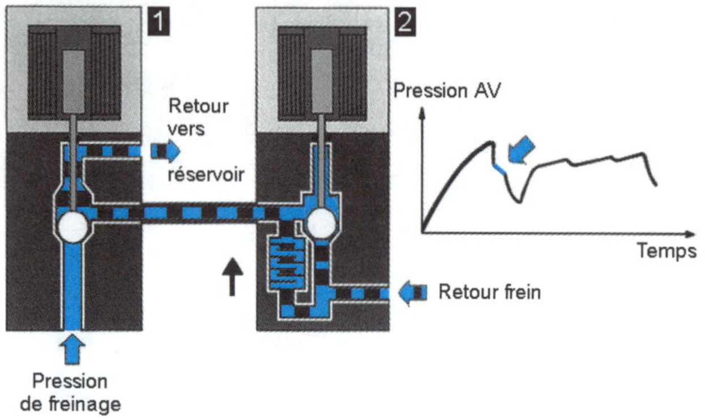

Figure 12.24 • Détente lente.

• **Freinage progressif** (admission lente). L'adhérence de la roue n'est pas assurée totalement : l'électrovanne ❷ est excitée. La montée en pression dans les récepteurs est ralentie par le passage du liquide dans les chicanes (figure 12.25).

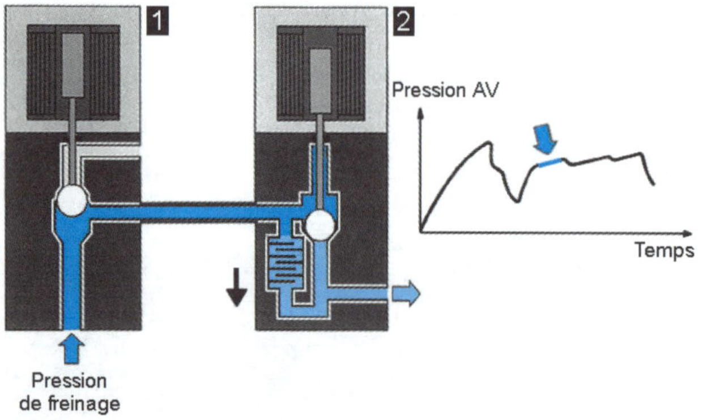

Figure 12.25 • Admission lente.

■ Quels sont les éléments qui composent le système antiblocage pour véhicules Citroën ?

Les véhicules à suspension hydropneumatique comportent déjà un système de réserve de pression qui comprend :
– une pompe hydraulique haute pression ;
– un accumulateur conjoncteur-disjoncteur.

Le freinage est commandé par un doseur (➔ Figures 10.9 à 10.12), dont le fonctionnement est sensiblement identique à celui du maître-cylindre spécial étudié précédemment.

Le modulateur est aussi du même type et fonctionne de façon identique (figure 12.26).

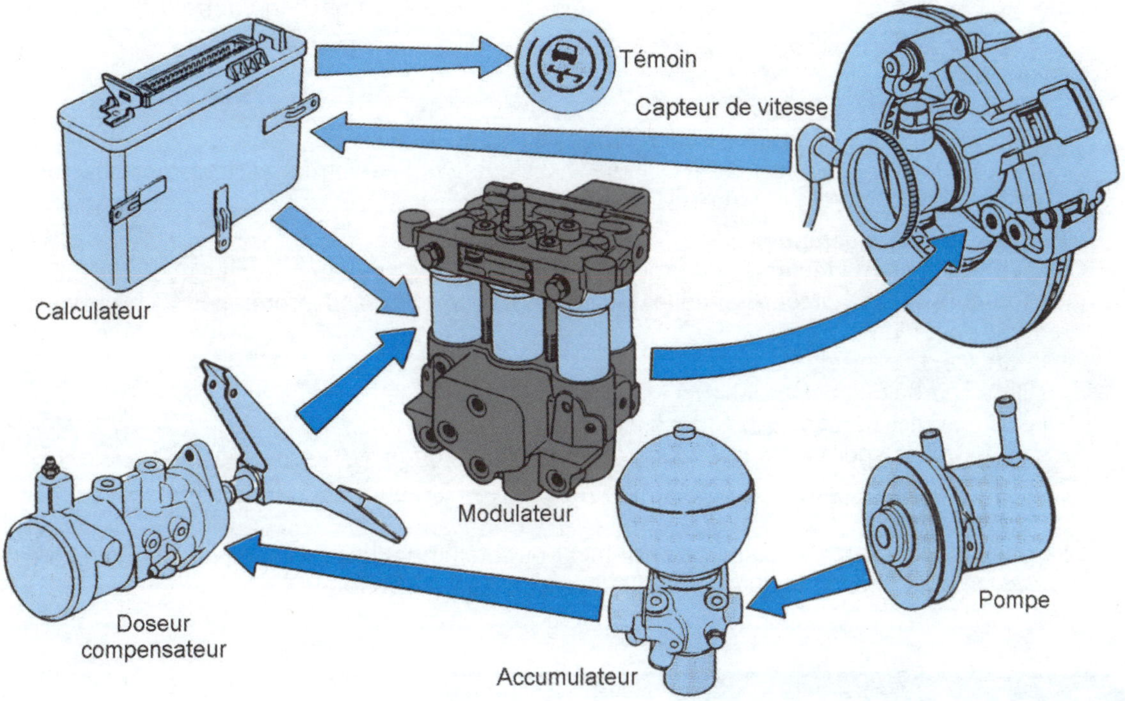

Figure 12.26 • Éléments du système antiblocage pour véhicules Citroën (document Bendix).

Mémo

- **Fonction**

  Les systèmes antiblocage de roues ont pour but d'éviter la perte de contrôle du véhicule lors de freinages sur sols à faible adhérence.

- **Dispositif**

  Selon les véhicules, il peut être :
  – intercalé dans le système de freinage classique ;
  – intégré. Dans ce cas, le maître-cylindre classique avec servofrein est remplacé par une centrale de pression et un maître-cylindre spécial.

- **Principe de fonctionnement**

  Il est sensiblement identique pour tous les systèmes. Des capteurs de roues et leurs cibles mesurent la vitesse circonférentielle des roues, transmettent les informations à un calculateur qui en déduit :
  – la vitesse du véhicule ;
  – s'il y a courbe ou ligne droite ;
  – la valeur d'accélération ou/et décélération ;
  – s'il y a vitesse anormale d'une roue par rapport aux autres.

  En cas de blocage partiel ou total d'une roue, le calculateur commande les électrovannes de circuit concerné.
  La roue en cause est défreinée partiellement ou totalement puis freinée plus ou moins progressivement en fonction du retour à l'adhérence partielle ou totale.

Testez vos connaissances

1. Lorsque le coefficient d'adhérence passe de 0,8 à 0,4, la distance d'arrêt :	☐ **a.** est doublée ☐ **b.** est divisée par 2 ☐ **c.** reste la même
2. Quel est l'élément qui indique au calculateur la vitesse des roues ?	☐ **a.** le modulateur ☐ **b.** la pompe haute pression ☐ **c.** le capteur
3. Quel est l'élément qui commande le défreinage d'une roue ?	☐ **a.** le modulateur ☐ **b.** le calculateur ☐ **c.** le capteur
4. Quel est l'élément qui fait chuter la pression dans un récepteur pour défreiner une roue ?	☐ **a.** le modulateur ☐ **b.** le calculateur ☐ **c.** le capteur

Pour aller plus loin

1. *Relevez, pour le véhicule de votre choix, les caractéristiques détaillées du système antiblocage.*

2. *En prenant comme exemple la figure 12.5 et en vous aidant du tableau des normes hydrauliques (p. 268-269), effectuez le schéma hydraulique du système Bendix intégré étudié (figures 12.14, 12.17 à 12.25).*

CHAPITRE 3

La tenue de route

13 La suspension : principes

Pour quelles raisons un dispositif de suspension est-il indispensable ?

Les chaussées sur lesquelles les véhicules automobiles sont amenés à circuler sont toujours plus ou moins déformées. Le fait de ne pas avoir de liaison rigide avec le châssis permet d'éviter :
- le non-contact au sol d'une des roues à l'arrêt ou à basse vitesse et les **contraintes de torsion du châssis** qui en résulteraient (figure 13.1) ;
- le **décollement** du sol de l'ensemble véhicule/roues à plus grande vitesse en raison des impulsions reçues par les roues (figure 13.2) ;
- la **perte d'adhérence** des roues, d'où l'impossibilité de contrôler la trajectoire du véhicule (tenue de route) ;
- l'**inconfort** des passagers ou les risques de détérioration des marchandises transportées.

Figure 13.1 • Véhicule sans suspension :
- non-contact d'une des roues,
- torsion du châssis.

Quelles sont les conditions à remplir par la suspension ?

La suspension doit permettre (figure 13.3) :
- aux quatre roues de rester en contact avec le sol quelles que soient les inégalités pour conserver une **adhérence permanente** ;
- de **filtrer** les vibrations et oscillations rapides dont les roues sont le siège ;
- de maintenir les mouvements inévitables de la caisse dans des limites **supportables** par les passagers (mal de la route) et les marchandises, sans affecter la tenue de route.

Figure 13.2 • Une impulsion aux roues provoque le décollement de l'ensemble véhicule/roues.

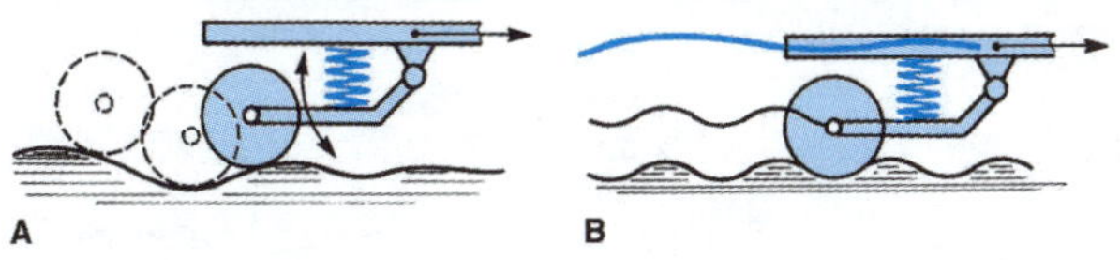

A. Les roues suivent les inégalités de la route (adhérence).
B. ——— oscillations de la caisse.
——— oscillation des roues.

Figure 13.3 • Conditions à remplir par la suspension.

Quel est le principe général utilisé dans les dispositifs de suspension ?

On interpose entre les trains roulants et le châssis des éléments **élastiques** (figure 13.4) qui peuvent être de différente nature :
- élément d'acier à haute limite élastique,
- masse de gaz,
- bloc de matière élastique (naturelle ou synthétique).

Les éléments mécaniques se trouvant entre les éléments élastiques et le sol font partie des **masses non suspendues**. Ceux se trouvant au-dessus, des **masses suspendues** (figure 13.5).

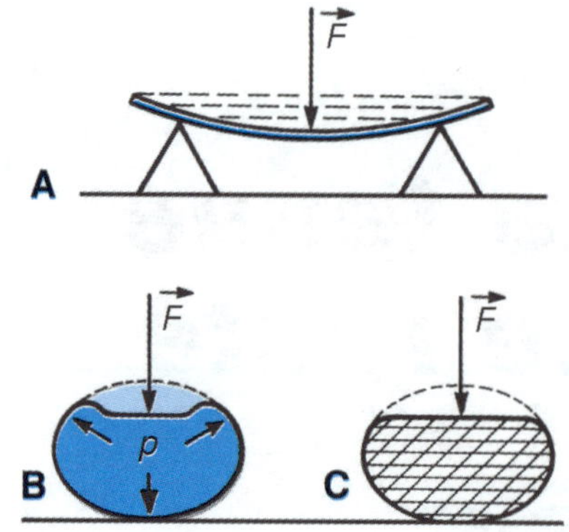

Figure 13.4 • Éléments élastiques.

A. Acier à haute limite élastique.
B. Masse de gaz.
C. Bloc de matière élastique.

Quelles sont les différentes solutions technologiques utilisées ?

Il existe deux grandes familles qui sont :
- les suspensions à essieu rigide,
- les suspensions à roues indépendantes.

Remarque

Sur un même véhicule, on peut trouver une solution mixte, roues indépendantes à l'avant, essieu rigide à l'arrière.

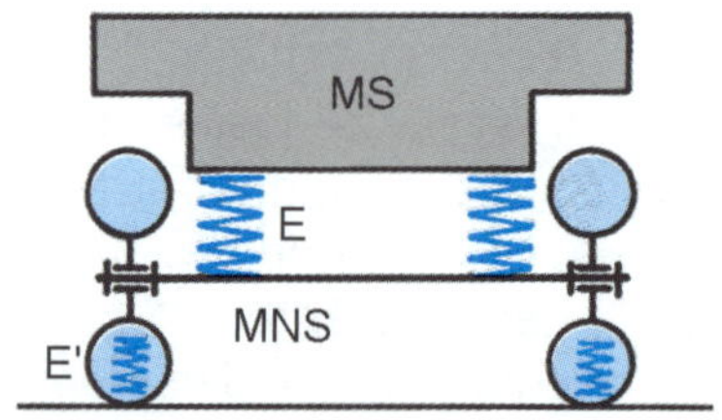

Figure 13.5 • Suspension à essieu rigide.

MS. Masses suspendues.
E. Éléments élastiques.
MNS. Masses non suspendues.
E'. Élasticité de la masse d'air des pneumatiques.

• **Suspension à essieu rigide.** Les deux roues d'un même train tournent sur une traverse unique appelée **essieu** (figure 13.5).

Les essieux rigides ont été abandonnés à l'avant des véhicules de tourisme pour plusieurs raisons :
- encombrement important, ne permettant pas un abaissement suffisant du moteur (abaissement du centre de gravité) ;
- incidence du mouvement d'une roue sur l'autre (**effet gyroscopique**, figure 13.6), lorsqu'une des deux roues rencontre un obstacle (perte de trajectoire).

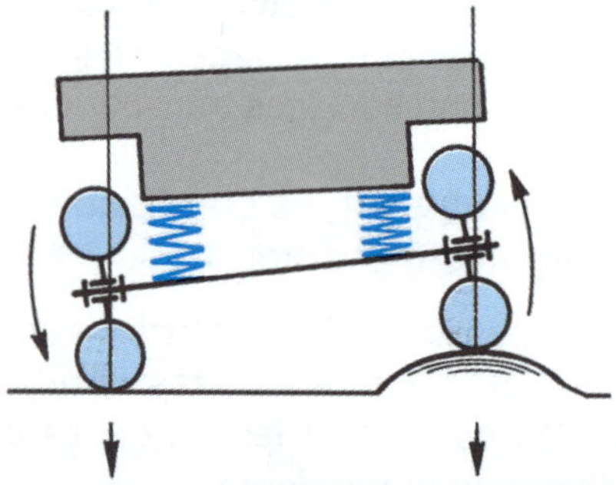

Figure 13.6 • Comportement d'un essieu rigide au passage d'un obstacle :
- inclinaison des roues,
- risques d'effet gyroscopique.

• **Suspension à roues indépendantes.** Chaque roue est solidaire en rotation d'un demi-essieu ou demi-train, dont le mouvement s'effectue autour d'un axe :
- longitudinal, bras latéraux (figure 13.7A) ;
- diagonal, bras obliques ;
- transversal, bras poussés ou bras tirés (figure 13.7B).

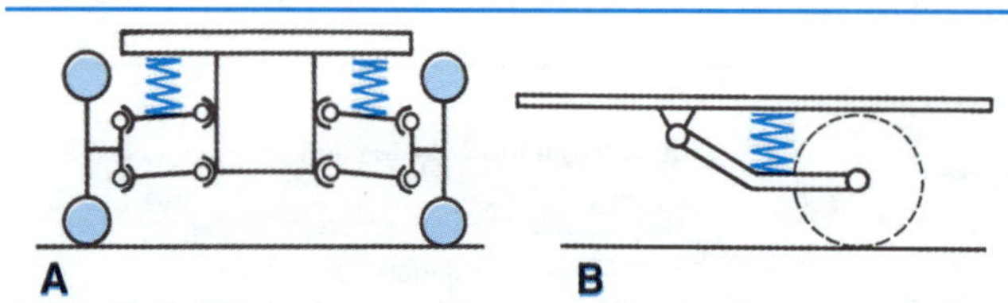

A. Bras de suspension à axes longitudinaux.
B. Axes transversaux (bras tirés ou poussés).

Figure 13.7 • Suspension à roues indépendantes.

Les différents éléments élastiques utilisés

■ Acier élastique travaillant en flexion.

Les **ressorts à lames** sont constitués de plusieurs lames semi-elliptiques, disposées dans un ordre décroissant et assemblées par un boulon traversant appelé **étoquiot**.

La plus grande lame, ou **lame maîtresse**, comporte deux points de fixation dont l'un au moins est mobile afin de permettre l'allongement sous charge (figure 13.8). Les ressorts à lames peuvent supporter de fortes charges par multiplication du nombre de lames. Ils sont couramment utilisés pour la suspension des véhicules utilitaires (poids lourds).

Ils peuvent servir d'éléments de transmission de l'effort de propulsion des roues motrices au châssis.

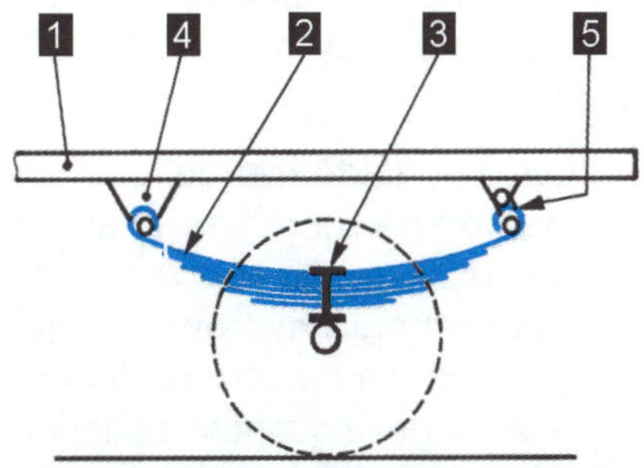

Figure 13.8 • Ressorts à lames pour essieu rigide.

❶ Châssis.
❷ Lame maîtresse.
❸ Étoquiot.
❹ Main de ressort (fixe).
❺ Jumelle (mobile).

■ Acier élastique travaillant en torsion.

• **Barres de torsion.** Ces barres sont généralement cylindriques, une de leurs extrémités est fixée au châssis, l'autre à l'axe de pivotement du bras de suspension (figure 13.10). Le basculement du bras provoque la rotation de l'extrémité libre de la barre. Le décalage angulaire d'une extrémité par rapport à l'autre produit une torsion de la barre plus ou moins prononcée. Leur raideur varie selon leur longueur et leur section. Un grand débattement des roues est possible.

Le point fixe de la barre, côté châssis, permet généralement de régler l'assiette (hauteur de coque).

• **Ressorts hélicoïdaux.** Ceux-ci sont formés d'une tige cylindrique enroulée en hélice ; ces ressorts travaillent également en torsion. Ils sont d'une construction aisée et d'un encombrement réduit.

Leur raideur est fonction :
- de la section de la tige,
- du diamètre du ressort,
- du nombre de spires,
- du pas de l'hélice.

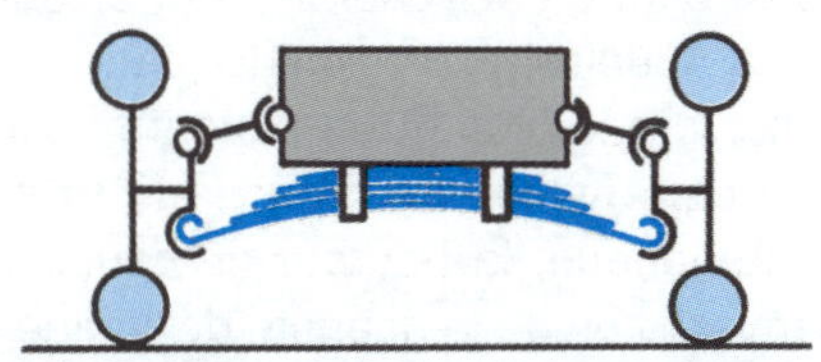

Figure 13.9 • Ressorts à lames en demi « cantilever », roues indépendantes.

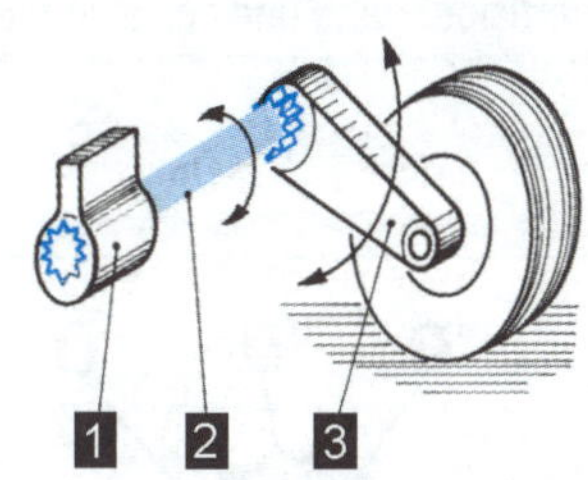

Figure 13.10 • Barre de torsion.

❶ Point fixe au châssis.
❷ Barre de torsion.
❸ Bras de suspension.

■ Masse d'air – Travail en compression.

• **Coussin d'air** (figure 13.13). Une enveloppe élastique contient de l'air sous pression. L'ensemble est monté à la manière d'un ressort (par exemple, Jef-air).

• **Sphères hydropneumatiques** (figure 13.14). Une masse de gaz, généralement sous pression, est hermétiquement enfermée dans la partie supérieure d'une sphère d'acier. Sa partie inférieure est munie d'un cylindre. La sphère et son cylindre sont solidaires du châssis.

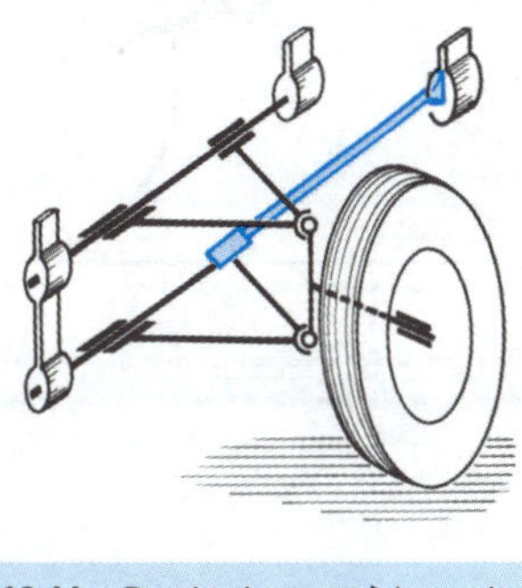

Figure 13.11 • Demi-train avant à barre de torsion.

Un piston mobile, solidaire du bras de suspension, se déplace dans le cylindre en fonction du débattement des roues.

Un liquide – fluide hydraulique – séparé du gaz par une membrane déformable, assure la transmission entre le piston mobile et la masse gazeuse. C'est le cas de la suspension hydropneumatique chez Citroën (figure 13.14). La hauteur de coque peut être modifiée par variation de la quantité de liquide interposé. Ce système offre une **grande souplesse**. De plus, nous verrons plus loin qu'un gaz ne réagit pas de la même manière aux variations de charge qu'un ressort métallique.

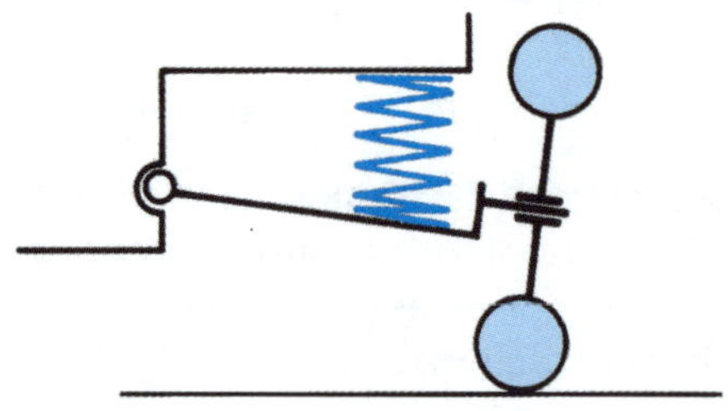

Figure 13.12 • Demi-essieu et ressort hélicoïdal.

■ Masse de matière élastique.

Un **bloc de caoutchouc** (naturel ou synthétique) est logé dans une cavité solidaire du châssis.

Sa structure est généralement alvéolée afin d'augmenter la souplesse. Un liquide, eau + antigel, sert de liaison entre le bloc et un piston mobile solidaire du bras de suspension. Comme dans la suspension hydropneumatique, la hauteur de coque peut être modifiée par variation de la quantité de liquide (suspension hydrolastique).

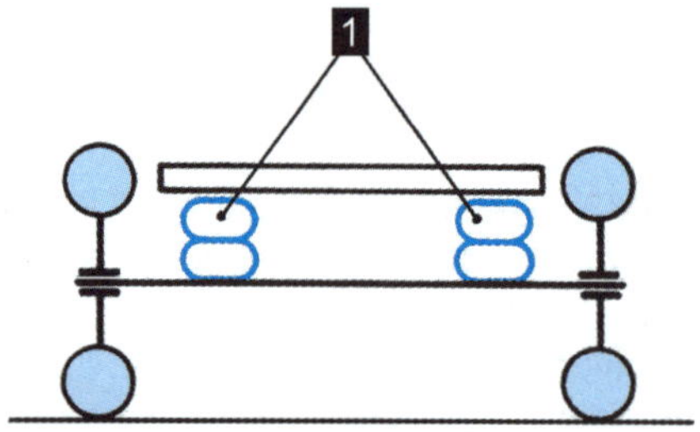

Figure 13.13 • Suspension sur coussin d'air (type Jef).

❶ Masses d'air.

Remarque

Chaque pneumatique du véhicule contient une masse de gaz (air) qui participe, dans une certaine mesure, à la suspension.

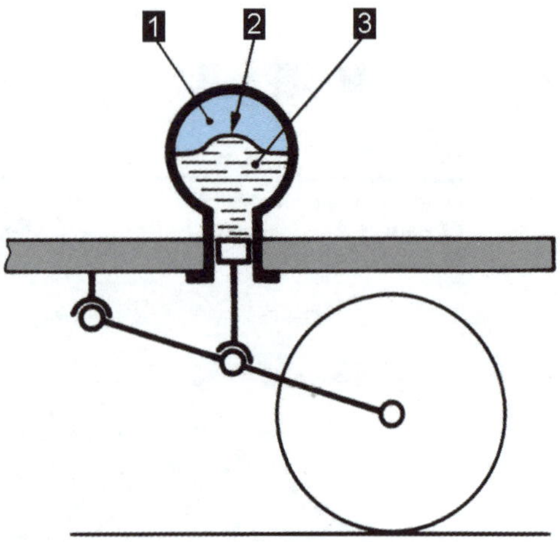

Figure 13.14 • Suspension hydropneumatique (Citroën).

❶ Gaz (azote).
❷ Membrane.
❸ Liquide.

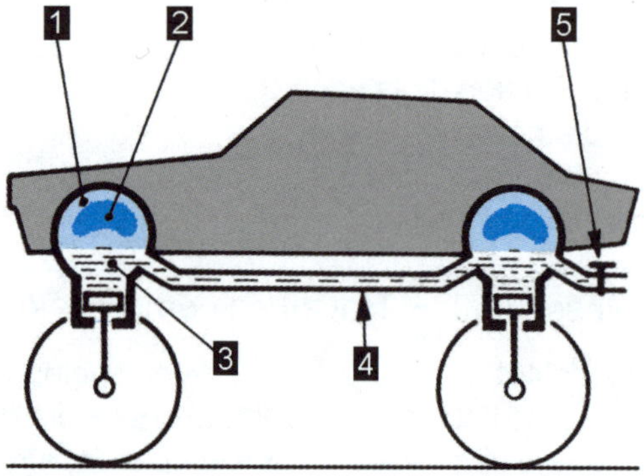

Figure 13.15 • Suspension « hydrolastique » (BMC).

❶ Bloc caoutchouc.
❷ Air.
❸ Liquide de transmission.
❹ Communication AV/AR.
❺ Orifice de remplissage.

Comment un élément élastique est-il défini ?

Un système de suspension élémentaire est constitué d'une **masse** et d'un **ressort** (figure 13.16). Cette masse possède un poids qui agit sur le ressort avec une force ($\vec{F}$).

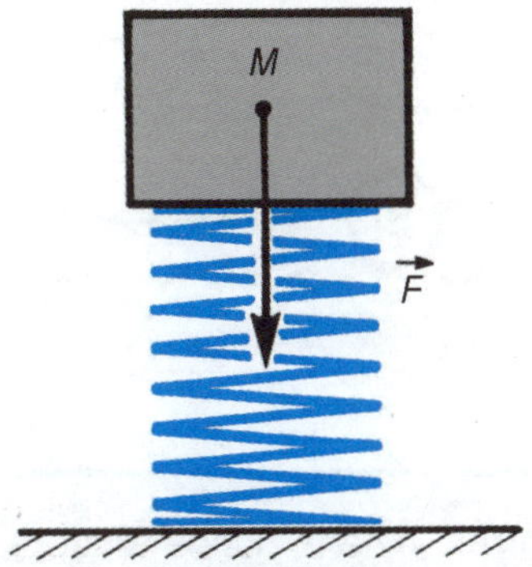

Figure 13.16 • Suspension élémentaire.

Un ressort est caractérisé par sa raideur (K). La raideur d'un ressort est le rapport qui existe entre l'intensité de la force (F) agissant sur celui-ci et la déflexion (X) ou variation de hauteur du ressort (figure 13.17).

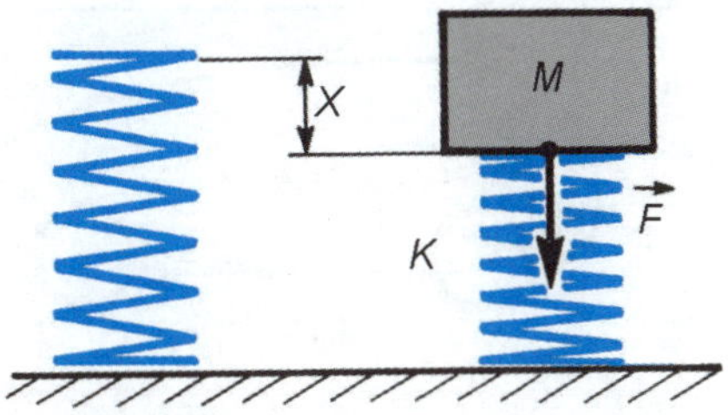

Figure 13.17 • Raideur d'un ressort.

Statiquement, si on applique une charge au ressort, on calcule sa raideur par :

$$K \text{ (en N/m)} = \frac{F \text{ (en N)}}{X \text{ (en m)}}$$

Exemple

Si l'on applique une force de 1 newton, la déflexion produite étant de 0,01 mètre, la raideur du ressort sera :

$$K = \frac{1}{0{,}01} = 100 \text{ N/m}$$

Si l'on applique à un ressort métallique une force deux fois plus grande, on constate une déflexion deux fois plus grande. Dans ce cas, la raideur sera :

$$K' = \frac{2F}{2X} = \frac{F}{X} = C^{te}$$

$$K' = \frac{2}{0{,}02} = 100 \text{ N/m}$$

La **raideur** d'un ressort métallique est donc **constante**.

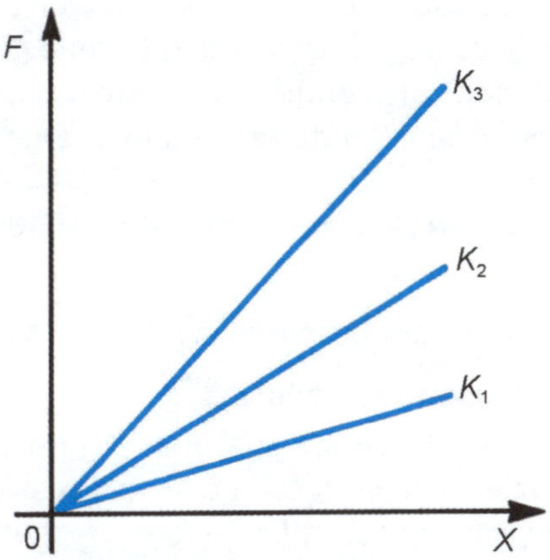

Figure 13.18 • Ressorts à raideur constante.

K_1 : faible raideur.
K_2 : raideur moyenne.
K_3 : raideur élevée.

Remarques

- Il ne faut pas confondre raideur d'un ressort et raideur d'une suspension. Dans la raideur d'une suspension, on tient compte :
  - de la raideur des ressorts,
  - de la position du ressort sur le bras de suspension (bras de levier),
  - du frottement des articulations (raideur des silentblocs).
- On utilise encore la notion de **flexibilité** bien qu'elle ne soit pas normalisée. La flexibilité est l'inverse de la raideur (grande flexibilité = faible raideur), elle est égale à $1/K$.

La suspension doit-elle posséder une raideur constante ou variable ?

Si l'on cherche un maximum de confort, il semble en premier lieu logique d'utiliser des ressorts à faible raideur (figure 13.19), mais on s'aperçoit que :
- à vide, la suspension est idéale ;
- en charge, l'abaissement important de la hauteur sous coque affecte la tenue de route.

3 *La tenue de route*

A. À vide : suspension souple.
B. En charge : abaissement exagéré de la hauteur de coque.

Figure 13.19 • Faible raideur.

Si l'on privilégie la bonne tenue à la charge, on obtient (figure 13.20) :
- en charge, une suspension idéale ;
- à vide, des tressautements, des vibrations, un inconfort.

A. En charge : suspension correcte.
B. À vide : suspension dure et inconfortable.

Figure 13.20 • Grande raideur.

Nous voyons que si la suspension comporte des ressorts métalliques, du fait de leur raideur constante, ces ressorts devront être choisis dans une gamme de raideurs donnant un **compromis entre un confort correct à vide et une bonne tenue à la charge**.

Comment concevoir une suspension à raideur variable ?

Il existe deux possibilités.

1. Ressorts métalliques.

• Ressorts **compensateurs** (figure 13.21). Dans une suspension par ressort à lames, l'essieu comporte deux jeux de ressorts. Le second, ressort compensateur, n'entre en action qu'à partir d'une certaine charge. Ce système est utilisé sur les poids lourds.

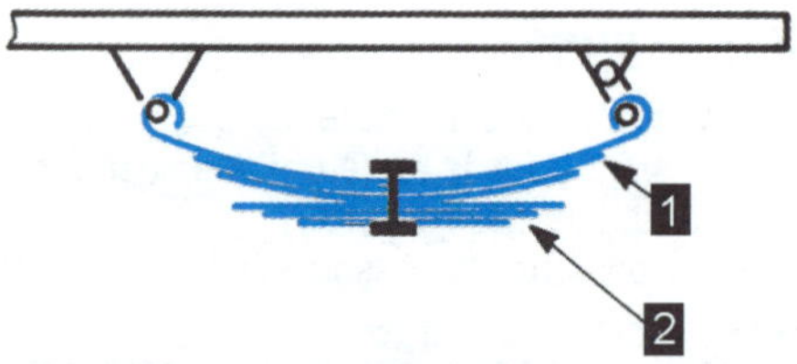

Figure 13.21 • Ressorts compensateurs.

❶ Ressort principal agissant à faible charge.
❷ Ressort compensateur entrant en action à partir d'une certaine déflexion.

• Ressorts **complémentaires** (figure 13.22). Dans les suspensions à ressorts hélicoïdaux ou à barres de torsion, il est possible de placer un ressort complémentaire, travaillant dans une position différente et entrant progressivement en action, proportionnellement à la charge. C'est le cas de la suspension Grégoire.

2. Blocs pneumatiques (figure 13.23). La physique nous démontre que lorsqu'on diminue le volume qu'occupe un gaz, sa pression n'augmente pas d'une manière exactement proportionnelle.

Dans ce cas, la raideur $K = \frac{F}{X}$ n'est pas constante.

Exemple

Si $F = 1$ N et $X = 0{,}01$ m, alors :

$$K = \frac{1}{0{,}01} = 100 \text{ N/m}$$

Et si $F = 2$ N, $X = 0{,}016$ m, alors :

$$K = \frac{1}{0{,}016} = 125 \text{ N/m}$$

Nous constatons bien que la raideur n'est pas constante.

Une suspension pneumatique est donc une suspension à **raideur variable**.

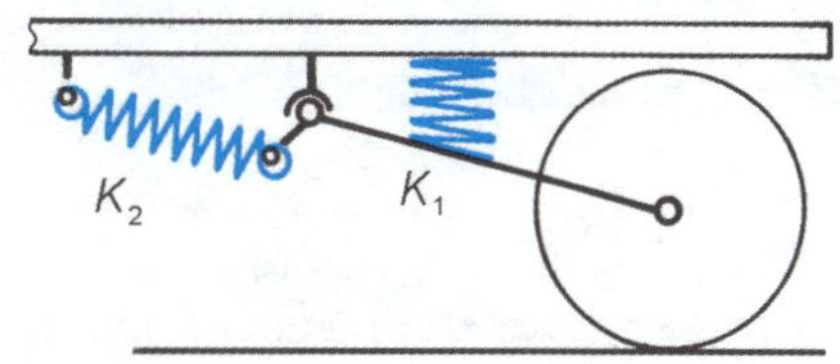

Figure 13.22 • Suspension à raideur variable (type Grégoire).

K_1 : raideur du ressort principal.
K_2 : raideur du ressort compensateur.
En charge, les raideurs K_1 et K_2 s'ajoutent.

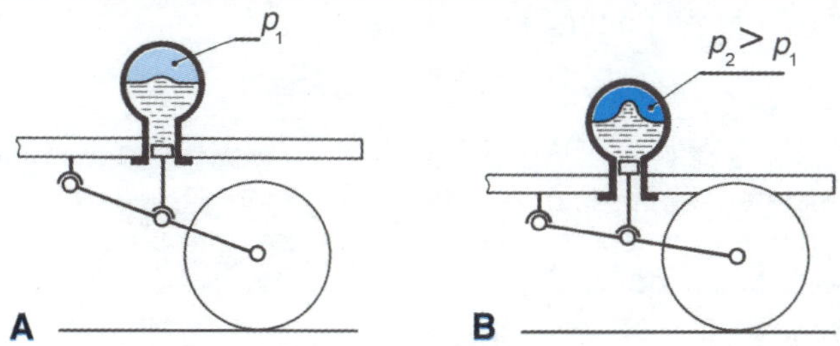

A. À vide.
B. En charge, p augmente d'une façon non proportionnelle à X : K augmente.

Figure 13.23 • Suspension hydropneumatique.

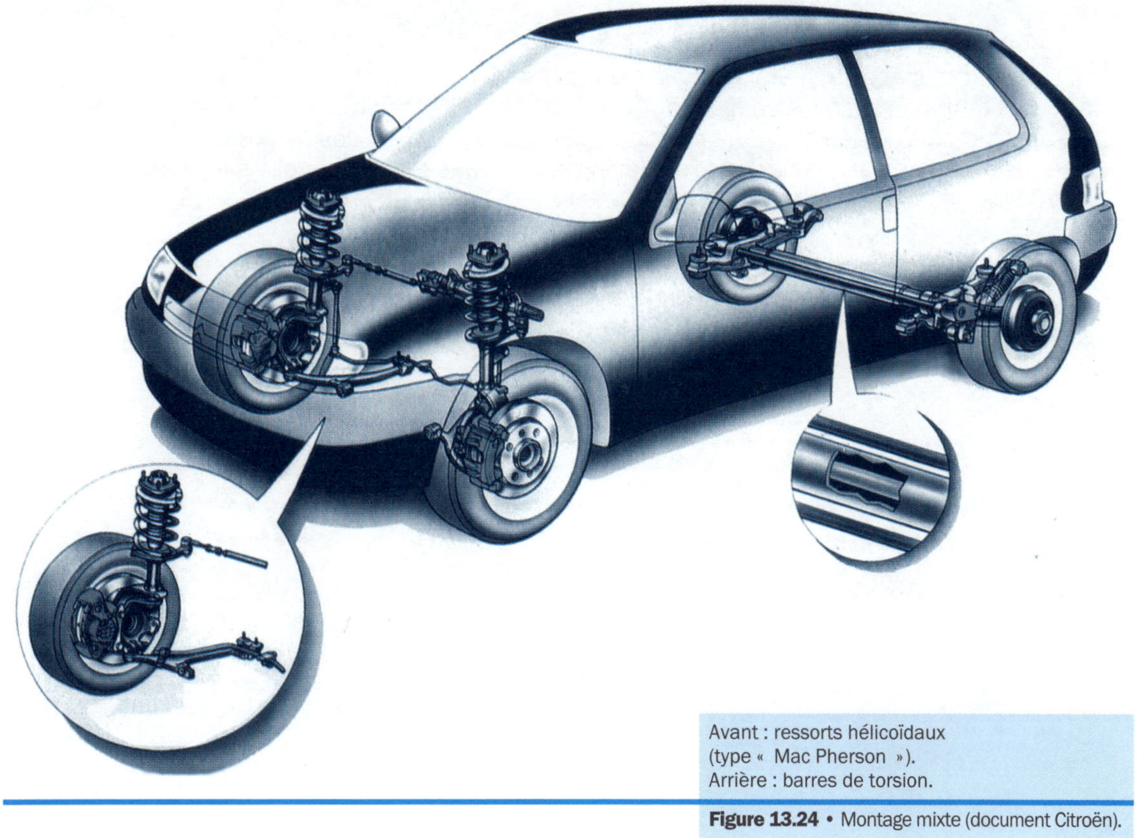

Avant : ressorts hélicoïdaux (type « Mac Pherson »).
Arrière : barres de torsion.

Figure 13.24 • Montage mixte (document Citroën).

3

La tenue de route

Mémo

- **Fonctions de la suspension**

La suspension permet :
– aux roues de suivre parfaitement le profil du sol afin d'assurer leur adhérence constante ;
– de filtrer les vibrations et oscillations rapides dont les roues sont le siège, dans le but d'assurer le confort des passagers, la protection des éléments mécaniques et des marchandises.

- **Principe de la suspension**

On interpose entre la caisse et le train roulant des éléments élastiques qui peuvent être de différentes natures.

- Éléments d'acier à haute limite élastique :
  – travail en flexion : ressorts à lames ;
  – travail en torsion : ressorts hélicoïdaux, barres de torsion.
- Masse de gaz : travail en compression.
- Bloc de matière élastique.

- **Différents types de suspensions**

– *À essieu rigide.* Sur train avant, cette suspension présente les inconvénients d'encombrement et de tendance aux effets gyroscopiques. Utilisée sur les trains arrière, elle peut être équipée de ressorts à lames ou de ressorts hélicoïdaux.

– *À roues indépendantes.* La montée d'une roue est sans influence sur la roue opposée. Chaque demi-essieu ou demi-train s'articule sur des axes longitudinaux, diagonaux ou transversaux.

- **Raideur d'un ressort**

Un ressort est principalement caractérisé par sa raideur. La raideur (K) d'un ressort est fonction de la force nécessaire à son écrasement par rapport à la déflexion produite :

$$K = \frac{F}{X} \text{ (newtons/mètre)}$$

La raideur d'un ressort métallique est généralement constante.
Pour obtenir une suspension à raideur variable, il est nécessaire d'utiliser :
– une combinaison de plusieurs ressorts agissant sous des angles différents,
– une masse de gaz, sachant que sa déflexion n'est pas proportionnelle à la charge.

Testez vos connaissances

1. Citez un élément faisant partie des masses suspendues :

- ☐ **a.** la caisse
- ☐ **b.** les ressorts
- ☐ **c.** les freins

2. Citez un élément faisant partie des masses non suspendues :

- ☐ **a.** la caisse
- ☐ **b.** les ressorts
- ☐ **c.** les freins

3. Indiquez un système de suspension dont la hauteur de caisse peut être réglable :

- ☐ **a.** les lames de ressorts
- ☐ **b.** les barres de torsion
- ☐ **c.** les ressorts hélicoïdaux

4. Dans la suspension hydropneumatique, l'élément élastique est :

- ☐ **a.** du caoutchouc
- ☐ **b.** un liquide hydraulique
- ☐ **c.** un gaz

5. Pour une bonne tenue de route, par rapport aux masses suspendues, les masses non suspendues doivent être :

- ☐ **a.** plus lourdes
- ☐ **b.** plus légères
- ☐ **c.** plus larges

Pour aller plus loin

1. *Relevez les caractéristiques de suspension sur deux véhicules équipés de suspensions différentes (sauf hydropneumatique).*

2. *Quels sont les effets produits par le vieillissement des éléments de suspension sur le comportement d'un véhicule ?*

Maintenance

Sur le plan pratique, il est nécessaire d'étudier la fiche de niveau 1 suivante du manuel de *Maintenance automobile : le savoir-faire* :

- Fiche n° 18 - Contrôler la suspension.

14 L'amortissement de la suspension

Quelles sont les actions dynamiques reçues par les ressorts ?

Lorsqu'un véhicule roule, il peut rencontrer sur le sol trois genres d'obstacles (figure 14.1) :

– **échelon** : brusque montée du sol ;

– **impulsion** : brusque montée suivie immédiatement d'une brusque descente ;

– **sinusoïdes** : obstacles périodiques de forme sinusoïdale répétés.

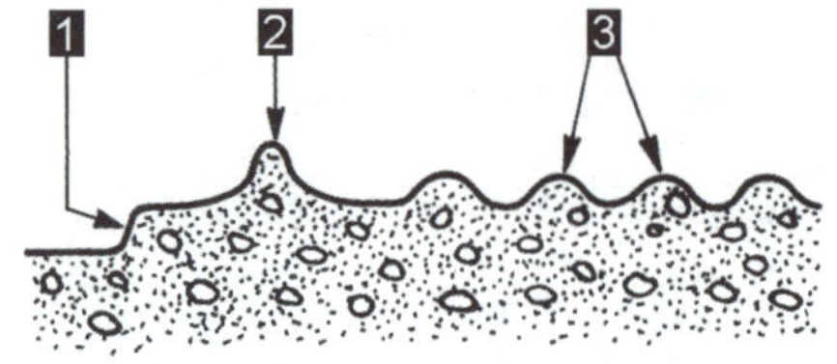

Figure 14.1 • Obstacles du sol.

❶ Échelon.
❷ Impulsion.
❸ Sinusoïde.

Quels sont les effets produits sur l'élément de suspension par le passage d'un obstacle de type échelon ?

Nous observons dans ce cas les phénomènes suivants (figure 14.2) :

– **montée de la roue ❷**, que nous supposons sans rebondissement ;

– **montée de la caisse ❸** ; l'énergie cinétique acquise par le train roulant à la montée est emmagasinée par le ressort, puis restituée vers le haut par celui-ci.

L'élasticité du ressort provoque une montée de la caisse théoriquement égale à deux fois la déflexion du ressort.

Aussi, en négligeant les frottements, la masse décrit-elle des oscillations dont la hauteur de crête est égale à la hauteur de l'échelon.

On appelle pas, ou longueur d'onde, la longueur d'un cycle ou période représenté par deux points de même altitude sur deux ondes successives.

On nomme fréquence, la cadence à laquelle les crêtes se succèdent dans le temps. Elle représente le nombre de cycles par seconde et s'exprime en **hertz** (Hz).

Règle générale. Pour qu'une suspension soit confortable, la fréquence des oscillations ne doit pas dépasser 1 Hz (un cycle par seconde).

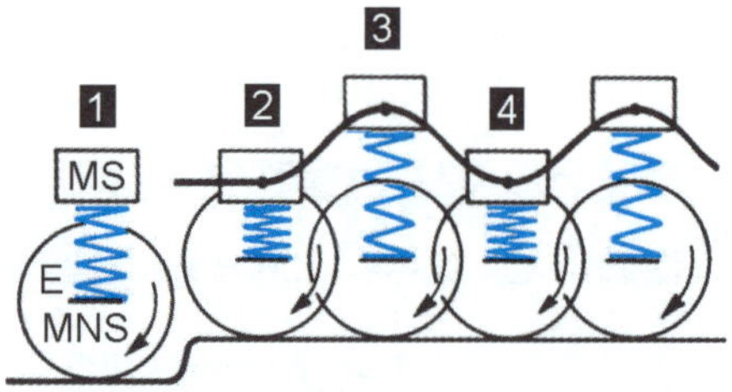

Figure 14.2 • Effet produit par le passage d'un obstacle de type échelon.

❶ Position des éléments au repos : MS, masses suspendues ; E, éléments élastiques ; MNS, masses non suspendues.
❷ Le ressort emmagasine l'énergie.
❸ L'énergie est restituée à la caisse qui monte d'une valeur égale à deux foix la déflexion du ressort.
❹ Le ressort se comprime à nouveau.

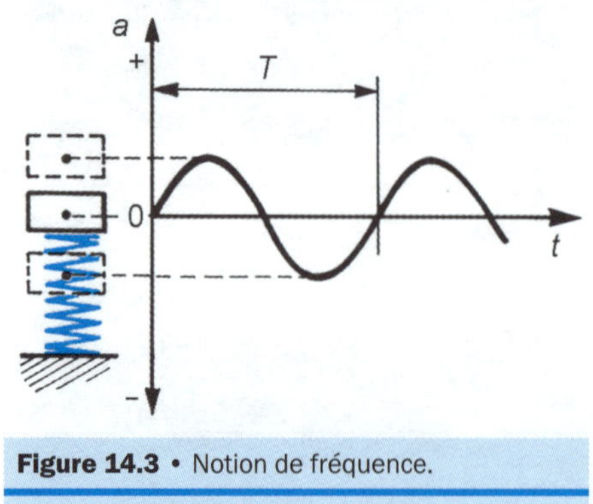

Figure 14.3 • Notion de fréquence.

Si en une seconde, il se produit une période de cycle, la fréquence est de 1 hertz.

De quelles données les oscillations de la caisse sont-elles fonctions ?

Au passage d'un obstacle (de type impulsion par exemple), le train roulant – masse non suspendue – acquiert une énergie cinétique proportionnelle à sa masse (m) et à sa **vitesse ascensionnelle** (v) (figure 14.4) :

$$e = \frac{mv^2}{2}$$
$$\text{J (joules)} = \text{N} \cdot \text{m} \cdot \text{s}^{-2}$$

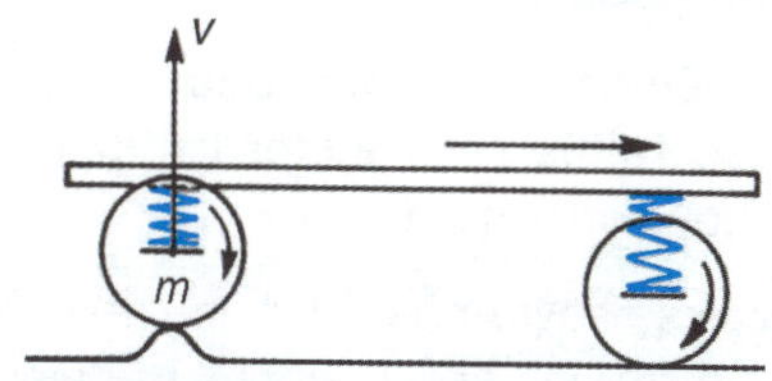

Figure 14.4 • L'énergie acquise par le train roulant est égale à $mv^2/2$.

Si m augmente, l'énergie augmente.

Cette énergie est absorbée momentanément par les ressorts qui la restituent rapidement en agissant :

– vers le bas, en maintenant les roues en contact avec le sol ;

– vers le haut, en communiquant un mouvement ascensionnel à la caisse (figure 14.5).

L'énergie (E) reçue par la caisse – **masse suspendue** (M) – est égale à l'énergie (e) acquise par le train roulant (en négligeant les frottements) :

$$E = \frac{MV^2}{2} = e$$

Si $E = e$, on a $\frac{MV^2}{2} = \frac{mv^2}{2}$, donc :

$$MV^2 = mv^2 \quad \text{soit} \quad V^2 = \frac{mv^2}{M}$$

d'où $V = v\sqrt{\frac{m}{M}}$.

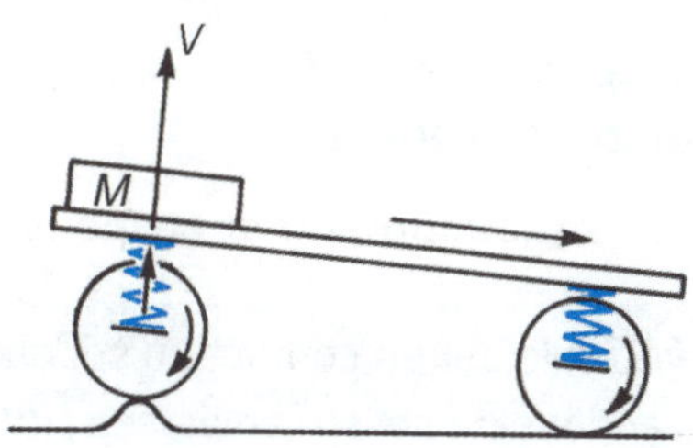

Figure 14.5 • Si les masses suspendues (M) sont faibles par rapport à la raideur du ressort alors le rapport K/M augmente.

Si elles sont faibles par rapport à la masse du train roulant, alors le rapport m/M augmente et la vitesse ascensionnelle de la caisse (V) est grande.

Pour une énergie transmise donnée, si M augmente, V diminue ; la vitesse ascensionnelle de la caisse sera donc inversement proportionnelle à sa masse :

$$E = f\left(\frac{m}{M}\right)$$

La **fréquence d'oscillations** de la caisse (figures 14.5 et 14.6) sera notamment fonction du rapport :

$$\frac{K}{M} = \frac{\text{raideur du ressort}}{\text{masses suspendues}}$$

et, pour une raideur de ressort donnée, du rapport :

$$\frac{m}{M} = \frac{\text{masses non suspendues}}{\text{masses suspendues}}$$

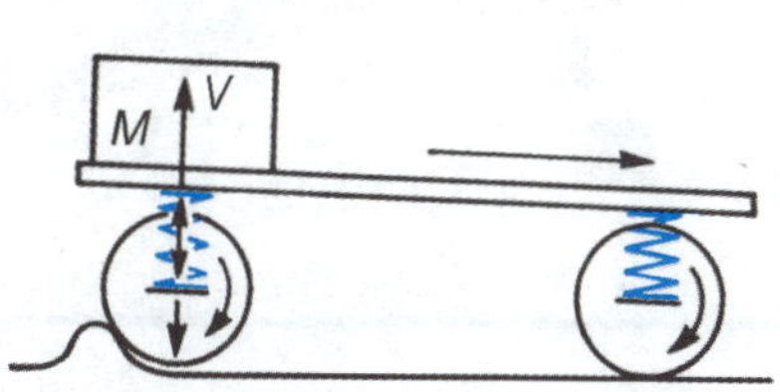

Figure 14.6 • Si les masses suspendues (M) sont importantes par rapport à la raideur du ressort, alors le rapport K/M diminue.
Si elles sont importantes par rapport à la masse du train roulant,
alors le rapport m/M diminue et la vitesse ascensionnelle de la caisse (V) est faible.

Conclusion.

Les éléments du **train roulant** devront posséder une masse **faible** pour éviter l'acquisition d'une énergie cinétique importante.

La **caisse** devra posséder une masse **assez importante** pour éviter les accélérations brutales et les fréquences dépassant les valeurs de confort souhaité (environ 1 Hz).

Remarque

Les caisses des véhicules de tourisme étant relativement légères, il est nécessaire d'**alléger les trains roulants** par diverses dispositions technologiques qui sont notamment :

- roues en alliage léger, ajourées, de petit diamètre ;
- porte-fusées, étriers de freins en alliage léger ;
- triangles de suspension allégés, à bras unique, freins en sortie de pont suspendu, etc.

Les oscillations de la caisse sont-elles toujours régulières ?

L'étude dynamique de la suspension fait apparaître que :

- le véhicule est en contact au sol par quatre roues ;
- les actions du sol sont diverses ;
- les quatre éléments de suspension réagissent les uns sur les autres.

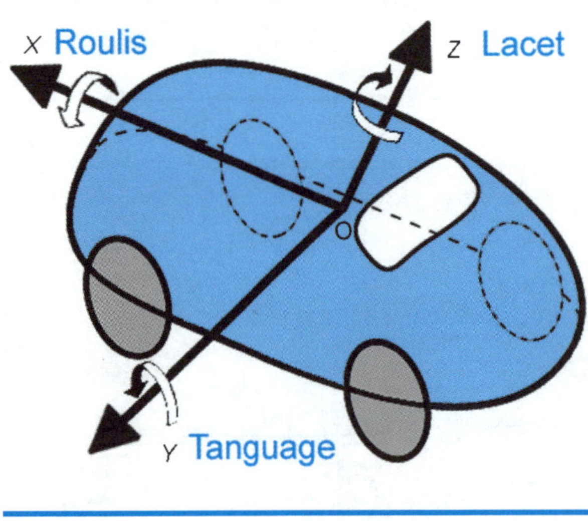

Figure 14.7 • Stabilité du véhicule. Réactions dynamiques de la caisse (document Citroën).

Quelles sont les réactions dynamiques provoquées sur la caisse par la présence d'une suspension ?

Ces différentes réactions sont schématisées par les figures 14.7 et 14.8.

• **Pompage** : translation suivant l'axe OZ, provoquée par une dénivellation uniformément répartie sur les essieux.

• **Tangage** : rotation suivant l'axe OY, provoquée par l'espacement des obstacles.

• **Roulis** : rotation suivant l'axe OX, provoquée par les sollicitations alternatives des deux roues d'un même essieu.

• **Cabrage.** Au démarrage, la force d'inertie provoque un couple de basculement suivant l'axe OY, qui déleste l'essieu avant et surcharge l'essieu arrière d'autant (amorce de tangage).

Ces phénomènes sont plus importants dans les suspensions souples (faible rapport K/M) et à grand débattement.

• **Lacets.** La rotation se fait suivant l'axe vertical OZ.

Quels sont les inconvénients de ces réactions dynamiques ?

Ces divers mouvements :
- incommodent les passagers,
- affectent la tenue de route et le freinage par variations d'adhérence incontrôlables.

Il importe donc de **limiter leurs effets** aussitôt après leur apparition, sans affecter les qualités de la suspension.

Quels sont les moyens techniques permettant de limiter l'amplitude des mouvements ?

Voyons comment atténuer le pompage d'un élément de suspension. En effet, tout ressort a l'inconvénient de **restituer** intégralement, au frottement interne près, **l'énergie** qu'il a accumulée. Ce phénomène donne à la caisse un mouvement oscillatoire que nous avons étudié plus haut.

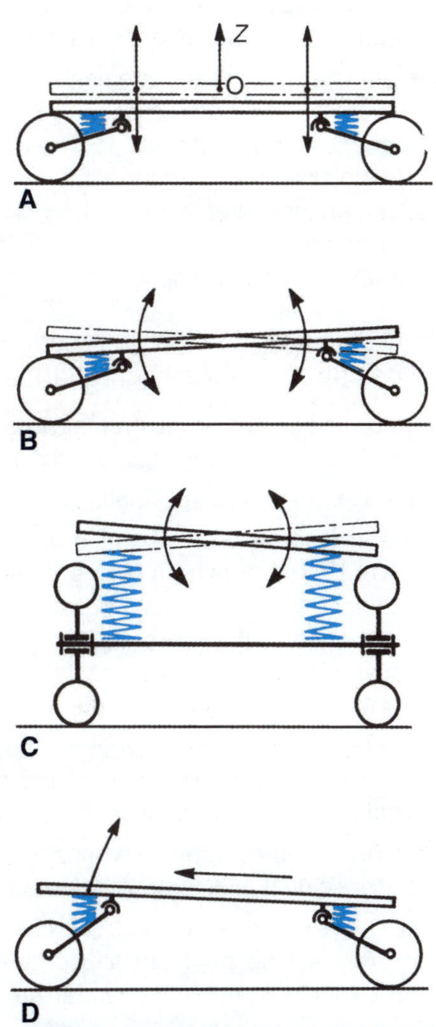

Figure 14.8 • Réactions dynamiques.

A. Pompage.
B. Tangage.
C. Roulis.
D. Câbrage.

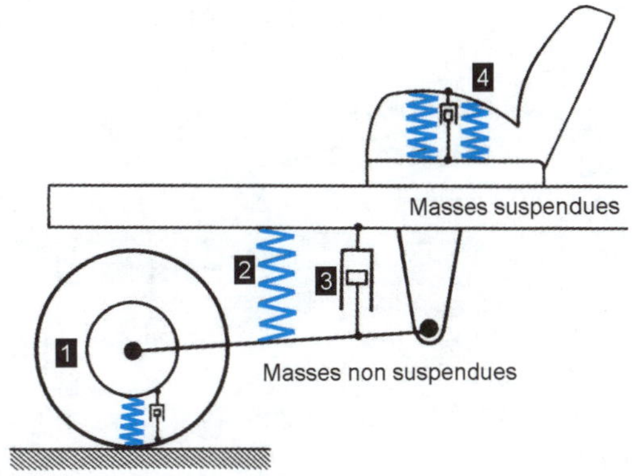

❶ Pneumatique : ressort (air), amortisseur (caoutchouc).
❷ Ressort de suspension (métallique ou pneumatique).
❸ Amortisseur hydraulique.
❹ Siège : ressort et amortisseur (mousse).

Figure 14.9 • Représentation schématique d'une suspension (document Citroën).

La solution technique consiste à **absorber, par frottement**, une partie de l'énergie accumulée par le ressort.

Cet amortissement par frottement peut être obtenu par :
– la nature même des ressorts : ressorts à lames, frottement des lames entre elles ;
– les points d'articulation élastiques (silentblocs) travaillant en torsion et frottement ;
– des amortisseurs, généralement hydrauliques, montés en parallèle avec la suspension.

Quel est le principe de fonctionnement des amortisseurs hydrauliques ?

L'amortisseur réalise un freinage par **laminage d'un fluide hydraulique** dans des trous calibrés.

On rencontre deux dispositions principales.

• **Déplacement d'un piston dans un liquide** (figure 14.10). Les deux extrémités de l'amortisseur télescopique sont fixées, comme le ressort, d'un côté au train roulant et de l'autre à la caisse. À chaque débattement de suspension, le piston se déplace dans son cylindre. Ses mouvements sont gênés par la présence du liquide qui s'oppose à son déplacement.

Le déplacement du piston ne pourra s'effectuer que si le liquide peut passer d'une chambre dans l'autre.

Des trous calibrés, pratiqués dans le piston, permettent le passage du liquide entre les deux chambres.

Les mouvements relatifs entre la caisse et le train roulant, freinés, ne pourront s'effectuer avec la même amplitude et seront rapidement arrêtés (figure 14.11).

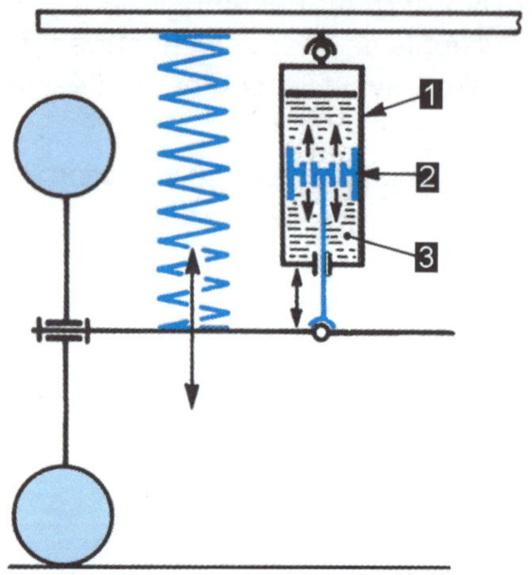

Figure 14.10 • Montage de l'amortisseur téléscopique en parallèle avec la suspension.

❶ Cylindre.
❷ Piston percé de trous calibrés.
❸ Fluide hydraulique.

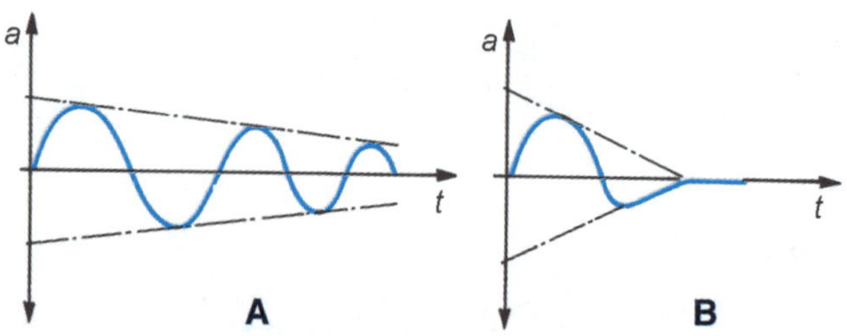

Figure 14.11 • Oscillations d'une suspension.

A. Sans amortisseur.
B. Avec amortisseur.

• Déplacement d'un liquide à travers un amortisseur fixe : la **suspension hydropneumatique** Citroën (figure 14.12), équipée d'un cylindre et d'un piston ayant un mouvement relatif. Un déplacement de liquide est nécessaire à la transmission de l'effort à la masse d'air, il suffit d'incorporer un piston fixe percé de trous calibrés pour assurer l'amortissement.

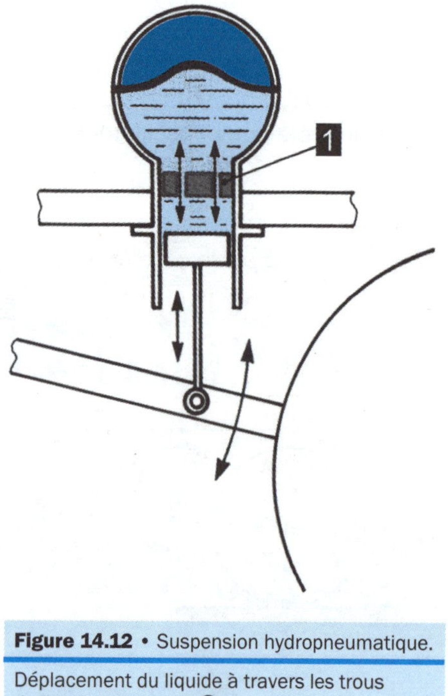

Figure 14.12 • Suspension hydropneumatique.

Déplacement du liquide à travers les trous de l'amortisseur fixe ❶.

L'amortissement est-il toujours uniforme ?

Il existe deux types d'amortissements :
– à **simple effet**, on amortit uniquement la détente du ressort ;
– à **double effet**, on amortit la compression – rebond de la roue ou affaissement de la caisse – et la détente.

L'importance de l'amortissement et son effet, simple ou double, sont déterminés par :
– la section des trous,
– la raideur des ressorts des clapets, qui permettent un passage plus ou moins facile du liquide suivant le sens du déplacement (figure 14.13).

Comment un amortisseur à simple effet fonctionne-t-il ?

On part du principe que l'amortissement de la compression du ressort n'est pas indispensable car :
– le corps humain supporte mieux les descentes rapides que les montées ;
– la chute vers le bas d'un corps est toujours limitée à l'accélération de la pesanteur (1 « *g* ») alors que les accélérations provoquées par le rebond peuvent atteindre plusieurs « *g* » (1 « *g* » = 9,81 m/s^2) ;
– l'amortissement de la compression a pour inconvénient d'augmenter la raideur du ressort au moment où son effet d'absorption doit être maximal.

L'amortisseur à simple effet **n'amortit donc que la détente** du ressort (rebond de la caisse).

Qu'entend-on par amortisseur à double effet ?

Il amortit la compression et la détente du ressort. Pour les raisons que nous venons d'énumérer, l'amortissement de la compression sera plus faible que celui de la détente.

Quelles sont les dispositions particulières aux amortisseurs télescopiques hydrauliques ?

Dans un amortisseur télescopique, le déplacement du piston vers le haut nécessite l'entrée de la tige de poussée à l'intérieur du cylindre.

Le volume de cette tige déplace un volume de liquide correspondant. L'amortisseur serait bloqué (incompressibilité des liquides) si l'on n'aménageait pas une chambre compensatrice qui permette les variations de volume du liquide à chaque mouvement du piston.

Il existe plusieurs solutions technologiques.

Exemple

La figure 14.13A et B schématise un amortisseur à chambre compensatrice à gaz.

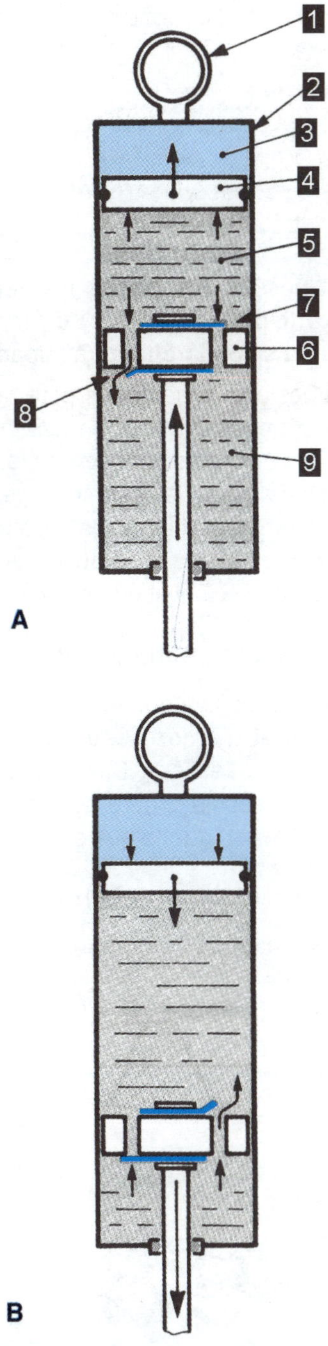

Figure 14.13 • Principe de fonctionnement d'un amortisseur.
A. Compression.
B. Détente.

❶ Point de fixation supérieur.
❷ Cylindre.
❸ Chambre compensatrice (à gaz).
❹ Cloison mobile.
❺ Fluide hydraulique.
❻ Piston.
❼ Orifice et clapet de détente.
❽ Orifice et clapet de compression.
❾ Tige de poussée.

3

La tenue de route

La montée du piston et de sa tige tend à diminuer le volume de la chambre, ce qui augmente la pression. La cloison mobile de la chambre compensatrice se déplace, comprimant le gaz.

Remarque

Dans cet exemple, ce dispositif ajoute une certaine raideur à celle de l'élément élastique principal.

■ Qu'entend-on par amortisseur réglable ?

Il est possible d'équiper les véhicules utilitaires, ou tractant une remorque, d'amortisseurs **à raideur réglable selon la charge** à supporter (figure 14.14).

Dans ces amortisseurs, on peut faire varier la raideur de l'élément compensateur en agissant sur un réglage extérieur. Si nous reprenons l'exemple de l'amortisseur à gaz, lorsqu'on agit sur la vis de réglage, le fond de cylindre ❷ de la chambre s'abaisse, ce qui a pour effet de comprimer le gaz : la raideur augmente. Cette raideur s'ajoute à celle du ressort principal et durcit donc la suspension.

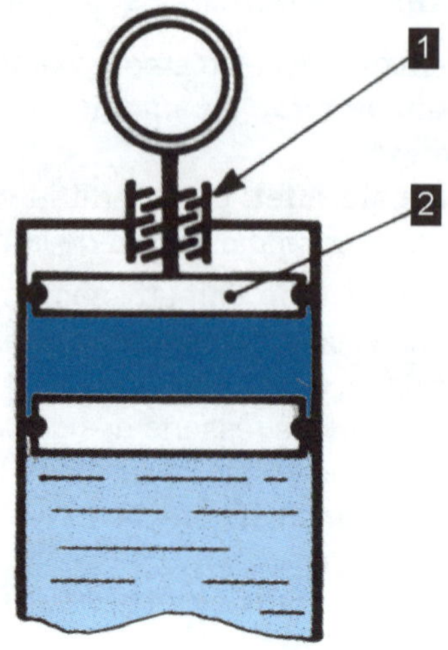

Figure 14.14 • Amortisseur réglable.

❶ Vis de réglage.
❷ Fond de cylindre mobile.

■ Comment limiter le tangage ?

Le tangage, ou galop, peut être limité par l'utilisation de ressorts et d'amortisseurs de raideurs différentes à l'avant et à l'arrière. Dans tous les cas, la fréquence propre à l'essieu arrière doit être **supérieure** à celle de l'essieu avant, quelle que soit la charge.

■ Comment limiter le roulis ?

Une barre de torsion, appelée **barre antiroulis**, généralement de faible raideur, relie les deux bras indépendants d'un même essieu (figure 14.15).

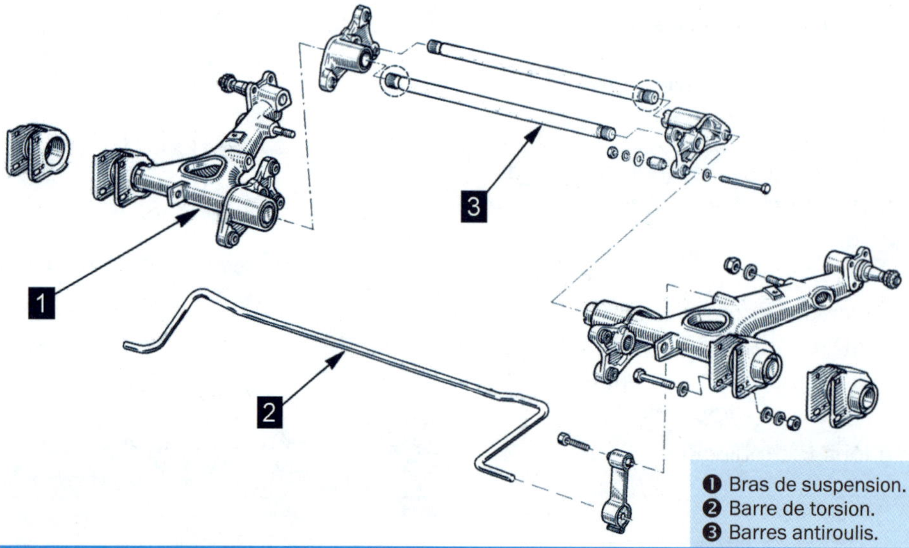

❶ Bras de suspension.
❷ Barre de torsion.
❸ Barres antiroulis.

Figure 14.15 • Train arrière, suspension par barre de torsion (document Renault).

Lorsque la caisse bascule latéralement, un des bras de suspension se trouve étiré, l'autre est enfoncé dans la caisse. La barre est alors mise en contrainte de torsion et tend à ramener les deux bras de suspension au même niveau. Ce qui a pour effet de faire cesser le roulis.

Remarque

Les lacets proviennent principalement de la dérive des pneumatiques, phénomène que nous étudierons dans la leçon 18.

Figure 14.16 • Train roulant d'un véhicule à tendance sportive :
– roues en alliage léger ;
– triangles de suspension allégés, etc.
(document Renault).

Peut-on limiter le cabrage d'un véhicule ?

Le cabrage à l'accélération, comme la plongée au freinage, peuvent être limités par une **disposition géométrique particulière** des axes des bras de suspension avant (figure 14.17).

Le moment du couple de cabrage peut être défini ainsi, avec :

- F, l'intensité de la force d'inertie qui s'oppose à la force de traction ($F = M\gamma$) ;
- H, la distance entre le centre de gravité (G) du véhicule et le sol ;
- f, l'intensité des forces de pompage et de détente ;
- E, l'empattement du véhicule.

On peut écrire pour $\mathscr{C}$, le couple de basculement :

$$\boxed{\mathscr{C} = FH = fE}$$

En considérant la force d'inertie $\vec{F}$ appliquée au centre des roues avant, on peut tracer la somme géométrique de $\vec{f}$ et $\vec{F'}$: c'est la force $\vec{R}$.

On observe qu'elle forme avec la normale au sol un angle (α). Pour supprimer l'action de $\vec{R}$ sur la suspension (cabrage), il est nécessaire d'orienter les articulations des bras de suspension de telle façon que leurs axes soient parallèles à $\vec{R}$.

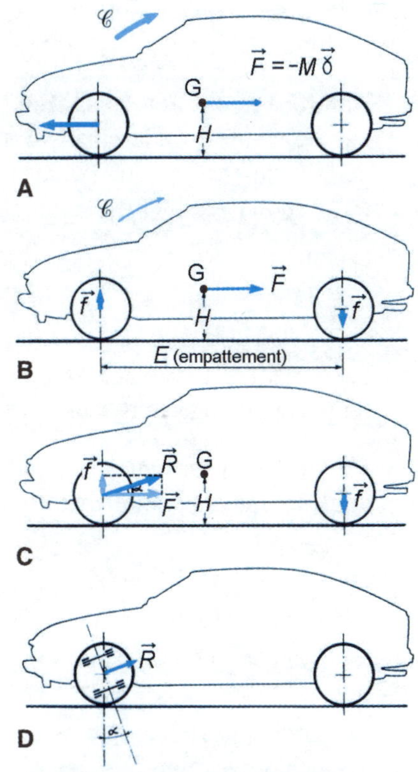

Figure 14.17 • Essieu anti-cabreur (document Citroën).

A. $\mathscr{C} = FH = M\gamma H$
B. $\mathscr{C} = FH = fE\,;\, f = F\dfrac{H}{E}$
C. $\tan\alpha = \dfrac{f}{F} = \dfrac{H}{E}$.
D. α est l'angle d'inclinaison des axes des bras de suspension.

3

La tenue de route

Mémo

- **Oscillations de la suspension**

  Les obstacles rencontrés par les roues d'un véhicule lui communiquent des mouvements oscillatoires néfastes à la tenue de route et au confort des passagers.

- **Notions de fréquence d'une suspension**

  La fréquence d'une suspension est le nombre de cycles effectués par seconde et s'exprime en hertz (Hz). Pour qu'une suspension soit confortable, sa fréquence doit être maintenue aux environs de 1 Hz (± 0,3 Hz).

  La fréquence d'une suspension est fonction du rapport :

$$\frac{K}{M} = \frac{\text{raideur des ressorts}}{\text{masses suspendues}}$$

  et pour une raideur de ressort donnée, du rapport :

$$\frac{m}{M} = \frac{\text{masses non suspendues}}{\text{masses suspendues}}$$

  La masse des éléments du train roulant doit être la plus légère possible par rapport à la masse de la caisse.

- **Amortissement des oscillations**

  Les oscillations de la caisse doivent être rapidement arrêtées par dissipation d'une partie de l'énergie emmagasinée par les ressorts. Cette fonction est réalisée par les amortisseurs en général hydrauliques.

  On amortit :

  – uniquement la détente de la caisse : amortisseur à simple effet ;

  – plus fortement la détente que la compression : amortisseur à double effet.

  Les amortisseurs réglables permettent une adaptation aux charges transportées. Leur raideur s'ajoute à celle des ressorts.

- **Réactions dynamiques du véhicule**

  Le pompage est le mouvement du véhicule suivant un axe vertical. Il est limité par les amortisseurs.

  Le tangage est le pompage alternatif de chaque essieu. Il est limité par une fréquence de suspension arrière supérieure à celle de l'essieu avant quelle que soit la charge.

  Le roulis est un mouvement latéral alternatif de la caisse. Il est diminué par le montage de barres antiroulis, reliant les deux roues indépendantes d'un même essieu.

  Le cabrage est un couple provoqué par la force de traction du véhicule. Il est limité par une disposition géométrique des axes des bras de suspension formant un angle α par rapport à la normale au sol.

Testez vos connaissances

1. L'élément élastique principal dans une suspension est :
- ☐ **a.** l'amortisseur
- ☐ **b.** le ressort
- ☐ **c.** le pneumatique

2. Une partie de l'énergie cinétique acquise par le ressort lors d'un choc est transformée par l'amortisseur en :
- ☐ **a.** énergie mécanique
- ☐ **b.** énergie hydraulique
- ☐ **c.** énergie thermique

3. L'amortisseur permet de :
- ☐ **a.** remplacer le ressort
- ☐ **b.** freiner les mouvements du ressort
- ☐ **c.** diminuer la raideur du ressort

4. Le rebond de la caisse correspond pour le ressort :
- ☐ **a.** à son repos
- ☐ **b.** à sa compression
- ☐ **c.** à sa détente

5. Le balancement de la caisse dans le sens transversal – droite/gauche – se nomme :
- ☐ **a.** le roulis
- ☐ **b.** le tangage
- ☐ **c.** le pompage

Pour aller plus loin

Effectuez une étude sur une suspension de type « Mac Pherson » à amortisseur incorporé.

Effectuez les schémas montrant :
- *la disposition des éléments de suspension ;*
- *le fonctionnement de l'amortisseur.*

Indiquez :
- *les avantages de ce type de suspension ;*
- *l'entretien périodique à effectuer et les possibilités de réparation.*

Maintenance

Sur le plan pratique, il est nécessaire d'étudier les 2 fiches suivantes du manuel de *Maintenance automobile : le savoir-faire* :

- Fiche n° 19 - Remplacer un amortisseur ; niveau 1.
- Fiche n° 48 - Remplacer un amortisseur (Mac Pherson) ; niveau 2.

15 La suspension hydropneumatique Citroën

Quelles sont les principales qualités demandées à une suspension d'automobile ?

Nous avons défini, précédemment qu'il est souhaitable d'avoir une suspension dont la raideur varie avec la charge, faible à vide et plus élevée en charge, afin d'offrir un maximum de confort aux passagers et d'éviter les affaissements trop importants de la caisse en charge.

Cette disposition peut être réalisée :

– par l'utilisation de **deux ressorts différents**, positionnés d'une manière particulière (ressort compensateur) ;

– par le montage de **masses de gaz** (blocs pneumatiques, figure 15.1).

Pourquoi les ressorts à gaz offrent-ils une raideur variable ?

Les évolutions des masses de gaz sont définies notamment par la **loi de Mariotte** ($pV = C^{te}$).

Cela signifie que, à température constante :

– plus le volume du gaz est réduit, plus sa pression augmente (figure 15.1B) ;

– pour des augmentations de pression constante, la déflexion produite n'est pas constante.

Comparons un ressort hélicoïdal à pas constant de diamètre donné à un cylindre de même diamètre rempli de gaz (figure 15.2). Si nous appliquons des charges progressives à chacun d'eux, nous constatons des effets différents.

• **Pour le ressort** (figure 15.3). La variation de la hauteur (x) est proportionnelle à la charge appliquée (f) :

$$1f = 1x\,;\quad 2f = 2x$$

Le rapport $\frac{f}{x}$ est constant : la **raideur est constante**.

• **Pour le cylindre rempli de gaz.** La variation de volume est proportionnelle à la charge appliquée, la pression du gaz varie en fonction du volume. Pour une section donnée :

$$p = \frac{F}{S}$$

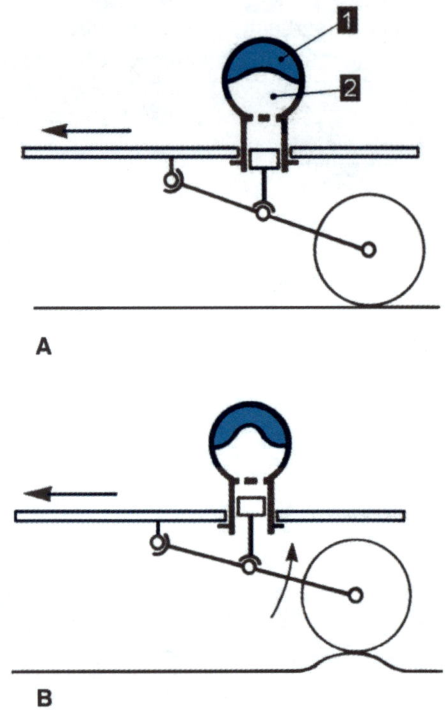

Figure 15.1 • Principe de la suspension hydropneumatique :
A. Sur le sol plat.
B. Franchissement d'un obstacle. Le volume du gaz diminue, sa pression augmente ainsi que celle du liquide.

❶ Gaz (azote).
❷ Fluide hydraulique (liquide).

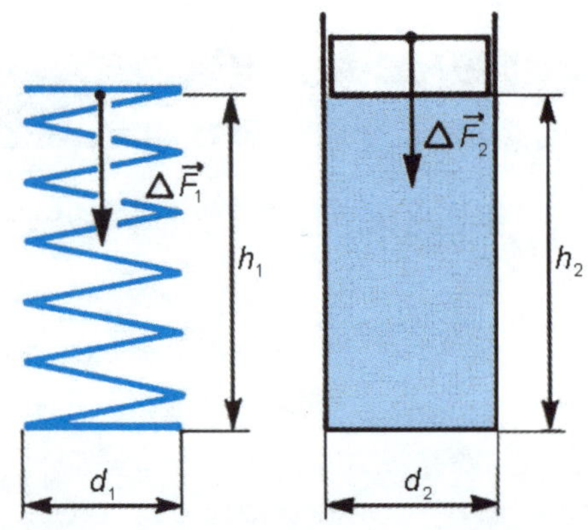

Figure 15.2 • Comparaison d'un ressort et d'une masse de gaz tels que : $d_1 = d_2$; $\Delta F_1 = \Delta F_2$; $h_1 = h_2$.

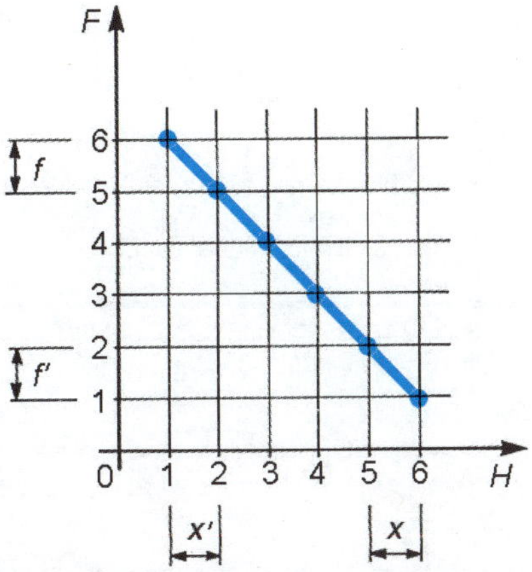

Figure 15.3 • Ressort. La déflexion est constante (pour $f = f'$, on a $x = x'$).
Donc la raideur est constante $\left(\frac{f}{x} = \frac{f'}{x'}\right)$.

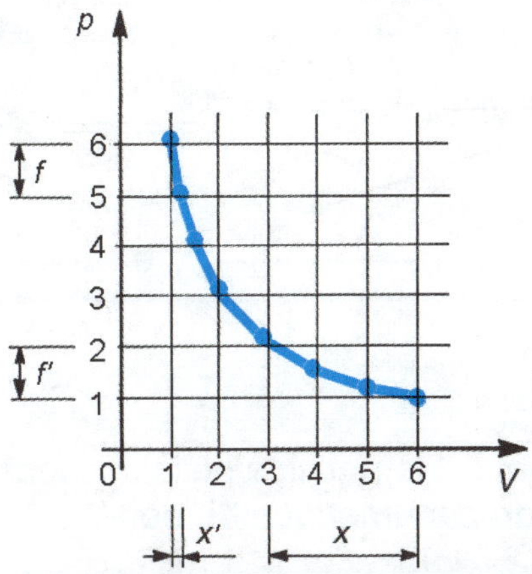

Figure 15.4 • Masse de gaz. La déflexion est variable (pour $f = f'$ on a $x \neq x'$).
Donc la raideur est variable $\left(\frac{f}{x} \neq \frac{f'}{x'}\right)$.

Pour une section constante (*S*), la variation de volume (*V*) est proportionnelle à la variation (*x*) de la hauteur (*H*) $V = Sx$; nous pouvons remplacer, dans le diagramme, *H* par *V*.

Appliquons la loi de Mariotte ($pV = C^{te}$) avec un exemple de constante de 6 pour construire le diagramme (figure 15.4). On obtient :

- pour $p = 1$ bar, $V = 6$ cm^3 ($C^{te} = 1 \times 6 = 6$).
- pour $p = 2$ bar, $V = 3$ cm^3 ($C^{te} = 2 \times 3 = 6$).
- pour $p = 3$ bar, $V = 2$ cm^3 ($C^{te} = 3 \times 2 = 6$).
- pour $p = 4$ bar, $V = 1{,}5$ cm^3 ($C^{te} = 4 \times 1{,}5 = 6$).
- pour $p = 5$ bar, $V = 1{,}2$ cm^3 ($C^{te} = 5 \times 1{,}2 = 6$).
- pour $p = 6$ bar, $V = 1$ cm^3 ($C^{te} = 6 \times 1 = 6$).

Nous constatons que, pour des écarts de pression égaux, les écarts de volume sont inégaux (*V* étant proportionnel à *H* et *p* à *F*). Nous pouvons en déduire que pour des écarts de charge constants (*f*), la déflexion (*x*) n'est pas constante.

Dans le cas d'une masse de gaz, la raideur $\left(K = \frac{f}{x}\right)$ n'est donc pas constante, ce qui permet :

- plus de souplesse à vide (grand débattement) ;
- plus de raideur en charge ;
- un abaissement de la hauteur de caisse – assiette – non proportionnelle à la charge (figure 15.5).

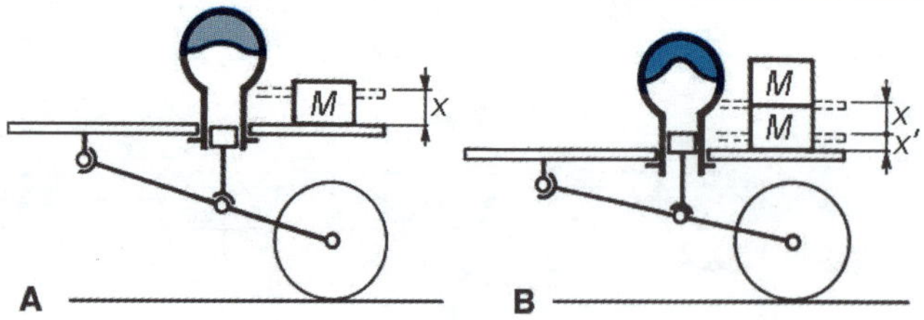

A. À faible charge, raideur faible, déflexion importante.
B. À forte charge, raideur supérieure, déflexion plus faible.

Figure 15.5 • Comportement d'une suspension hydropneumatique.

Quel est le principe de la suspension hydropneumatique Citroën ?

• L'élément élastique est un gaz (azote).
• La garde au sol est réglable.
• La garde au sol choisie est maintenue constante quelle que soit la charge.

Quels sont les éléments constitutifs d'une suspension hydropneumatique Citroën ?

Le dispositif comprend principalement :
– une réserve de liquide sous pression,
– quatre cylindres de suspension munis de quatre blocs hydropneumatiques,
– un levier de commande manuelle de hauteur de caisse,
– deux correcteurs de hauteur.

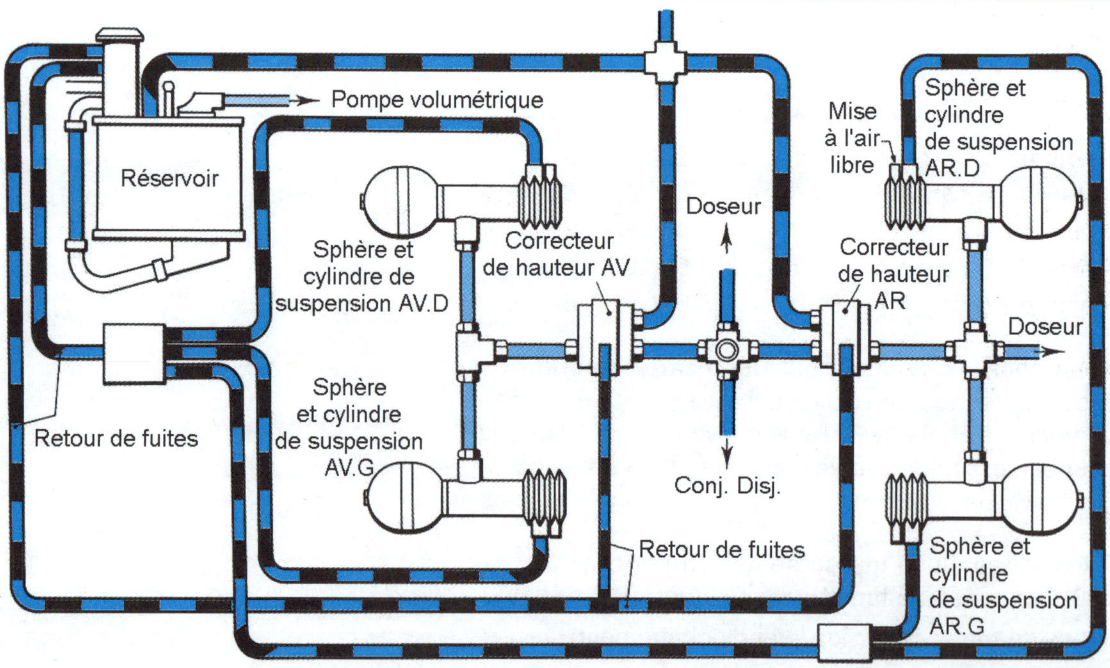

Figure 15.6 • Circuit de suspension (document Citroën).

Quelles sont les différentes fonctions à remplir et comment sont-elles réalisées ?

1. Fonction suspension. Un cylindre de suspension muni de sa sphère est interposé entre chaque bras de suspension et la caisse (figure 15.7).

Le gaz est **comprimé** dans les sphères. La pression initiale des sphères (pression de tarage) est déterminée en fonction de la **charge à supporter** (par essieu). En général, la pression est plus élevée à l'avant qu'à l'arrière (moteur et transmission avant).

Le cylindre comporte un orifice de communication avec le circuit haute pression. Une canalisation de retour au réservoir est ménagée dans sa partie inférieure, dans le but de récupérer les fuites de liquide nécessaires à la lubrification du piston et du cylindre.

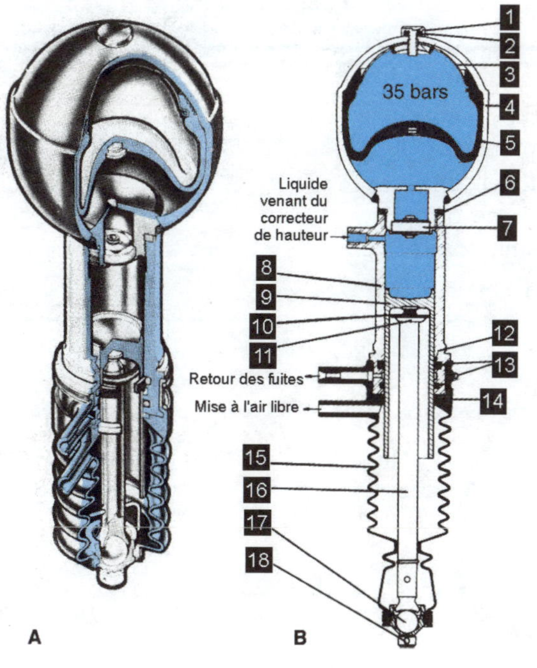

❶ Vis d'obturation.
❷ Joint torique.
❸ Coupelle.
❹ Bloc pneumatique.
❺ Membrane.
❻ Joint torique.
❼ Amortisseur.
❽ Cylindre.
❾ Piston.
❿ Grain.
⓫ Rondelle de centrage.
⓬ Joint téflon.
⓭ Joints toriques.
⓮ Joint feutré.
⓯ Pare-poussière.
⓰ Tige de suspension.
⓱ Bille.
⓲ Logement de bille.

Figure 15.7 • Cylindre de suspension (document Citroën).

2. Fonction amortissement (figure 15.8). Elle est réalisée par une pièce d'acier, percée sur sa périphérie de trous calibrés. Ses deux faces sont partiellement fermées par des clapets tarés. Au centre, un rivet maintient l'ensemble. Il est percé d'un trou de fuite calibré.

L'amortisseur est serti sur la sphère de suspension. L'amortissement s'effectue par **laminage de l'huile** au travers des trous calibrés plus ou moins obturés. Pour les faibles débattements caisse/roue, le trou central permet le passage du liquide dans les deux sens pratiquement sans freinage.

L'amortissement est à double effet et symétrique.

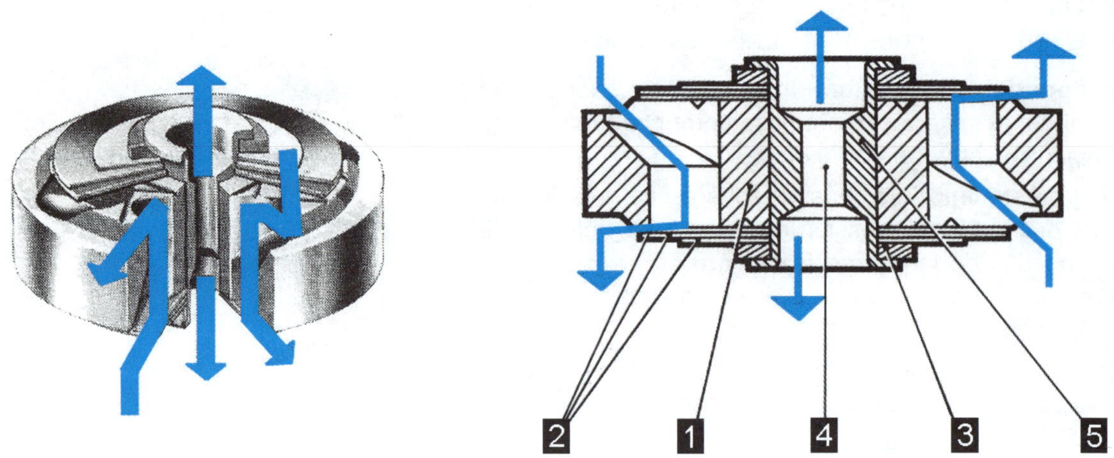

❶ Corps.
❷ Clapets.
❸ Entretoise.
❹ Trou de fuite.
❺ Rivet.

Figure 15.8 • Amortisseur (document Citroën).

3. Hauteur caisse/sol constante (figure 15.9). Les deux cylindres d'un même essieu sont en communication avec un **correcteur de hauteur** qui permet, suivant la charge, d'augmenter ou de diminuer le volume du liquide interposé entre la tête du piston et la membrane.

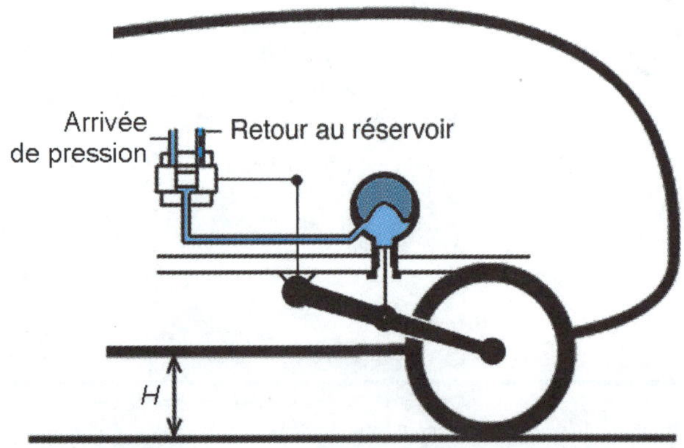

Figure 15.9 • Hauteur (*H*) caisse/sol constante (document Citroën).

La commande du correcteur de hauteur est réalisée :
– automatiquement, par les variations de hauteur de caisse, grâce à sa liaison avec la barre antiroulis ;
– manuellement, par un levier mécanique placé dans l'habitacle.

Ce dernier peut être utilisé par le conducteur :
– pour le franchissement d'obstacles ;
– pour le remplacement d'une roue sans effort.

Le tableau de la page suivante expose le fonctionnement d'un correcteur de hauteur.

Conditions	Hauteur caisse/sol	Volume du gaz	Pression du gaz	Barre anti-roulis	Tiroir correcteur	Volume du liquide	Schémas
À vide	Normale (*H*)	Moyen	Moyenne	Immobile	Position repos	Moyen	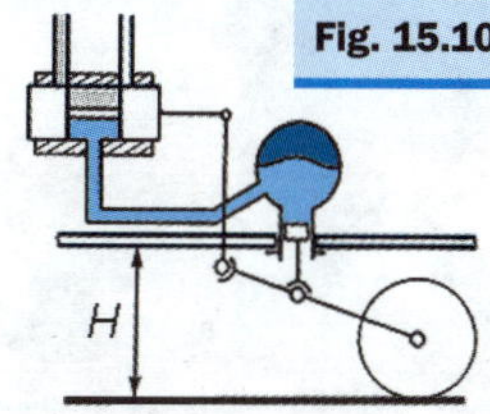 **Fig. 15.10A**
Chargement	Diminue	Diminue	Augmente	Pivote	Admission du liquide	Augmente	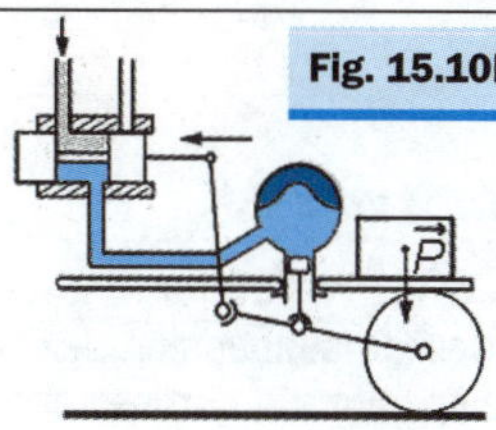 **Fig. 15.10B**
	Normale (*H*)	Faible	Élevée (la caisse monte)	Pivote en sens inverse	Revient en position repos	Élevée	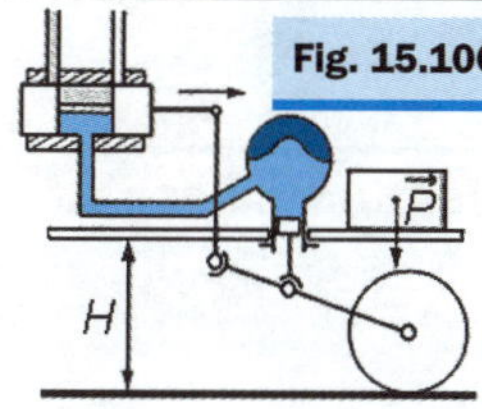 **Fig. 15.10C**
Déchargement	Augmente	Augmente	Diminue	Pivote	Position échap-pement (retour réservoir)	Diminue	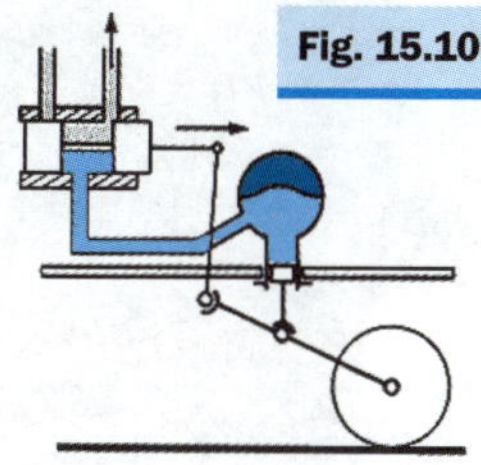 **Fig. 15.10D**
	Normale (*H*)	Moyen	Moyenne	Pivote en sens inverse	Revient en position repos	Moyen	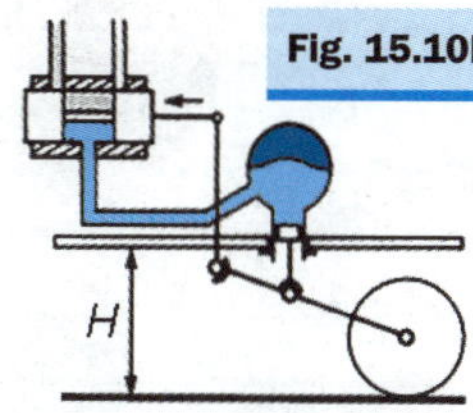 **Fig. 15.10E**

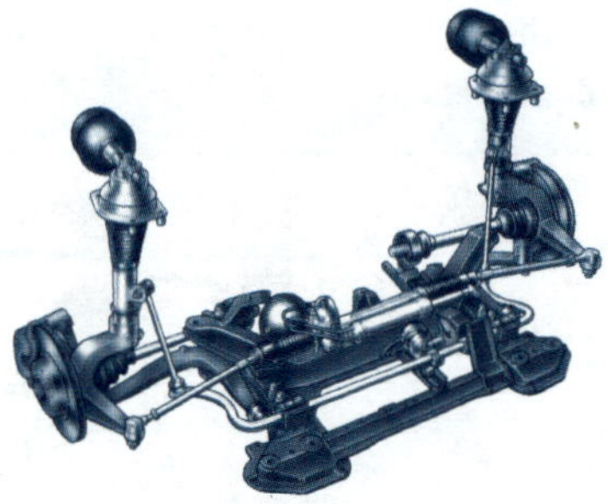

A

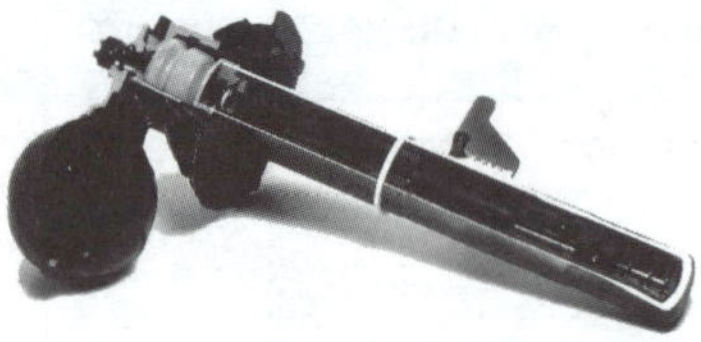

B

A. Train avant complet.
B. Bloc pneumatique.

Figure 15.11 • Train avant à suspension hydropneumatique (document Citroën).

Remarque

Afin d'éviter l'action des correcteurs lors des débattements rapides de suspension, le mouvement des tiroirs est freiné par un dispositif d'amortissement hydraulique. Les correcteurs n'entrent donc en action que lors des modifications de hauteur de caisse durables.

Figure 15.12A • Correcteur de hauteur (document Citroën).

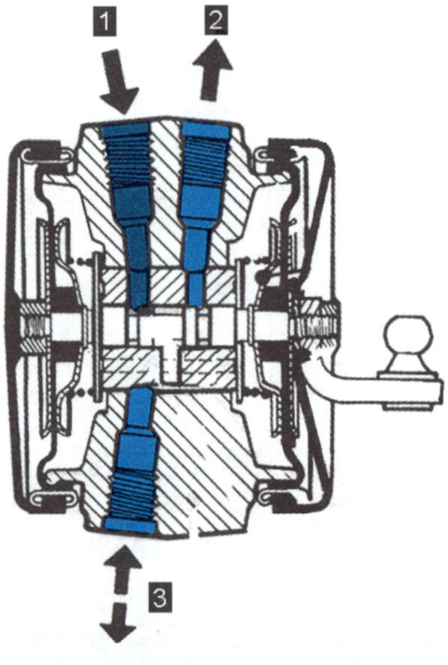

Figure 15.12B • Schéma du correcteur de hauteur.

❶ Arrivée du liquide HP.
❷ Retour au réservoir.
❸ Vers le cylindre de suspension.

■ Qu'entend-on par suspension pilotée ?

La suspension pilotée est un dispositif dont la fonction est de **limiter les mouvements de la caisse** (roulis, tangage, lacets) lors des modifications d'allure ou de trajectoire.

Par exemple, lors d'un virage, la force centrifuge provoque un report de charge sur le côté extérieur au virage, ce qui modifie la tenue de route du véhicule par modification de la géométrie des trains roulants.

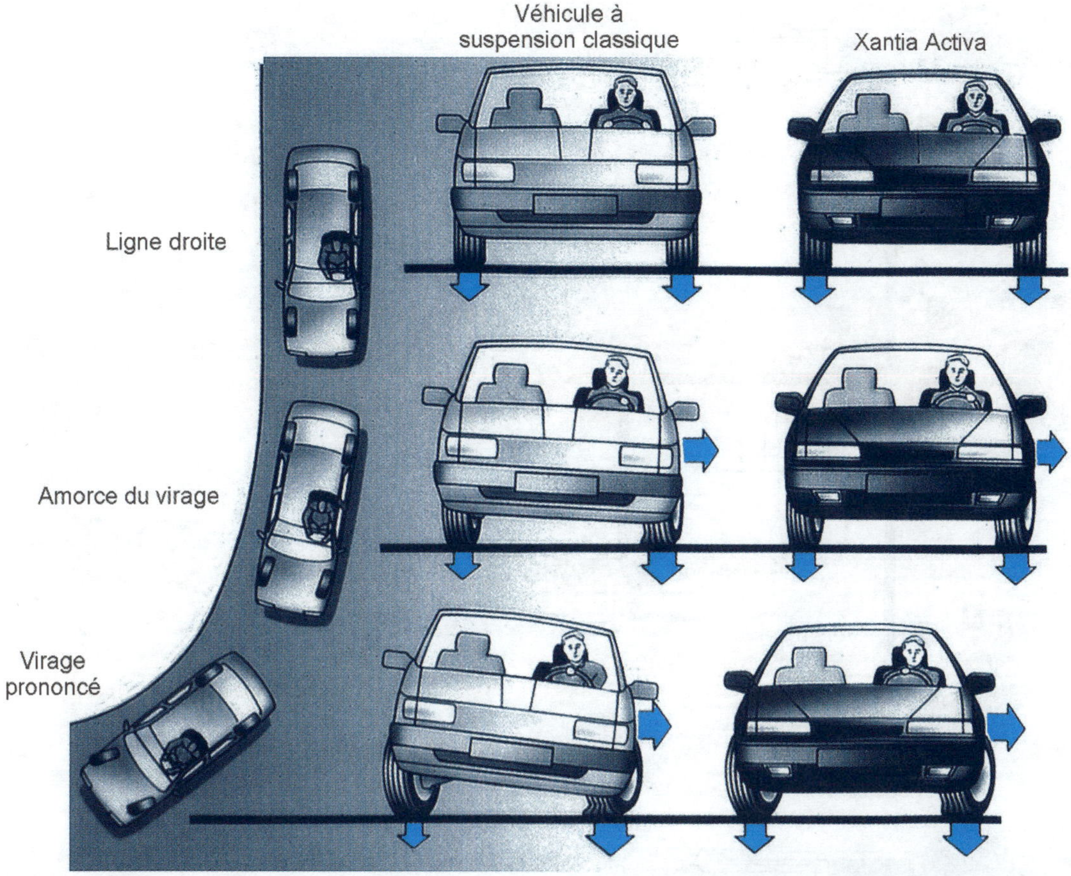

Figure 15.13 • Principe de la suspension pilotée (document Citroën).

■ Quel est le principe de fonctionnement de la suspension hydractive Citroën ?

Le système (voir également figure 15.25) permet d'obtenir deux types de raideurs : ferme ou moelleuse.

• **État moelleux**, ou souple (figure 15.14A). Le calculateur ❽ alimente l'électrovanne ❶, celle-ci ferme le retour au réservoir et ouvre l'alimentation HP vers le régulateur de raideur ❷. La sphère additionnelle ❸ est mise en service. La communication entre les sphères droite et gauche est possible.

• **État ferme** (figure 15.14B). Le calculateur n'alimente plus l'électrovanne. Le régulateur de raideur ferme le circuit de la sphère additionnelle ainsi que la communication entre les deux sphères principales droite et gauche.

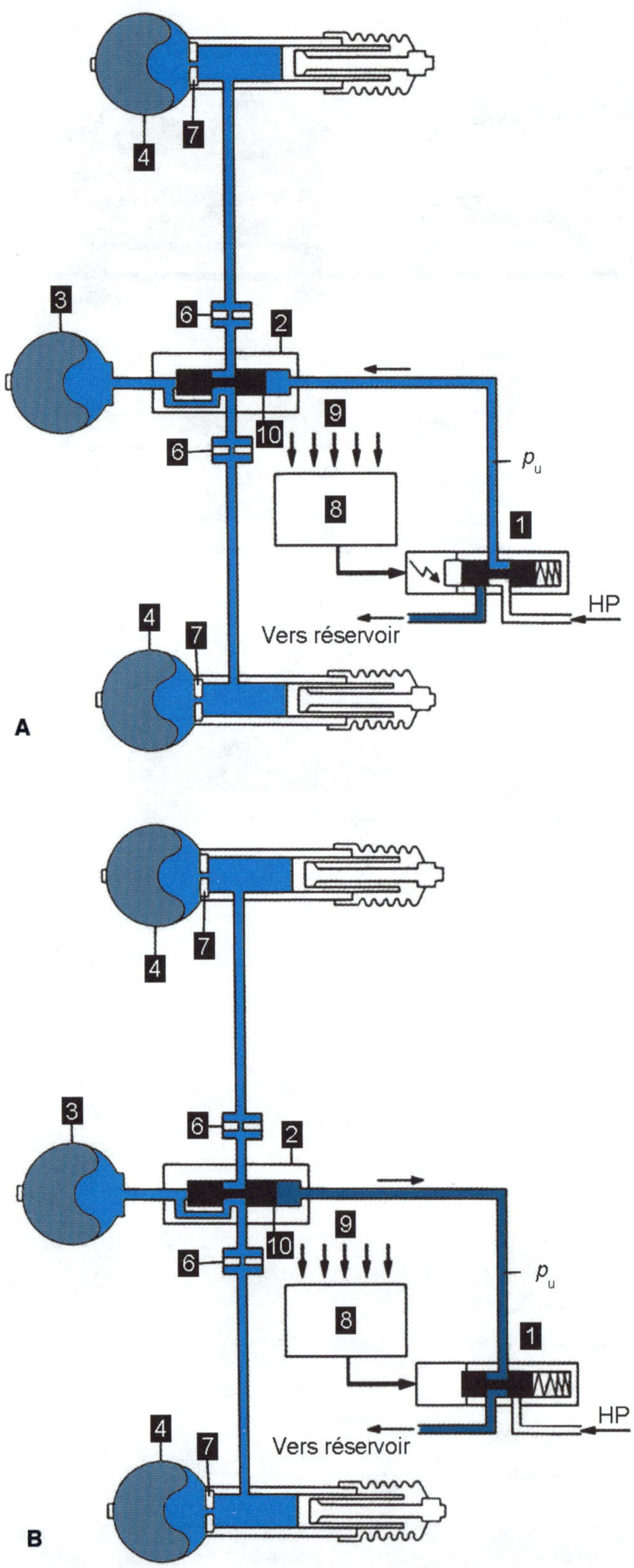

❶ Électrovanne.
❷ Régulateurs de raideur.
❸ Sphères additionnelles.
❹ Sphères de suspension avant.
❺ Sphères de suspension arrière.
❻ Amortisseurs additionnels.
❼ Amortisseurs principaux.
❽ Calculateur.
❾ Paramètres d'entrée.
❿ Tiroirs.
p_u : pression d'utilisation.
HP : haute pression.

Figure 15.14 • Suspension hydractive.
A. Position souple.
B. Position ferme.

Quels sont les facteurs de décision du calculateur ?

Sur route plate, en ligne droite et à vitesse moyenne, la suspension reste en mode moelleux. Le passage automatique en mode ferme est commandé par le calculateur après analyse des paramètres suivants :
- angle et vitesse de rotation du volant ;
- course de la pédale d'accélérateur ;
- vitesse du véhicule ;
- débattements de la caisse ;
- pression de freinage.

Remarque

Le conducteur peut passer manuellement en position ferme ou « sport » et modifier la hauteur de caisse.

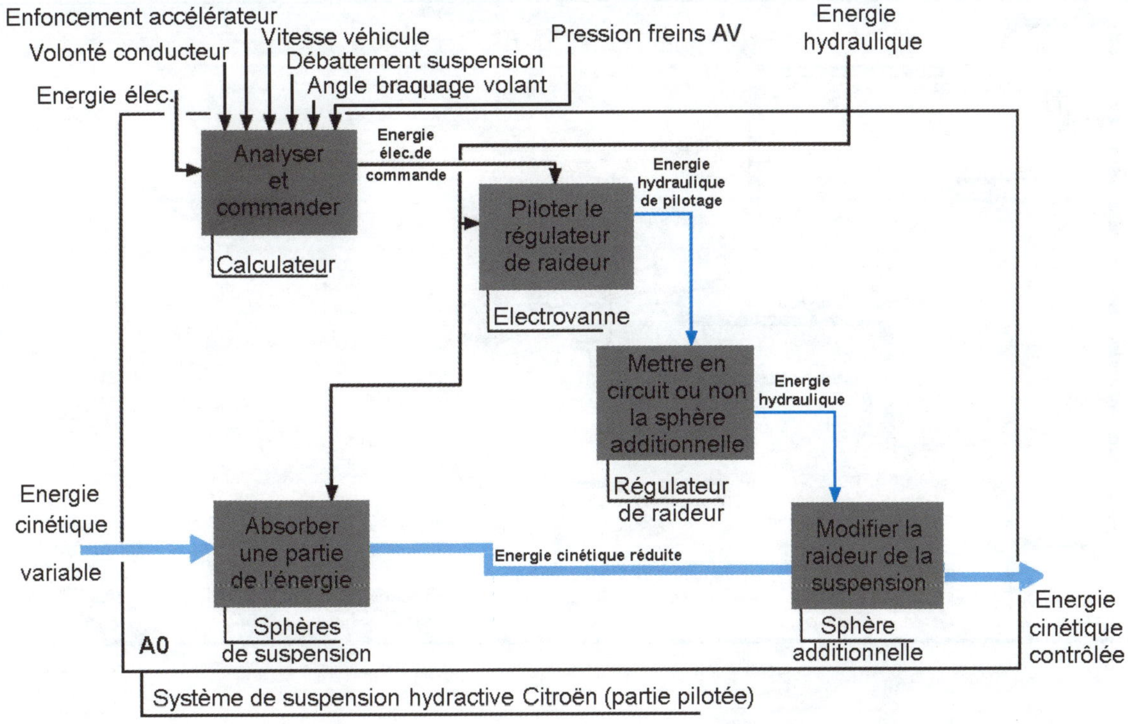

Figure 15.15 • Suspension hydractive. Analyse descendante simplifiée.

Comment la réserve de liquide sous pression est-elle réalisée ?

La mise en réserve d'une certaine quantité de liquide sous pression est nécessaire au fonctionnement des différents circuits hydrauliques du véhicule qui sont :
- le circuit de suspension ;
- le circuit de freinage (➔ Leçon 10) ;
- le circuit de direction assistée (➔ Leçon 16).

3 *La tenue de route*

Le dispositif de réserve de pression comprend différents éléments (figure 15.16).

• Une **pompe volumétrique**, à commande mécanique actionnée par le moteur, aspire le liquide contenu dans le réservoir et le refoule dans un accumulateur.

• Un **accumulateur** est constitué d'une sphère contenant un gaz (azote), séparé du liquide par une membrane (principe de la sphère de suspension), qui peut contenir une certaine quantité de liquide sous pression.

• Un **conjoncteur-disjoncteur** est solidaire de l'accumulateur et maintient dans ce dernier une pression sensiblement constante.

• Une **vanne de répartition** ou vanne de sécurité distribue le liquide vers les différents circuits, avec priorité au freinage en cas de baisse de pression.

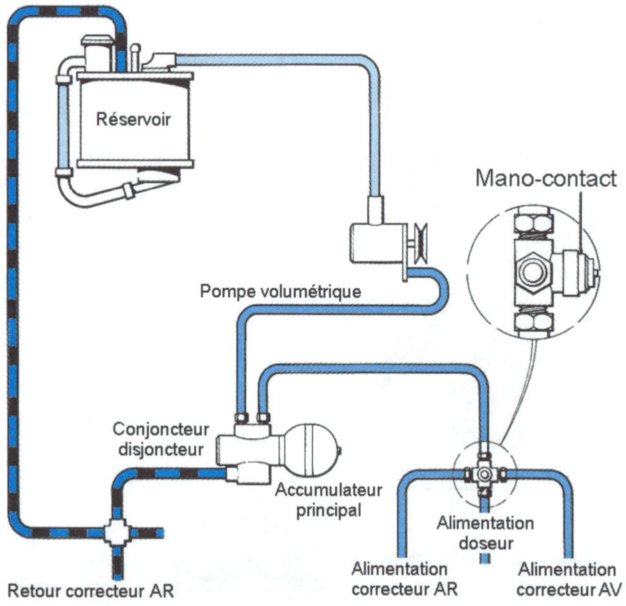

Figure 15.16 • Éléments de la réserve de pression.

■ Quel est le principe de fonctionnement d'une pompe hydraulique à haute pression ?

Les pompes dites « haute pression » Citroën sont de deux types :

– **monopiston** pour véhicules sans direction assistée ;

– **à cinq pistons** pour véhicules ayant un plus grand nombre d'asservissements, avec notamment une direction assistée (figure 15.17).

Elles sont actionnées par le moteur. Dans l'un et l'autre cas, un élément de pompage fonctionne, dans son principe, d'une manière identique.

Figure 15.17 • Pompe à cinq pistons (document Citroën).

• **Aspiration.** Le piston est au PMH (figure 15.18A). Le clapet de refoulement est maintenu fermé par la différence de pression régnant de chaque côté de ses parois. Le piston recule. Le volume de la chambre augmente, la pression diminue, il y a donc dépression (figure 15.18B).

Dès que les orifices d'aspiration sont découverts, le liquide venant du réservoir pénètre dans la chambre par différence de pression (figure 15.18C).

• **Refoulement** (figure 15.18D). Le piston avance, obture les orifices d'aspiration, la pression s'équilibre avec celle du liquide se trouvant de l'autre côté du clapet, ce dernier s'entrouvre : c'est le refoulement.

Comment l'accumulateur conjoncteur-disjoncteur fonctionne-t-il ?

• **Position purge** (figure 15.19). La vis de purge (b) est ouverte. Le moteur en marche, le liquide pénètre dans le conjoncteur-disjoncteur, soulève la bille libérée par l'ouverture de la vis de purge et, après passage dans la chambre D, retourne au réservoir.

• **Accumulation-disjonction** (figure 15.20). La vis de purge est fermée progressivement, la pression croît simultanément dans les chambres A, B et C. La chambre D, en communication avec le réservoir, reste toujours à la pression atmosphérique.

Le tiroir pilote T_1 est soumis à l'action de deux forces opposées $\vec{F_1}$ et $\vec{F}(R_1)$ (figure 15.21) :

• $\vec{F_1}$, engendrée par la pression régnant dans la chambre B, agissant sur la surface S_1 :

$$\boxed{F_1 = pS_1}$$

• $\vec{F}(R_1)$ due à l'action du ressort R_1.

Le tiroir T_2 est également soumis à l'action de deux forces opposées $\vec{F_2}$ et $\vec{F_3}$:

• $\vec{F_2}$, engendrée par la pression en B agissant sur S_2 :

$$\boxed{F_2 = pS_2}$$

• $\vec{F_3}$, somme de deux forces : $\vec{F}(R_2)$ due à l'action du ressort R_2 et $\vec{F'_2}$, due à la pression de la chambre C (identique à celle de B) agissant sur la surface S_2. On a :

$$\boxed{F_2 = pS_2 \quad \text{et} \quad F_3 = F(R_2) + F'_2}$$

Lorsque l'intensité de $\vec{F_1}$ devient supérieure à celle de $\vec{F}(R_1)$, le tiroir pilote T_1 se déplace et met la chambre C en communication avec la chambre D (pression atmosphérique).

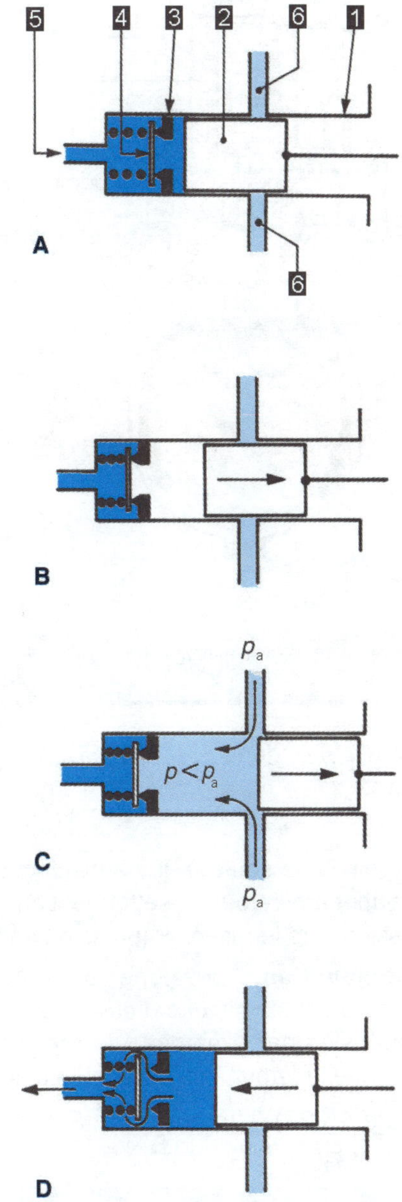

Figure 15.18 • Éléments de pompe HP (document Citroën).
A. Éléments constitutifs.
B, C et D. Principe de fonctionnement.

❶ Corps du cylindre.
❷ Piston.
❸ Siège de clapet.
❹ Clapet de refoulement et anti-retour.
❺ Orifice de refoulement HP.
❻ Orifices d'aspiration.

3

La tenue de route

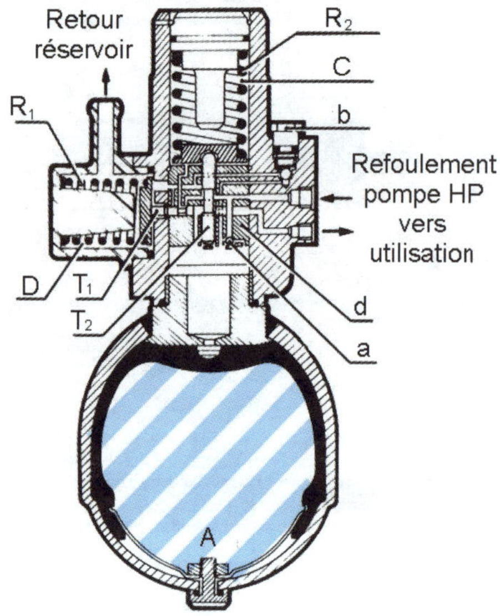

Figure 15.19 • Position purge (document Citroën).

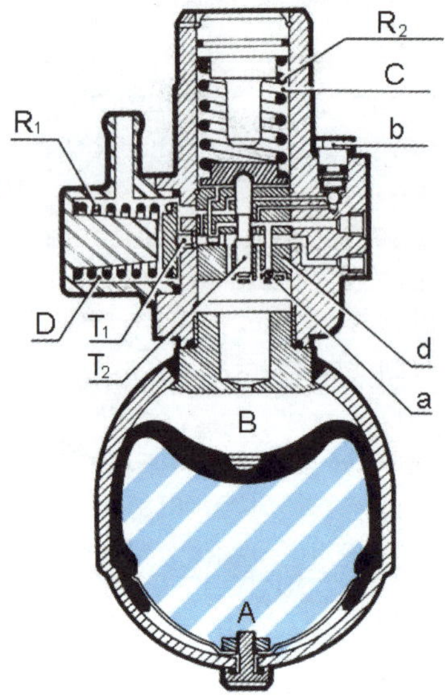

Figure 15.20 • Accumulation-disjonction (document Citroën).

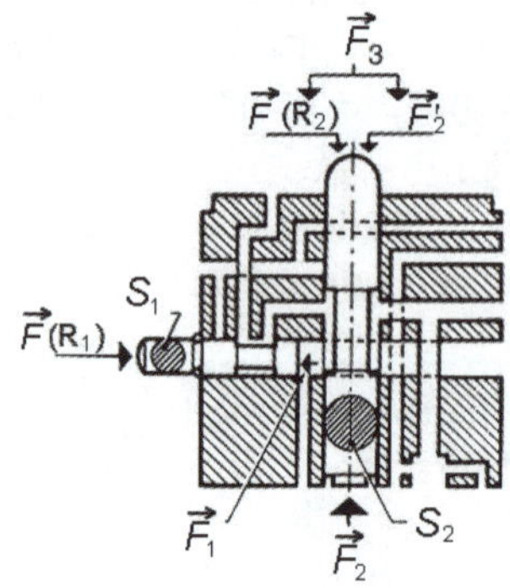

Figure 15.21 • Vue grossie du tiroir de conjonction-disjonction (T_2) et du tiroir pilote (T_1) (document Citroën).

Alors $F'_2 = 0$, donc $F_3 = F(R_2)$. Donc $\vec{F_2}$ devient prépondérante :

$$F_2 > F_3$$

Le tiroir T_2 se soulève, il y a disjonction (figure 15.22). Le clapet anti-retour (a) se ferme. La pompe débite sans pression vers le réservoir (pression en B = 175 bars).

• **Conjonction.** Après une faible consommation de liquide dans les circuits d'utilisation – mouvements de suspension par exemple – la pression en B chute et provoque le retour à sa position initiale du tiroir pilote T_1 (figure 15.23). L'intensité de $\vec{F}(R_1)$ est supérieure à celle de $\vec{F_1}$.

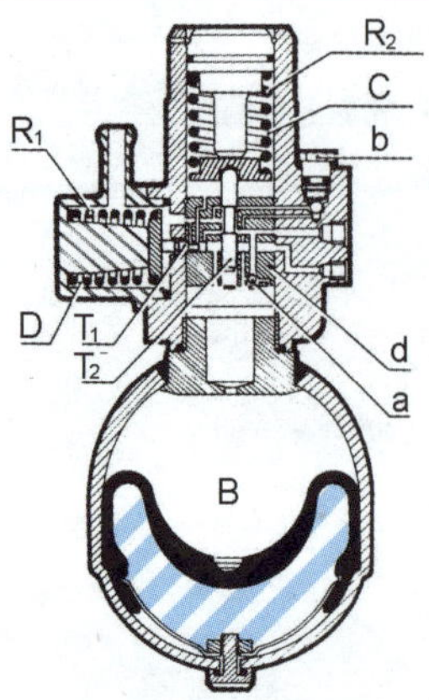

Figure 15.22 • Disjonction (document Citroën).

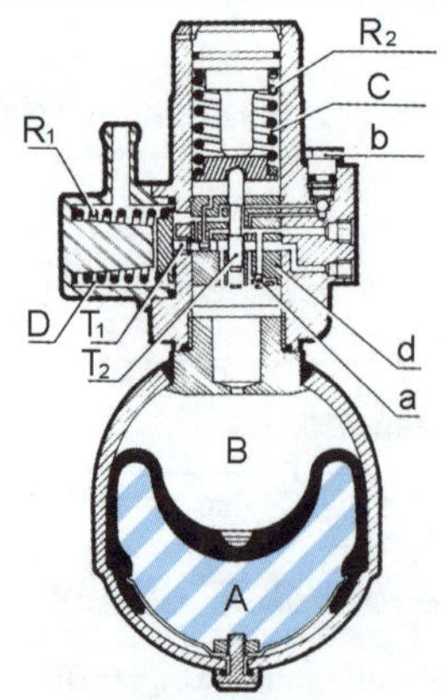

Figure 15.23 • Début de conjonction (document Citroën).

Les chambres C et D sont alors en liaison ainsi que l'alimentation de la pompe (pression atmosphérique). La consommation augmente, la pression en B continue de chuter. Dès que $F_2 < F(R_2)$, le tiroir T_2 revient à sa position initiale. En se refermant, T_2 isole le circuit de la pompe de la chambre D. La pression monte alors brusquement en C grâce à la liaison avec la pompe et pousse brutalement T_2 (figure 15.24) :

- $F_2 < F(R_2) + pS_2$;
- $F_2 < F_3$.

Il y a conjonction (pression de conjonction 140 bars). Le clapet anti-retour s'ouvre.

La pression monte à nouveau dans les chambres A, B et C, jusqu'à ce qu'elle atteigne la pression de disjonction.

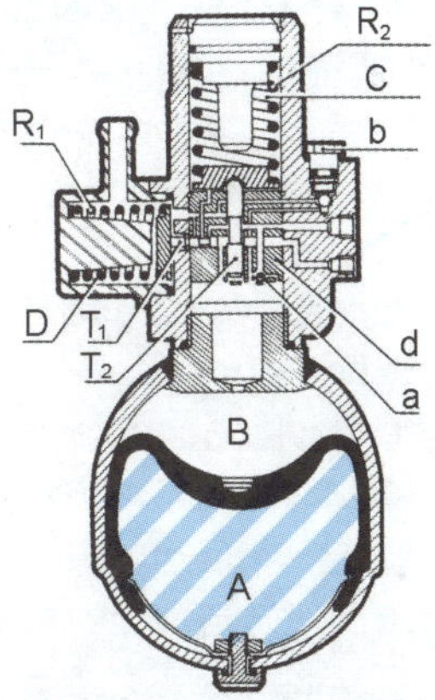

Figure 15.24 • Fin de conjonction (document Citroën).

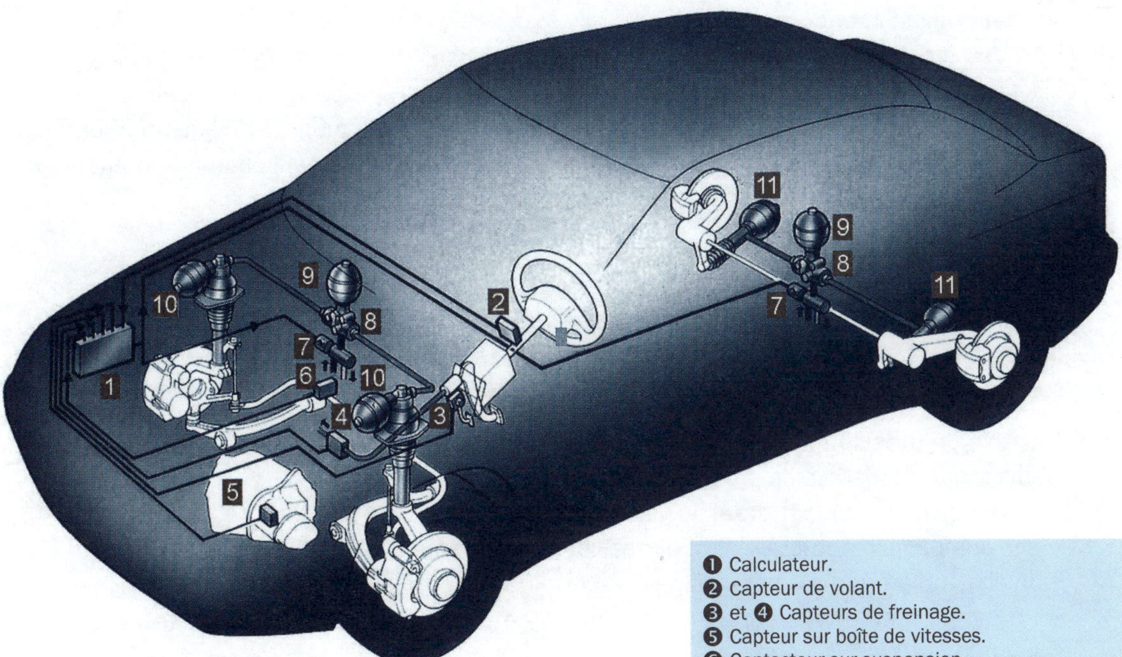

❶ Calculateur.
❷ Capteur de volant.
❸ et ❹ Capteurs de freinage.
❺ Capteur sur boîte de vitesses.
❻ Contacteur sur suspension.
❼ Électrovannes.
❽ Régulateurs de raideur.
❾ Sphères additionnelles.
❿ Sphères de suspension avant.
⓫ Sphères de suspension arrière.

Figure 15.25 • Véhicule Citroën avec suspension hydractive (document Citroën).

Mémo

- **Qualités de la suspension hydropneumatique**

Elle permet :
- une suspension à raideur variable en fonction de la charge ;
- une hauteur caisse-sol constante quelle que soit la charge ;
- une modification de la hauteur au gré du conducteur pour :
  - le passage d'obstacles,
  - le remplacement d'une roue sans effort.

- **Réalisation**

Le dispositif comprend :
- quatre cylindres de suspension munis de sphères dont les pressions de tarage varient en fonction de la charge supportée par chaque essieu ;
- quatre amortisseurs incorporés dans les sphères ;
- deux correcteurs de hauteur dont les tiroirs hydrauliques sont commandés :
  - automatiquement, par une liaison avec les barres antiroulis,
  - manuellement, par un levier mécanique placé dans l'habitacle.

- **Hauteur caisse/sol constante**

Lors des modifications durables de hauteur de caisse, la barre antiroulis, en pivotant sur elle-même, entraîne le tiroir du correcteur de hauteur vers la position admission ou retour au réservoir. Cela a pour effet d'augmenter ou de diminuer la quantité de liquide interposée entre la tête du piston et la membrane de la sphère de suspension. Lorsque la hauteur correcte est rétablie, le tiroir du correcteur est ramené dans sa position neutre.

- **Suspension pilotée ou hydractive**

La raideur de la suspension peut être modifiée par interposition ou non, dans le circuit de suspension de chaque essieu, d'une sphère additionnelle. L'état « ferme » supprime l'action de cette troisième sphère en fonction de divers paramètres. L'état « mœlleux » rétablit son action.

- **Réserve de pression**

Le dispositif de réserve de pression comprend :
- un réservoir de fluide hydraulique ;
- une pompe volumétrique à haute pression commandée par le moteur ;
- un accumulateur qui emmagasine une certaine quantité de liquide sous pression ;
- un conjoncteur-disjoncteur qui maintient cette pression dans une plage de valeurs constante (140 à 175 bars) ;
- une vanne de répartition ou vanne de sécurité qui distribue le liquide aux différents circuits ; en cas de chute de pression, elle donne priorité au circuit de freinage.

Testez vos connaissances

1. Citez 2 types de ressorts à raideur variable :

- ☐ **a.** ressorts à lames
- ☐ **b.** ressorts à gaz
- ☐ **c.** barres de torsion
- ☐ **d.** ressort double

2. Dans une suspension hydropneumatique, l'élément élastique est :

- ☐ **a.** la membrane
- ☐ **b.** le liquide
- ☐ **c.** le gaz

3. Si l'on charge le véhicule, la hauteur de caisse :

- ☐ **a.** diminue
- ☐ **b.** augmente
- ☐ **c.** reste constante

4. Dans la suspension hydractive, la sphère additionnelle est mise en service par :

- ☐ **a.** le régulateur de raideur
- ☐ **b.** l'électrovanne
- ☐ **c.** le calculateur

Pour aller plus loin

1. *Relevez les caractéristiques de la suspension et de la réserve de pression sur un véhicule Citroën à suspension hydropneumatique.*

2. *Recherchez, sur ce type de véhicule, les conséquences :*
- *du vieillissement des sphères de suspension ;*
- *de l'usure des cylindres de suspension ;*
- *de la perte de pression initiale d'azote de l'accumulateur.*

3. *Recherchez les caractéristiques et particularités du liquide employé dans ce circuit hydraulique de suspension.*

Maintenance

Sur le plan pratique, il est nécessaire d'étudier la fiche de niveau 2 suivante du manuel de *Maintenance automobile : le savoir-faire* :

- Fiche n° 49 - Remplacer les sphères de suspension.

16
La direction

Pour quelles raisons l'orientation des roues avant est-elle nécessaire ?

Lorsqu'un véhicule roule, sa direction doit être modifiée en fonction (figure 16.1) :
- du tracé de la route (virages) ;
- des irrégularités du sol (réactions) ;
- de l'influence du vent latéral (dérive) ;
- des manœuvres à effectuer.

Comment les roues sont-elles rendues orientables ?

Chaque extrémité de l'essieu ou des deux demi-essieux avant comporte un axe, qui permet le pivotement du **porte-fusée** (figure 16.2). C'est l'axe de pivot. La position géométrique de cet axe est très importante (➔ Leçon 17).

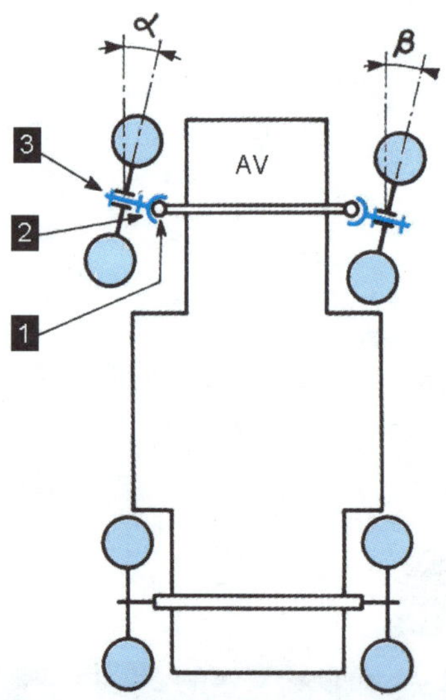

Figure 16.1 • Orientation des roues AV.

❶ Axe du pivot.
❷ Porte-fusée.
❸ Fusée.
α et β : angles de braquage des roues AV.

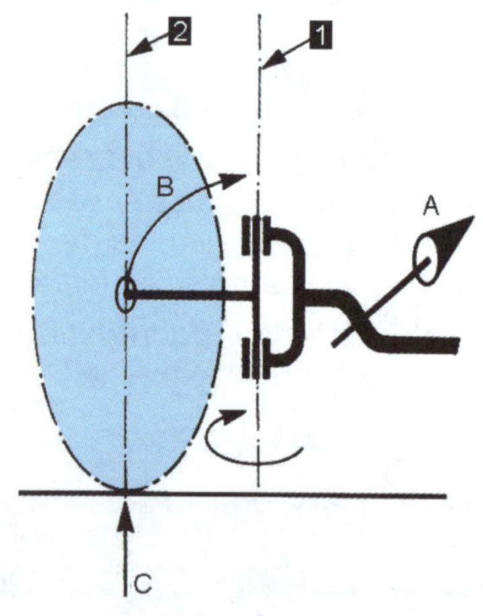

Figure 16.2 • Pivotement d'une roue.

❶ Axe de pivot.
❷ Plan moyen de la roue.
A. Avancement du véhicule.
B. Braquage à droite.
C. Action du sol sur la roue.

Quelles sont les solutions techniques permettant de réaliser le pivot ?

Nous avons déjà distingué deux grandes familles de trains roulants :
- à essieu rigide ;
- à roues indépendantes.

• **Essieu rigide** (figure 16.3). Le pivot est réalisé par une **chape**, ouverte ou fermée. Un axe en acier est fixé dans un des éléments de la chape et pivote dans l'autre.

Le **frottement minimal** est obtenu par :
- l'interposition de bagues en bronze ;
- un graissage ;
- l'utilisation de roulements et butées.

• **Roues indépendantes** (figure 16.4). L'articulation doit permettre :
- le mouvement de direction (axe vertical) ;
- le mouvement de suspension (axe horizontal).

Des rotules, interposées entre les bras de suspension et le porte-fusée permettent de réaliser l'articulation suivant deux axes (figure 16.5). L'axe de pivotement est matérialisé par une ligne passant par le centre des deux rotules.

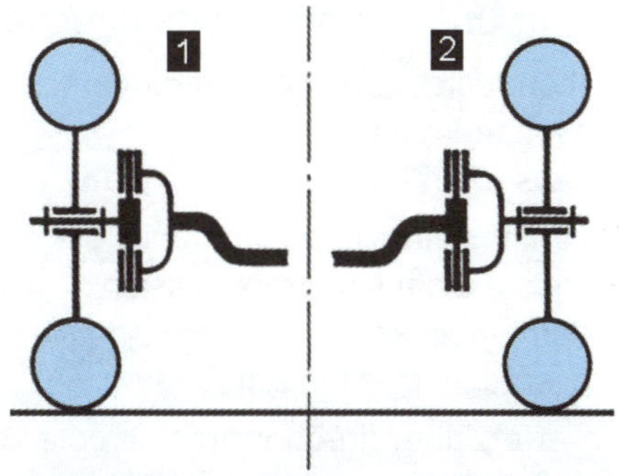

Figure 16.3 • Pivot pour essieux rigides.

❶ Pivot à chape ouverte.
❷ Pivot à chape fermée.

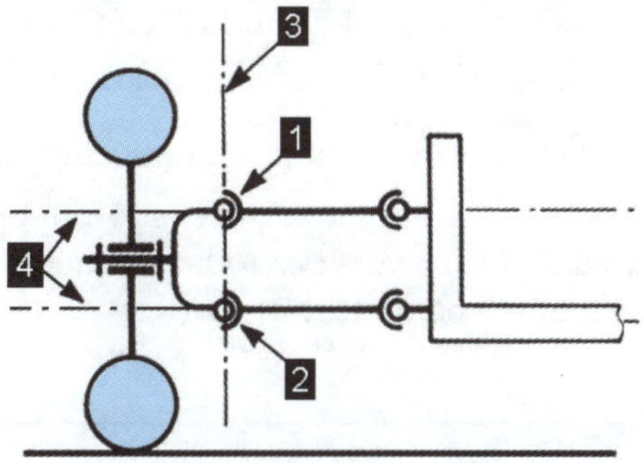

Figure 16.4 • Pivot pour train à roues indépendantes. Rotule de direction-suspension.

❶ Rotule supérieure.
❷ Rotule inférieure.
❸ Axe de pivotement.
❹ Axes des mouvements de suspension.

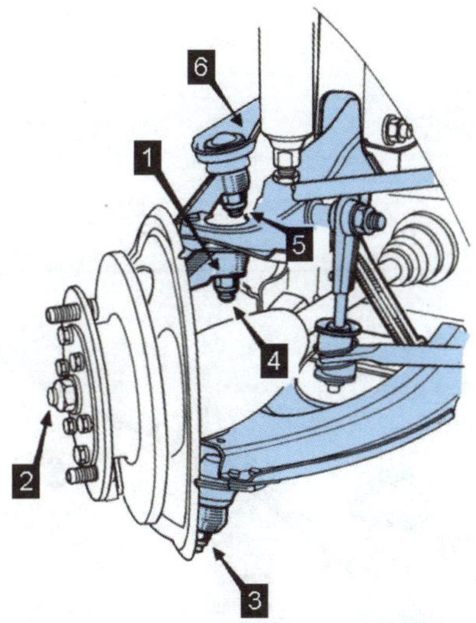

Figure 16.5 • Éléments de direction d'un train à roues indépendantes (document Renault).

❶ Porte-fusée.
❷ Fusée. Rotules de direction et de suspension.
❸ Rotule inférieure.
❹ Rotule supérieure.
❺ Rotule de commande de direction.
❻ Biellette de direction.

Figure 16.6 • Demi-train avant à roues indépendantes (document Citroën).

■ Comment la commande des pivots est-elle réalisée ?

La commande de rotation est possible grâce à un bras, solidaire du porte-fusée, qui peut être positionné :
- en avant ou en arrière de l'axe des fusées ;
- au-dessus ou au-dessous de celui-ci.

3

La tenue de route

Quelles sont les conditions à remplir par une commande de direction ?

Le conducteur doit pouvoir diriger les roues avant :
- avec précision ;
- sans effort exagéré.

Ce qui implique une commande :
- sans jeu dans sa transmission ;
- démultipliée ;
- éventuellement assistée.

En effet, une direction trop directe (peu démultipliée) présente plusieurs inconvénients :
- au moindre mouvement du volant, le véhicule fait un écart de trajectoire important ;
- le **couple résistant** au pivotement des roues, important dans les manœuvres de stationnement, demande un **effort** exagéré de la part du conducteur ;
- les **chocs** reçus par les roues sont **répercutés** au volant, lequel risque d'échapper au contrôle du conducteur.

Comment réaliser ces conditions ?

Nous comprenons la nécessité d'interposer entre le volant et les pivots des roues un mécanisme démultiplicateur qui permette :

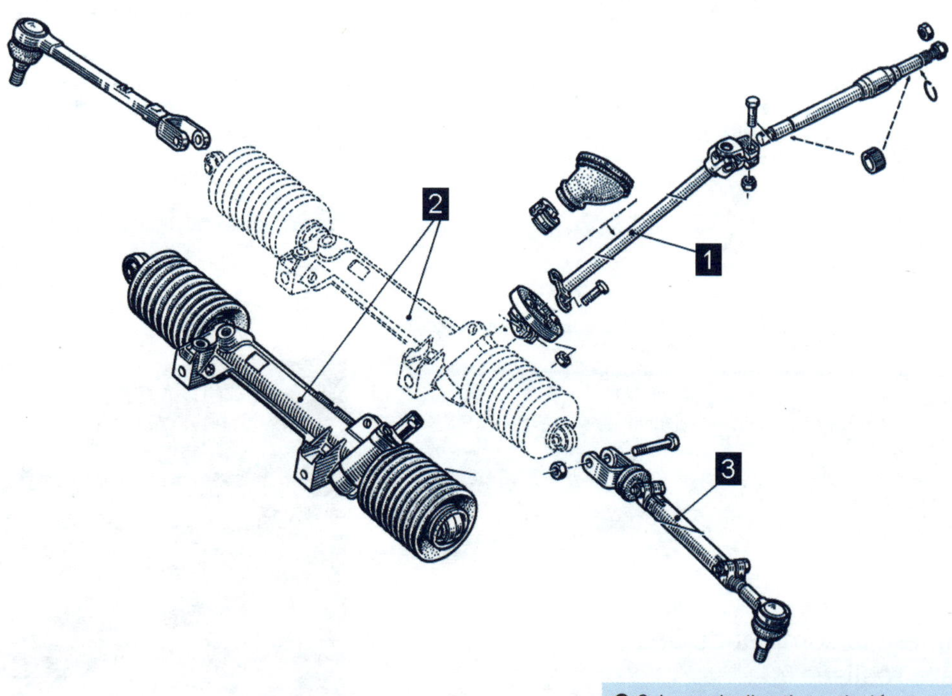

❶ Colonne de direction articulée.
❷ Crémaillère de direction.
❸ Biellette de direction à manchon réglable.

Figure 16.7 • Éléments de la direction à crémaillère.

– de donner plus de précision à la direction ;
– de diminuer le couple à appliquer au volant de direction en augmentant le nombre de tours de volant pour un braquage donné ;
– de **limiter la réversibilité** (entraînement en rotation du volant par les mouvements des roues).

Quelle devra être la valeur du rapport de multiplication du couple de l'engrenage de direction ?

Exemple

Prenons le cas d'un train avant dont l'adhérence des deux roues produit un couple résistant de 32 daN·m. (figure 16.8). Si l'on désire que le couple appliqué au volant par le conducteur ne dépasse pas 2 daN·m, il faut réaliser un mécanisme dont le rapport de couple *R* soit :

$$R = \frac{\text{couple aux roues}}{\text{couple au volant}} = \frac{32}{2} = \frac{16}{1}$$

Le rapport de démultiplication roue/volant devra donc être de 1/16.

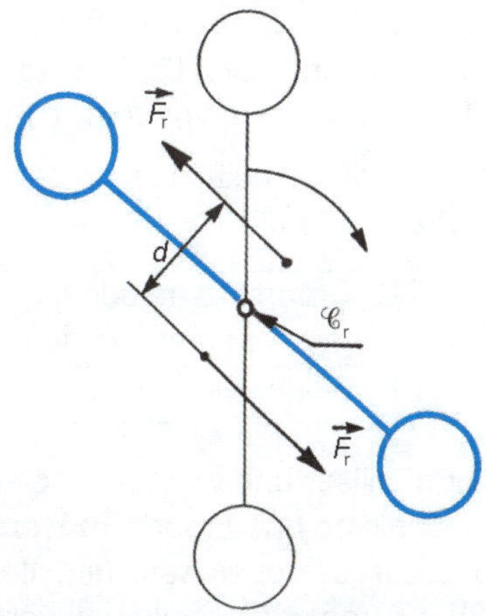

Figure 16.8 • Couple résistant à l'axe de pivot : $\mathscr{C}_r = F_r d$

$\vec{F}_r$: forces résistantes.
d : distance entre les deux forces.

Cela nous fait comprendre la nécessité d'effectuer plusieurs tours de volant pour un angle de pivotement des roues faible. Dans l'exemple choisi : à partir de la ligne droite, il faut 2 tours de volant pour braquer les roues de 45° (en supposant la timonerie directe).

L'intensité de la force fournie par le conducteur est égale à (figure 16.9) :

$$F = \frac{\mathscr{C}}{D}$$

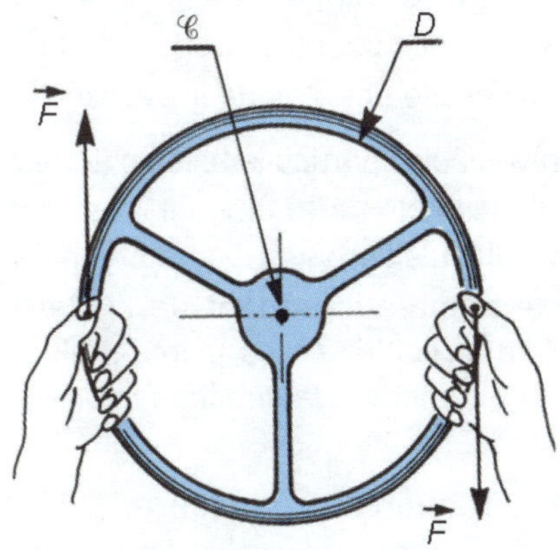

Figure 16.9 • Couple à l'axe du volant : $\mathscr{C} = FD$

$\vec{F}$: force donnée par le conducteur.
D : diamètre du volant.

Si l'on veut diminuer l'effort à fournir par le conducteur, il est possible, pour un couple donné :
– d'**augmenter le diamètre** du volant (*D*),
– de **diminuer l'intensité** de la force (*F*) en utilisant un dispositif d'assistance.

Par quels types de mécanismes réalise-t-on cette démultiplication ?

Il existe deux types de mécanismes :
– boîtier de direction (figure 16.11) ;
– crémaillère (figures 16.7 et 16.12).

Boîtier de direction.

Son entrée est directement reliée à la colonne de direction. La démultiplication est réalisée par un engrenage qui peut être (figure 16.10) :
– à vis et roue tangente ;
– à vis et secteur (figure 16.11) ;
– à vis globique et galet ;
– à vis et écrou.

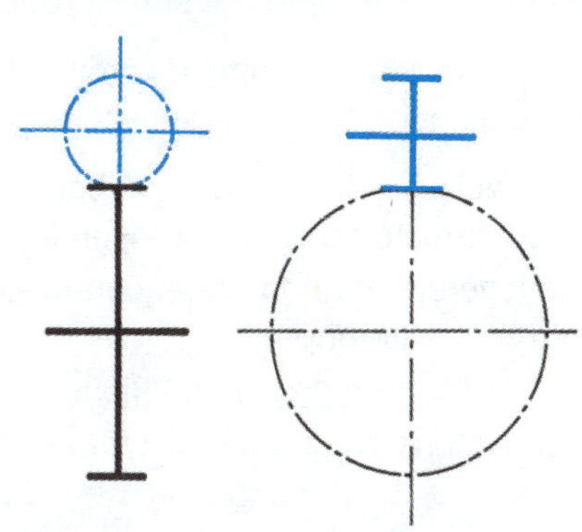

Figure 16.10 • Engrenage du boîtier de direction : type d'engrenage à roue et vis sans fin.

Dans tous les cas, le mécanisme réalise un **renvoi d'angle** : l'axe d'entrée du boîtier est longitudinal (colonne de direction), l'axe de sortie transversal (bielle pendante), comme on peut le voir sur la figure 16.11.

Le rapport de démultiplication est calculé en effectuant le quotient :

$$\frac{\text{nombre de dents qu'aurait une roue complète de même rayon}}{\text{nombre de filets de la vis}}$$

Le fait d'utiliser une vis comme élément d'entrée donne au mécanisme une **grande irréversibilité** ; les réactions reçues par les roues sont difficilement transmises au volant. La transmission du mouvement jusqu'aux pivots est réalisée par un ensemble de biellettes qui constituent la **timonerie**.

Le boîtier de direction est un mécanisme **robuste** qui permet une **multiplication importante du couple**. Pour ces raisons, il est couramment utilisé en poids lourds où la charge supportée par l'essieu directeur :
- produit un couple important aux pivots ;
- nécessite une grande irréversibilité.

En véhicules particuliers, le boîtier est moins utilisé car :
- l'ensemble de la timonerie est difficile à placer dans un véhicule surbaissé, notamment en tout à l'avant ;
- le nombre important de biellettes et articulations entre le boîtier et les pivots multiplient, à l'usure, les jeux qui rendent la direction imprécise.

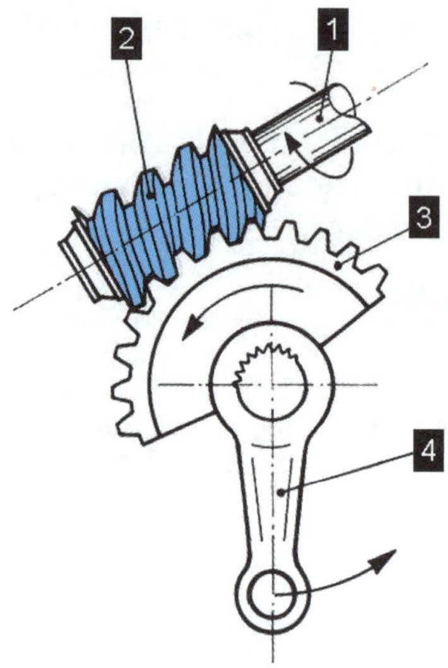

Figure 16.11 • Boîtier de direction à vis et secteur.

❶ Colonne de direction.
❷ Vis sans fin.
❸ Secteur de roue dentée.
❹ Bielle pendante.

■ Direction à crémaillère.

Le mouvement de rotation du volant est transmis à un pignon qui entraîne une crémaillère dans un déplacement latéral (figure 16.12). Le rapport de démultiplication est déterminé par le diamètre du pignon. Son fonctionnement est réversible : il est possible d'entraîner le volant en agissant sur les roues (inconvénient).

De chaque côté, la sortie de crémaillère est directement reliée au porte-fusée par une seule biellette.

La direction à crémaillère est couramment montée par les constructeurs car elle présente pour avantages :
- la légèreté et un **faible encombrement** de l'ensemble crémaillère-timonerie ;
- une réduction des articulations et des jeux ;
- une bonne adaptation aux roues indépendantes.

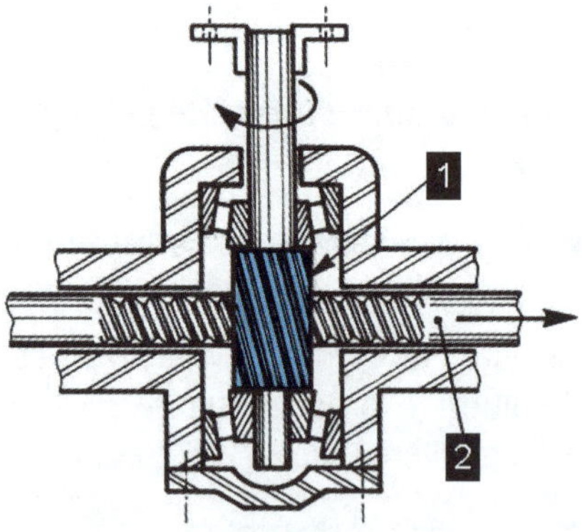

Figure 16.12 • Crémaillère de direction.

❶ Pignon.
❷ Crémaillère.

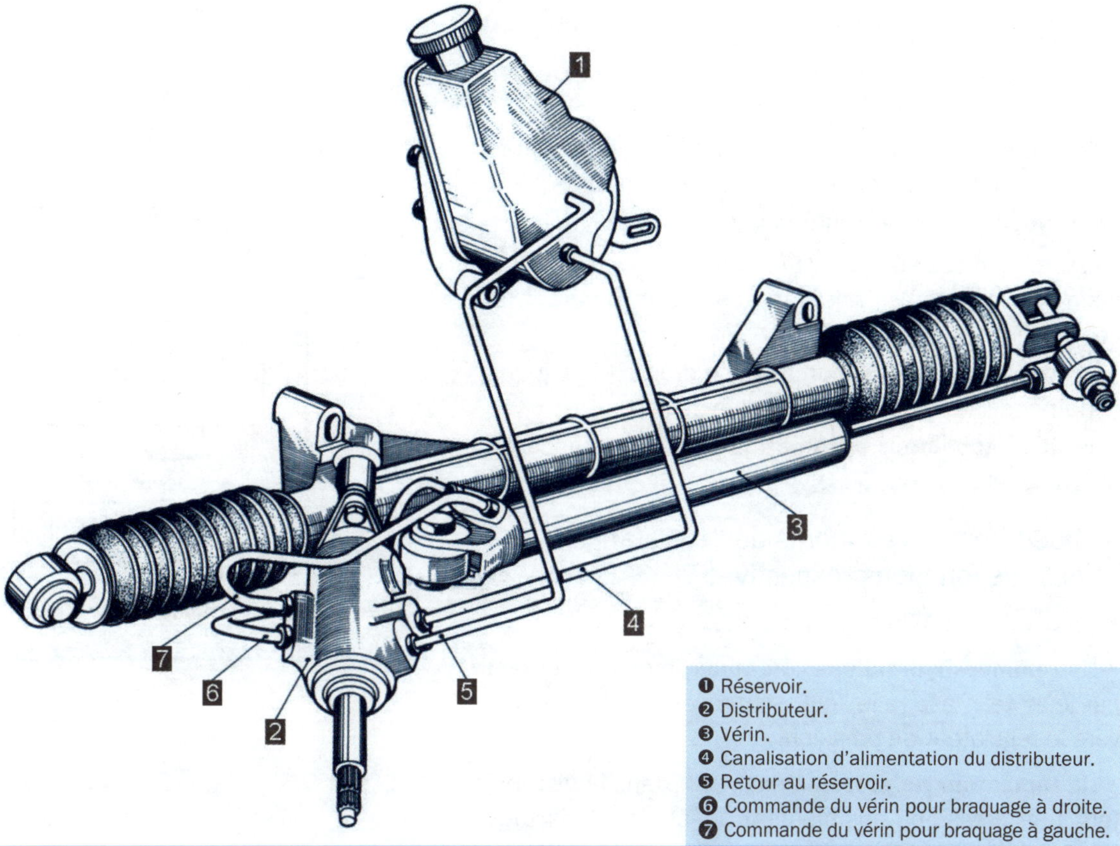

❶ Réservoir.
❷ Distributeur.
❸ Vérin.
❹ Canalisation d'alimentation du distributeur.
❺ Retour au réservoir.
❻ Commande du vérin pour braquage à droite.
❼ Commande du vérin pour braquage à gauche.

Figure 16.13 • Direction à crémaillère assistée hydrauliquement (document Renault).

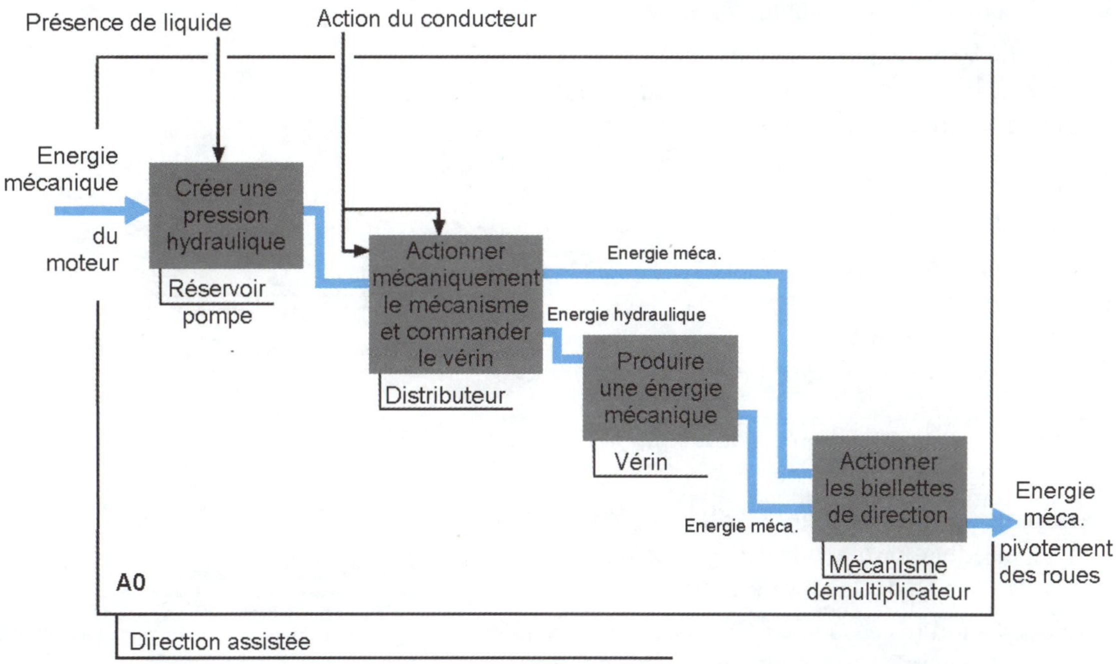

Figure 16.14 • Analyse systémique descendante des systèmes de direction assistée.

3

La tenue de route

Assistance de la direction.

Une assistance est nécessaire lorsque :

– l'importance du couple résistant aux roues nécessiterait une trop grande démultiplication ;

– la réversibilité de la direction (à crémaillère) risquerait de répercuter au volant des chocs trop importants ;

– on veut améliorer le confort de conduite.

Le système d'assistance agit en parallèle avec le mécanisme de direction. Dans son action sur le volant, le conducteur réalise :

– le **contrôle** de la direction en ligne droite grâce à une certaine résistance à la rotation du volant ;

– le **déclenchement automatique** de l'assistance au braquage et son contrôle.

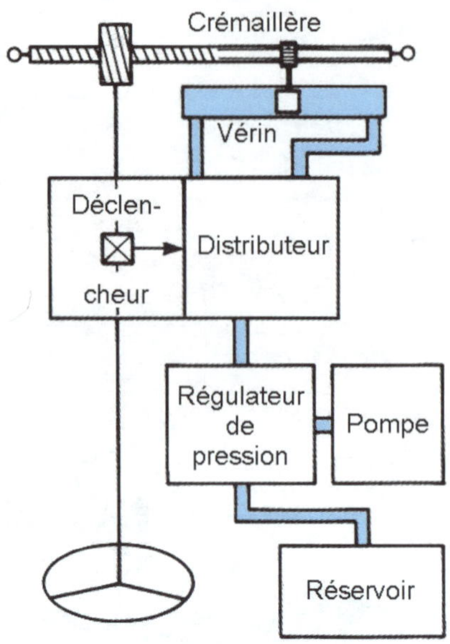

Figure 16.15 • Circuit hydraulique de direction assistée.

Quels sont les éléments de l'assistance et leurs fonctions respectives ?

• Un **réservoir** de fluide hydraulique.

• Une **pompe hydraulique**, entraînée mécaniquement par le moteur, aspire le liquide du réservoir et le refoule vers le régulateur de pression.

• Un **régulateur de pression** maintient dans le distributeur une pression sensiblement constante dans tous les cas de fonctionnement.

• Un **distributeur hydraulique**, commandé mécaniquement par le volant, dirige la pression hydraulique vers le circuit correspondant au braquage effectué.

• Un **vérin hydraulique** à double effet transforme la pression hydraulique reçue du distributeur en une force capable d'actionner le mécanisme de direction.

Quel est le principe de fonctionnement du vérin de direction ?

Le vérin, incorporé à la crémaillère ou placé en parallèle, se compose :

– d'un corps ou cylindre ;

– d'un piston séparant le cylindre en deux chambres (A et B) ;

– de deux canalisations (une par chambre) assurant l'arrivée ou le retour du liquide.

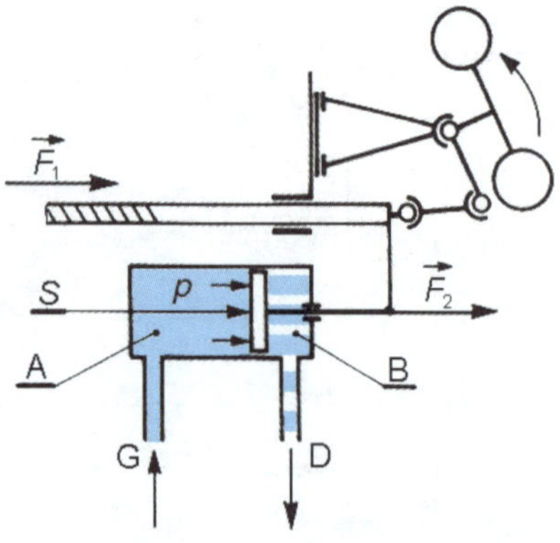

Figure 16.16 • Braquage à gauche.

Chambre A. Admission du liquide sous pression. Chambre B. Échappement (retour au réservoir). Déplacement de la crémaillère vers la droite grâce à $\vec{F_1}$, force transmise par le conducteur, et $\vec{F_2}$, force du piston du vérin : $F_2 = pS$.

• **Braquage à gauche** (figure 16.16). Le conducteur commence à faire pivoter son volant vers la gauche. La crémaillère doit se déplacer vers la droite.

Le début d'effort nécessaire à cette action déclenche le distributeur qui dirige le liquide sous pression dans la chambre A et permet le retour au réservoir du liquide se trouvant dans la chambre B. La pression dans la chambre A agit sur la surface utile du piston qui se déplace grâce à une force ($F_2 = p\,S$).

Cette force est transmise à la crémaillère par une liaison mécanique.

• **Braquage à droite** (figure 16.17). L'action du conducteur sur le volant déclenche le distributeur qui met en communication la chambre B avec le liquide sous pression et la chambre A en retour au réservoir.

Le vérin se déplace en sens inverse.

Remarque

La force du vérin est calculée pour que le conducteur conserve une partie de l'effort à fournir pour braquer et ainsi contrôler le braquage.

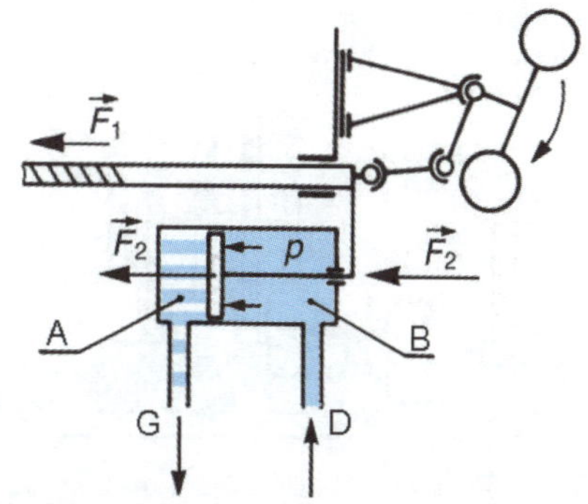

Figure 16.17 • Braquage à droite.

Chambre A. Échappement.
Chambre B. Admission du liquide sous pression.
Déplacement de la crémaillère vers la gauche grâce à $\vec{F_1}$ et $\vec{F_2}$.

■ Quel est le principe de fonctionnement du distributeur ?

Le distributeur comprend un ou plusieurs tiroirs hydrauliques commandés mécaniquement par l'action du conducteur sur le volant.

Dans la figure 16.18, nous voyons que le tiroir ❷ tourne avec la colonne de direction. Il peut coulisser dans le cylindre ❶ grâce au montage sur rampe hélicoïdale ❺.

• **Ligne droite.** Lorsque le volant n'est pas sollicité, le liquide sous pression est dirigé vers les orifices de retour au réservoir et également sur chaque face du piston. Les pressions étant égales sur chaque face du piston ; il n'y a aucune assistance.

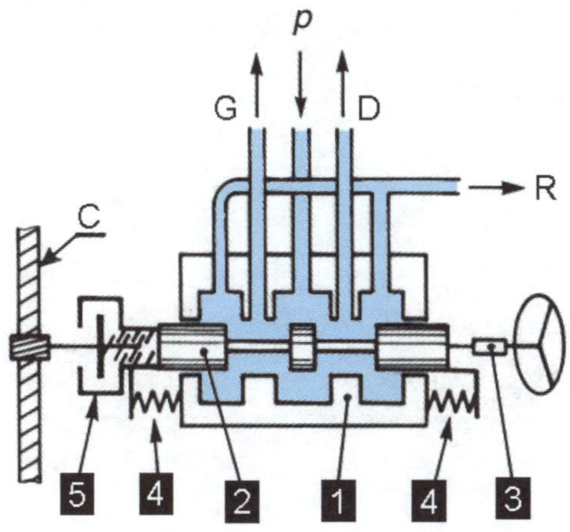

❶ Cylindre.
❷ Tiroir.
❸ Liaison glissière.
❹ Ressorts de rappel en position de repos.
❺ Rampe hélicoïdale avec butées.
C. Crémaillère.
G. Canalisation alimentant la chambre A pour braquage à gauche.
D. Canalisation alimentant la chambre B pour braquage à droite.
R. Retour au réservoir.
p. Pression de la pompe.

Figure 16.18 • Principe de fonctionnement du distributeur. Position ligne droite.

3

La tenue de route

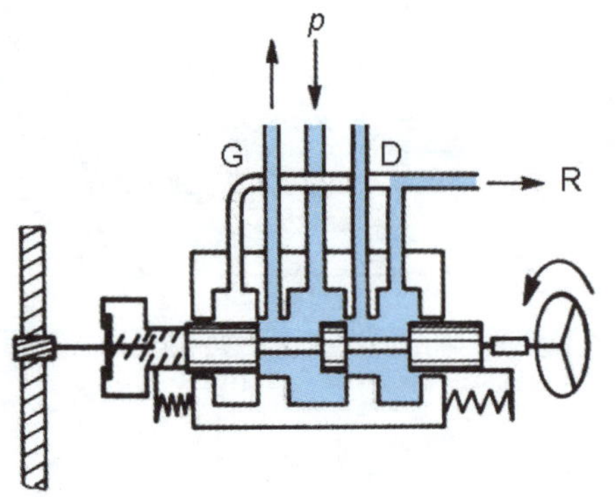

Figure 16.19 • Braquage à gauche : le tiroir ❷ recule ; le retour de **G** est obturé, l'alimentation de **D** est supprimée ; le vérin se déplace par différence de pression vers la droite.

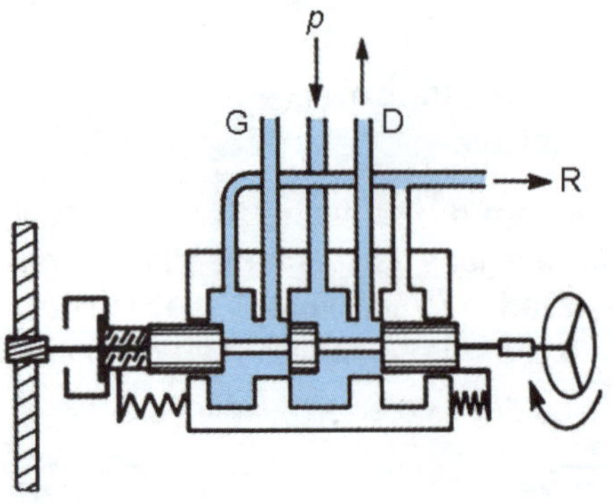

Figure 16.20 • Braquage à droite : le tiroir ❷ s'avance. Retour de **D** obturé, alimentation de **G** supprimée. Le vérin se déplace vers la gauche.

• **Braquage à gauche** (figure 16.19). Par l'intermédiaire de ❺, la rotation du volant et la résistance du pignon de crémaillère provoque le déplacement axial du tiroir ❷ vers la droite. La communication s'établit entre la réserve de pression et la chambre A du vérin et entre la chambre B et le réservoir.

Le conducteur cesse la rotation du volant – virage prolongé – et l'assistance rentre en action. En effet, le vérin continue sa course, ce qui provoque une rotation du pignon de crémaillère par rapport au tiroir ❷ immobile en rotation.

Par l'intermédiaire de ❺, le tiroir revient en position neutre : il y a arrêt de l'assistance.

Le contrôle de l'assistance de direction s'effectue donc automatiquement par **action du volant** et **réaction de la crémaillère**. Les mêmes phénomènes se produisent lors du braquage dans le sens opposé (figure 16.20).

• **Principe de mise en pression du liquide.** Dans le cas des véhicules Citroën, une réserve de pression, commune à tous les asservissements, dirige du liquide sous pression vers la direction assistée (➔ Leçon 15).

Dans les autres types de véhicules, on utilise un dispositif similaire qui comporte :
- un réservoir de liquide ;
- une pompe à pistons ou à palettes ;
- un clapet régulateur de pression.

Remarque

Les constructeurs peuvent résoudre les problèmes de déclenchement et de contrôle de l'assistance de manières différentes, mais le principe que nous avons étudié en reste la base.

Des perfectionnements peuvent être apportés comme :
- le **rappel asservi** : le rappel du volant en ligne droite est assisté ;
- le **durcissement** de la direction **proportionnel** à la vitesse du véhicule.

Mémo

- **Pivotement des roues**

  Le pivotement des roues est assuré par des articulations placées à chaque extrémité de l'essieu ou des deux demi-essieux avant.

  L'orientation des porte-fusées s'effectue par rapport à une ligne appelée axe de pivot.

- **Démultiplication de la direction**

  La démultiplication nécessaire est réalisée par un mécanisme, boîtier ou crémaillère, composé essentiellement d'un engrenage à renvoi d'angle. Le rapport de couple de l'engrenage est calculé en fonction du quotient :

$$\frac{\text{couple résistant au pivotement}}{\text{couple communiqué au volant par le conducteur}}$$

- **Transmission du mouvement**

  Le pignon d'entrée du boîtier ou de la crémaillère est en liaison avec le volant de direction. L'élément de sortie commande les pivots par l'intermédiaire d'une timonerie composée d'un certain nombre de biellettes articulées. Un bras solidaire du porte-fusée permet la commande de ce dernier par la timonerie.

- **Boîtier de direction**

  Le boîtier comporte un engrenage qui peut être composé d'une vis et d'une roue, secteur de roue, galet, écrou.

  Sa robustesse, ses possibilités de démultiplication, sa grande irréversibilité justifient son utilisation, plus particulièrement en poids lourds.

- **Crémaillère de direction**

  Elle se compose d'un pignon d'axe longitudinal dont la rotation déplace une crémaillère selon un axe transversal. Son fonctionnement est réversible. Sa légèreté, son faible encombrement, sa commande directe des pivots justifient son utilisation courante en automobile.

- **Direction assistée**

  Le principe d'une assistance consiste à aider le conducteur dans la manœuvre d'un mécanisme grâce à l'action d'une force annexe.

  Dans la direction, cette force est communiquée au piston d'un vérin hydraulique grâce à la pression agissant sur une des faces de celui-ci. Le dispositif comprend :
  - un réservoir de fluide hydraulique ;
  - une pompe actionnée par le moteur ;
  - un régulateur de pression ;
  - un distributeur hydraulique commandé par l'action du conducteur sur le volant ;
  - un vérin à double effet lié mécaniquement au boîtier ou à la crémaillère.

  Le contrôle de l'action de l'assistance est assuré par les contraintes produites par l'action du volant et la réaction de l'engrenage de direction.

Pour aller plus loin

1. *Recherchez les valeurs des rayons de braquage pour un véhicule de votre choix. Effectuez des schémas explicatifs.*
2. *Comptez le nombre de tours de volant nécessaires à un braquage complet sur un véhicule à votre disposition.*
3. *Relevez la valeur de l'angle de braquage pour chacune des roues en braquage à droite puis en braquage à gauche (à l'aide de plateaux pivotants gradués).*

17 La géométrie du train avant

Quelles sont les conditions à remplir pour obtenir une bonne tenue de route en ligne droite et en virage ?

Pour assurer la stabilité d'un véhicule et son contrôle aisé, il est nécessaire :

• d'éviter les pertes d'adhérence et de trajectoire par :

– ripage permanent des pneumatiques en ligne droite ou en virage,

– déplacement latéral subit des roues,

– braquage incontrôlé des roues lors des débattements de suspension ;

• d'éviter que les réactions reçues par les roues soient répercutées au volant ;

• de faciliter le retour et le maintien des roues en position ligne droite.

Ces différents défauts provoqueraient, en plus d'une mauvaise tenue de route, une usure anormale de la bande de roulement des pneumatiques.

Comment la trajectoire en ligne droite peut-elle être obtenue sans ripage des pneumatiques ?

Lorsque le véhicule est en ordre de marche et roule sur un sol plan et uni, les deux roues d'un même essieu doivent être **parallèles** et les deux essieux alignés (figure 17.1).

Le parallélisme est parfait lorsque la distance A est égale à la distance B :

– si $A < B$, il y a pincement (figure 17.2) ;

– si $A > B$, il y a ouverture (figure 17.3).

La différence de cote entre l'avant et l'arrière des roues du même essieu peut se mesurer en millimètres ou en degrés, si l'on considère l'angle (α) formé par l'axe de la roue et l'axe de symétrie du véhicule (figure 17.3).

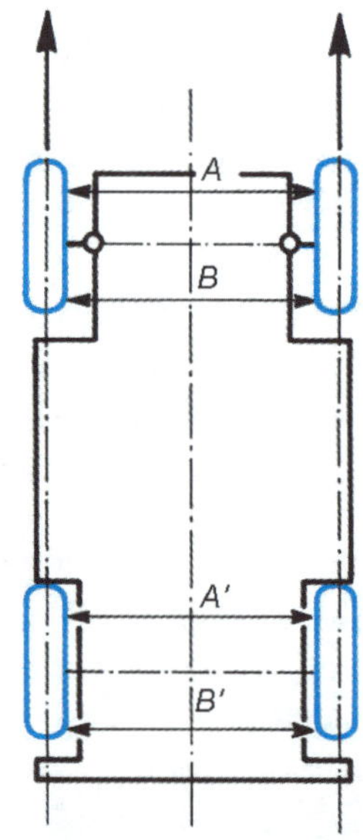

Figure 17.1 • Parallélisme et alignement. Parallélisme parfait.

Train AV : $A = B$;
Train AR : $A' = B'$.
Axes des plans des roues confondus ou parallèles à l'axe de symétrie du véhicule.

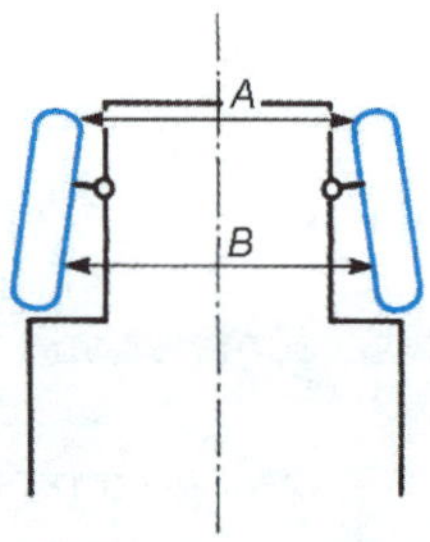

Figure 17.2 • $A < B$: pincement.

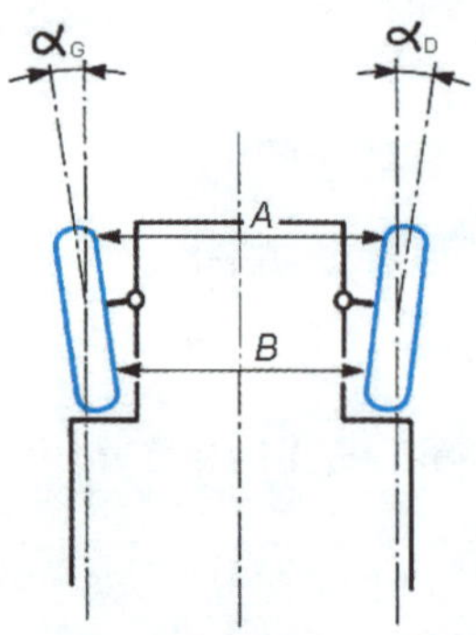

Figure 17.3 • $A > B$: ouverture.

■ Comment le parallélisme varie-t-il ?

Les biellettes de direction sont, par une extrémité, solidaires de la crémaillère de direction fixée à la caisse, par l'autre, solidaires du train roulant (figure 17.4). Lors des débattements de suspension, la position des biellettes de direction varie, entraînant des variations de parallélisme.

Dans l'exemple choisi de la figure 17.5 (direction placée en arrière de l'essieu), le parallélisme varie dans le sens du pincement ($A < B$), lors des compressions de suspension.

Dans le cas où la direction aurait été placée en avant de l'essieu, la variation se serait produite dans le sens de l'ouverture.

Ces variations inévitables pourront être judicieusement réparties par une **mise à hauteur précise de la crémaillère**, ou de la timonerie du boîtier de direction.

Nous comprenons donc qu'à vide les roues ne sont pas nécessairement parallèles.

Le constructeur devra tenir compte, dans le réglage initial :

- des phénomènes démontrés ci-dessus ;
- des tendances à l'ouverture ou à la fermeture provoquées par le mode de propulsion et les autres éléments de la géométrie du train avant ;
- des usures anormales décelées lors des essais routiers.

■ En virage, les roues d'un même essieu doivent-elles rester parallèles ?

Pour qu'aucune des roues ne ripe, dans un virage, il est nécessaire que les **quatre roues se déplacent par rapport à un centre de rotation commun**, O (figure 17.6, page suivante).

Les roues arrières ne pouvant être orientées, le centre O devra obligatoirement se situer dans le prolongement de leur axe commun.

Les axes des fusées des roues avant devront être orientés de telle sorte que leurs prolongements soient concourants du point O.

Dans un virage à droite, l'angle α_G doit donc être inférieur à l'angle α_D. Dans un virage à gauche, α_G doit être supérieur à α_D.

Ces conditions sont obtenues par une **orientation** particulière des **bras de direction** par rapport aux axes de pivot.

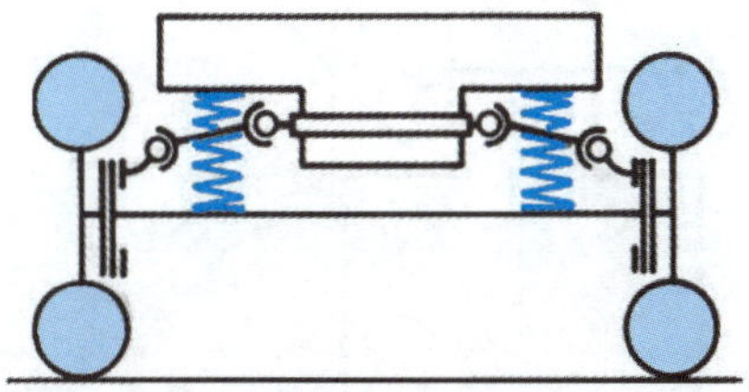

Figure 17.4 • Position de la crémaillère de direction par rapport aux rotules des bras de direction.

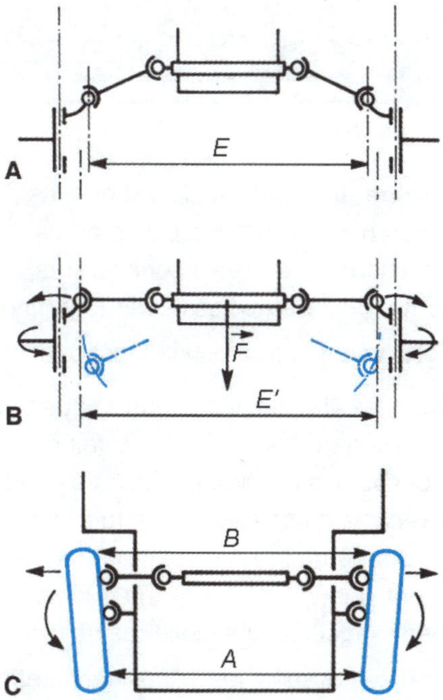

Figure 17.5 • Variations de parallélisme.

A. Élément de la direction véhicule à vide.
B. En charge : déplacement relatif entre la crémaillère et les rotules de bras de direction $E' > E$.
C. Variation du parallélisme : $A < B$.

3

La tenue de route

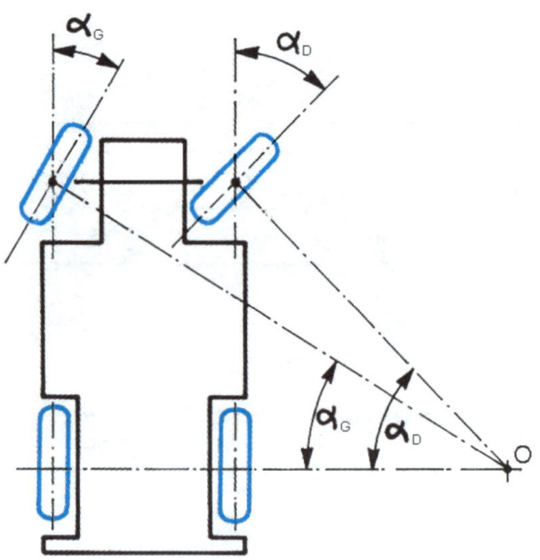

Figure 17.6 • Dans un virage à droite, α_D doit être supérieur à α_G.

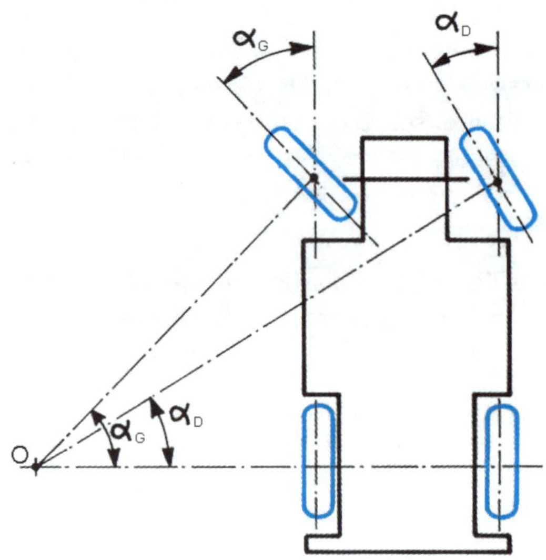

Figure 17.7 • Dans un virage à gauche, α_G doit être supérieur à α_D.

L'**épure de Jeantaud** définit que les prolongements des lignes passant par les pivots et les rotules des bras de direction doivent être concourants, en ligne droite, au centre de l'axe de l'essieu arrière (figure 17.8).

Cette solution approchée n'est pas toujours vérifiée.

Dans les virages, les pneumatiques ne suivent pas toujours la trajectoire désirée du fait de la force centrifuge :
- dérive des pneumatiques (➔ Leçon 18) ;
- reports de charge sur la roue avant extérieure et du délestage de la roue avant intérieure (roulis) qui provoquent des variations de braquage de celles-ci (mouvement angulaire des biellettes de direction).

Pour ces raisons, les dispositions définies par l'épure de Jeantaud, qui reste une base de référence, doivent être adaptées à chaque type de véhicule.

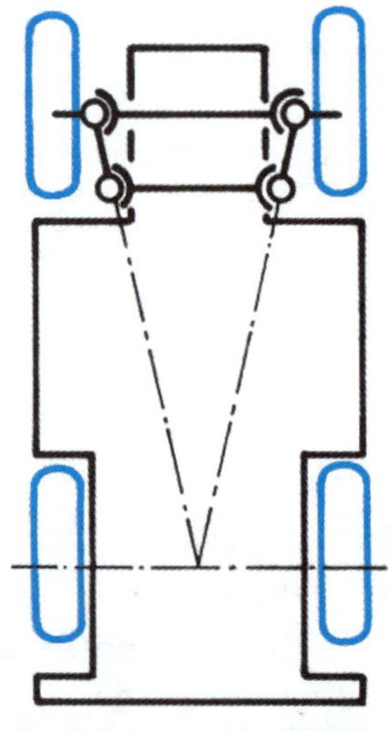

Figure 17.8 • Épure de Jeantaud.

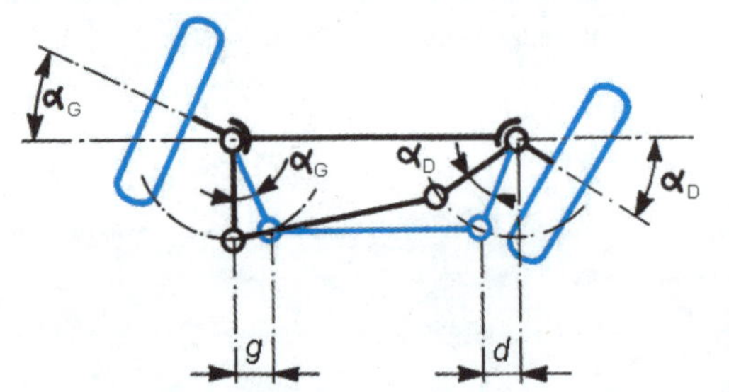

Figure 17.9 • Épure de Jeantaud en braquage à droite : $g = d \Rightarrow \alpha_G < \alpha_D$

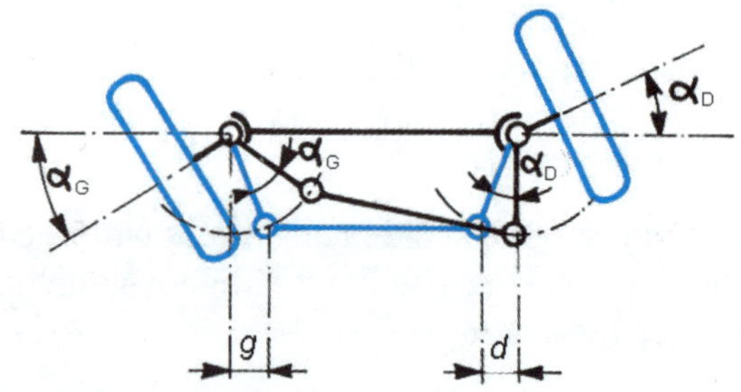

Figure 17.10 • Braquage à gauche : $g = d \Rightarrow \alpha_G > \alpha_D$

Comment éviter les répercussions dans le volant des actions du sol sur les roues ?

Il est possible :
- d'utiliser une direction peu réversible, ce qui n'est pas toujours souhaitable ou possible (➔ Leçon 16) ;
- de limiter ou supprimer les couples sur les axes de pivot.

On peut diminuer ou supprimer la distance entre l'axe de pivot et le plan de la roue mesuré au sol. On nomme cette distance le **déport** (figure 17.11).

Lorsqu'une roue directrice reçoit du sol un choc de face, celle-ci est retenue vers l'arrière par une force résistante. Cette force produit sur l'axe de pivot un couple dont le moment est égal à (figure 17.12) :

$$\mathscr{C} = Fd$$

Pour une force résistante donnée, le couple sera donc fonction du déport.

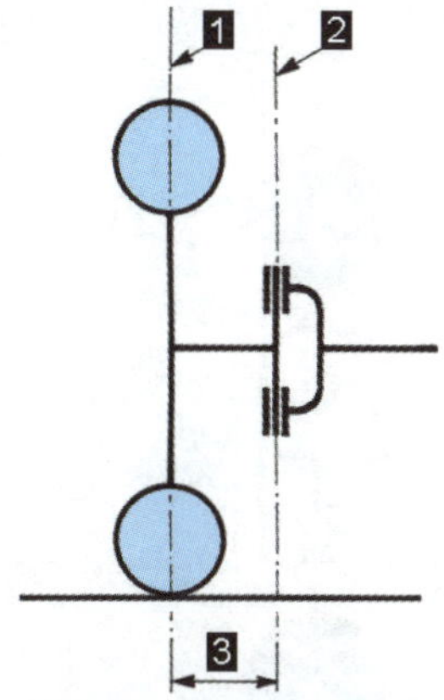

Figure 17.11 • Déport au sol.

❶ Plan de la roue.
❷ Axe de pivot.
❸ Déport au sol.

Comment le déport peut-il être réduit ou supprimé ?

Le déport au sol peut être réduit ou supprimé par une orientation particulière :
- des plans des roues, par déport de jante ou carrossage (figures 17.13 et 17.15, page suivante) ;
- des axes de pivot, par leur inclinaison (figure 17.14).

Le déport au sol peut être positif, nul ou négatif.

Remarque

Un léger déport :
- facilite le retour et le maintien des roues en ligne droite en roulant (autostabilité) ;
- évite le ripage des pneus dans les manœuvres à basse vitesse.

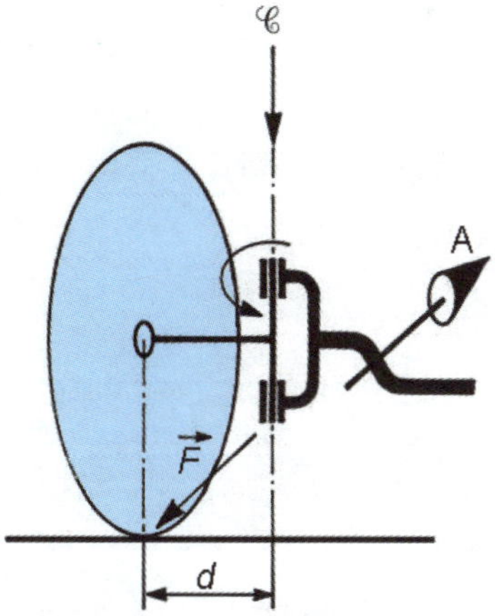

A : sens d'avancement du véhicule.
$\vec{F}$: force produite par un choc.
d : déport au sol.
$\mathscr{C}$: couple produit sur l'axe de pivot ($\mathscr{C} = Fd$).
Si l'on diminue *d*, $\mathscr{C}$ diminue.

Figure 17.12 • Effet du déport au sol.

3

La tenue de route

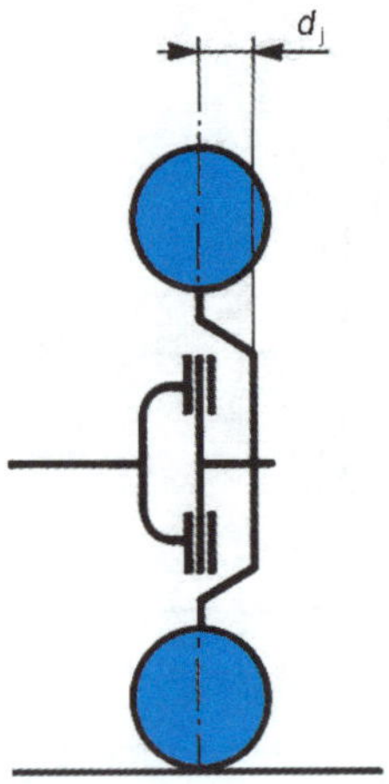

Figure 17.13 • Pivot dans le plan de la roue.

d_j : déport de jante.

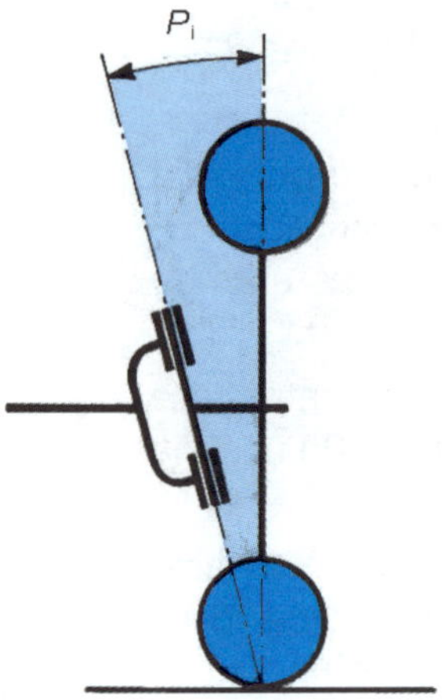

Figure 17.14 • Angle d'inclinaison de pivot : P_i.

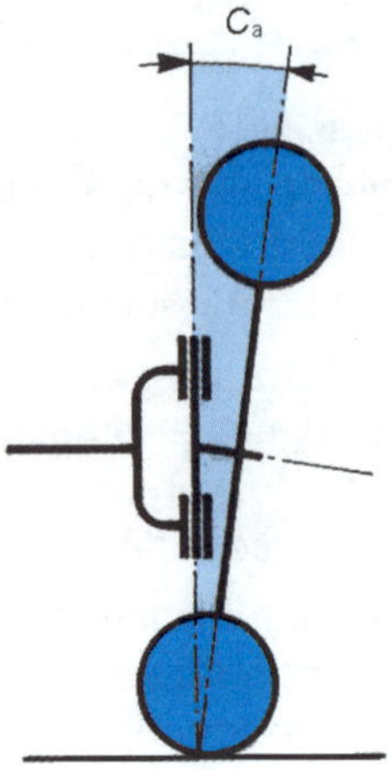

Figure 17.15 • Angle de carrossage : C_a.

Quelles sont les solutions utilisées ?

1. Déport de jante : axe de pivot et plan de la roue confondus. Ceci n'est possible que si les freins ne sont pas placés entre le porte-fusée et la roue (figure 17.13).

2. Inclinaison de l'axe de pivot. L'angle d'inclinaison de pivot est l'angle formé par la verticale au sol et l'axe de pivot dans le plan transversal du véhicule (figure 17.14).

L'inclinaison du pivot contribue au retour des roues en ligne droite grâce au léger soulèvement du véhicule qu'il provoque au moment du braquage.

3. Inclinaison de la roue : carrossage. L'angle de carrossage est l'angle formé par la verticale au sol et le plan de la roue (figure 17.15). Le carrossage toujours très faible peut être positif, négatif et même nul.

Un carrossage exagéré provoquerait :
- la convergence ou la divergence des roues par roulage sur la génératrice d'un cône (figure 17.16) ;
- le braquage intempestif sur chaussée bombée ;
- une usure anormale des pneumatiques.

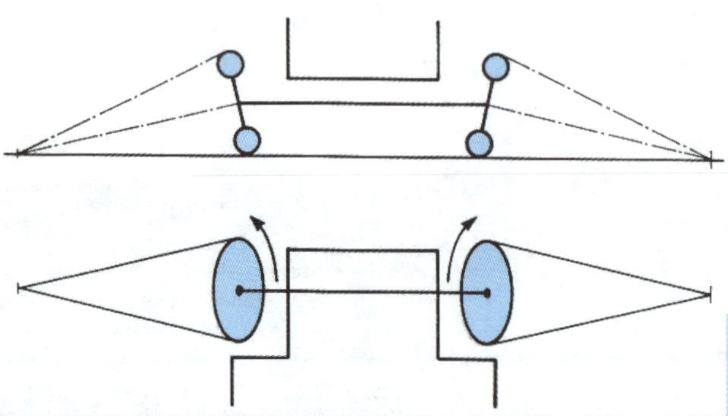

Figure 17.16 • Effet du carrossage positif. Les roues roulent sur les génératrices d'un cône d'où divergence des roues.

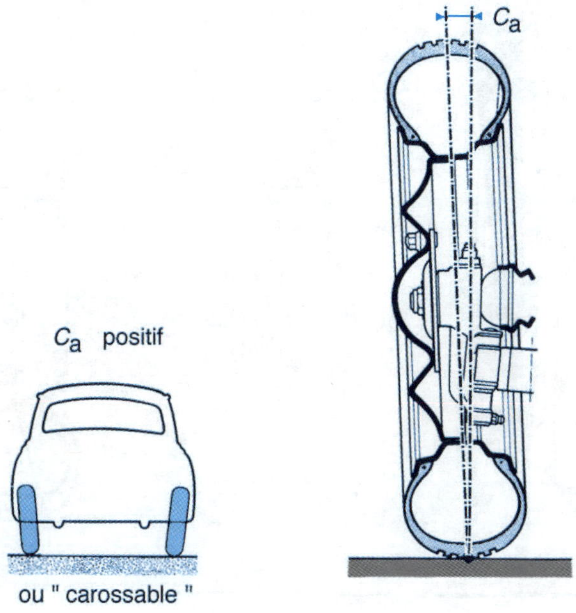

Figure 17.17 • Carrossage (document Citroën).

4. Conclusion. Nous voyons que le déport, dans les cas où le pivot n'est pas dans l'axe de la roue, est fonction de deux angles :
- angle d'inclinaison de pivot,
- angle de carrossage.

Ces deux angles sont indissociables. Ils forment l'**angle inclus** (figure 17.18). Ils déterminent la forme du porte-fusée dont l'axe de fusée et l'axe de pivot forment un angle précis (α) qui a pour valeur la somme de trois angles (figure 17.19) :

angle de pivot + angle droit + angle de carrossage.

L'angle inclus doit rester **invariable** d'une roue à l'autre d'un même essieu. Une variation de cet angle sur une des roues lors du contrôle du train avant indique la déformation du porte-fusée.

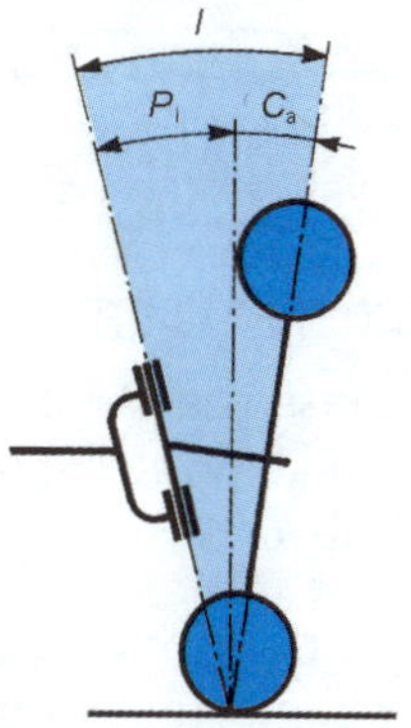

Figure 17.18 • Combinaison des deux angles : $P_i + C_a = I$ (angle inclus)

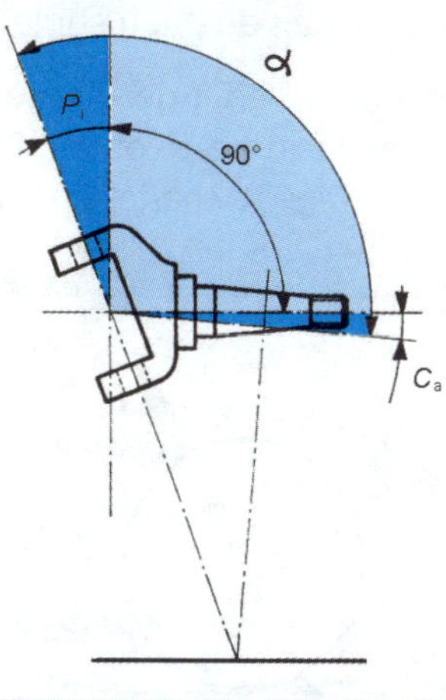

Figure 17.19 • Géométrie des porte-fusées : $P_i + 90° + C_a = \alpha$

Par quels moyens techniques, le retour et le maintien des roues en ligne droite sont-ils obtenus ?

L'**autostabilité** de la direction est réalisée par :
- un léger déport (positif ou négatif) ;
- l'inclinaison du pivot qui provoque, au braquage, un soulèvement de la caisse ;
- le carrossage (positif ou négatif) ;
- l'angle de chasse.

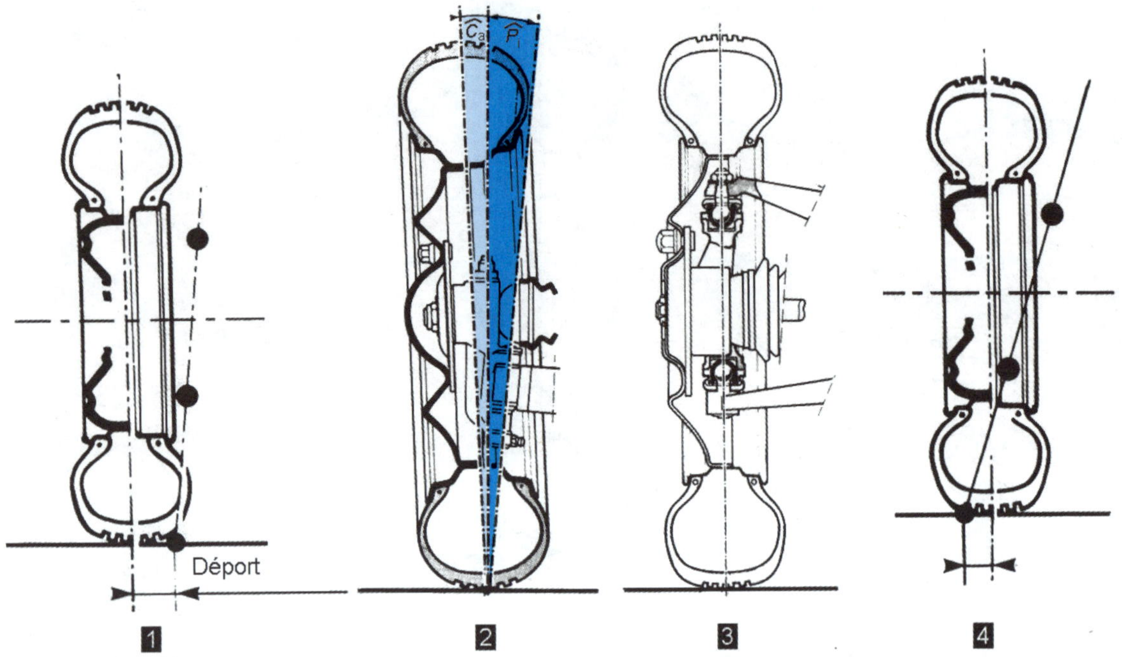

Figure 17.20 • Déport au sol (document Citroën).

❶ Déport positif.
❷ Déport nul (par combinaisons des angles de carrossage et inclinaison de pivot).
❸ Déport nul (pivot dans l'axe).
❹ Déport négatif.

■ Qu'est-ce que l'angle de chasse ?

L'angle de chasse est l'angle (C_h) formé par la verticale et l'inclinaison du pivot vue dans le plan longitudinal du véhicule (figure 17.21).

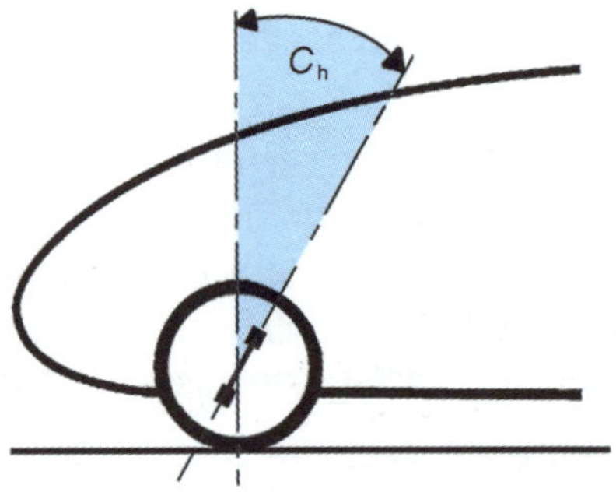

Figure 17.21 • Angle de chasse.

■ Par quels phénomènes l'angle de chasse facilite-t-il le retour des roues directrices en ligne droite ?

Grâce à cet angle, le prolongement de l'axe de pivot coupe la ligne du sol en un point situé en **avant** du point de contact du pneu sur le sol.

Il se produit un effet de « **roue tirée** », dont le prolongement de l'axe de pivot se situe en avant de la roue, roulette mobile de chariot par exemple (figure 17.22B).

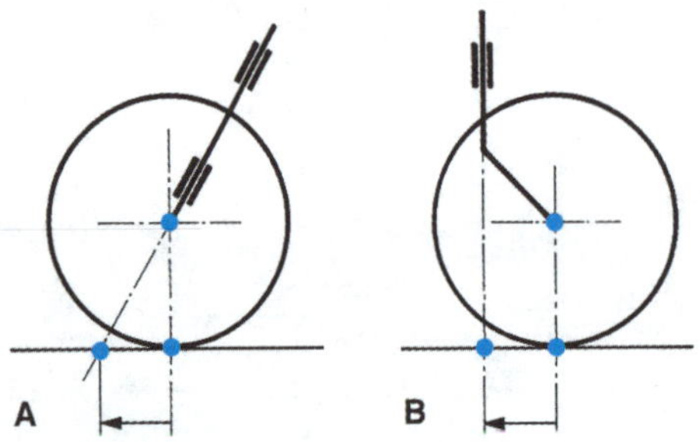

Figure 17.22 • Le point de contact au sol du prolongement de l'axe de pivot est en avant du point de contact (roue tirée).

A. Roue de vélo.
B. Roulette de chariot.

Lorsqu'une roue est braquée, si l'on applique une force à l'axe de pivot dans le sens d'avancement, on constate le **retour en ligne droite** de la roulette.

Il se crée un couple formé par $\vec{F}_m$, force motrice, et $\vec{F}_r$, action du sol sur la roue (figure 17.23). Ce couple est proportionnel à l'intensité de la force motrice et à la distance qui sépare le point de contact de la roue au sol ❷ et le point de concours de l'axe de pivot et du sol ❶ (distance prise perpendiculairement à la direction des forces).

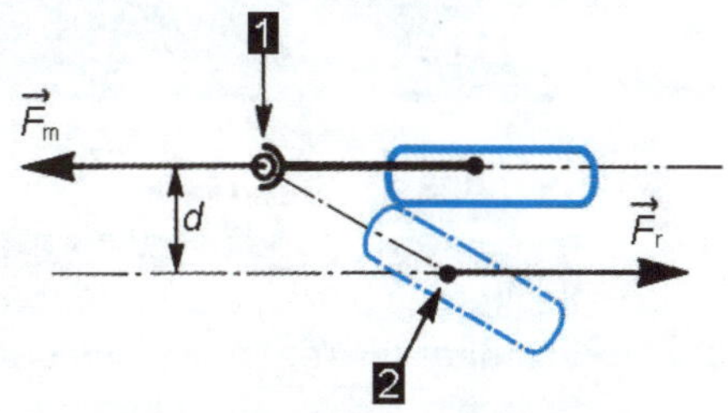

Figure 17.23 • Retour en ligne droite ; le moment du couple en ❶ est égal à $\mathscr{C} = Fd$.

Quelles sont les influences de la suspension autres que les variations de parallélisme ?

• **Carrossage constant, voie variable.** Prenons le cas d'un véhicule à roues indépendantes possédant deux bras de suspension de longueur identique.

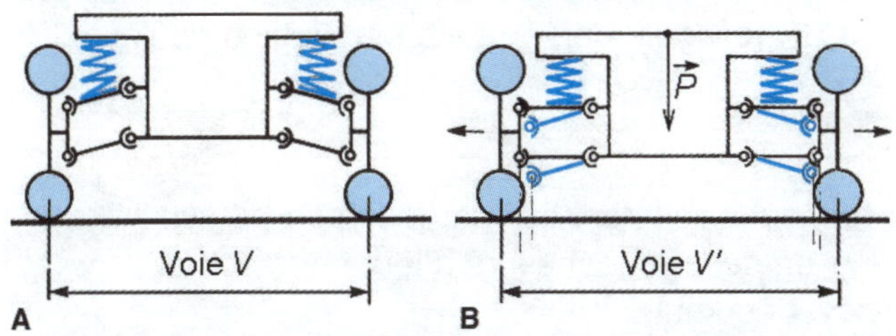

A. Voie à vide : *V*.
B. Voie en charge : *V'* > *V*.
Donc la voie est variable.

Figure 17.24 • Véhicule à suspension à roues indépendantes. Bras de suspension de longueur identique.

– À vide (figure 17.24A). Les bras de suspension sont inclinés vers les roues, la **voie** (cote prise à l'axe des deux roues dans le plan transversal) a la valeur *V*.

– En charge (figure 17.24B). Les bras de suspension prennent une position horizontale. Ce déplacement angulaire fait décrire aux extrémités des bras des arcs de cercles. Linéairement, ils se déplacent vers l'extérieur, ce qui a pour effet d'augmenter la voie. Donc, en charge, $V' > V$.

On conçoit que si le véhicule est le siège d'oscillations du fait des irrégularités de la route, la voie varie en roulant et provoque un déplacement transversal des pneus sur le sol qui affecte la tenue de route.

• **Carrossage variable, voie constante.** Le défaut ci-dessus peut être réduit en montant des bras de suspension inégaux.

Les bras supérieurs sont plus courts que les bras inférieurs (figure 17.25A). Lors de débattements, les arcs de cercle décrits par chacun d'eux n'ayant pas le même rayon, on obtient un mouvement faisant varier le carrossage, mais la voie reste sensiblement constante (figure 17.25B).

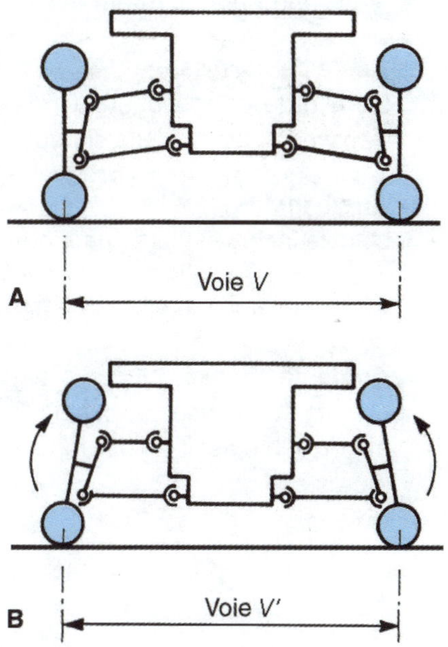

Figure 17.25 • La voie est constante ($V' = V$) ; le carrossage est variable.

3

La tenue de route

Mémo

- **Conditions à remplir**

Une géométrie particulière du train avant permet :
– d'éviter les pertes d'adhérence et de trajectoire, en ligne droite comme en virage ;
– de limiter les répercussions dans le volant des chocs reçus par les roues ;
– de faciliter le retour et le maintien des roues en position ligne droite (autostabilité).

- **Parallélisme**

Lorsque le véhicule roule, les deux roues de chaque essieu doivent être sensiblement parallèles.

Des variations de parallélisme (pincement ou ouverture) se produisent lors des débattements de la suspension.

- **Épure de Jeantaud**

En virage, l'orientation de chaque roue avant doit être différente. Pour réaliser cette condition, les prolongements des axes formés par l'axe de commande des bras et les axes de pivot doivent être concourants. Leur point de concours doit être situé au milieu de l'axe de l'essieu arrière.

- **Déport au sol**

Les répercussions des chocs reçus par les roues sont limitées par le déport au sol. Il est la distance entre l'axe de pivot et le plan moyen de la roue mesuré à leur intersection avec la ligne du sol. Le déport peut être positif, négatif ou nul.

- **Angle d'inclinaison de pivot**

L'angle d'inclinaison de pivot est l'angle formé par la verticale et l'axe du pivot dans le plan transversal du véhicule. Il permet :
– de diminuer ou supprimer le déport ;
– de contribuer au retour des roues en ligne droite.

- **Angle de carrossage**

L'angle de carrossage est l'angle formé par la verticale et l'axe de la roue dans le plan transversal du véhicule. Il peut être positif, négatif ou nul. Sa valeur doit être faible.

- **Angle inclus**

L'angle inclus est la somme des angles :

angle d'inclinaison de pivot + angle de carrossage.

Sa modification indique une déformation du porte-fusée.

- **Angle de chasse**

L'angle de chasse est l'angle formé par la verticale et l'axe de pivot dans le plan longitudinal du véhicule. Il a pour fonction de ramener les roues en ligne droite et de les y maintenir (autostabilité).

Testez vos connaissances

1. L'alignement des roues est, par rapport aux deux roues du même essieu :

- ☐ **a.** l'ouverture
- ☐ **b.** le pincement
- ☐ **c.** la symétrie

2. Sur un véhicule dont la crémaillère est placée plus haut et en arrière des roues, si l'on charge le véhicule à l'avant :

- ☐ **a.** l'ouverture augmente
- ☐ **b.** le pincement augmente
- ☐ **c.** la dissymétrie augmente

3. Lors du braquage, la roue extérieure au virage braque d'un angle :

- ☐ **a.** supérieur à celui de la roue intérieure
- ☐ **b.** inférieur à celui de la roue intérieure
- ☐ **c.** égal à celui de la roue intérieure

4. Un défaut de pincement exagéré des roues provoque une usure des pneumatiques :

- ☐ **a.** au centre de la bande de roulement
- ☐ **b.** sur les bords extérieurs
- ☐ **c.** sur les bords intérieurs

5. Le retour des roues en ligne droite est favorisé par (2 réponses) :

- ☐ **a.** l'angle de chasse
- ☐ **b.** le carrossage
- ☐ **c.** le parallélisme
- ☐ **c.** l'inclinaison des pivots

Pour aller plus loin

1. *Expliquez la différence entre l'alignement des roues et le parallélisme.*

2. *Énumérez les défauts provoqués par :*
– un mauvais alignement ;
– un défaut de parallélisme.

3. *En comparant différents types de suspension avant, étudiez les variations possibles de : carrossage, voie, parallélisme.*

Maintenance

Sur le plan pratique, il est nécessaire d'étudier les 3 fiches suivantes du manuel de *Maintenance automobile : le savoir-faire* :

- Fiche n° 25 - Contrôler la géométrie du train avant ; niveau 1.
- Fiche n° 54 - Préparer un contrôle du train avant ; niveau 2.
- Fiche n° 55 - Contrôler la géométrie du train avant ; niveau 2.

18 Les pneumatiques

Quelles sont les fonctions à remplir par les pneumatiques d'un véhicule ?

Seuls éléments de liaison entre le véhicule et le sol, les pneumatiques doivent :
- supporter les charges ;
- transmettre l'effort moteur et l'effort de freinage ;
- participer à la suspension ;
- contribuer au guidage (direction) ;
- adhérer sur tous les types de revêtements quel que soit leur état (sec ou mouillé).

Quelles sont les parties constitutives d'un pneumatique (figure 18.1) ?

Par définition, un pneumatique est un organe qui contient de l'air. Il comprend (figures 18.1 et 18.2) :
- l'**enveloppe** ;
- la **jante** qui, solidaire du **voile** ou disque, forme la roue (figure 18.2 b) ;
- l'**air** sous pression emmagasiné dans une chambre ou directement entre l'enveloppe et la jante.

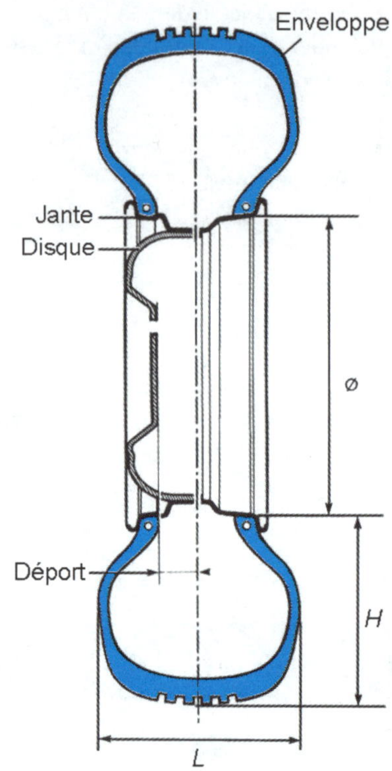

Figure 18.1 • Description d'un pneumatique (document Citroën).

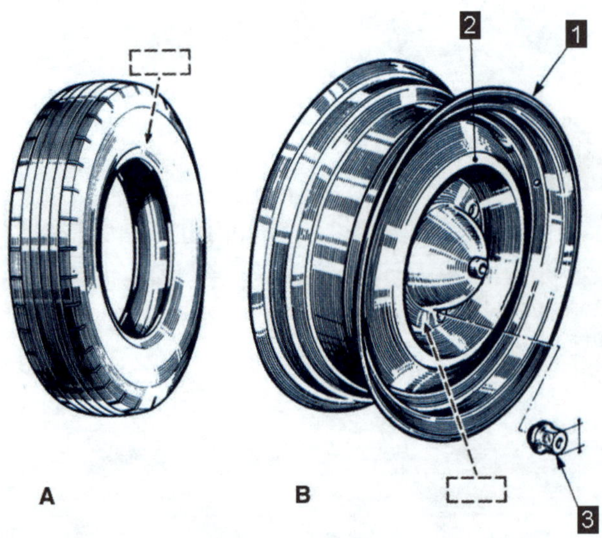

A. Enveloppe.
B. Roue.
❶ Jante.
❷ Voile ou disque.
❸ Fixation.
[- - -] Marquage.

Figure 18.2 • Un pneumatique (document Renault).

Quelles sont les fonctions des différentes parties du pneumatique ?

L'**air** joue un rôle primordial, il doit :
- supporter la charge (P) ;
- amortir une partie des chocs reçus par les roues.

L'**enveloppe** forme, avec la jante, un volume étanche. Sa carcasse doit principalement (figure 18.3) :
- résister aux efforts de tension dus à la pression de l'air (p) ;
- résister aux déformations dues aux actions du sol.

La **jante** doit :
- maintenir solidement l'enveloppe ;
- permettre le démontage de l'enveloppe.

Le **voile** doit :
- permettre une liaison rigide et concentrique du pneumatique ;
- éviter toutes déformations du plan moyen de la roue (voilage).

L'ensemble doit avoir une **masse faible** (masse non suspendue).

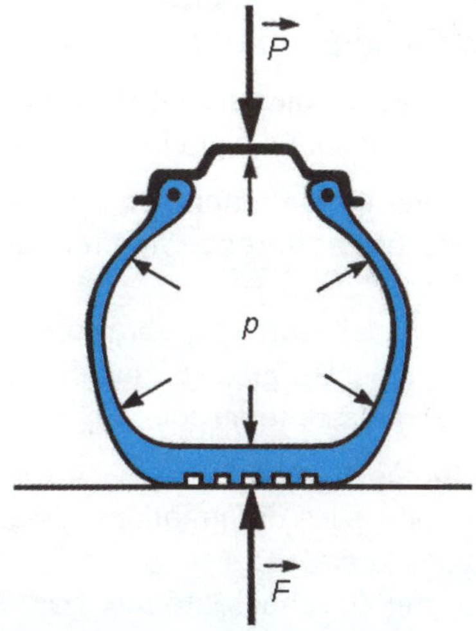

Figure 18.3 • Actions sur le pneumatique.

$\vec{P}$: charge statique appliquée.
$\vec{F}$: action statique et dynamique du sol.
p : pression de l'air.

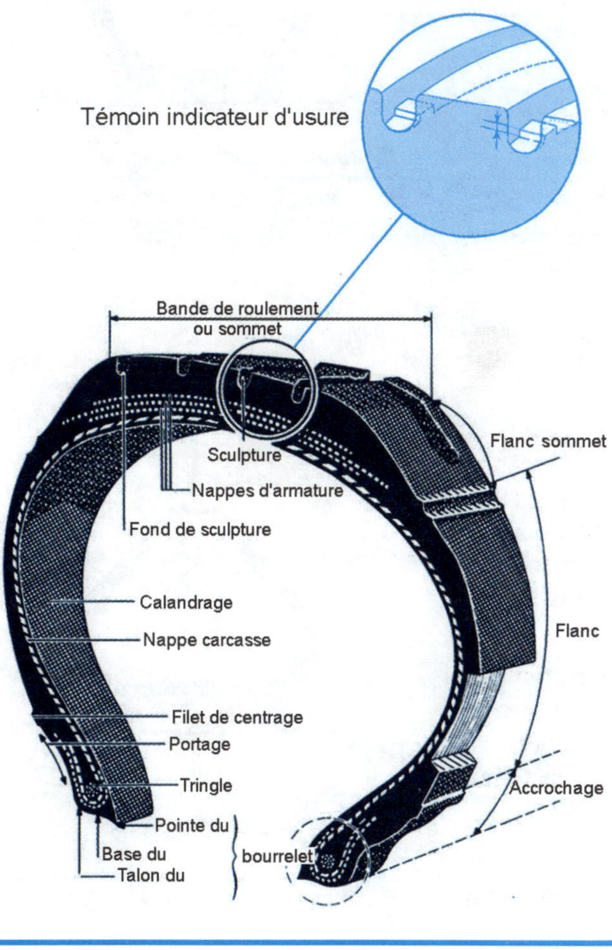

Figure 18.4 • Terminologie de l'enveloppe (document Michelin).

3

La tenue de route

Quelles sont les fonctions remplies par chaque partie de l'enveloppe ?

La **carcasse** doit permettre à l'enveloppe de conserver sa forme initiale malgré la pression.

La **bande de roulement**, en contact avec le sol, doit :
- assurer l'adhérence, même sur sol mouillé (sculptures) ;
- résister à l'usure (par abrasion) ;
- contribuer au guidage du véhicule par répartition de la force pressante au sol.

Les **flancs** doivent :
- permettre les déformations radiales, limiter les déformations latérales ;
- résister aux chocs latéraux (bordures de trottoirs) ;
- résister aux agents chimiques, notamment à l'action de l'ozone de l'air, qui provoque des craquelures.

L'**accrochage** doit :
- empêcher toute distension sous l'action de la pression des flancs ;
- limiter les déformations latérales ;
- jouer un rôle de portance ;
- résister à l'action des outils de démontage.

Quels sont les différents types de structure des enveloppes ?

Les structures sont différenciées selon le type de carcasse qui forme leur armature.

On distingue les structures à carcasse :
- **diagonale** appelée également à plis croisés ou conventionnelle (figures 18.5) ;
- **radiale** (figure 18.6) ;
- **diagonale ceinturée** *(bias belted)*, en voie de disparition.

Comment une carcasse diagonale est-elle réalisée ?

Dans ce type d'enveloppe, la cohésion de la carcasse est assurée par plusieurs nappes de coton superposées. Chaque trame de nappe est croisée par rapport à l'autre (figure 18.5A). L'**épaisseur** de la carcasse est **identique** sur toutes les parties de l'enveloppe : bande de roulement, flancs, accrochage (figure 18.5B).

Ce type d'enveloppe, parfaitement valable pour les véhicules à deux roues (bonne tenue à l'inclinaison), convient mal aux véhicules à quatre roues, pour lesquels le problème principal est celui de la résistance aux charges dynamiques (figure 18.5C).

À l'usage, on constate :

• une **usure rapide de la bande de roulement** qui provient (figure 18.5C) :

Figure 18.5A • Carcasse diagonale à plis croisés. (document Michelin).

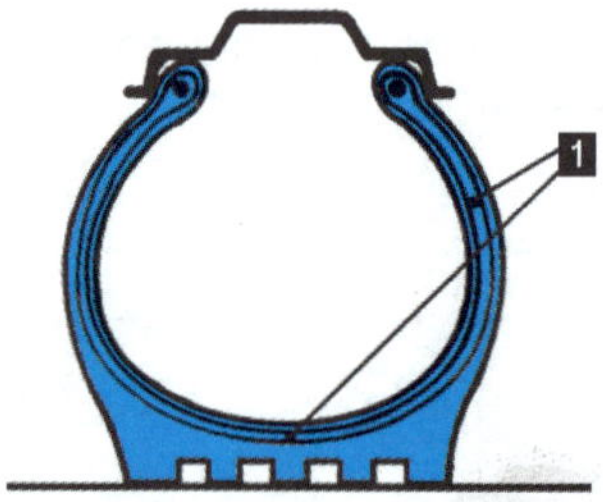

Figure 18.5B • Carcasse diagonale.

❶ Épaisseur de la carcasse identique sur les flancs et la bande de roulement.

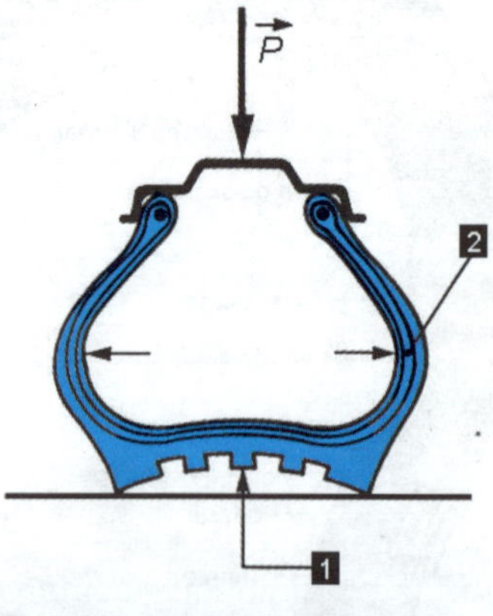

Figure 18.5C • Inconvénients de la structure diagonale en charge.

❶ Déformation de la bande de roulement.
❷ Échauffement anormal des flancs.

– des mouvements latéraux des pains de gomme lors des flexions des flancs ;
– du manque de rectitude de la bande de roulement qui provoque un déplacement latéral alternatif de celle-ci ;

• des **pertes d'énergie** provenant du frottement des nappes entre elles au niveau des flancs lors des flexions (on le limite par une forte pression de gonflage) ;

• un **manque de souplesse** du fait :
– de la raideur des flancs ;
– de la pression de gonflage élevée.

Comment une carcasse radiale est-elle réalisée ?

Il est apparu que les différentes parties de l'enveloppe ayant des fonctions très différentes, elles devaient **être conçues de manière différente.** La bande de roulement et l'accrochage doivent être renforcés alors que les flancs demandent une plus grande souplesse, sans échauffement exagéré, afin de mieux répondre aux efforts de flexion nécessaires.

L'enveloppe à structure radiale comprend (figure 18.6) :
– une carcasse de base formée de fils juxtaposés dans le sens radial ;
– une ceinture rigide qui renforce la bande de roulement ;
– une ou plusieurs nappes de renfort à l'accrochage.

Cela permet (figure 18.7) :
– un travail des flancs en flexion sans échauffement exagéré ;
– un gonflage à basse pression ;
– une meilleure filtration des chocs reçus par les roues ;
– moins de résistance au roulement grâce à la stabilité de la bande de roulement, donc moins d'usure et de perte d'énergie ;
– l'utilisation d'une gomme de plus faible tenue à l'abrasion mais plus adhérente.

Pour ces raisons, ce type de structure est pratiquement le seul utilisé en Europe en véhicules particuliers comme en poids lourds.

Pour quelles raisons les constructeurs ont-ils adopté les pneumatiques sans chambre *(tubeless)* ?

Lorsque le pneumatique comporte une chambre à air (solution en voie de disparition), la perforation de celle-ci provoque généralement la mise à plat immédiate, par évacuation de l'air par le trou de valve de la jante (figure 18.8, page suivante).

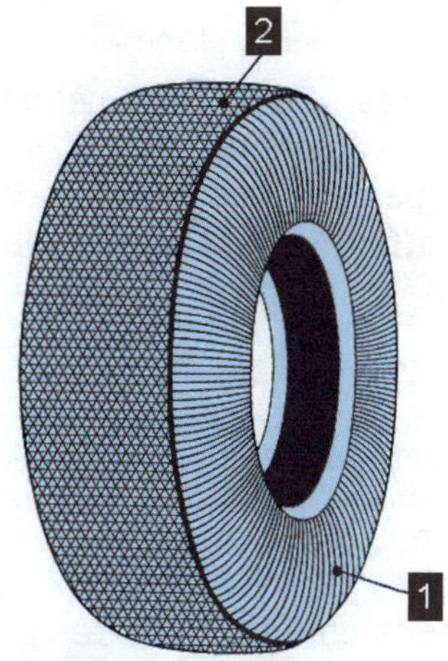

Figure 18.6 • Carcasse radiale.

❶ Fils de la carcasse juxtaposés dans le sens radial.
❷ Ceinture tressée en triangle (indéformabilité).

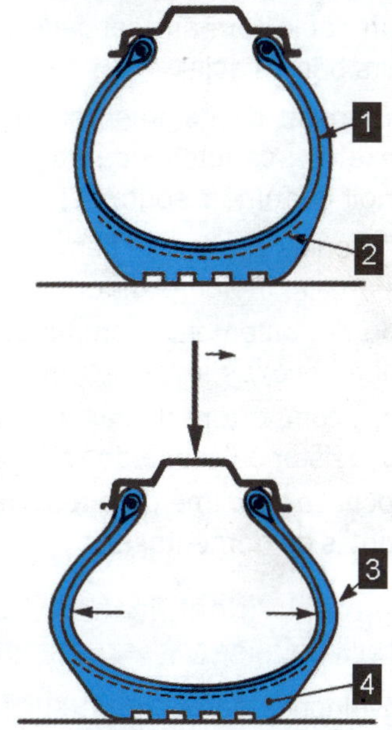

Figure 18.7 • Effets de la carcasse radiale.

❶ Fil de carcasse (un seul pli).
❷ Bande de roulement renforcée, ceinture ou nappe de sommet.
❸ Flexion sans échauffement.
❹ Non-déformation de la bande de roulement.

3
La tenue de route

Le pneumatique sans chambre **améliore la sécurité primaire** de l'automobile en supprimant les risques de mise à plat instantanée. L'étanchéité à l'air est réalisée par (figure 18.9) :

– une enveloppe à carcasse radiale dont le calandrage est étanche ;

– une jante au profil particulier réalisant une étanchéité parfaite avec l'accrochage de l'enveloppe ;

– une valve montée étanche sur la jante.

Lorsqu'un corps étranger pénètre l'enveloppe, la gomme se resserre autour de celui-ci. L'air ne pouvant s'échapper que par les bords de la blessure, la **baisse de pression s'effectue lentement**. L'arrêt du véhicule est possible sans perdre son contrôle.

Attention !

La mise en place d'une chambre à air dans ce type de pneumatique supprime un des dispositifs de sécurité du véhicule.

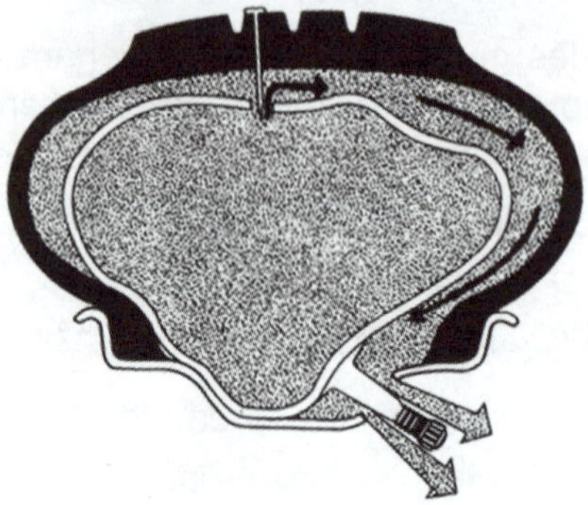

Figure 18.8 • Enveloppe avec chambre à air. Mise à plat instantanée (document Michelin).

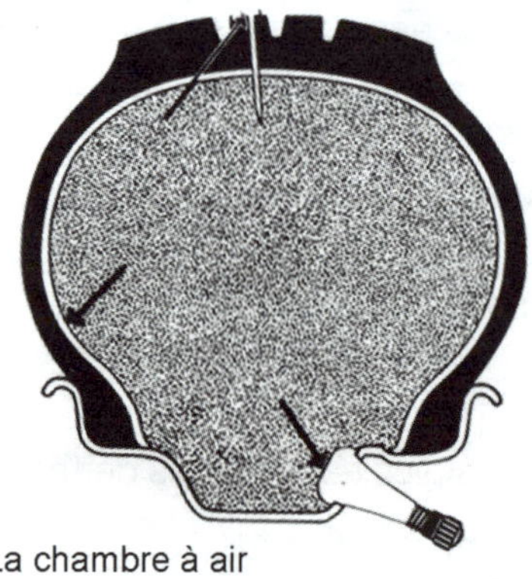

Figure 18.9 • Pneumatique sans chambre à air *(tubeless)*. Mise à plat retardée (document Michelin).

Quels sont les matériaux utilisés dans la construction des pneumatiques ?

La carcasse est le plus souvent réalisée en rayonne (dérivé de la cellulose du bois), en polyester ou en nylon (dérivés du pétrole). La ceinture est constituée d'une ou plusieurs nappes d'acier, tressée de manière à accroître l'indéformabilité.

L'accrochage comporte, noyé dans la gomme du bourrelet, un câble formant cerclage (tringle), constitué de plusieurs brins d'acier.

Le revêtement de gomme est composé d'un mélange complexe de : caoutchouc naturel, caoutchouc synthétique, noir de fumée, soufre, etc.

Les différentes parties de l'enveloppe peuvent être réalisées dans un mélange différent selon leur fonction :

– bande de roulement : gomme possédant un bon rapport adhérence/usure ;

– flancs : comportent des agents anti-oxydants permettant de résister à l'ozone de l'air ;

– accrochage : gomme dure résistant bien aux déformations (outils de démontage).

Comment l'identification des pneumatiques est-elle réalisée ?

Les enveloppes comportent, sur leurs flancs, un marquage qui permet une identification précise de chaque pneumatique (figure 18.10).

Exemples de marquage

- Uniroyal Rallye 280 : 165/70 R 13 79 S.
- Michelin XVS : 185/60 R 14 81 H.

Figure 18.10 • Exemple de marquage.

« Uniroyal » ou « Michelin » indiquent la marque de fabrique du manufacturier.

« Rallye », « XVS » indique le type d'enveloppe.

Les nombres « 165 », « 185 » (première dimension) indiquent la largeur (*L*) du boudin prise de flanc à flanc lorsque l'enveloppe est montée sur la jante appropriée et gonflée à la pression préconisée. La dimension est donnée en général en millimètres (figure 18.11).

Si le marquage comporte un nombre supplémentaire (exemple/70), celui-ci indique le rapport *H*/*L* (série 70), c'est-à-dire le coefficient par lequel il faut multiplier la largeur du boudin pour connaître sa hauteur. Par exemple : $H = 185 \times 0{,}70 = 129{,}5$ mm.

Les enveloppes ne comportant pas cette indication sont de série 80 (rapport $H/L = 0{,}8$).

La lettre « R » indique que l'enveloppe est de structure radiale.

Les nombres « 13 », « 14 » (deuxième dimension) indiquent le diamètre de l'enveloppe à la base du talon exprimée en pouces (1 pouce = 25,4 mm ; ➔ Tableau ci-contre). Cette dimension indique également le diamètre d'accrochage de la jante correspondante.

Les nombres « 79 », « 81 » représentent un indice de charge.

Les lettres « S », « H », « V » indiquent la vitesse limite (non soutenue) supportable par l'enveloppe :

- S = 180 km/h maximum ;
- H = 210 km/h maximum ;
- V = au-delà de 210 km/h.

On peut trouver également les indications :

– TWI : présence de témoins d'usure ;

– *Tube type* : enveloppe nécessitant une chambre à air ;

– *Tubeless* : enveloppe sans chambre ;

– *Max loads* suivi d'un nombre en lbs (livres anglaises) : charge maximale supportable par le pneumatique.

M + S à côté du type indique une sculpture adaptée à la neige et à la boue.

On peut y trouver également :

– le nombre de plis et la matière constituant la carcasse ;

– le nombre de plis (nappes) et la matière constituant la ceinture, etc.

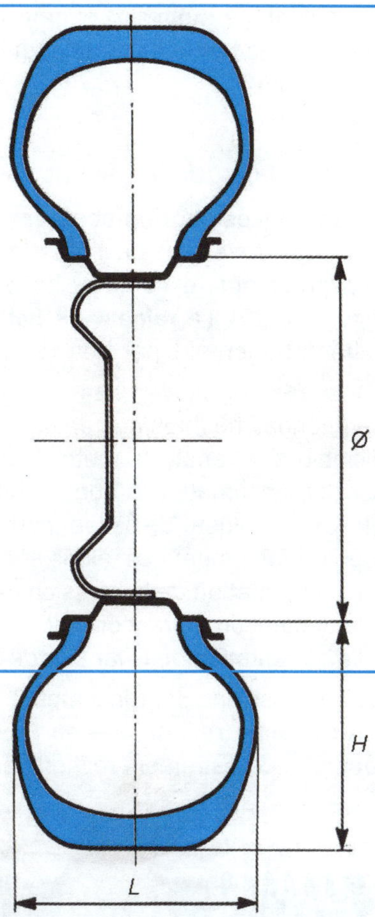

Figure 18.11 • Marquage des pneumatiques.
Exemple : 185/70 R 14 81 H.

- **185** : largeur du boudin 185 mm.
- **/70** : rapport $\frac{H}{L} = 0{,}70$.
- **R** : structure radiale.
- **14** : diamètre du talon, 14 pouces, soit 355 mm.
- **81** : indice de charge.
- **H** : 210 km/h maximum (radial).

Pouces	mm
13	330
14	355
15	380

Quels sont les effets produits par les pneumatiques sur la tenue de route du véhicule ?

Lorsqu'un pneumatique subit un effort latéral, on constate un déplacement relatif du plan de la roue par rapport à celui de la bande de roulement. Ce déport de jante s'ajoute ou se retranche au déport de jante existant.

En roulant, ce mouvement provoque des phénomènes jouant sur la tenue de route et qui sont :
- le **ballant** ;
- la **dérive**.

Qu'est-ce que le ballant ?

Le ballant est le déplacement latéral alternatif de la jante provenant de l'élasticité de l'enveloppe. Il provoque sur le véhicule le phénomène de lacet (figure 18.12). La **raideur de ballant** peut être imagée schématiquement par des ressorts à action latérale (figure 18.13).

Ce phénomène (bien que de faible amplitude) est préjudiciable à la tenue de route. Il est nécessaire de réaliser des pneumatiques dont la **raideur de ballant soit élevée** : la raideur de ballant peut être augmentée par :
- un renforcement des talons et des flancs,
- l'augmentation de la pression de gonflage,
- la diminution du rapport *H/L*,
- l'augmentation de la largeur de la jante.

Ces dispositions sont incompatibles avec la **faible raideur radiale** recherchée en **flexion** (figure 18.14). Il faudra nécessairement rechercher un compromis.

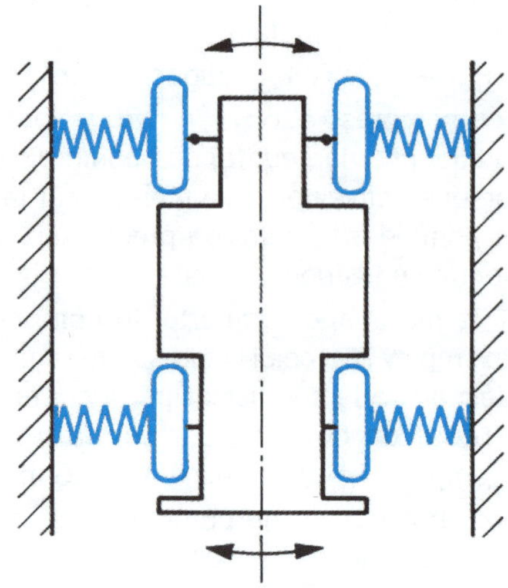

Figure 18.12 • Le ballant des pneumatiques provoque un phénomène de lacet de véhicule.

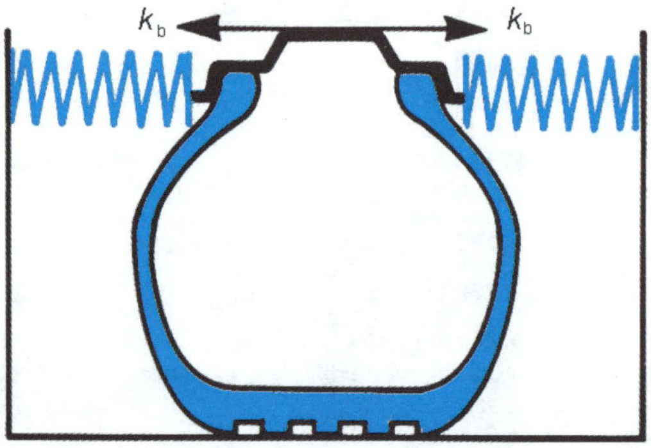

Figure 18.13 • Raideur de ballant (schématisation).

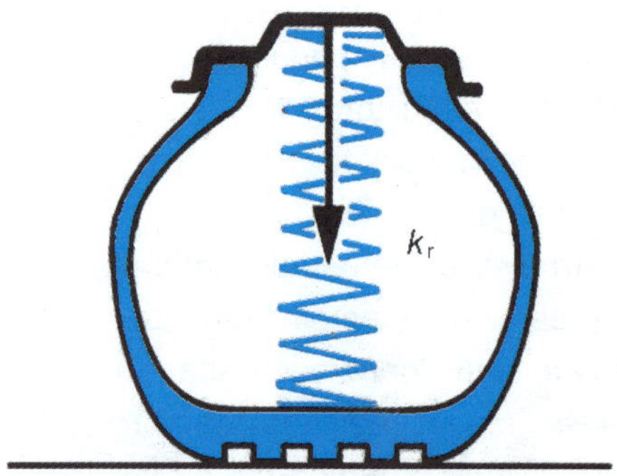

Figure 18.14 • Raideur radiale (schématisation).

Qu'est-ce que la « dérive » ?

Lorsqu'une roue est soumise à une **force latérale** (vent, force centrifuge, etc.) les flancs de l'enveloppe se déforment (figure 18.15). Le plan moyen de la roue ne passe plus par le point de contact central de la bande de roulement avec le sol.

La bande de roulement se déforme, elle aussi. Sa trajectoire n'est plus confondue avec celle de la roue (figures 18.16 et 18.17, page suivante). Ces deux trajectoires forment entre elles un angle appelé **angle de dérive**. Celui-ci varie selon :
- l'effort latéral subi par le pneumatique ;
- la structure de l'enveloppe ;

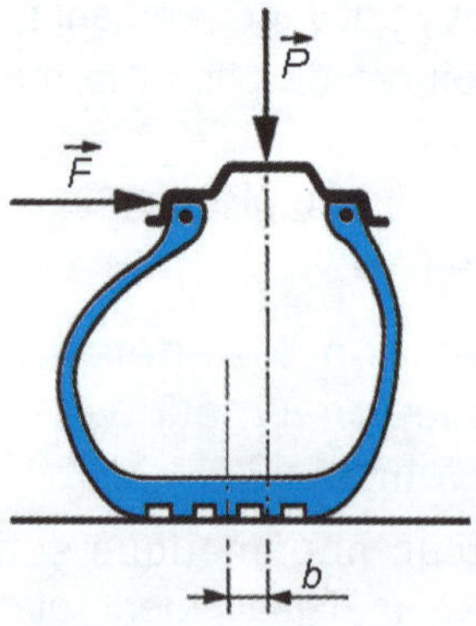

Figure 18.15 • Effet d'un ballant (b) permanent.

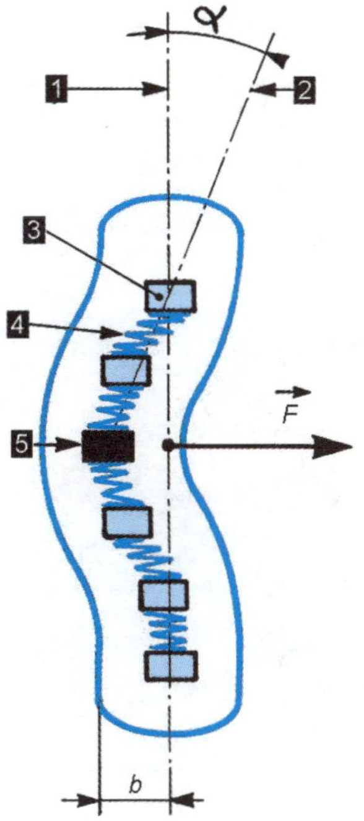

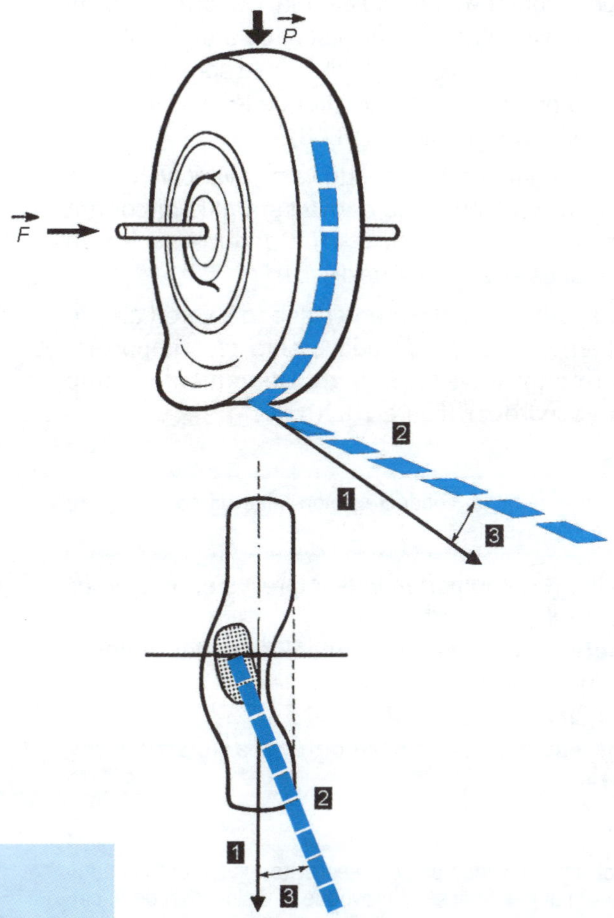

$\vec{F}$: force latérale agissant sur le plan de la roue.
b : ballant ; α : angle de dérive.
❶ Trajectoire théorique de la roue.
❷ Trajectoire de l'enveloppe.
❸ Pain de gomme de la bande de roulement.
❹ Liaison élastique entre chaque pain.
❺ Pain de gomme en contact avec le sol.

Figure 18.16 • Principe de déformation du pneu (document Citroën).

❶ Trajectoire théorique.
❷ Trajectoire réelle.
❸ Angle de dérive.

Figure 18.17 • Dérive (document Citroën).

– la pression de gonflage ;
– la charge radiale ;
– la largeur de la jante ;
– le rapport *H*/*L*.

Quelles sont les conséquences du phénomène de dérive sur la tenue de route des véhicules ?

• En ligne droite, une dérive momentanée se produit lors des coups de vent latéraux. Ces réactions imprévisibles provoquent des variations de trajectoire du véhicule qui obligent à ralentir.

• En virage, l'effort latéral provoqué par la force centrifuge ($F_c = M\omega^2 r$) agit sur chaque roue. Cette force, proportionnelle à la masse du véhicule, s'applique en son centre de gravité.

3

La tenue de route

• Différents comportements selon la place de G. Si le centre de gravité d'un véhicule est situé à une distance égale des deux essieux, l'angle de dérive sera identique sur tous les pneumatiques. On dit que le véhicule a un comportement **neutre** (figure 18.18).

Si le centre de gravité est déporté vers l'avant (véhicules à traction avant), l'angle de dérive sera plus important à l'avant qu'à l'arrière ($\alpha > \beta$). Ce véhicule a une **tendance sous-vireuse** (figure 18.19).

Lorsque le centre de gravité est déporté vers l'arrière (tout à l'arrière) l'angle de dérive sera plus important à l'arrière qu'à l'avant ($\beta > \alpha$). Ce véhicule a une **tendance survireuse** (figure 18.20).

Remarque

Il est plus aisé pour un conducteur non initié de conduire une voiture à tendance sous-vireuse.

Afin d'éviter des comportements imprévus et dangereux du véhicule, il est important de :

– **respecter les pressions préconisées** (qui tiennent compte du comportement du véhicule) ;

– **surgonfler** en cas de charge ;

– **ne pas équiper** un véhicule de pneus de **structures différentes**.

Remarque

Le respect des pressions préconisées évite également l'échauffement anormal des flancs qui provoque la dislocation de la carcasse et l'éclatement du pneu.

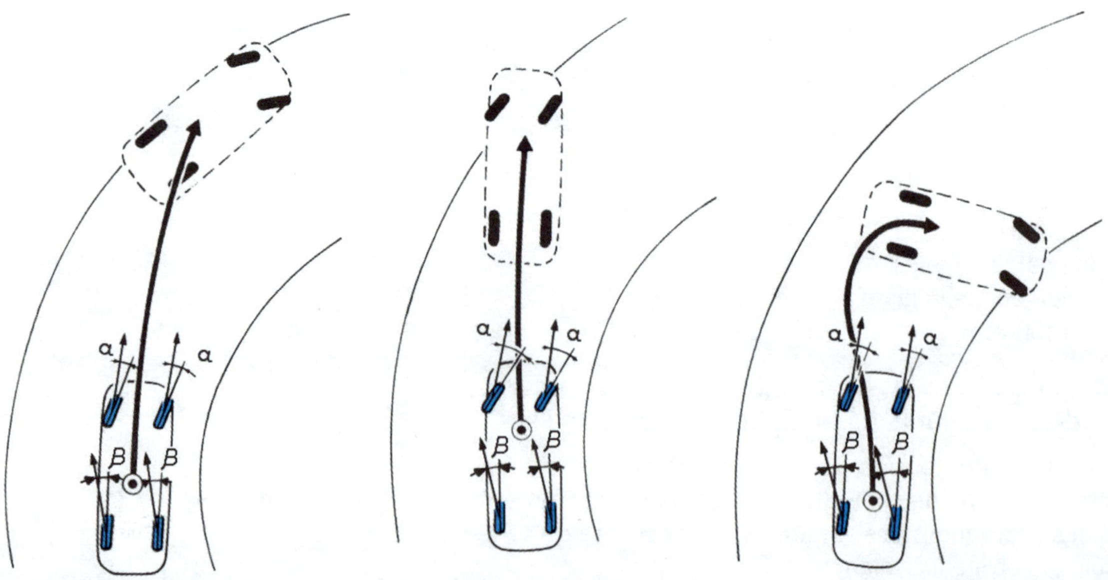

Figure 18.18 • Véhicule neutre : $\alpha = \beta$ (document Citroën). ⊙ centre de gravité.

Figure 18.19 • Véhicule sous-vireur : $\alpha > \beta$ (document Citroën).

Figure 18.20 • Véhicule survireur : $\alpha < \beta$ (document Citroën).

Mémo

- **Définition**

Un pneumatique est un ensemble composé de :
- l'enveloppe, avec ou sans chambre à air ;
- la jante qui, liée à son voile, forme la roue ;
- l'air, sous pression, emmagasiné entre l'enveloppe et la jante.

L'enveloppe comprend : la carcasse, la bande de roulement, les flancs, l'accrochage.

- **Rôle de chaque élément**

L'air supporte la charge et amortit les chocs.

L'enveloppe possède une carcasse qui résiste aux efforts de tension dus à la pression de l'air, un revêtement de gomme qui protège la carcasse et assure l'adhérence de la bande de roulement.

La jante guide l'enveloppe. Grâce à son voile, elle assure la liaison rectiligne et concentrique de la roue avec le moyeu.

- **Différents types de structures des enveloppes**

Diagonale. La carcasse est composée de plusieurs nappes de coton superposées. Chaque trame de nappe est croisée par rapport à l'autre. L'épaisseur de la carcasse est identique sur toute la surface de l'enveloppe.

Radiale. La carcasse est formée de fils juxtaposés dans le sens radial. La bande de roulement est renforcée par une ceinture rigide. Ce type de structure permet :
- un travail en flexion des flancs sans échauffement exagéré ;
- une meilleure filtration des chocs dus à la route ;
- moins de résistance au roulement, d'usure et de pertes d'énergie.

- **Pneumatiques sans chambre**

Un pneumatique sans chambre comprend :
- une enveloppe dont le calandrage est étanche ;
- une jante au profil particulier ;
- une valve montée étanche sur la jante.

Ce type de pneumatique évite la mise à plat instantanée en cas de crevaison.

- **Matériaux utilisés**

Carcasse en rayonne, polyester ou nylon.
Ceinture en acier tressé.
Revêtement composé de caoutchouc naturel et synthétique, de noir de fumée, de soufre, etc.

- **Marquage des pneumatiques**

1er nombre : largeur du boudin de flanc à flanc.
S, H et V : indices de vitesse maximale.
R : structure radiale.
2e nombre : diamètre de l'enveloppe à la base du talon.
Le rapport H/L peut être indiqué à la suite du premier nombre.
Il n'y a aucune indication si le pneu est de série 80 (H/L = 0,80).

- **Réactions dynamiques des pneumatiques**

Les efforts latéraux agissant sur le véhicule provoquent :
- le ballant, déplacement alternatif de la jante par rapport à la bande de roulement qui produit sur le véhicule un phénomène de lacets ;
- la dérive, angle formé par la trajectoire de la roue et la trajectoire de la bande de roulement, lors d'un effort latéral permanent.

En virage, si la dérive des pneus avant est :
- supérieure à celle des pneus arrière, le véhicule est sous-vireur ;
- inférieure à celle des pneus arrière, le véhicule est surviveur.

Testez vos connaissances

1. Quel est le rôle des sculptures sur un pneumatique ?

- ☐ **a.** renforcer la bande de roulement
- ☐ **b.** diminuer l'usure
- ☐ **c.** évacuer l'eau

2. La diminution du rapport *H/L* permet de diminuer (2 réponses) :

- ☐ **a.** la dérive
- ☐ **b.** le ballant
- ☐ **c.** le diamètre de la roue
- ☐ **d.** la largeur du pneu

3. La dérive d'un pneu est d'autant plus grande que (2 réponses) :

- ☐ **a.** sa pression est faible
- ☐ **b.** sa pression est forte
- ☐ **c.** sa hauteur est grande
- ☐ **d.** sa hauteur est faible

4. Calculez le diamètre d'une roue d'après le marquage 180/50 R 14 sur son flanc :

- ☐ **a.** 380 mm
- ☐ **b.** 670 mm
- ☐ **c.** 760 mm

5. Dans l'exemple de la question 4, calculez la distance en mètres parcourue par tour :

- ☐ **a.** 2,38 m
- ☐ **b.** 2,83 m
- ☐ **c.** 1,83 m

Pour aller plus loin

1. *Relevez les caractéristiques de pneumatiques ainsi que celles des véhicules qu'ils équipent.*

2. *Quelles sont les conséquences du montage sur un véhicule :*
– de pneumatiques de largeur supérieure à celle préconisée ?
– de jantes larges ou dont le déport de jante est différent de celui de la jante d'origine ?

3. *Décodez chacun des termes du marquage suivant : 185/65 R15 88T.*

Maintenance

Sur le plan pratique, il est nécessaire d'étudier les 3 fiches suivantes du manuel de *Maintenance automobile : le savoir-faire* :

- Fiche n° 23 - Contrôler les pneumatiques ; niveau 1.
- Fiche n° 24 - Remplacer une enveloppe ; niveau 1.
- Fiche n° 53 - Équilibrer une roue ; niveau 2.

L'équipement électrique

CHAPITRE 4

19 L'éclairage et la signalisation

■ Que comprend le système d'éclairage (figure 19.1) ?

Comme tout circuit électrique il comprend :
❶ un **générateur statique**, la batterie ; un **générateur dynamique**, l'alternateur qui débite en parallèle avec la batterie ;
❷ un **interrupteur**, le combiné d'éclairage ;
❸ un ou des **récepteurs**, les projecteurs ;
❹ des **conducteurs** d'alimentation et de retour du courant.

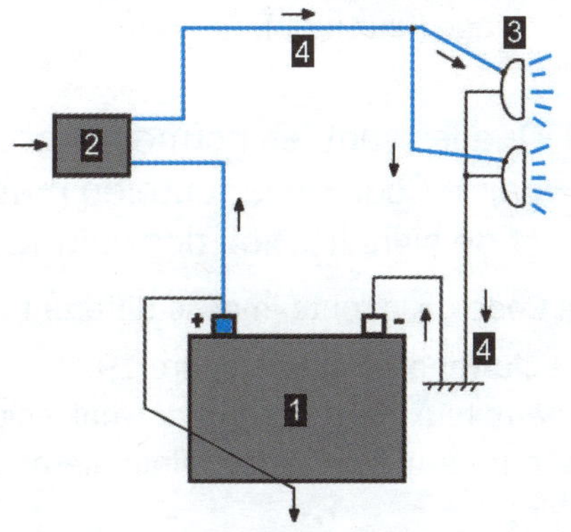

Figure 19.1 • Principe du système d'éclairage.

→ sens conventionnel de circulation du courant.

■ Observons le système d'éclairage.

À la figure 19.2, nous voyons que :
❶ Le **courant** continu venant du circuit de charge est **stocké** dans la batterie d'accumulateurs.
❷ Le conducteur agit sur le **combiné d'éclairage**.
❸ Les **projecteurs** s'allument et diffusent un **faisceau lumineux**.

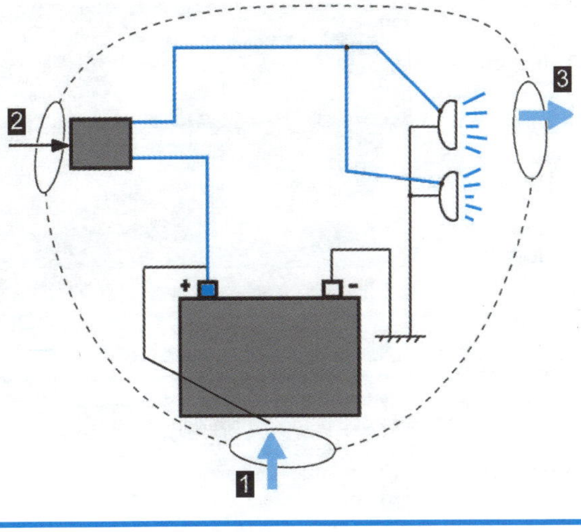

Figure 19.2 • Frontière du système d'éclairage.

Quelle est la fonction globale du système d'éclairage ?

Lorsque le soleil se couche, le conducteur agit sur le combiné d'éclairage.

Les **projecteurs éclairent en avant du véhicule** selon les règles définies par le Code de la route. Ils transforment l'énergie électrique en énergie lumineuse.

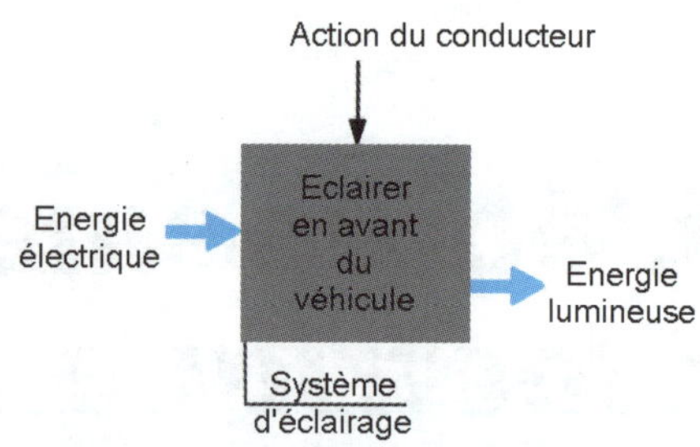

Figure 19.3 • Fonction globale simplifiée du système d'éclairage.

Qu'entend-on par éclairage et signalisation ?

L'**éclairage** d'un véhicule comprend les projecteurs avant répondant à la fonction « voir ».

La **signalisation** comprend :

• l'ensemble des feux nécessaires à la circulation de nuit répondant à la fonction « être vu » ;

• les feux permettant au conducteur de signaler aux autres usagers, de jour comme de nuit, ses modifications de conduite :

– changement de direction (clignotants),

– freinage (feux stop).

Figure 19.4 • Bloc optique à deux fonctions :
– croisement ;
– route.
(document Citroën).

Quelles sont les normes imposées par le Code de la route en matière d'éclairage et de signalisation des voitures particulières ?

Le Code de la route impose différentes normes.

• **Éclairage à l'avant** (figure 19.4) :

– deux feux de route qui doivent éclairer efficacement la route à une distance minimale de 100 m par temps clair ;

– deux feux de croisement de couleur jaune ou blanche, dont le faisceau rabattu doit éclairer à 30 m minimum sans éblouir les autres usagers.

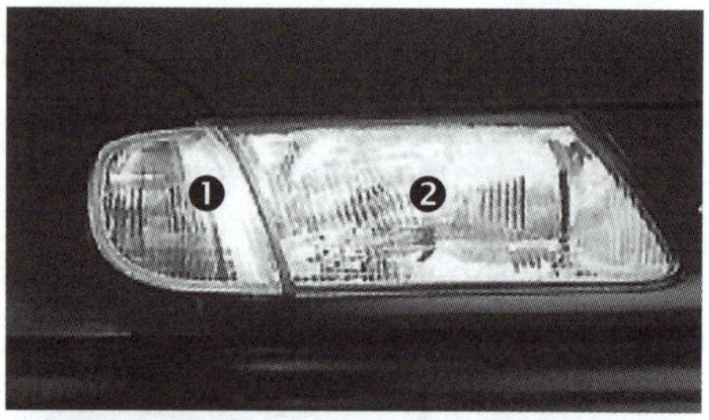

Figure 19.5 • Feu avant (document Cibié).

❶ Clignotant.
❷ Feu de position.

• **Signalisation à l'avant** (figure 19.5) :

– deux feux de position visibles à 150 m, par temps clair (couleur blanche ou orangée) ;

– deux indicateurs de changement de direction, les clignotants (couleur blanche ou orangée) ;

• **Signalisation à l'arrière** (figure 19.6) :

– deux feux rouges, non éblouissants, visibles à 150 m, par temps clair ;

– un dispositif éclairant la plaque d'immatriculation et la rendant lisible à 20 m par temps clair ;

– deux feux stop, orangés ou rouges, non éblouissants ;

– deux indicateurs de changement de direction (orange ou rouge) ;

– deux dispositifs réfléchissant une lumière rouge lorsqu'ils sont éclairés par les feux de route d'une voiture suiveuse (visible à 100 m).

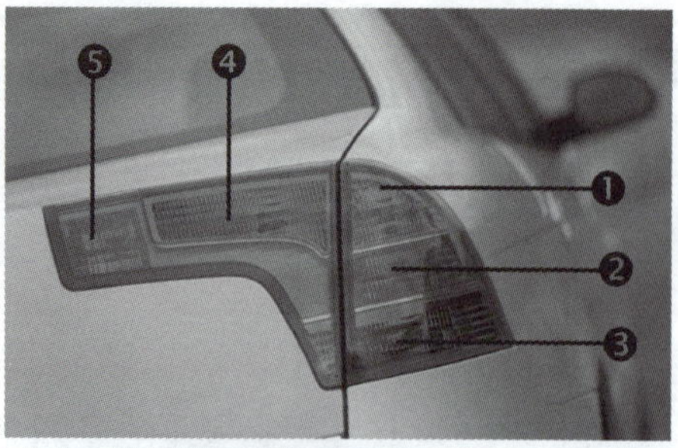

Figure 19.6 • Bloc arrière (document PSA Peugeot Citroën).

❶ Changement de direction (clignotant).
❷ Feu de position arrière.
❸ Feu de stop.
❹ Feu arrière de brouillard.
❺ Feu de recul.

Les feux rouges arrière et l'éclairage de plaque doivent s'allumer en même temps que l'éclairage avant.

En cas de panne ou de toute cause nécessitant l'arrêt imprévu du véhicule sur la chaussée, le conducteur doit placer un triangle de présignalisation à 30 m en amont de son véhicule ou utiliser un **signal de détresse** qui met simultanément en circuit les quatre feux indicateurs de changement de direction (*warning*).

Remarque

Le Code de la route précise la puissance maximale des lampes à utiliser dans ces différents feux.

■ Quels sont les équipements complémentaires utiles mais non obligatoires ?

Un véhicule peut être équipé d'un certain nombre d'accessoires électriques. Bien que non obligatoires, ils sont soumis à la réglementation du Code de la route. On peut citer notamment :
– les projecteurs antibrouillard (figure 19.7), intégrés dans le bouclier avant du véhicule.

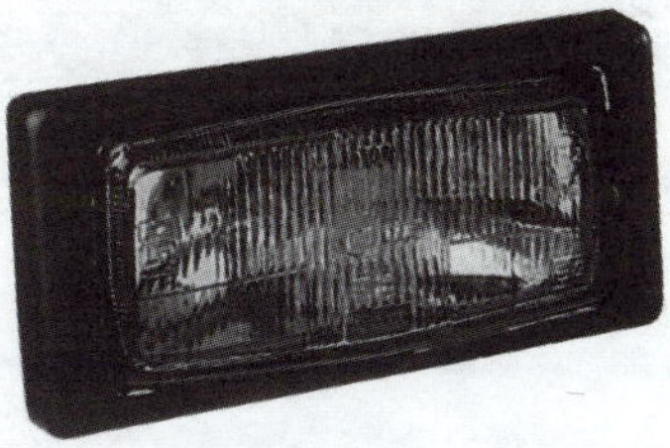

Figure 19.7 • Projecteur complémentaire antibrouillard.

■ Quelle est l'origine de l'intensité lumineuse des projecteurs ?

La source lumineuse est une **lampe à incandescence**. Le flux lumineux qu'elle émet (dans toutes les directions) est fonction de :
– sa puissance électrique ($P = UI$) ;
– sa conception (nature du filament, du gaz qu'elle contient, etc.).

Pour obtenir un faisceau lumineux dirigé, il est nécessaire de **concentrer les rayons et de les réfléchir** dans la direction désirée. Cette condition est réalisée par la mise en place de la lampe dans un **projecteur parabolique**.

■ Quels sont les éléments constitutifs d'un projecteur ?

Un projecteur comprend principalement (figure 19.8) :

• un bloc optique composé :
– d'un miroir parabolique,
– d'une glace ;

• un porte-lampe fixé sur le bloc optique ;

• une lampe dont le type et la puissance sont adaptés au porte-lampe qui la positionne dans le bloc optique ;

4

L'équipement électrique

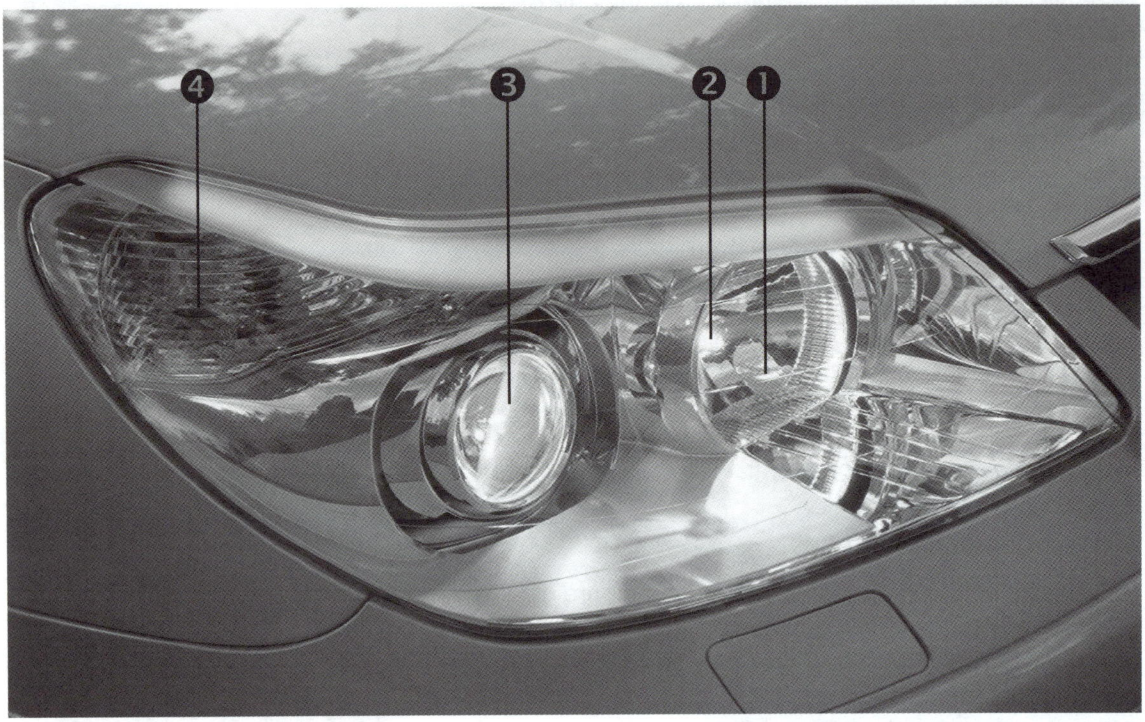

Figure 19.8 • Bloc optique avant (document PSA Peugeot Citroën).

1 Feu de position.
2 Feu de croisement.
3 Feu de route.
4 Indicateur de changement de direction (clignotant).

• un cuvelage fixé sur un élément de la carrosserie, il supporte l'optique de phare. Les points de fixation de l'optique comportent un dispositif de réglage pour les projecteurs principaux.

Remarque

Le système de réglage est fixé sur le bloc optique ; prenant appui sur le cuvelage, il permet le réglage vertical et horizontal du phare.

■ Qu'est-ce qu'un miroir parabolique ?

Une **parabole** (*P*) – notion mathématique – est une ligne courbe dont chacun des points est équidistant d'un point fixe appelé foyer (F) et d'une droite fixe appelée directrice (*d*) (figure 19.9).

Un **miroir parabolique** est une surface réfléchissante concave obtenue par rotation d'une parabole autour d'une directrice.

■ Comment la réflexion lumineuse est-elle obtenue ?

Si une source lumineuse (S) est placée :
– au foyer de la parabole, on constate que tous les rayons réfléchis sont **parallèles** à la directrice (figure 19.9, page suivante) ;

– en arrière du foyer, les rayons sont **divergents** (figure 19.10A) ;
– en avant du foyer, les rayons sont **convergents** (figure 19.10B).

Dans un projecteur de route, la source lumineuse ❶ devra être placée au foyer de la parabole (figure 19.10C). Dans un projecteur de croisement, la source lumineuse ❷ devra être placée en avant du foyer (figure 19.10D).

Les rayons émis vers le bas seront arrêtés par un petit **écran déflecteur** ❸ appelé également coupelle, dirigés vers le haut, puis réfléchis vers le bas par la parabole.

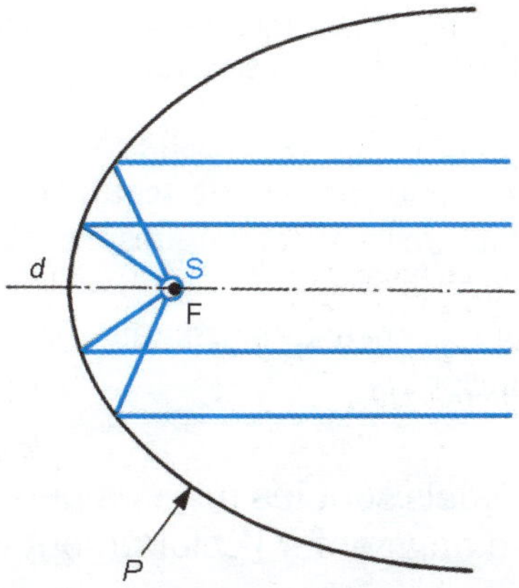

Figure 19.9 • Réflexion des rayons lumineux par un miroir parabolique.
La source est placée au foyer.

P : parabole.
d : directrice.
F. Foyer.
S. Source lumineuse.

Quelles sont les fonctions de la glace ?

La glace a pour fonction :
– de **protéger** le miroir parabolique des agents atmosphériques qui risquent de ternir la fine couche réfléchissante qui le recouvre ;
– de **diffuser** les rayons lumineux, par un effet de prisme, afin de former des zones d'éclairement adaptées à l'utilisation du projecteur.

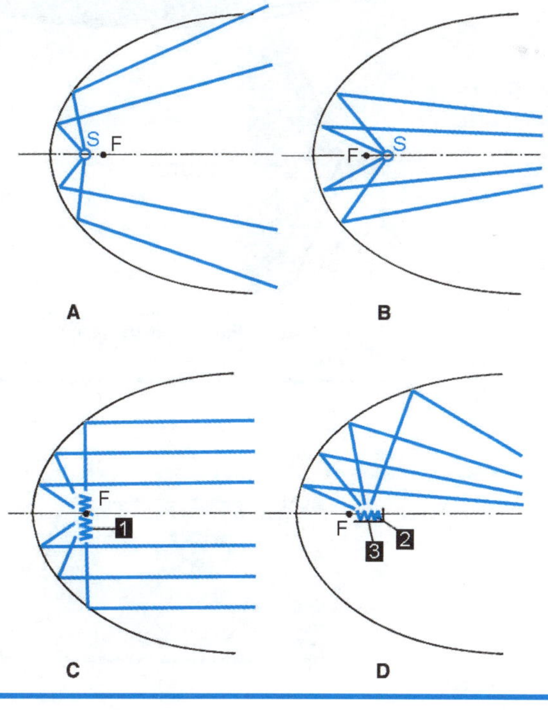

❶ Filament route.
❷ Filament croisement.
❸ Déflecteur.

Figure 19.10 • Différentes directions de réflexion des rayons lumineux par un miroir parabolique.
A. Source en arrière du foyer.
B et **D.** Sources en avant du foyer.
C. Source au foyer.

Exemple

Une glace striée dans le sens vertical disperse les rayons horizontalement (figure 19.11).

Cette propriété est utilisée :

– pour une partie du faisceau de croisement en vue de permettre l'éclairement des bas-côtés de la route ;

– dans les projecteurs antibrouillard qui nécessitent une plage lumineuse horizontale passant sous la nappe de brouillard.

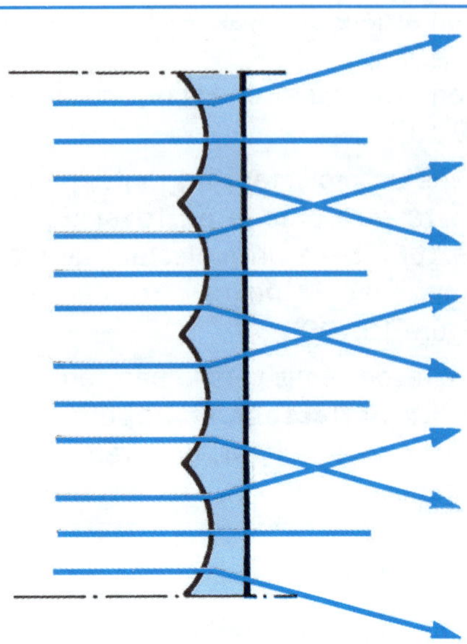

Figure 19.11 • Glace striée : dispersion des rayons.

Quels sont les moyens permettant d'augmenter l'éclairement d'un projecteur ?

Rappel

Un flux lumineux de 1 lumen, tombant perpendiculairement et de façon uniforme sur une surface de 1 m^2, produit un éclairement de 1 lux.

L'unité d'éclairement est le lux. L'éclairement est proportionnel à l'intensité lumineuse de la source et inversement proportionnel au carré de la distance.

La valeur de l'éclairement à une distance donnée est donc fonction :

– du flux lumineux de la lampe ;

– de la surface du miroir parabolique et de sa qualité ;

– de la propreté de la lampe et de la glace.

Les projecteurs de forme rectangulaire sont en général construits sur la base d'un miroir de grand diamètre dont on a tronqué les deux demi-lunes verticales (figure 19.13). Cette disposition augmente notablement l'efficacité des projecteurs.

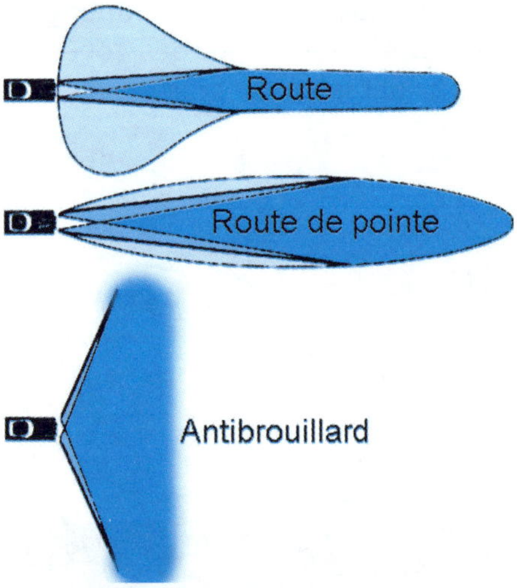

Figure 19.12 • Projecteurs d'appoint (document Cibié).

Remarque

Grâce aux nouveaux types de lampes puissantes (lampes à décharges), les paraboles peuvent être de très petit diamètre (➔ Pages suivantes).

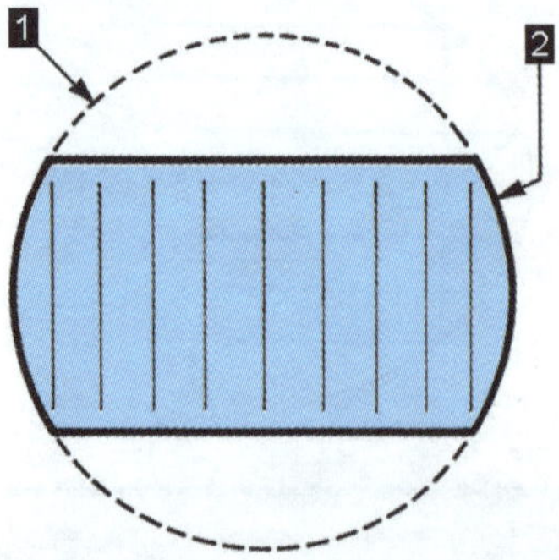

Figure 19.13 • Projecteur de forme rectangulaire.

❶ Miroir parabolique de base de fort diamètre.
❷ Optique « rectangulaire » à éclairement élevé.

Quels sont les différents types de lampes utilisées en automobile ?

Elles sont de trois conceptions différentes.

• Les **lampes à gaz neutre** et filament **sous vide** (lampes classiques) sont utilisées pour :

– les projecteurs de route et de croisement ;

– les autres sources lumineuses du véhicule.

• Les **lampes à iode** ou à **halogène** sont utilisées pour :

– les projecteurs de croisement et de route dans le cas de véhicules de haut de gamme ;

– les projecteurs de complément, antibrouillard et longue portée.

• Les **lampes à décharge** ont une intensité lumineuse très élevée et produisent une lumière proche de la lumière du jour.

■ Quel est le principe d'une lampe classique ?

Dans une ampoule étanche, contenant un gaz neutre (argon ou azote) injecté sous vide ($p < p_a$), est placé un filament en tungstène, relié à deux électrodes en liaison avec l'extérieur. Le filament se comporte comme une résistance (figure 19.14).

Lorsqu'il est parcouru par un courant électrique, il se produit un **dégagement de chaleur** et une **brillance intense** du filament.

La présence du gaz neutre (absence d'oxygène) évite l'oxydation rapide du filament. Mais la chaleur dégagée **évapore** lentement le **tungstène** :
– les vapeurs de tungstène se déposent sur la paroi intérieure de l'ampoule et forment un écran aux rayons lumineux ;
– le filament diminue de section puis se coupe (on dit que la lampe est « grillée »).

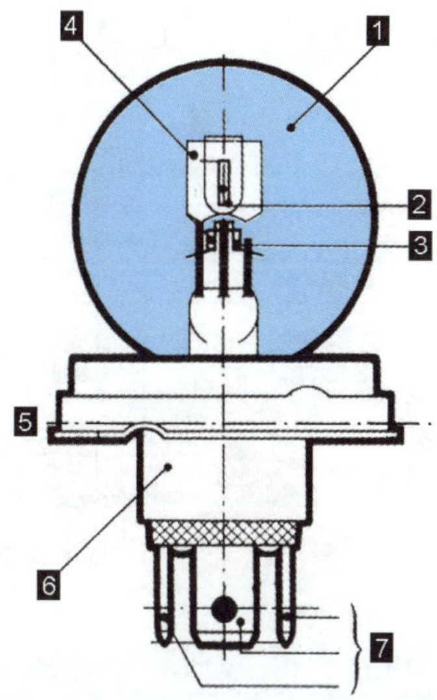

Figure 19.14 • Lampe dite « code européen ».

❶ Gaz neutre argon ou azote.
❷ Filament croisement.
❸ Filament route.
❹ Coupelle déflectrice croisement.
❺ Positionnement sur parabole.
❻ Culot.
❼ Languettes de connexion.

■ Quelle est la constitution de la lampe dite « code européen » ?

La lampe comporte deux filaments. Le filament croisement est plus avancé et comporte un **déflecteur** qui oriente les rayons vers le haut de la parabole et vers la gauche. Après réflexion le faisceau permet d'éclairer de façon asymétrique, plus à droite qu'à gauche (figure 19.15).

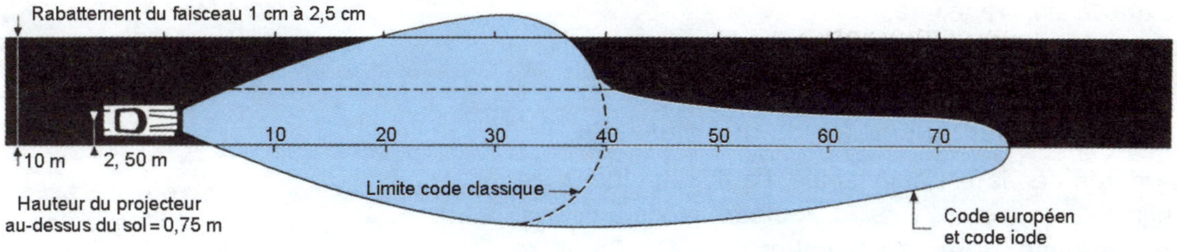

Figure 19.15 • Faisceau obtenu grâce à la tôle déflectrice des lampes : code européen et H_4 en feu de croisement (document Cibié).

■ Quel est le principe de la lampe à halogène ?

Dans une ampoule étanche en verre de silice, contenant dans un gaz neutre (krypton) des **éléments halogènes**, est placé un filament au tungstène.

4
L'équipement électrique

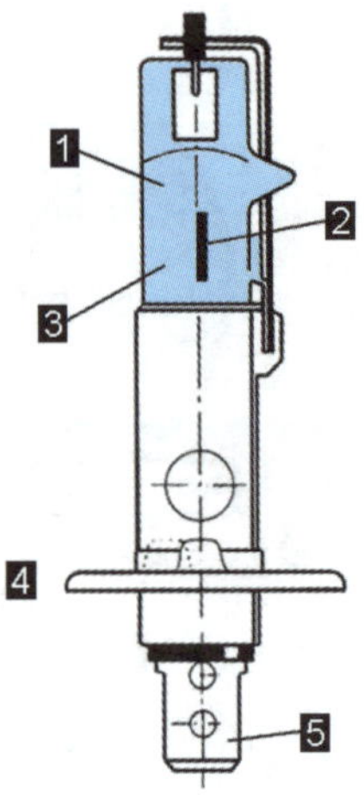

Figure 19.16 • Lampe à halogène dite « lampe à iode », type H_1 à une seule fonction.

❶ Verre de silice.
❷ Filament tungstène.
❸ Gaz neutre krypton + halogènes.
❹ Plan de positionnement et de mise à la masse.
❺ Languette de connexion.

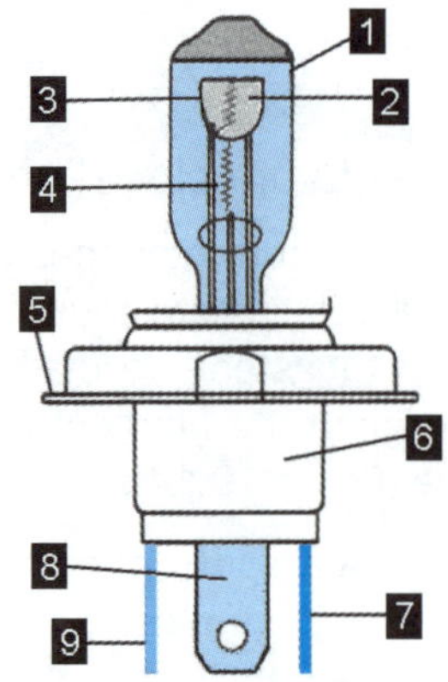

Figure 19.17 • Lampe H_4 à deux fonctions : croisement et route.

❶ Verre de silice.
❷ Coupelle.
❸ Filament croisement.
❹ Filament route.
❺ Plan de positionnement.
❻ Culot.
❼ Languette route.
❽ Languette croisement.
❾ Languette masse.

Le mélange halogène est constitué d'iode, de brome et de fluor. La présence de ce mélange a pour but de réaliser un cycle appelé cycle halogène qui permet d'augmenter la température du filament sans diminuer sa durée de vie.

■ Quel est le principe du cycle halogène ?

En fonctionnement, la chaleur dégagée par le filament provoque la vaporisation d'une partie du tungstène. Le cycle halogène permet à ces vapeurs de se redéposer sur le filament pendant le refroidissement. Le filament se trouve ainsi **régénéré**.

■ Quels sont les avantages de la lampe halogène par rapport à la lampe classique ?

Sa durée de vie est augmentée. Le flux lumineux est augmenté et la couleur est plus **claire**, grâce à l'élévation de température du filament (3 200 °C contre 2 800 °C pour la lampe classique).

■ Quel est le principe de la lampe à décharge ?

La lampe à décharge ne comporte pas de filament (figure 19.18). Un arc électrique est créé entre deux électrodes par ionisation d'un gaz (xénon) contenu dans une bulle en quartz appelée **brûleur**.

L'apparition de l'arc est obtenu grâce à une différence de potentiel élevée entre les deux électrodes.

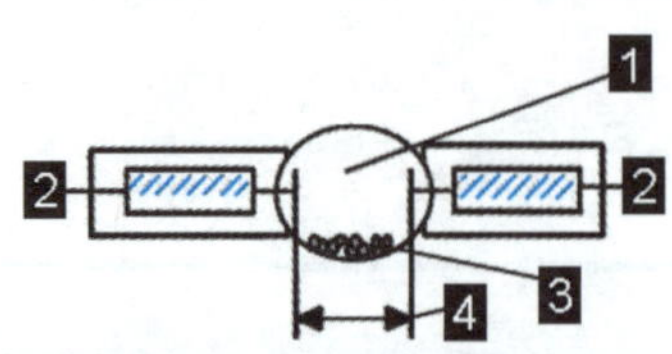

Figure 19.18 • Lampe à décharge.

❶ Brûleur rempli au xénon.
❷ Électrodes.
❸ Sels.
❹ Espacement des électrodes.

Cette élévation de tension est réalisée par un **boîtier électronique** interposé entre l'interrupteur et les lampes. Il doit être capable de débiter sous **20 kV au moment de l'allumage** pour se stabiliser à 85 V après évaporation des sels.

Figure 19.19 • Phase allumage : 20 kV entre les électrodes.

Figure 19.20 • Phase chauffage : évaporation des sels.

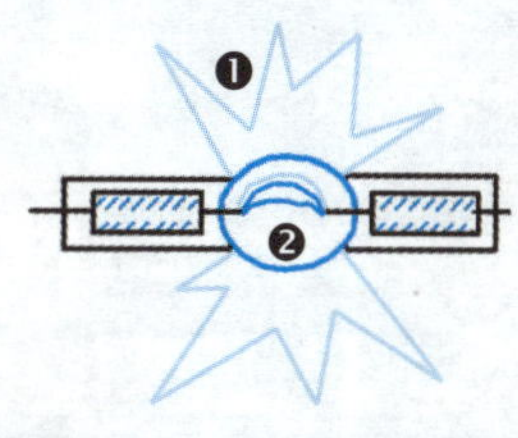

Figure 19.21 • Régime stabilisé.

❶ Lumière diffuse.
❷ Arc électrique.
Intensité lumineuse : 3 200 lumen.
Température : 4 200 °C.
Puissance électrique absorbée : 35 W.

■ Quels sont les avantages de la lampe à décharge ?

• Par comparaison avec la lampe à halogène, à puissance égale, le flux lumineux est multiplié par **trois** et sa durée de vie par **six**. Ce qui correspond sensiblement à la durée de vie du véhicule.

• La luminosité est plus proche de la lumière du jour grâce à la température élevée de l'arc (4 200 °C).

• Le diamètre des projecteurs est diminué et s'intègre mieux dans le profil avant du véhicule.

Remarque

La réglementation oblige les véhicules équipés de ce type de projecteurs à posséder des dispositifs :
- de correction d'assiette automatique ;
- de lave-phares.

■ Quels sont les types de lampes utilisées en automobile ?

Les projecteurs sont en général équipés de lampes de type H_4 halogène à deux fonctions : croisement et route.

On peut également rencontrer des véhicules équipés de quatre projecteurs : deux feux de croisement et deux de route. Ils sont alors munis de lampes à une seule fonction :

- lampes à halogène (H_1, H_2 ou H_3) ;
- lampes à décharge (D_2, figure 19.22).

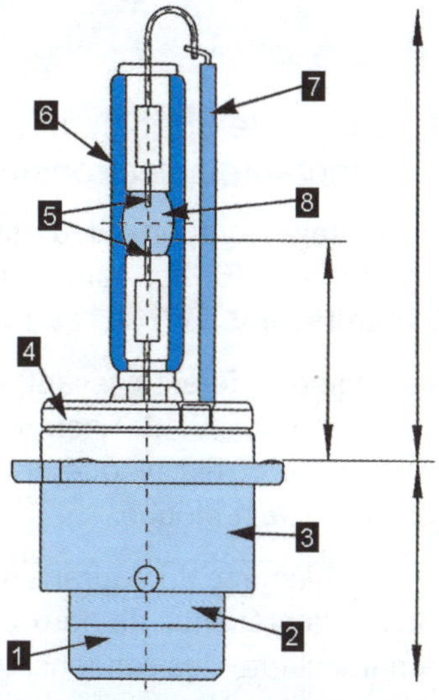

Figure 19.22 • Lampe type D_2 à décharge.

❶ Contact central.
❷ Bague de contact.
❸ Culot.
❹ Isolant haute tension.
❺ Électrodes.
❻ Enveloppe de protection.
❼ Tube céramique isolant.
❽ Brûleur.

Les lampes de type classique sont utilisées pour la signalisation. Elles se présentent sous diverses formes : poirette, graisseur, navette. Leur puissance va de 5 à 21 W suivant la fonction.

■ Quel est le branchement nécessaire aux phrases de complément ?

Les projecteurs de brouillard ou à longue portée nécessitent un branchement particulier. La puissance des lampes (2 fois 55 W en H_3 par exemple) nécessitent l'interposition d'un relais.

A

B

Figure 19.23 • Principe des feux de route directionnels (document PSA Peugeot Citroën).

A. Éclairage normal en ligne droite.
B. Les phares directionnels anticipent sur le véhicule dans le virage.

Quel est le principe utilisé dans les centrales clignotantes électroniques ?

Le montage comporte deux **transistors** (T_1 et T_2) dont chaque base (B) est commandée par le **circuit émetteur-collecteur** (E-C) de l'autre (figure 19.24).

Ainsi, lorsque T_1 est passant, par E_1-C_1, T_2 a son circuit de commande (E_2-B_2) soumis à une tension nulle ou insuffisante et est bloqué. Inversement, lorsque T_2 est passant, T_1 est bloqué.

Le basculement du courant de commande est obtenu grâce à la présence de deux **condensateurs** (Q_1 et Q_2). La particularité des condensateurs est de laisser passer une quantité d'électricité pendant le laps de temps où il se charge ou se décharge.

La charge ou la décharge sont obtenues par la mise en circuit des transistors. Si nous remplaçons la résistance R_1 (ou R_2) par une ou deux lampes de résistance équivalente, nous constatons leur clignotement. Ce montage électronique est appelé **multivibrateur astable**.

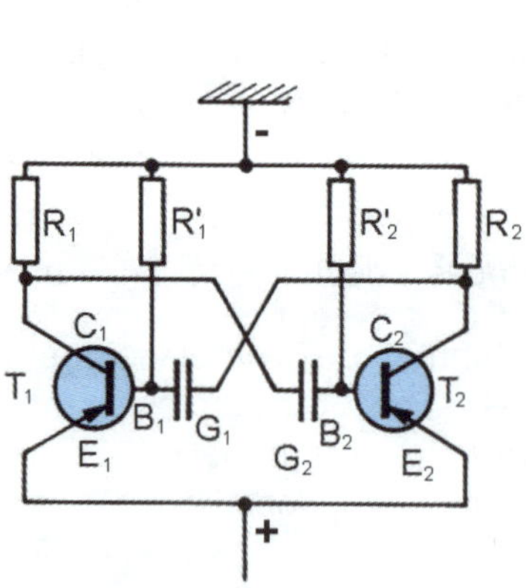

Figure 19.24 • Principe de multivibrateur astable utilisé dans les centrales électroniques.

T. Transistor.
E. Émetteur.
B. Base.
C. Collecteur.
Q. Condensateur.
R. Résistance.

Mémo

- **Définition**

L'éclairage comprend les appareils électriques permettant :
– de voir (les projecteurs) ;
– d'être vu (les feux de position).
La signalisation regroupe les feux permettant au conducteur de signaler ses modifications de conduite : feux stop, indicateurs de changement de direction.

- **Constitution d'un projecteur**

Un projecteur comprend principalement :
– un bloc optique composé d'un miroir parabolique et d'une glace ;
– un porte-lampe fixé au miroir parabolique qui donne la position convenable de la lampe ;
– une lampe de type et de puissance adaptés à la destination du projecteur ;
– un cuvelage qui sert d'élément de liaison entre la carrosserie et le bloc optique.

- **Le miroir parabolique**

Une parabole est une ligne courbe dont tous les points sont équidistants d'un point fixe appelé foyer.
Pour le projecteur de route, le filament de la lampe est placé au foyer ; tous les rayons sont réfléchis parallèlement.
Pour le projecteur de croisement, le filament est en avant du foyer, les rayons supérieurs sont rabattus par la parabole, les rayons inférieurs sont arrêtés par un écran déflecteur appelé coupelle.

- **Les lampes**

– *Lampe classique.* Dans une ampoule étanche, contenant un gaz neutre injecté sous vide, est placé un filament au tungstène. Lorsque le filament est parcouru par un courant électrique, sa brillance permet à la lampe de produire un flux lumineux. Ces lampes sont de moins en moins utilisées pour les projecteurs, mais équipent tous les autres feux.
– *Lampe à halogène.* Dans une ampoule étanche, en verre de silice, contenant un gaz neutre (krypton + halogène) dont la pression est supérieure à la pression atmosphérique, est placé un filament au tungstène. Le cycle halogène permet la régénération du filament dont la durée de vie est prolongée. L'élévation possible de la température du filament augmente le flux lumineux produit. Ces lampes sont utilisées pour les projecteurs principaux et de complément.
– *Lampe à décharge.* Celle-ci produit un arc électrique par ionisation d'un gaz entre deux électrodes. L'élévation de tension nécessaire est réalisée par un boîtier électronique. Le flux lumineux est très important grâce à une température de fonctionnement de 4 200 °C.

Testez vos connaissances

1. Dans une lampe H_4, le filament croisement est placé par rapport au foyer de la parabole :

☐ **a.** en avant du foyer
☐ **b.** au foyer
☐ **c.** en arrière du foyer

2. Une ampoule de 60 W sous 12 V consomme :

☐ **a.** 0,5 A
☐ **b.** 5 A
☐ **c.** 7,2 A

3. Pour les projecteurs de forte puissance, leur interrupteur doit être protégé par :

☐ **a.** un condensateur
☐ **b.** un relais
☐ **c.** un deuxième interrupteur

Testez vos connaissances

4. Si l'on charge le coffre arrière d'un véhicule sans correcteur d'assiette automatique, il faut :

- ☐ **a.** relever le faisceau
- ☐ **b.** diminuer l'intensité du faisceau
- ☐ **c.** baisser le faisceau

5. La puissance d'une ampoule de feu de position doit être de :

- ☐ **a.** 5 W
- ☐ **b.** 15 W
- ☐ **c.** 21 W

6. La puissance d'une ampoule de stop doit être de :

- ☐ **a.** 5 W
- ☐ **b.** 15 W
- ☐ **c.** 21 W

Pour aller plus loin

Recherchez le schéma de branchement de projecteurs antibrouillard sur le schéma de câblage général d'un véhicule de votre choix. Reproduisez le schéma.

Maintenance

Sur le plan pratique, il est nécessaire d'étudier les 3 fiches suivantes du manuel de *Maintenance automobile : le savoir-faire* :

- Fiche n° 26 - Contrôler l'éclairage et la signalisation ; niveau 1.
- Fiche n° 29 - Poser une prise de remorque.
- Fiche n° 56 - Régler les phares ; niveau 2.

20 Les batteries d'accumulateurs

Qu'entend-on par batterie d'accumulateurs ?

Le terme « batterie » indique le regroupement dans le même bac d'un certains nombre d'**éléments d'accumulation** électriques permettant le **stockage** d'un courant de tension et d'intensité suffisante pour satisfaire au fonctionnement de tous les accessoires électriques du véhicule (figure 20.1).

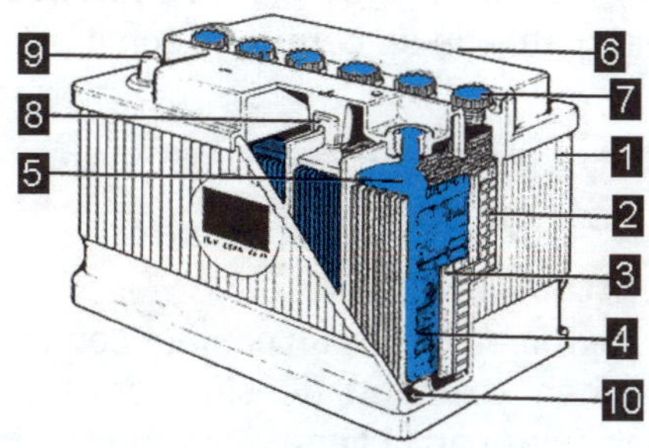

Figure 20.1 • Éléments constitutifs d'une batterie d'accumulateurs.

❶ Bac.
❷ Plaque négative.
❸ Séparateur.
❹ Plaque positive.
❺ Pont ou barrette.
❻ Couvercle.
❼ Bouchon de remplissage ventilé.
❽ Connexion.
❾ Borne négative.
❿ Fond de récupération de la matière active.

Quel est le principe de fonctionnement du système électrique ?

Observons le système électrique schématisé sur les figures 20.2A et B.

• **Moteur arrêté** (figure 20.2A). L'alternateur (G) ne débite pas. Une énergie électrique est nécessaire pour :
- alimenter l'allumage (essence) ou le préchauffage (Diesel) ;
- actionner le démarreur ;
- alimenter des accessoires (éclairage, contrôles, etc).

Dans ce cas, l'énergie électrique est fournie par la **batterie**.

• **Moteur en marche.** À faible vitesse, la puissance consommée par les accessoires en service peut dépasser la puissance fournie par l'alternateur, dans ce cas l'accumulateur fournit le complément nécessaire.

Lorsque le moteur tourne à un régime plus élevé, l'**alternateur** débite suffisamment pour :
- alimenter tous les accessoires ;
- maintenir la batterie en état de charge maximale (figure 20.2B).

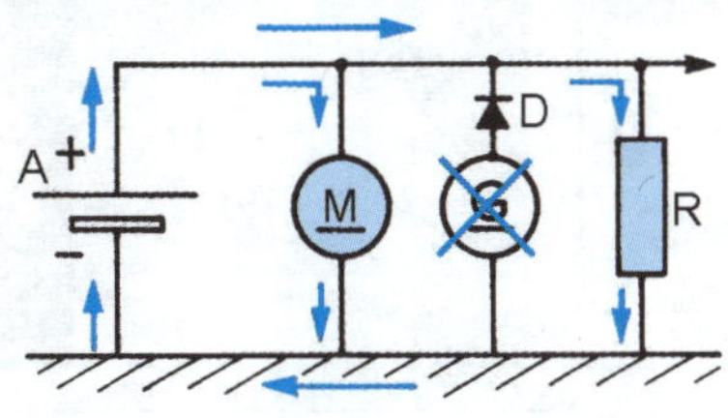

Figure 20.2A • Moteur arrêté.

A. Accumulateur • batterie.
M. Moteur électrique • démarreur.
G. Génératrice • alternateur.
R. Résistance • récepteurs.

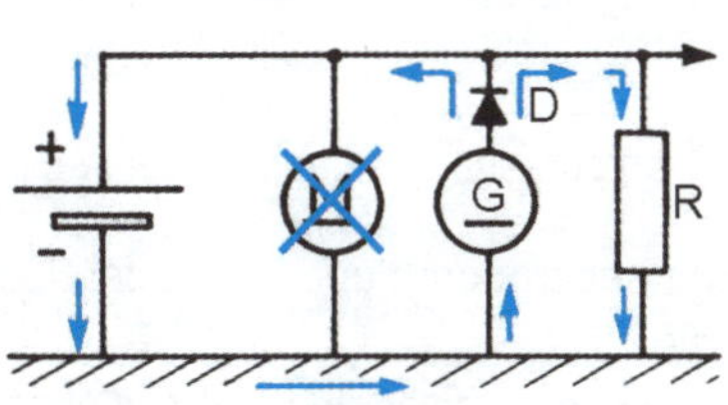

Figure 20.2B • Moteur tournant.

4

L'équipement électrique

Sous quelle forme le courant est-il stocké ?

Le courant électrique ne peut être stocké que sous la **forme continue**. En effet, il n'est pas possible de stocker le courant alternatif qui, par définition, change de sens à chaque demi-période (figure 20.3).

Les alternateurs utilisés en automobile devront donc comporter un système de **redressement** du courant alternatif afin de permettre son stockage.

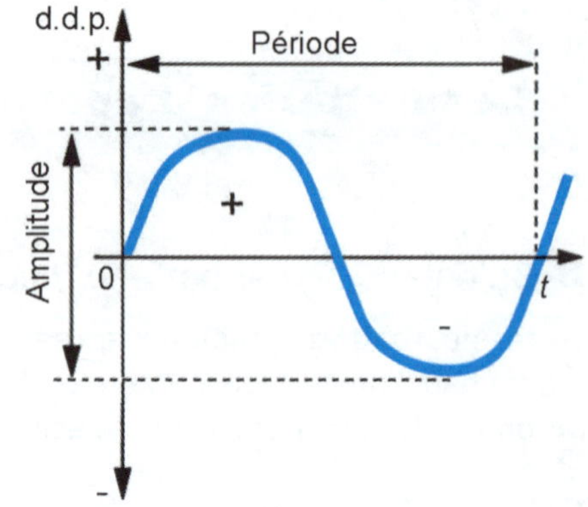

Figure 20.3 • Courant alternatif.

Quelles sont les qualités demandées à un accumulateur ?

L'accumulateur doit :

- fournir au circuit un courant continu de tension sensiblement constante (tension normale : **12 volts** pour les véhicules particuliers) ;
- avoir une capacité suffisante pour faire face à la demande des accessoires lorsque le générateur dynamique débite peu ou ne débite pas ;
- pouvoir débiter une forte intensité dans un temps très court (démarrage) ;
- transformer l'énergie avec un rendement optimal (rapport de l'énergie restituée sur l'énergie fournie) ;
- avoir une puissance massique importante ;
- permettre un grand nombre de cycles (charges et décharges partielles successives) sans détérioration irréversible (longévité) ;
- nécessiter un entretien réduit ;
- assurer son service par temps froid.

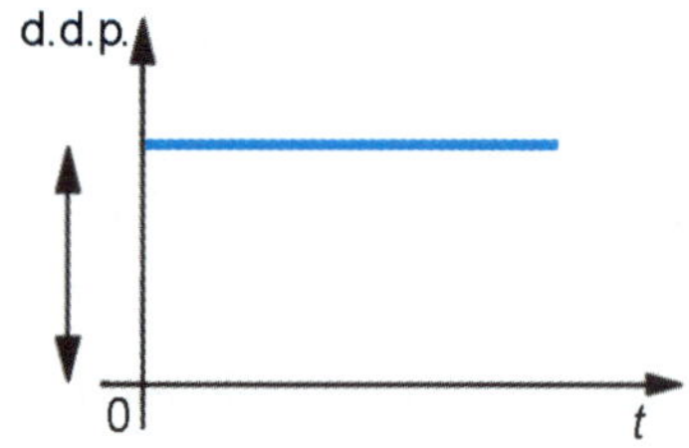

Figure 20.4 • Courant continu.

Quels sont les éléments constitutifs d'un accumulateur élémentaire ?

Un accumulateur élémentaire comprend :

- un bac rempli d'un liquide électrolytique ;
- une électrode appelée anode formant le pôle positif (+) ;
- une électrode appelée cathode formant le pôle négatif (–).

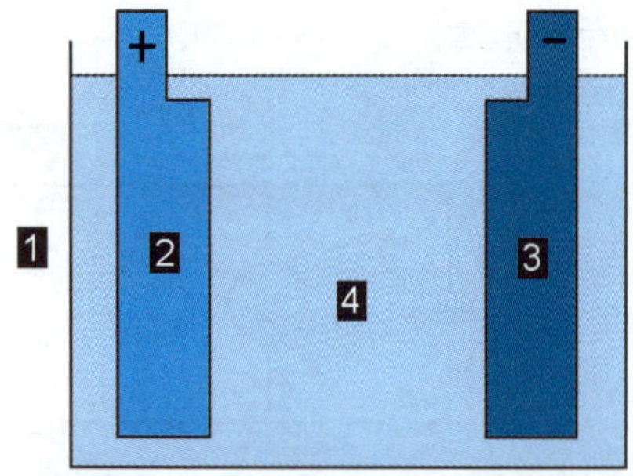

Figure 20.5 • Éléments d'un accumulateur.

❶ Bac.
❷ Plaque positive (anode).
❸ Plaque négative (cathode).
❹ Liquide ou gel spécial (électrolyte).

Rappels

Un **électrolyte** est un corps ionisé dans lequel la circulation des ions est facilitée.

L'**ionisation** est la séparation d'une molécule électriquement neutre en deux ions :

- un ion positif qui a perdu un certain nombre d'électrons ;
- un ion négatif qui a gagné un certain nombre d'électrons.

Les électrodes positive et négative doivent être constituées à partir de matières permettant une **réaction chimique avec l'électrolyte**.

Quels sont les types d'accumulateurs ?

• Les accumulateurs au plomb sont composés :
– pour l'électrolyte : eau (H_2O) + acide sulfurique (H_2SO_4) ;
– pour l'anode : peroxyde ou dioxyde de plomb (PbO_2) ;
– pour la cathode : plomb (Pb).

• Les accumulateurs au **cadmium-nickel** appelés accumulateurs alcalins sont composés :
– pour l'électrolyte : potasse (KOH) ;
– pour l'anode : hydrate de nickel ($NiOH_2$) ;
– pour la cathode : hydrate de cadmium ($CdOH_2$).

Accumulateurs	Électrolyte			Ions	
	type	nom	formule	+	–
Au plomb	Acide	Acide sulfurique	H_2SO_4	$2H^+$	$(SO_4)^{2-}$
Cadmium/nickel	Base	Potasse	KOH	K^+	$(OH)^-$
Piles	Sel	Sulfate	$CuSO_4$	Cu^{2+}	$(SO_4)^{2-}$

Figure 20.6 • Réactions électrolytiques.

En automobile, les véhicules à **moteur électrique** sont équipés d'un nombre important de batteries au cadmium/nickel afin de stocker une grande quantité d'électricité sous une tension élevée (➔ Leçon 24).

Les véhicules à **moteur thermique** sont équipés de batteries au plomb. Ces batteries sont appelées **batteries de démarrage** car elles doivent permettre principalement l'action du démarreur qui demande une forte intensité électrique (de 100 à 200 A) pendant quelques secondes.

Les accumulateurs au plomb, dont la résistance interne est faible, permettent de remplir cette condition.

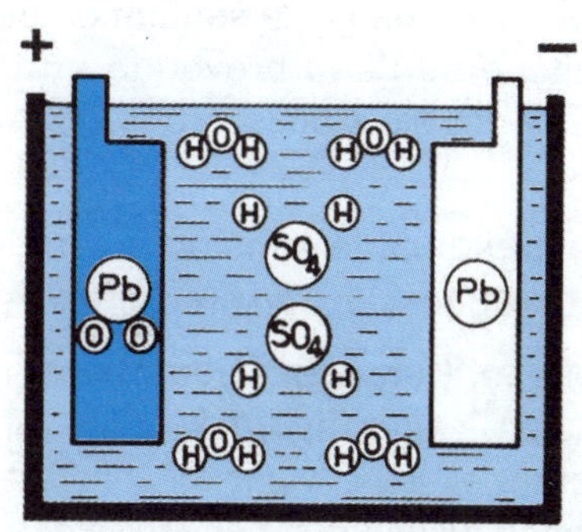

Figure 20.7 • Accumulateur élémentaire au plomb. L'accumulateur est chargé.

Électrolyte : eau (H_2O) + acide sulfurique (H_2SO_4).
Électrode positive : peroxyde de plomb (PbO_2).
Électrode négative : plomb (Pb).

Quelles sont les réactions à la charge et à la décharge dans un accumulateur au plomb ?

Dans un bac contenant une solution d'eau (H_2O) et d'acide sulfurique (H_2SO_4) dont la masse volumique est d'environ 1 260 g/dm³ (anciennement 30 degrés Beaumé), plongent deux électrodes (figure 20.7). Ces électrodes sont constituées de grilles en plomb recouvertes de :
– peroxyde de plomb (PbO_2) pour l'anode (+) ;
– plomb spongieux (Pb) pour la cathode (–).

L'ensemble constitue un accumulateur chargé.

• **Décharge** (figure 20.8). Si l'on branche un récepteur électrique (résistance) aux bornes des électrodes, on constate que le courant électrique circule de :
– la borne (+) vers la borne (–) à l'extérieur de l'accumulateur ;

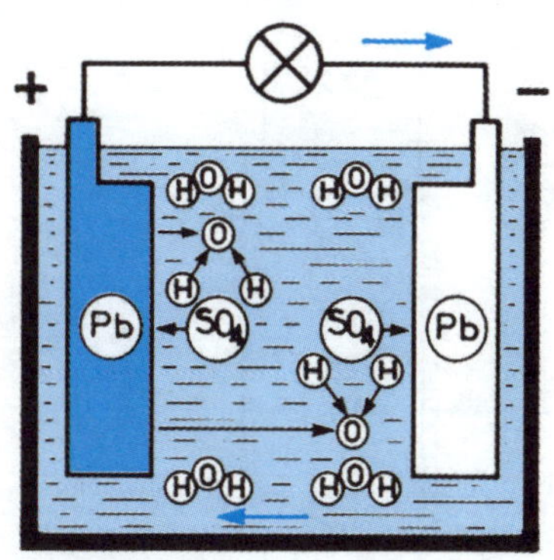

Figure 20.8 • Réactions chimiques à la décharge.

→ sens conventionnel du courant.

4

L'équipement électrique

– l'électrode négative vers l'électrode positive à l'intérieur du générateur.

Au cours de la décharge, on constate la décomposition de l'acide sulfurique (H_2SO_4) en :
- ions positifs : $2H^+$,
- ions négatifs : SO_4^{2-}.

En fin de décharge, nous constatons que (figure 20.9) :
- la masse volumique de l'électrolyte a diminué (1 150 au lieu de 1 260 g/dm^3) ;
- les deux électrodes sont recouvertes de sulfate de plomb ($PbSO_4$).

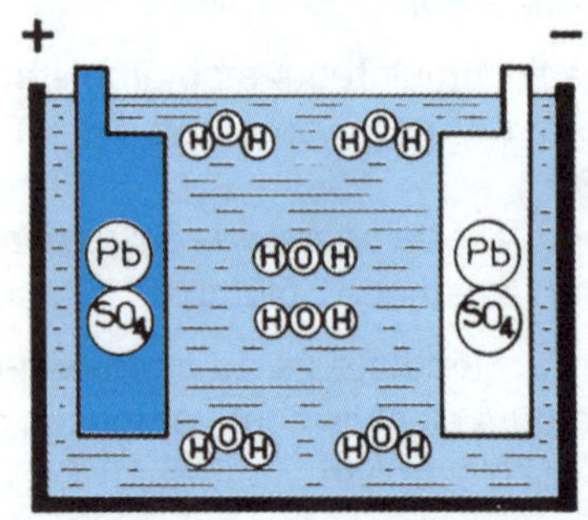

Figure 20.9 • Accumulateur totalement déchargé.

Électrolyte : eau (H_2O).
Électrode positive : sulfate de plomb ($PbSO_4$).
Électrode négative : sulfate de plomb ($PbSO_4$).

• **Charge** (figure 20.10). Si l'on relie les bornes de l'accumulateur à un générateur de courant continu, on constate que :
- le courant change de sens et circule du (+) vers le (–) à l'intérieur de l'accumulateur ;
- il se produit une réaction chimique inverse de celle de la décharge ;
- lorsque l'accumulateur est chargé, les éléments sont revenus à leur état initial ;
- en fin de charge, la séparation de l'oxygène et de l'hydrogène de l'eau provoque un dégagement gazeux autour des électrodes.

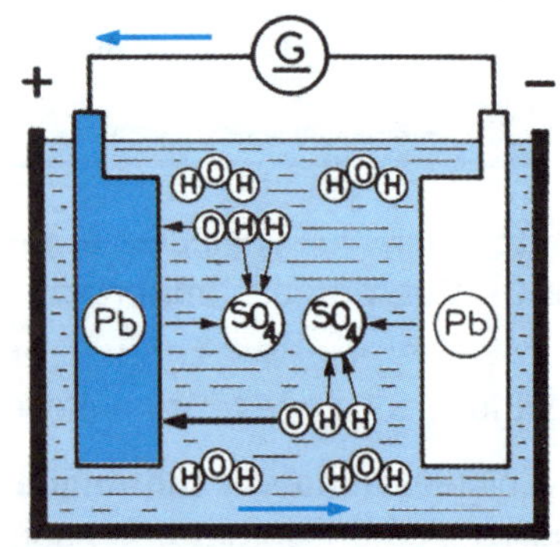

Figure 20.10 • Réactions chimiques à la charge.

→ sens conventionnel du courant de charge.

Quelle est la tension d'un élément d'accumulateur au plomb ?

Sa **f.é.m. (force électromotrice)** est de 2,2 V, c'est la tension à vide (figure 20.11A). Si l'on fait débiter un courant au générateur on constate simultanément une **tension disponible** d'environ 2 V en début de décharge figure 20.11B).

La constance de cette tension pendant la décharge dépend :
- de l'intensité absorbée par les récepteurs ;
- de la capacité de l'accumulateur.

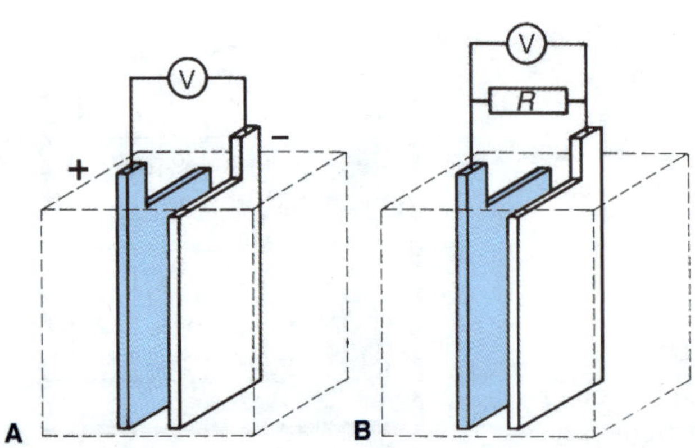

Figure 20.11 • Tension d'un élément.

A. f.é.m. = 2,2 V.
B. U = 2 V ; R : résistance.

Qu'entend-on par capacité d'un accumulateur et comment l'exprime-t-on ?

La capacité est la **quantité d'électricité** disponible. Elle s'exprime en ampères-heures (Ah).

Exemple

Un accumulateur qui possède une capacité de 40 Ah peut théoriquement débiter :
- 40 ampères pendant une heure,
- 10 ampères pendant quatre heures,
- 4 ampères pendant dix heures, etc.

La capacité d'un accumulateur est proportionnelle à la surface et à l'épaisseur de matière active (figure 20.12). La capacité et l'aptitude au démarrage sont définies par des essais normalisés par l'Afnor.

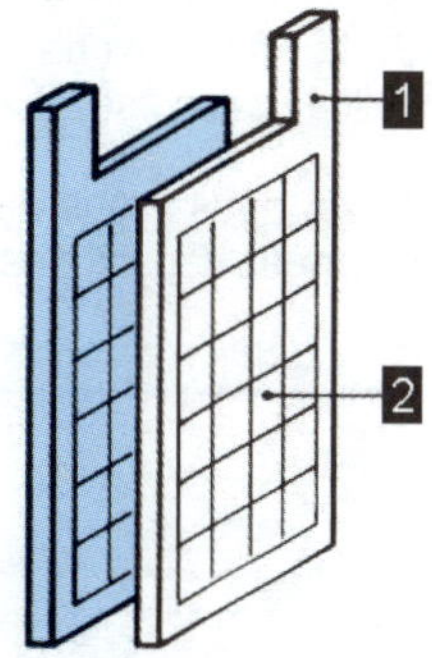

Figure 20.12 • Capacité des accumulateurs.

❶ Grille.
❷ Matière active.
Capacité de l'élément : *x* Ah.

Comment la capacité d'un élément d'accumulateur peut-elle être augmentée ?

Afin de réaliser des accumulateurs de capacité suffisante et d'encombrement réduit, on augmente le nombre de paires de plaques (positives et négatives) en les reliant **en parallèle** (figure 20.13).

Branchement en parallèle = augmentation de la capacité.

Les plaques positives et négatives sont intercalées afin que les réactions électrolytiques puissent se produire.

Remarque

Les courts-circuits entre plaques sont évités par les séparateurs isolants et poreux.

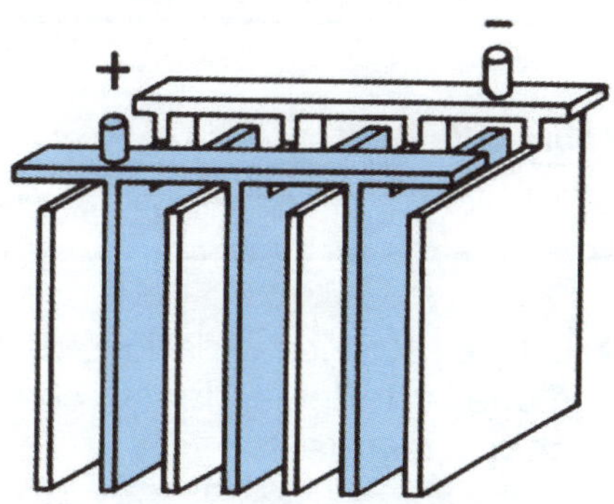

Figure 20.13 • Augmentation de la capacité par assemblage de 3 paires de plaques en parallèle.

Capacité de l'élément : 3*x* Ah.

Comment la tension disponible peut-elle être augmentée ?

Nous avons vu qu'un élément d'accumulateur débite une tension utile de 2 volts. Les accessoires électriques d'une automobile doivent fonctionner sous une tension de 12 volts.

Pour obtenir cette tension, on relie **en série**, six éléments d'accumulateur. L'ensemble forme une batterie d'accumulateurs (figure 20.14).

Branchement en série = augmentation de la tension.

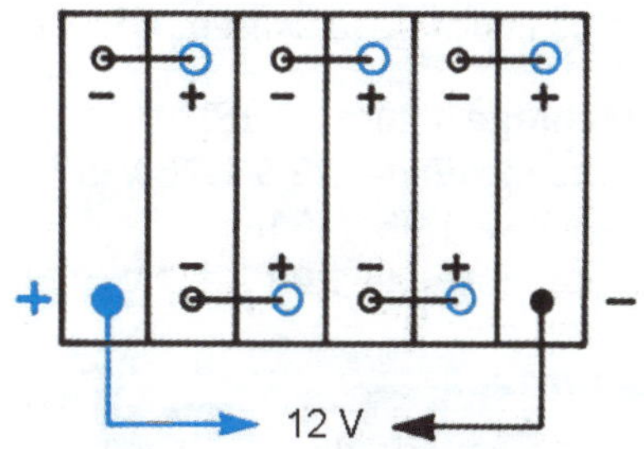

Figure 20.14 • Constitution d'une batterie d'accumulateurs de 12 V : branchement de six éléments de 2 V en série.

Peut-on coupler plusieurs batteries ?

Dans le cas d'un moteur qui nécessite un démarreur de forte puissance ($P = U\,I$), il est possible :
- d'**augmenter la tension** en couplant deux batteries **en série** ;
- d'**augmenter la capacité** totale en branchant deux batteries **en parallèle**.

4

L'équipement électrique

Exemples

À la figure 20.15, nous avons deux batteries de 12 V en série donc la nouvelle tension est : $2 \times 12 = 24$ V.

À la figure 20.16, nous avons deux batteries de 40 Ah en parallèle, donc la nouvelle capacité est : $2 \times 40 = 80$ Ah.

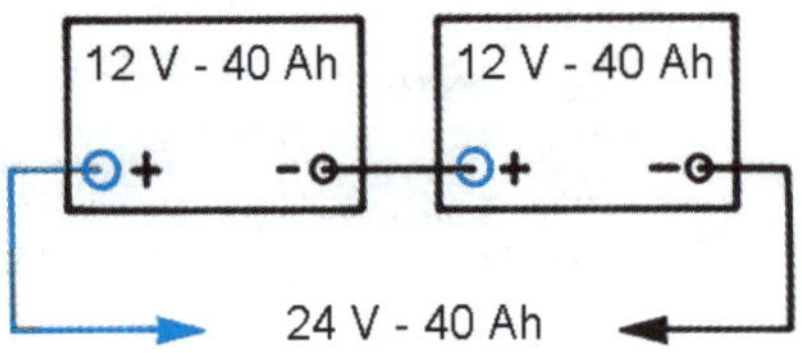

Figure 20.15 • Couplage de batteries en série.

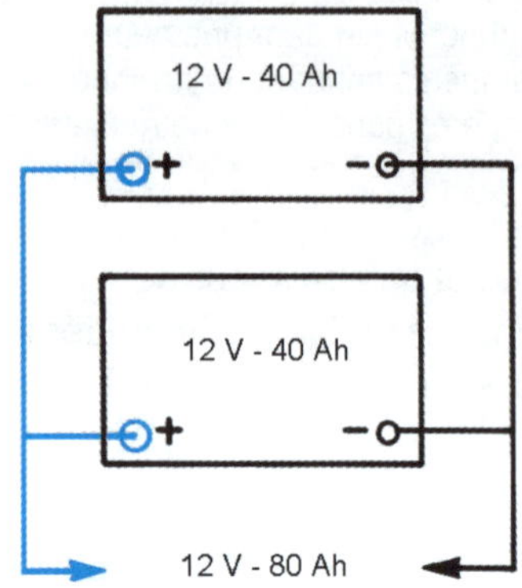

Figure 20.16 • Couplage de batteries en parallèle.

Remarque

Les batteries à coupler doivent avoir la même capacité.

Quelles sont les variations de tension (f.é.m.) d'une batterie pendant la charge et la décharge ?

Nous considérerons une **charge** et une **décharge lentes** à une intensité correspondant à 1/10 de la capacité pendant 10 heures.

- **Charge** (figure 20.17) :
  - montée rapide de 1,8 à 2 V (1 h) ;
  - montée lente de 2 à 2,2 V (6 h) ;
  - montée rapide de 2,2 à 2,5 V (2 h) avec dégagement gazeux ;
  - stabilité à 2,5 V (surcharge) ;
  - après l'arrêt de la charge, f.é.m. de 2,2 V.
- **Décharge** (figure 20.18) :
  - chute rapide de 2,2 à 1,95 V (1 h) ;
  - stabilité à 1,95 V (6 h) ;
  - chute rapide de 1,95 à 1,7 V (2 h).

Remarques

Pour une batterie de 12 V, ces tensions sont à multiplier par 6.
Ces variations de tension s'accompagnent de variations de la masse volumique de l'électrolyte sensiblement constantes.

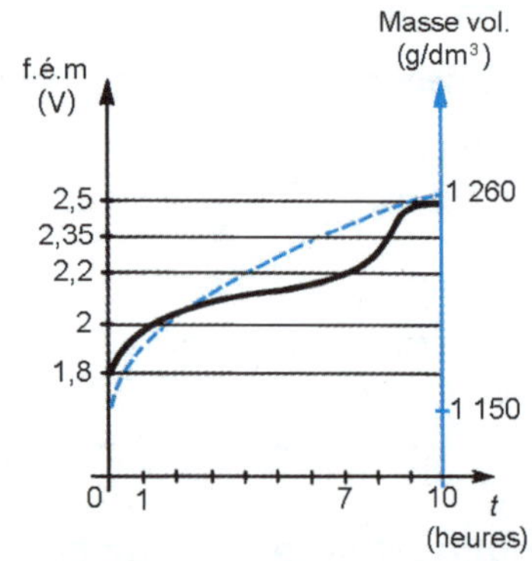

Figure 20.17 • Variations de tension (f.é.m.) et de masse volumique pendant la charge d'un accumulateur au plomb.
Tension nominale 2 V. Pour batterie de 12 V multiplier la tension par 6.

— f.é.m.
--- masse volumique.

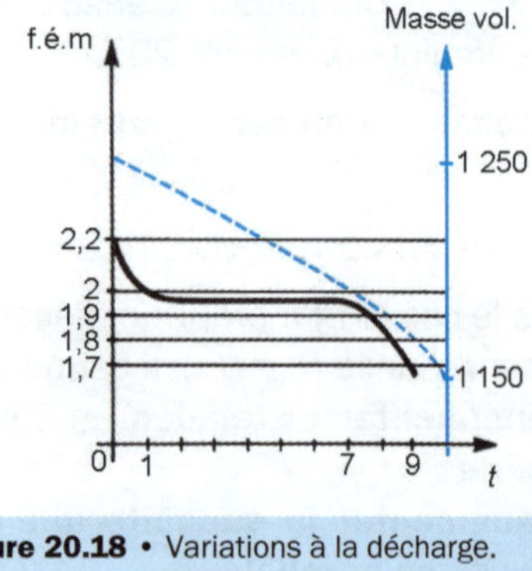

Figure 20.18 • Variations à la décharge.

■ La quantité d'électricité délivrée par une batterie est-elle toujours égale à sa capacité nominale ?

La quantité d'électricité délivrée par une batterie diminue lorsque :
• la température extérieure diminue ;
• l'intensité de charge ou de décharge est trop importante ;
• elle reste entièrement déchargée (risque de gel) ;
• la surface de matière active des plaques en contact avec l'électrolyte diminue par :
– manque d'eau,
– désagrégation de la matière active,
– sulfate irréductible déposé sur les plaques.

■ Qu'appelle-t-on batterie sans entretien ?

Ces batteries, dites « sans entretien », ou à « entretien réduit » **ne nécessitent plus de complément d'eau** (pendant un temps plus ou moins long) à condition de ne pas subir de surcharges constantes.

Ce progrès technique a été obtenu grâce à :
– de nouvelles grilles, support de matière active dont le pourcentage d'antimoine (nécessaire à leur rigidité) a été diminué et remplacé par d'autres éléments ;
– la mise en place, dans les bacs, de condenseurs qui récupèrent les vapeurs produites en fin de charge et par forte chaleur, et les retransforment en liquide.

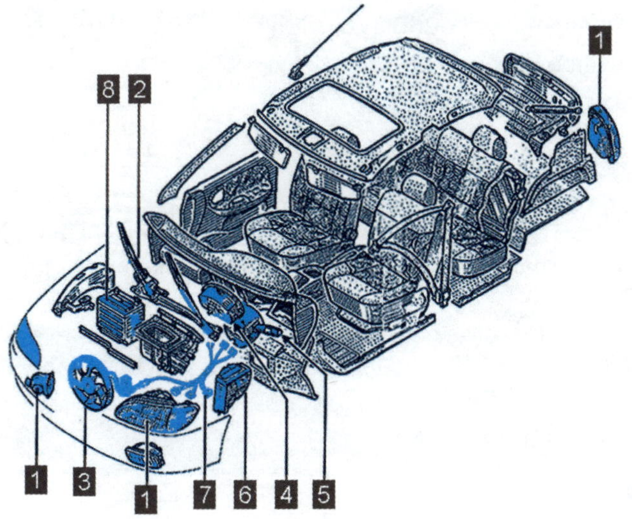

❶ Éclairage et signalisation.
❷ Essuie-glace.
❸ Motoventilateur.
❹ Indicateurs de bord.
❺ Combiné d'éclairage.
❻ Calculateur allumage/injection.
❼ Faisceau électrique.
❽ Batterie d'accumulateurs.

Figure 20.19 • Équipement électrique (document Renault).

4

L'équipement électrique

Mémo

Fonctions de l'accumulateur

Transformer l'énergie électrique qu'il reçoit en énergie chimique latente (fonction accumulateur), puis la restituer sous forme électrique (fonction générateur statique).

L'accumulateur doit :

– fournir un courant continu de tension sensiblement constante ;

– avoir une capacité suffisante pour faire face à la demande des accessoires électriques, lorsque le générateur débite peu ou ne débite pas ;

– pouvoir débiter une forte intensité dans un temps très court (démarreur) ;

– transformer l'énergie avec un rendement maximal ;

– avoir une puissance massique importante ;

– permettre un grand nombre de cycles (longévité) ;

– nécessiter un entretien minimal.

Constitution et fonctionnement d'un accumulateur au plomb

Un accumulateur chargé comprend :

– un bac rempli d'une solution d'eau (H_2O) et d'acide sulfurique (H_2SO_4), cet électrolyte a une masse volumique de 1 260 g/dm^3 ;

– une électrode positive (anode), garnie de peroxyde de plomb (PbO_2) ;

– une électrode négative (cathode), garnie de plomb spongieux (Pb).

Pendant les charges et décharges, il se produit une réaction chimique appelée électrolyse. Le courant circule par ionisation de l'électrolyte.

Décharge :

– la masse volumique de l'électrolyte diminue (1,150 g/dm^3 en fin de décharge) ;

– les plaques se sulfatent ($PbSO_4$).

Charge :

– la masse volumique de l'électrolyte augmente (1,260 g/dm^3 en fin de charge) ;

– les plaques retrouvent leur composition initiale ;

– il se produit un dégagement gazeux.

Couplage des batteries

La capacité d'un élément de batterie est proportionnelle au nombre de paires de plaques positives et négatives qu'il contient. Les plaques de même polarité sont branchées en parallèle. Si l'on couple plusieurs batteries en parallèle, leurs capacités s'additionnent, la tension reste celle d'une des batteries.

Les éléments sont branchés en série pour réaliser une batterie (12 V = 6 éléments de 2 V en série). Si l'on couple plusieurs batteries de même capacité en série, leurs tensions s'additionnent, la capacité reste celle d'une des batteries.

Testez vos connaissances

1. La batterie doit stocker l'énergie sous forme :
- ☐ **a.** électrique
- ☐ **b.** mécanique
- ☐ **c.** chimique

2. La batterie doit restituer l'énergie sous forme :
- ☐ **a.** électrique
- ☐ **b.** mécanique
- ☐ **c.** chimique

3. La tension (f.é.m.) d'un élément de batterie au plomb chargé est de :
- ☐ **a.** 1,8 V
- ☐ **b.** 2 V
- ☐ **c.** 2,2 V

4. Si l'on accouple deux batteries de 12 V en parallèle, on obtient une tension nominale de :
- ☐ **a.** 6 V
- ☐ **b.** 12 V
- ☐ **c.** 24 V

5. L'électrolyte est un mélange d'eau distillée et :
- ☐ **a.** d'acide sulfurique
- ☐ **b.** d'acide chlorhydrique
- ☐ **c.** de potasse

Pour aller plus loin

1. *Quel est le nombre d'éléments d'accumulateur nécessaires pour constituer une batterie de 6 V, une batterie de 24 V ? Effectuez les schémas de principe en plaçant les barrettes de raccordement internes et les bornes de sortie.*

2. *On dispose de trois batteries : une batterie de 12 V, 40 Ah, deux batteries de 6 V, 40 Ah. Effectuez un branchement qui permette d'obtenir une tension totale de 12 V. Calculez la capacité totale et l'intensité de charge pendant 10 h.*

3. *Recherchez les raisons pour lesquelles une batterie devient hors d'usage.*

Maintenance

Sur le plan pratique, il est nécessaire d'étudier la fiche de niveau 1 suivante du manuel de *Maintenance automobile : le savoir-faire* :

- Fiche n° 27 - Contrôler et charger une batterie.

21 Le système de charge

Quelles sont les fonctions des générateurs dynamiques ?

Les générateurs dynamiques transforment une partie de l'énergie mécanique produite par le moteur en **énergie électrique** afin de :
- recharger la batterie d'accumulateurs ;
- permettre le fonctionnement des accessoires électriques.

Figure 21.1 • Générateur dynamique : alternateur de 400 à 1 200 W (document Ducellier).

Quelles sont les conditions à remplir par le générateur dynamique ?

Il doit :
- produire un courant continu (toujours de même sens) de tension sensiblement constante quelle que soit la vitesse de rotation du moteur ;
- adapter l'intensité débitée aux besoins ;
- avoir une puissance massive et un rendement élevés ;
- résister mécaniquement aux hautes vitesses de rotation ;
- être protégé du courant inverse venant de la batterie lorsque sa tension est inférieure à celle de la batterie.

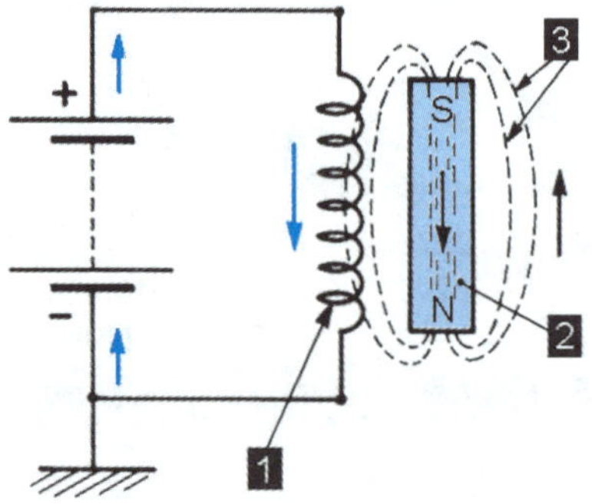

Figure 21.2 • Création d'un champ magnétique.

❶ Spire.
❷ Noyau.
❸ Champ magnétique.

Quel est le principe électromagnétique utilisé par les générateurs dynamiques ?

Lors de l'étude de l'allumage (➔ Tome 1, leçon 19), nous avons défini :
- qu'un courant qui circule dans une spire produit autour d'elle un champ magnétique inducteur (figure 21.2) ;
- qu'une spire soumise à des variations rapides de flux magnétique est le siège d'une **force électromotrice induite** (figure 21.3) :

$$e = \frac{\Delta \Phi}{\Delta t}$$

(f.é.m. : e ; $\Delta\Phi$: variations de champ magnétique ; Δt : variations de temps)

Comment les variations de flux sont-elles réalisées ?

Les variations de flux magnétique peuvent être réalisées :
- **statiquement**, par variations rapides du courant inducteur (principe des transformateurs) ;
- **dynamiquement**, par un mouvement relatif entre l'induit et l'inducteur (principe de la dynamo et de l'alternateur).

Figure 21.3 • Création d'un courant induit par variation de flux magnétique.

Quelles sont les deux possibilités de variation dynamique du flux ?

Un des éléments est fixe : le **stator**. L'autre est animé d'un mouvement de rotation : le **rotor**.

- Cas de la dynamo (figure 21.4A) :
– l'inducteur est fixe (création du champ) ;
– l'induit est tournant (siège de la f.é.m.).

- Cas de l'alternateur (figure 21.4B) :
– l'inducteur est tournant (création du champ) ;
– l'induit est fixe (siège de la f.é.m.).

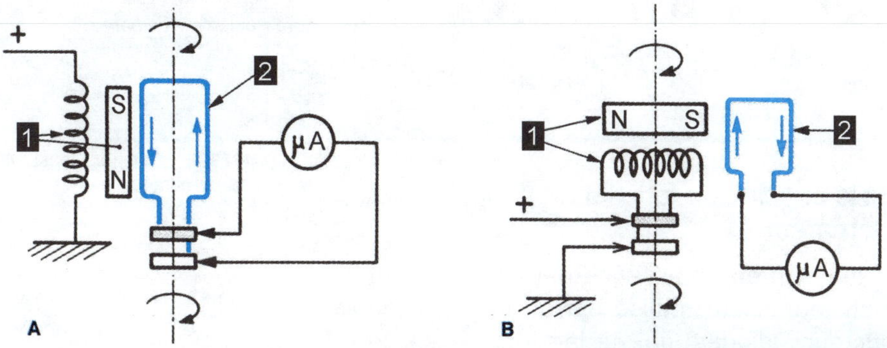

❶ Inducteur.
❷ Induit.

Figure 21.4 • Variation du flux magnétique et création du courant induit.
A. Dynamo.
B. Alternateur.

Sous quelle forme le courant électrique est-il obtenu ?

Le sens du courant induit – la **polarité** – dépend du sens du champ magnétique inducteur.

Une spire d'induit passant devant ou voyant passer alternativement un pôle nord et un pôle sud produit un courant **alternatif**, c'est-à-dire positif et négatif alterné (figure 21.5).

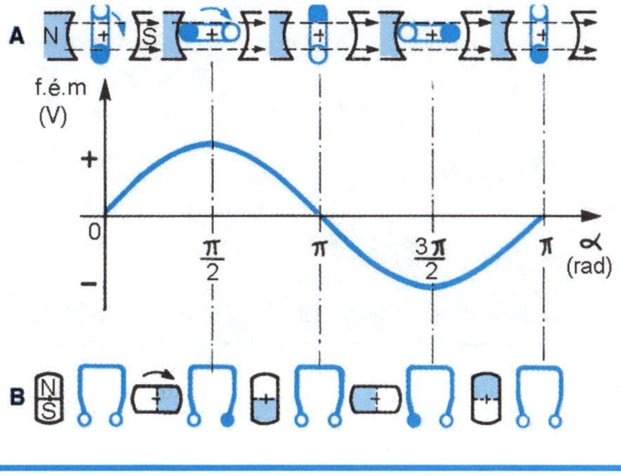

Figure 21.5 • Création du courant alternatif induit.
A. Dans l'induit tournant de la dynamo.
B. Dans l'induit fixe (stator) de l'alternateur.

4

L'équipement électrique

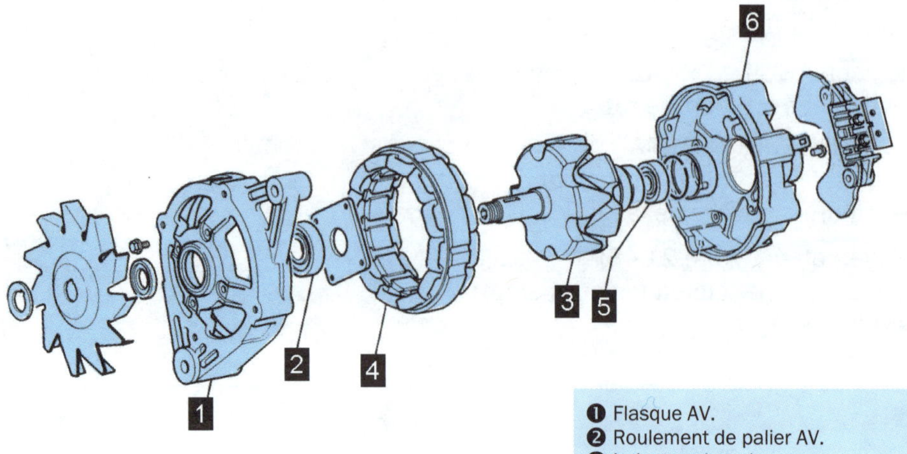

❶ Flasque AV.
❷ Roulement de palier AV.
❸ Inducteur (rotor).
❹ Induit (stator).
❺ Roulement de palier AR.
❻ Flasque AR.

Figure 21.6 • Éléments constitutifs de l'alternateur (document Paris-Rhône).

Quel est le principe de fonctionnement d'un alternateur ?

Le courant induit prend naissance dans le stator et passe par un redresseur réalisé par un montage de semi-conducteurs (diodes) qui ne laissent passer le courant que dans un seul sens (figure 21.7).

Le branchement de ces diodes varie selon le type d'alternateur.

Quels sont les différents types d'alternateurs ?

Les alternateurs se différencient par le type :

• d'**inducteur** :
– à aimant **variable** (bobinage inducteur) ;
– à aimant **permanent** ;

• d'**induit** :
– **monophasé** à une ou deux bobines (figures 21.7 et 21.8) ;

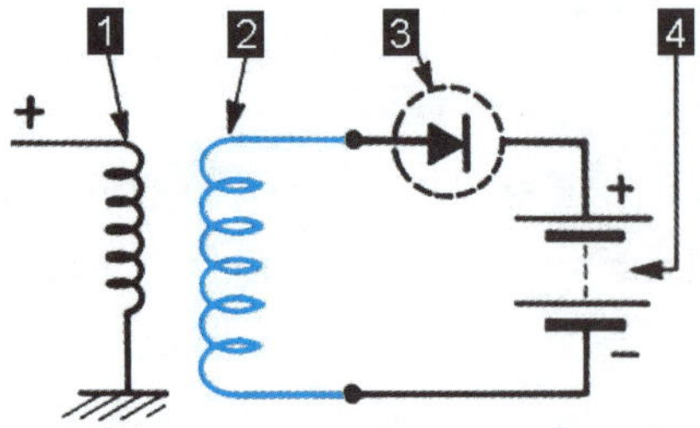

Figure 21.7 • Principe du redressement dans un alternateur.

❶ Bobinage inducteur (rotor).
❷ Bobinage induit (stator).
❸ Système de redressement unidirectionnel (diode).
❹ Accumulateur.

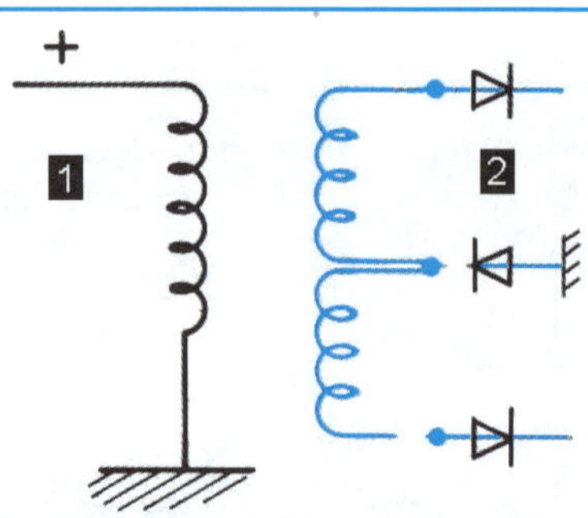

Figure 21.8 • Alternateur monophasé à deux bobines.

– **triphasé**, constitué de trois bobines branchées entre elles en « étoile » (figure 21.9A) ou en « triangle » (figure 21.9B).

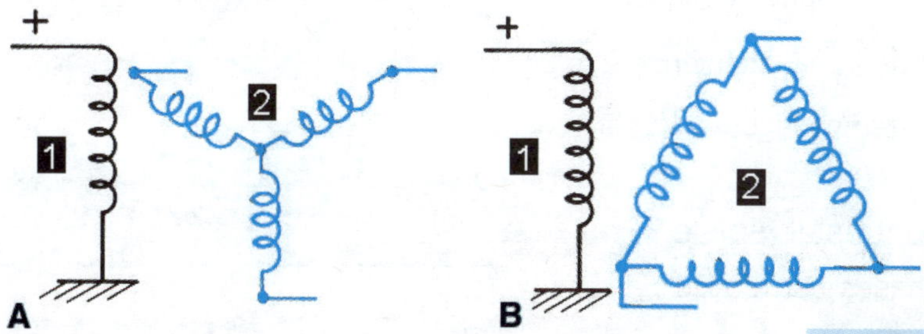

Figure 21.9 • Alternateurs triphasés.

A. Montage en « étoile ».
B. Montage en « triangle ».

Comment le redressement est-il réalisé dans un alternateur monophasé ?

Dans un alternateur monophasé à un seul bobinage, le montage d'une seule diode rend le courant toujours positif en supprimant l'alternance négative (figure 21.7).

Le redressement des alternances négatives s'effectue grâce à un montage comportant plusieurs diodes (pont de diodes ; figures 21.10A et C). Lorsque l'induit comporte deux bobinages (biphasé), le redressement peut s'effectuer par :

– une diode positive ;
– deux diodes négatives (figures 21.10B et C).

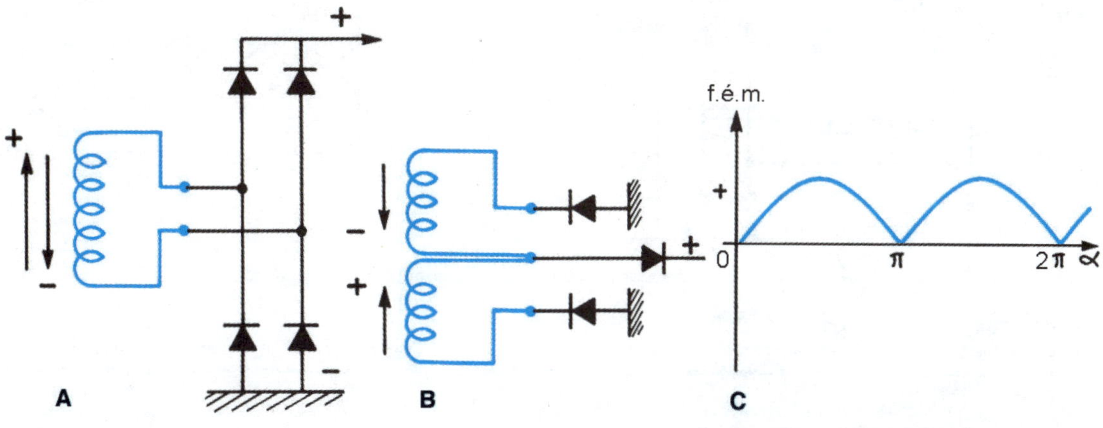

Figure 21.10 • Différents alternateurs.

A. Alternateur monophasé.
B. Alternateur biphasé.
C. Alternance négative redressée.

■ Quel est l'avantage de l'alternateur triphasé ?

Que son montage soit réalisé en triangle ou en étoile, ses trois bobinages sont disposés de telle sorte que les périodes se chevauchent, ce qui permet un gain de puissance pour une masse sensiblement identique.

Les trois f.é.m. sont déphasées de $\frac{2\pi}{3}$ de manière à être réparties régulièrement dans le temps (figure 21.11).

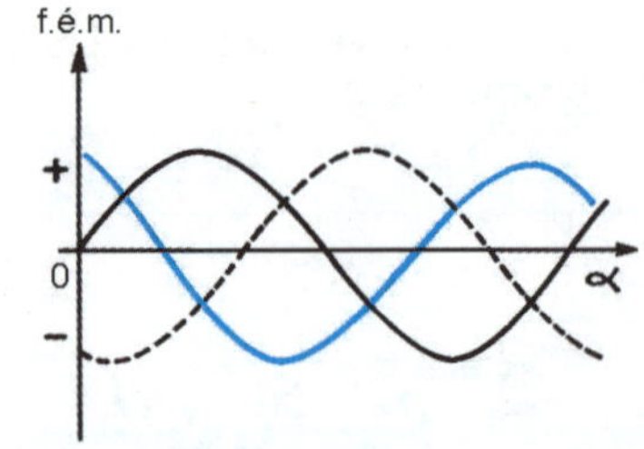

Figure 21.11 • Alternateur triphasé.
Décalage des alternances de $\frac{2\pi}{3}$.

■ Comment le redressement est-il réalisé ?

Le redressement des trois phases est réalisé par un pont de six diodes (figure 21.12) :
- trois diodes positives,
- trois diodes négatives.

Grâce à ce montage, quel que soit le sens du courant dans une bobine et quelle que soit la bobine sollicitée, le courant débité est **toujours positif**. Les alternances ainsi obtenues sont très rapprochées les unes des autres, la f.é.m. moyenne est plus élevée que dans un alternateur monophasé.

Le principe du redressement est le même dans les montages en triangle (figure 21.13A).

Le courant obtenu est de forme ondulatoire, sensiblement continu (figure 21.13B).

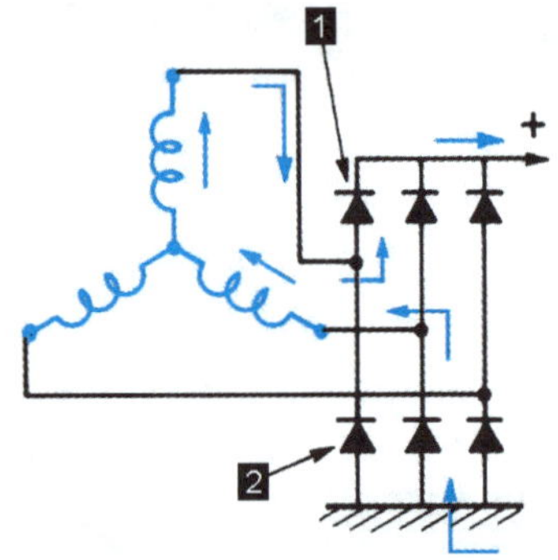

Figure 21.12 • Principe du redressement dans un alternateur triphasé (en étoile).

❶ Diodes positives.
❷ Diodes négatives.

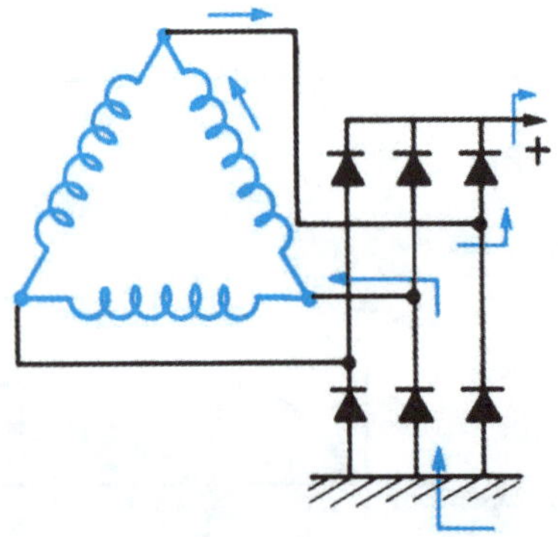

Figure 21.13A • Pont de diodes sur alternateur triphasé, montage triangle.

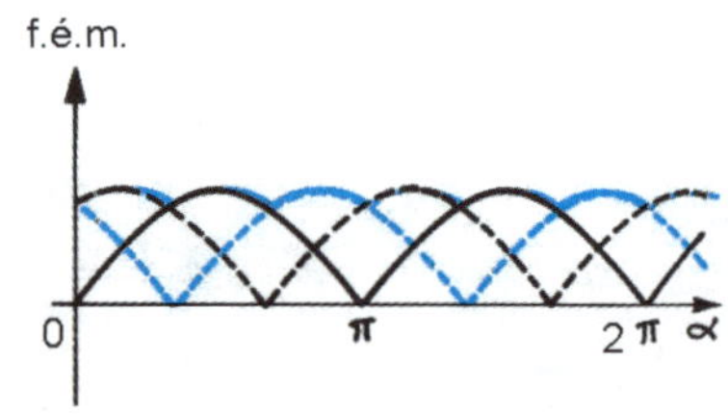

Figure 21.13B • Forme du courant obtenu.

■ Quelle doit être la valeur moyenne de la tension de charge ?

Pour assurer la charge de la batterie, il est nécessaire de créer une différence de potentiel entre ses bornes et celles du générateur dynamique.

Exemple

Si la tension (f.é.m.) batterie est de 13 V, la tension de charge devra être légèrement supérieure à celle de la batterie (14 V).

Pour assurer un fonctionnement correct des récepteurs électriques, il est nécessaire de maintenir à leurs bornes une tension sensiblement constante correspondant à leur tension nominale, 12 à 14 V au maximum (figure 21.14).

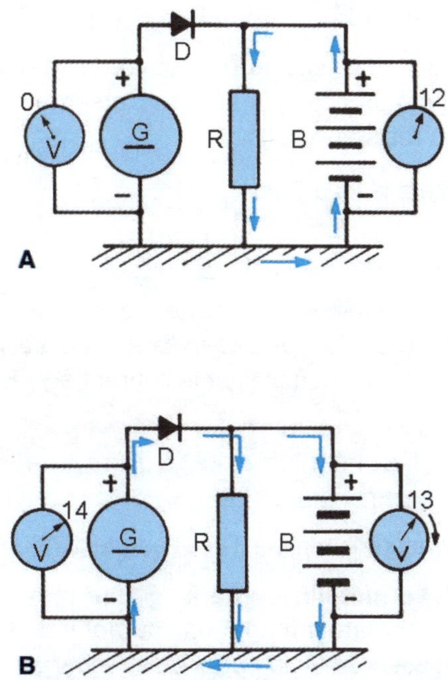

Figure 21.14 • Circuit de charge.
A. Moteur arrêté : $U_G = 0$; $U_b = 12$ V ; R alimenté par B.
B. Moteur tournant : $U_G > U_b$; R alimenté par G.

G. Générateur dynamique.
R. Ensemble des récepteurs.
B. Batterie d'accumulateurs.
D. Système unidirectionnel.
V. Voltmètre.

Quels sont les inconvénients des surtensions ?

On appelle surtension, toute tension dépassant celle de charge maximale définie plus haut (plus de 15 V pour une installation de 12 V). Les surtensions provoquent :

• à la **batterie** :
– un bouillonnement anormal et une évaporation rapide de l'électrolyte ;
– un dégagement de chaleur exagéré qui accélère l'évaporation et détériore ses éléments ;

• aux **récepteurs électriques** :
– un fonctionnement imprécis des appareils de contrôle ;
– des variations d'éclairement des lampes ;
– en général, leur **destruction** par effet Joule.

Quels sont les paramètres qui influent sur la tension débitée par un alternateur ?

La tension et l'intensité débitées sont proportionnelles à la fréquence de rotation de l'alternateur.

Si l'alternateur est, par construction, autolimitateur en intensité, sa tension peut croître jusqu'à des valeurs très élevées en fonction du régime.

Par quels moyens peut-on limiter la f.é.m. de l'alternateur ?

• Limiter ω (fréquence de rotation). Celle-ci est proportionnelle à celle du vilebrequin, en effet la liaison est directe par poulies et courroie. La limitation pourrait s'effectuer par un variateur de vitesse.

• Limiter Φ (flux magnétique). Nous avons défini, lors de l'étude de l'allumage que, dans un bobinage, les variations de flux magnétique ($\Delta\Phi$) sont proportionnelles aux variations d'intensité (ΔI) du courant qui y circule ; il est donc possible de limiter la f.é.m. induite en limitant l'intensité du courant circulant dans le bobinage inducteur.

Comment limiter l'intensité électrique circulant dans l'inducteur ?

Pour une tension (U) donnée, l'intensité (I) qui circule dans un conducteur est inversement proportionnelle à sa résistance (R).

C'est la loi d'Ohm :

$$U = RI \text{ ou } I = \frac{U}{R}$$

(intensité : I ; tension : U ; résistance : R)

Pour diminuer l'intensité, donc le flux, il est nécessaire de brancher une **résistance en série** avec le circuit inducteur et d'obliger le courant à y circuler.

Quel est le principe du régulateur de tension ?

Prenons l'exemple d'une batterie dont la f.é.m. est de 13 V.

1. Le moteur tourne à régime moyen (figure 21.15A). L'alternateur fournit un courant induit dont la f.é.m. est égale à 14 V ; la batterie se recharge, parallèlement, les récepteurs électriques sont alimentés. Le contacteur s'est fermé. L'intensité qui circule dans l'inducteur ❶ est égale à :

$$\frac{U \text{ induit}}{R_i}$$

L'intensité I n'est pas limitée, Φ n'est pas réduit, U augmente.

2. Le régime moteur augmente (figure 21.15B). La vitesse de rotation de l'alternateur (n) augmente, la f.é.m. atteint la valeur maximale prédéterminée (exemple 15 V) ; un dispositif automatique (C), électromagnétique ou électronique, coupe la liaison directe de l'inducteur à la masse. Pour trouver la masse, le courant doit circuler dans la résistance R_a en série avec R_i.

La résistance totale augmente :

$$R_t = R_i + R_a$$

Le flux inducteur diminue : l'intensité (I) diminue, donc la f.é.m. induite diminue :

$$I = \frac{U}{R_i + R_a}$$

3. La f.é.m. devient inférieure à sa valeur maximale (figure 21.15A). Le contacteur se ferme. Le courant inducteur passe directement à la masse.

Nous voyons donc que le régulateur est un élément qui agit sur l'intensité du courant d'excitation afin d'influer sur le débit de l'alternateur.

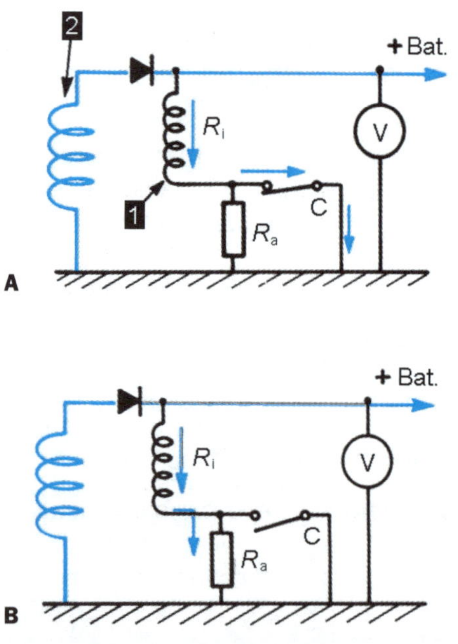

Figure 21.15 • Principe du régulateur de tension.

A. Le contacteur C est fermé.

$I_{(\text{inducteur})} = \frac{U}{R_i}$ (f.é.m.), Φ n'est pas réduit, U (f.é.m.) augmente.

B. Si U augmente, C est ouvert par un dispositif automatique.

$I_{(\text{inducteur})} = \frac{U}{(R_i + R_a)}$ donc I diminue, Φ diminue, U (f.é.m. diminue).

❶ Inducteur.
❷ Induit.
R_i. Résistance de l'inducteur.
R_a. Résistance additionnelle.
C. Contacteur.

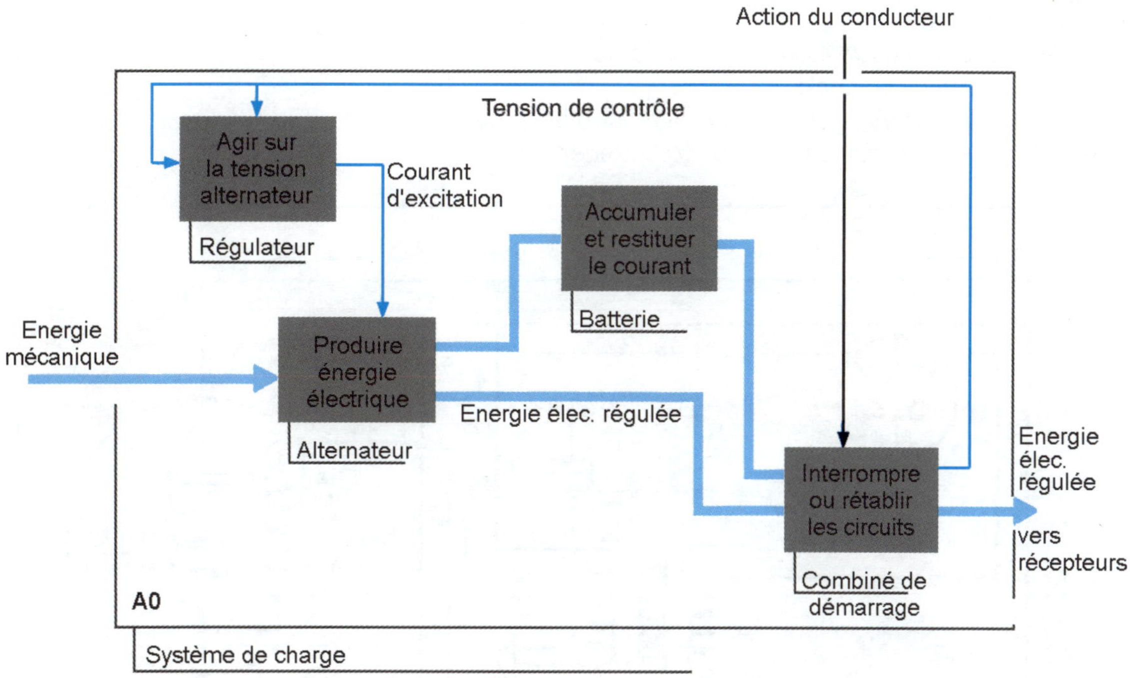

Figure 21.16 • Analyse fonctionnelle du circuit de charge.

■ Quel est le principe de fonctionnement d'un régulateur électromagnétique ?

Le régulateur électromagnétique est quasiment abandonné au profit du régulateur électronique incorporé à l'alternateur.

Nous étudions malgré tout ce système car il permet de comprendre le principe de fonctionnement de façon visuelle. Les véhicules équipés de régulateurs électromagnétiques comportent un dispositif transistorisé.

Le montage de transistors dans un régulateur électromagnétique permet de dissocier :

• le circuit de puissance (émetteur/collecteur) qui alimente le bobinage inducteur ;

• le circuit de commande (émetteur/base) qui passe par les contacts vibrants et dont la faible intensité a pour effet de diminuer :
– les étincelles à l'écartement,
– l'usure et la corrosion.

La surface des contacts et la force du ressort de rappel peuvent être diminuées.

Un régulateur élémentaire transistorisé comprend (figure 21.17) :
– un **transistor** (T) qui devient passant grâce à la mise à la masse de sa base (type PNP) ;

– une **résistance** (R_a) en série avec le circuit d'appel ou de commande (base) ;
– un **contacteur à palette** (C) qui ouvre et ferme la mise à la masse du circuit d'appel ;
– un **électroaimant** (R_e) dont le bobinage est branché en parallèle avec le circuit d'utilisation (*U* batterie).

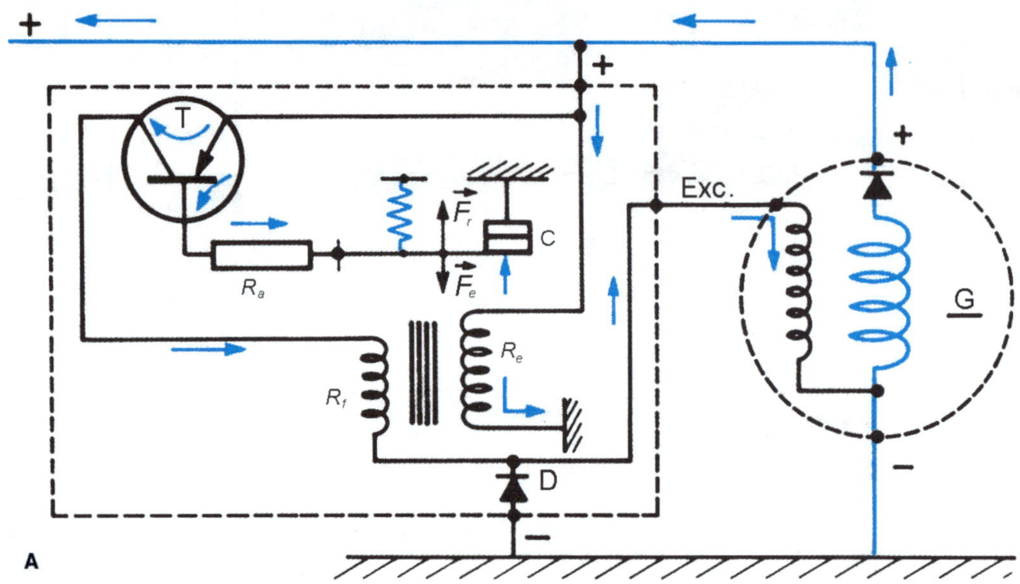

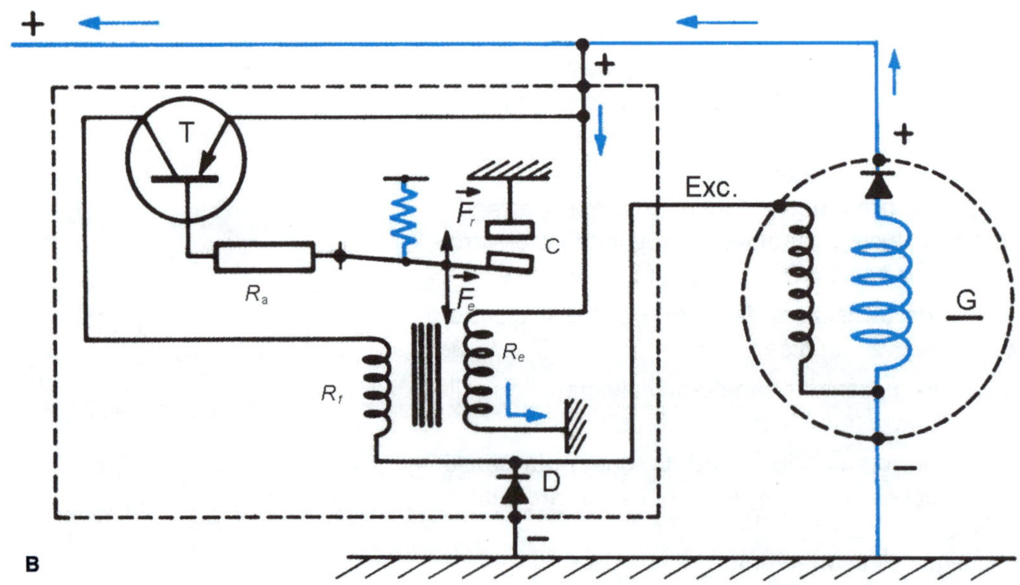

A. $F_e < F_r$; C fermé ; T passant ; inducteur alimenté ; Φ maximal, R_f : bobinage de fréquence.
B. *U* augmente ; $F_e > F_r$; C est ouvert ; T bloqué ; inducteur non alimenté ; Φ = 0.

Figure 21.17 • Régulateur électromagnétique transistorisé.

Le tableau suivant explique le fonctionnement d'un régulateur transistorisé.

Vitesse de rotation alternateur	***U* du circuit d'utilisation**	***I* électro-aimant**	**Position contact vibrant**	**Circuit d'appel E/B**	**Circuit de puissance E/C**	***I* inducteur**
Moyenne	Moyenne	Crée une force $F_e < F_r$	Fermé	Alimenté, intensité faible grâce à R_a en série	Passant	Moyenne
Augmente	Augmente	Augmente mais $F_e < F_r$	Fermé	Alimenté	Passant	Maximale (plein champ)
Maximale soutenue	• Phase A Dépasse *U* maximale	Augmente $F_e > F_r$	Ouvert	Coupé	Bloqué	Nulle
	• Phase B Inférieure à *U* maximale	$F_e < F_r$	Fermé	Alimenté	Passant	Augmente

La répétition des phases A et B donne un **courant de charge ondulé** dont la valeur moyenne correspond à la tension régulée désirée (figure 21.18).

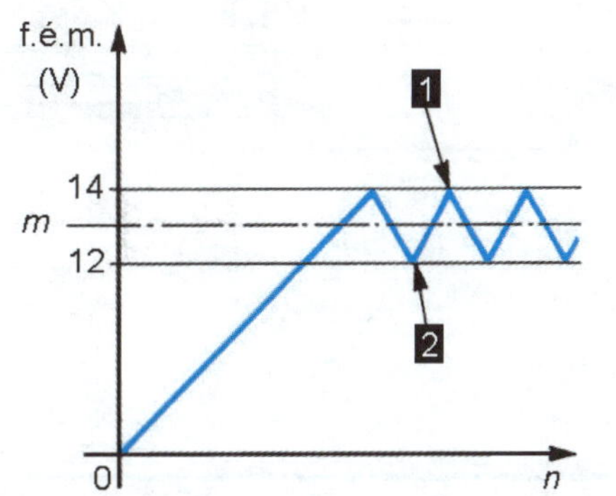

Figure 21.18 • Tension régulée par régulateur transistorisé.

❶ Φ maximal, *U* maximal.
❷ Φ = 0, *U* batterie.
m : valeur moyenne régulée.

Remarques

La présence d'un bobinage de fréquence (R_f) sur le même noyau que (R_a) permet d'augmenter la fréquence de vibration de (C) et de diminuer l'amplitude des variations du courant inducteur (et induit).

Une diode (D) protège le transistor (T) en court-circuitant l'inducteur lorsque les effets de self sont trop importants.

■ Quel est le principe de fonctionnement du régulateur électronique ?

Ce régulateur ne comporte pas de dispositif mécanique de coupure. Il est constitué de composants tels que :

- diodes simples ;
- diodes Zener (figure 21.19) ;
- transistors.

Rappel

Une diode Zener est un semi-conducteur qui, comme la diode simple, est conductrice dans un sens et résistante en sens inverse. Mais lorsque le courant inverse atteint une tension prédéterminée, elle devient brutalement conductrice dans ce sens.

À l'inverse de la diode simple, ce phénomène n'entraîne pas sa détérioration (tension de claquage).

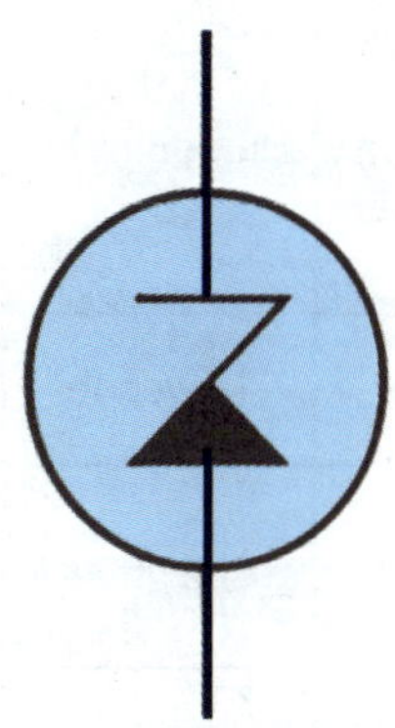

Figure 21.19 • Diode Zener.

Un régulateur électronique élémentaire comprend (figure 21.20) :
– un **transistor de puissance** (T_2) qui alimente l'inducteur ;
– un transistor T_1 qui commande T_2. Le transistor T_1 est conducteur lorsque sa base est négative (PNP) ;
– une **diode Zener** (Z) qui bloque le courant d'appel du transistor T_1 tant que la tension de claquage (U_z) prédéterminée n'est pas atteinte ;
– une **résistance réglable** (R_p) qui réalise une tension variable entre le point a (U_a) et le point b (U_b),
– une **résistance d'entrée** (R_a).

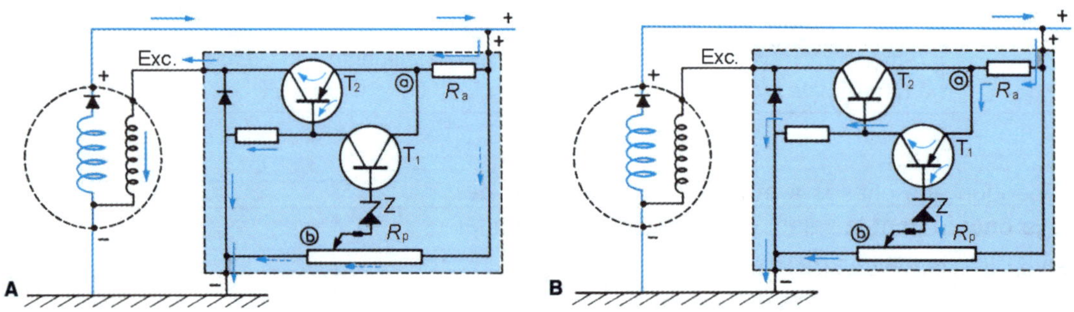

A. *U* inférieur à *U* max. ; Z non passante ; T_1 bloqué ; T_2 passant ; inducteur bloqué.
B. *U* supérieur à *U* max. ; Z passante vers R_p ; T_1 passant ; T_2 bloqué ; inducteur non alimenté.

Figure 21.20 • Régulateur électronique.

Comme dans le régulateur transistorisé, une tension moyenne s'établit entre *U* maximale et *U* minimale. Le tableau nous explique le fonctionnement du régulateur électronique.

Vitesse de rotation alternateur	*U* au point *a* (U_a)	Différence de tension ($U_a - U_b = U$) par rapport à U_z	Transistor T_1	Transistor T_2	*I* inducteur	Résultat
Moyenne	Moyenne	$U < U_z$	Bloqué	Passant	Moyenne (passe par R_a)	*U* batterie augmente
Augmente	Augmente	$U < U_z$	Bloqué	Passant	Élevée maximale (plein champ)	U augmente jusqu'à *U* maximale
Élevée et soutenue	Augmente	$U > U_z$	Passant	Bloqué	Nulle	*U* diminue
	Diminue	$U < U_z$	Bloqué	Passant	Élevée	*U* augmente

■ Quel est le principe de fonctionnement de la lampe témoin de charge ?

La lampe témoin fonctionne :
– dans un régulateur électromagnétique, grâce à un relais incorporé dans le régulateur ;
– dans un régulateur électronique, grâce à un montage électronique – permettant la détection d'une rupture de courroie –, à un circuit intégré et à un montage de résistances ajustables pour la détection de charges trop faibles ou trop fortes (figure 21.21).

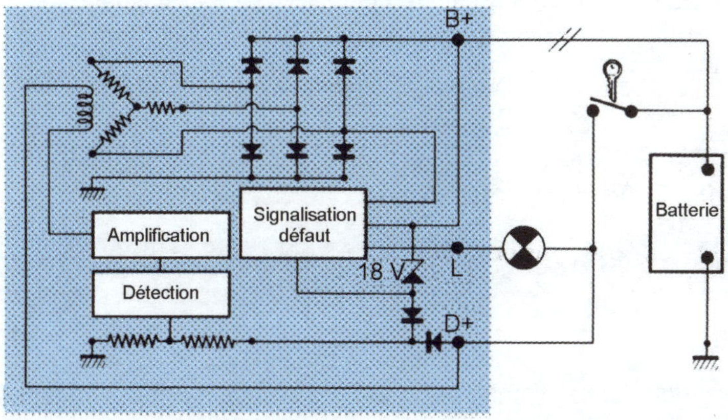

Figure 21.21A • Schéma d'un alternateur avec dispositif de lampe témoin de charge.

Figure 21.21B • Régulateur électronique incorporé (document Ducellier).

■ Quels sont les avantages des régulateurs électroniques ?

Ce montage de semi-conducteurs et de résistances présente les avantages de :
– longévité (aucune pièce en mouvement) ;
– encombrement réduit ;
– insensibilité aux vibrations.

Ces qualités ont permis son intégration dans l'infrastructure de l'alternateur ce qui permet, en outre, de supprimer :
– les longues liaisons électriques entre les deux appareils ;
– les mauvais contacts aux connexions ou à la masse, sources de différences de potentiel imprévues et causes de mauvais fonctionnement de la régulation (figure 21.22).

Figure 21.22 • Alternateur à régulateur électronique intégré.

❶ Alternateur.
❷ Régulateur.

Mémo

- **Fonctions**

Les générateurs dynamiques transforment l'énergie mécanique en énergie électrique afin de :
- recharger la batterie d'accumulateurs ;
- permettre le fonctionnement des accessoires électriques.

- **Conditions à remplir**

- Avoir une puissance massique élevée.
- Produire un courant continu de tension sensiblement constante.
- Faire varier l'intensité en fonction des besoins.
- Résister mécaniquement aux hautes vitesses.
- Être protégée du courant inverse venant de la batterie.

- **Principe**

L'alternateur produit un courant électrique par phénomène d'induction électromagnétique.
L'inducteur crée le champ magnétique.
L'induit est le siège d'une f.é.m. induite.
Un mouvement relatif entre les deux éléments permet les variations de flux magnétique nécessaires.
Dans un alternateur : l'inducteur est tournant, l'induit est fixe. Le courant débité est de forme alternative. Son redressement est réalisé par un montage de diodes redresseuses.
L'intensité et la tension débitées sont proportionnelles à la fréquence de rotation de l'alternateur.

- **Limitation de la tension**

Pour limiter U, il faut limiter I dans l'inducteur. Le régulateur de tension permet de limiter I inducteur en obligeant le courant inducteur à circuler dans une résistance montée en série dans le circuit.
La mise en circuit ou hors circuit de la résistance est réalisée automatiquement par :
- un contacteur électromagnétique transistorisé ;
- un circuit de commande statique (montage électronique).

- **Régulateur électromagnétique transistorisé**

Grâce au transistor qui agit comme un relais, le circuit est séparé en deux parties distinctes :
- circuit d'appel (émetteur/base) nécessitant un courant de faible intensité ;
- circuit de puissance (émetteur/collecteur) alimentant l'inducteur.

Le transistor est rendu passant par la fermeture du contacteur à commande électromagnétique, il est bloqué lorsque le circuit est ouvert. Le courant de faible intensité qui circule dans les contacts limite les étincelles à la rupture, la corrosion (longévité accrue).

- **Régulateur électronique**

La régulation est obtenue grâce à un montage de composants électroniques. Il ne comporte aucune pièce en mouvement et se compose principalement :
- d'un transistor de puissance alimentant l'inducteur ;
- d'un transistor d'appel commandant le transistor de puissance ;
- d'une diode Zener qui rend le transistor de commande passant à partir d'une tension inverse prédéterminée.

La régulation électronique est :
- pratiquement inusable ;
- insensible aux vibrations.

- **Limitation de l'intensité**

L'alternateur est, par construction, autolimitateur d'intensité.

Testez vos connaissances

1. Dans un alternateur (2 réponses) :

- ☐ **a.** l'induit est fixe
- ☐ **b.** l'induit est tournant
- ☐ **c.** l'inducteur est fixe
- ☐ **d.** l'inducteur est tournant

2. Quel est le dispositif qui permet de transformer le courant alternatif produit par l'induit en courant continu ?

- ☐ **a.** une résistance
- ☐ **b.** un pont de diodes
- ☐ **c.** un régulateur

3. La tension en sortie d'alternateur est limitée par :

- ☐ **a.** un pont de diodes
- ☐ **b.** un régulateur
- ☐ **c.** n'est pas limitée

4. L'intensité en sortie d'alternateur est limitée par :

- ☐ **a.** un pont de diodes
- ☐ **b.** un régulateur
- ☐ **c.** n'est pas limitée

5. La tension maximale du courant de charge d'un alternateur est de :

- ☐ **a.** 12 V
- ☐ **b.** 14 V
- ☐ **c.** 16 V

Pour aller plus loin

1. *Relevez, dans un document technique, les caractéristiques d'un alternateur avec régulateur incorporé.*

2. *Recherchez la méthode de détection d'un défaut de régulateur sur véhicule.*

Maintenance

Sur le plan pratique, il est nécessaire d'étudier les 4 fiches suivantes du manuel de *Maintenance automobile : le savoir-faire* :

- Fiche n° 28 - Remplacer le démarreur et l'alternateur ; niveau 1.
- Fiche n° 57 - Contrôler le circuit de charge ; niveau 1.
- Fiche n° 59 - Réviser un alternateur ; niveau 2.
- Fiche n° 60 - Contrôler un alternateur au banc ; niveau 1.

22 Le système de démarrage

■ Quelle est la condition à réaliser pour permettre le démarrage des moteurs ?

Les moteurs thermiques, pour démarrer, demandent à être **entraînés à une vitesse de rotation suffisante** :
- moteur à explosion, 100 tr/min,
- moteur Diesel, 150 tr/min.

Cette vitesse est nécessaire pour permettre, pour les moteurs à essence :
- l'amorçage et la vaporisation de l'essence (figure 22.1) ;
- une pression en fin de compression normale (fuites par la segmentation à basse vitesse, figure 22.2) ;
- une f.é.m. d'allumage suffisante $\left(e = \dfrac{\Delta\Phi}{\Delta t}\right)$, etc.

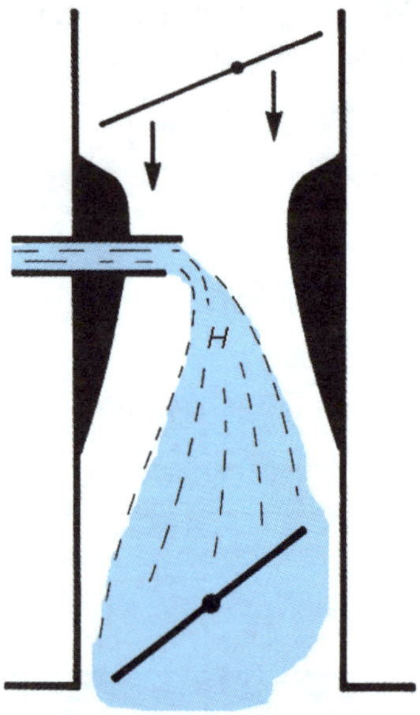

Figure 22.1 • À froid, le mélange air/essence s'effectue plus difficilement.

■ Par quel moyen la mise en rotation du moteur est-elle réalisée ?

Cette fonction est remplie par le **démarreur**, moteur électrique à courant continu, qui transforme l'énergie électrique de la batterie en **énergie mécanique**.

■ Quelles sont les conditions à remplir par le démarreur ?

Il doit :
- au départ (dégommage du moteur), fournir un couple supérieur au couple résistant offert par le moteur ;
- en rotation, posséder une puissance (P) qui permette de maintenir le couple ($\mathscr{C}$) à la vitesse requise :

$$P = \mathscr{C}\omega$$

■ D'où provient le couple résistant au départ du moteur thermique ?

Il est le résultat de plusieurs efforts résistants :
- **force d'adhérence** des pièces du moteur et de la boîte de vitesses provenant de la viscosité à froid de l'huile (gommage) ;
- **inertie** des pièces à mettre en mouvement : elle augmente avec leur masse (forte cylindrée, moteur Diesel) ;
- action des **temps résistants** du cycle, notamment de la compression (élevée en fonction du rapport volumétrique) ;
- entraînement des équipements : distribution, pompe à huile, allumeur, alternateur, etc.

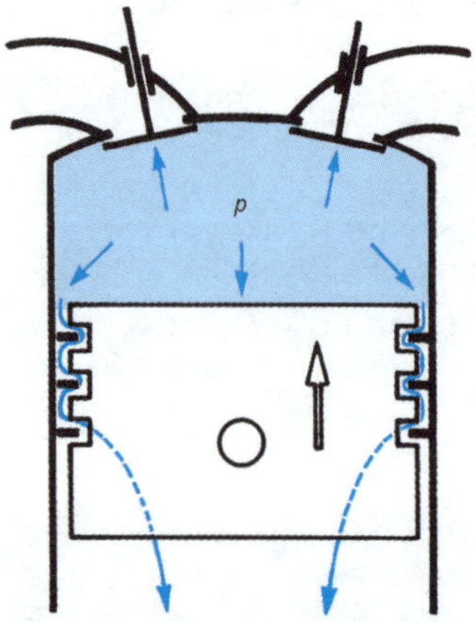

Figure 22.2 • Temps de compression : à basse vitesse, fuite de pression par la segmentation.

Quel est le principe de fonctionnement d'un moteur électrique à courant continu ?

On peut observer que les phénomènes électromagnétiques étudiés dans la dynamo et l'alternateur sont réversibles. Un conducteur qui se déplace dans un champ magnétique est le siège d'une force électromotrice.

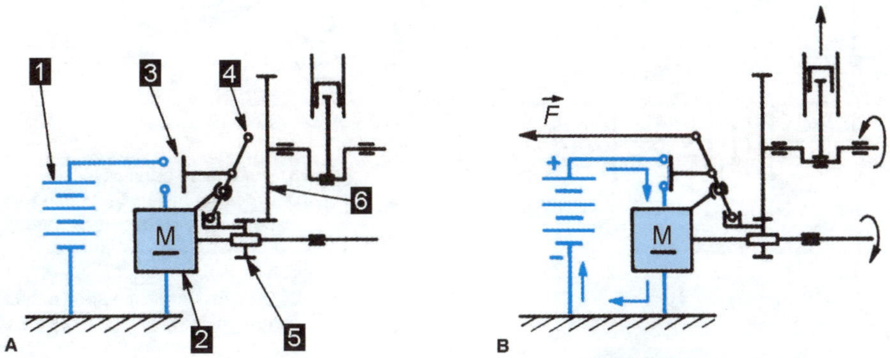

Figure 22.3 • Liaisons mécaniques et électriques du démarreur.
A. Au repos.
B. Au démarrage.

❶ Batterie d'accumulateur.
❷ Partie électrique du démarreur.
❸ Contacteur de démarreur.
❹ Fourchette de commande.
❺ Pignon de lanceur.
❻ Grande couronne du volant moteur.

Inversement, dans un champ magnétique, un conducteur parcouru par un courant électrique est soumis à une force qui tend à le chasser hors du champ. Donc, si l'on place une spire parcourue par un courant dans un champ magnétique, chacun de ses brins est soumis à une force électromotrice.

Ces deux forces sont de même intensité, de même direction mais de sens opposé. La distance qui les sépare réalise un **couple** qui tend à faire tourner la spire (figure 22.4). Si l'on augmente le nombre de spires et que leur décalage angulaire est régulier, on obtient une rotation continue.

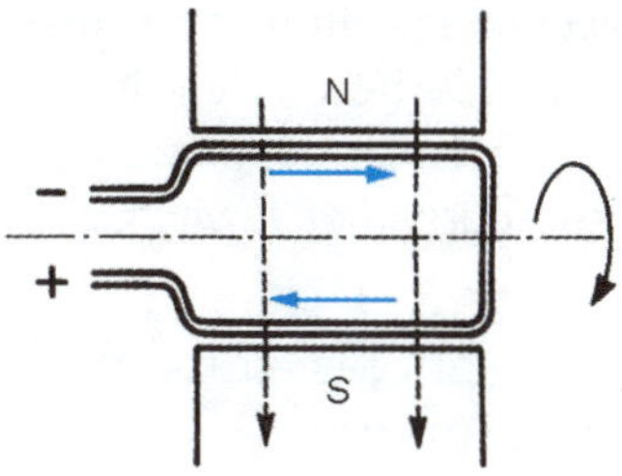

De quels facteurs le moment du couple obtenu dépend-il ?

Le moment du couple dans un moteur électrique est fonction de la relation $\mathcal{C} = k\Phi I$ dans laquelle :

• k est un coefficient qui dépend de la **construction** (nombre de paires de pôles, d'encoches, etc.) ;

• Φ est l'**intensité du flux** inducteur produit par le champ magnétique ;

• I est l'**intensité du courant** qui circule dans les spires de l'induit soumises au champ.

Pour un démarreur de construction donnée, tétrapolaire en général, le couple maximal sera obtenu grâce à :
– un flux inducteur important, sachant que Φ est proportionnel à I dans l'inducteur ;
– une forte intensité dans les spires de l'induit.

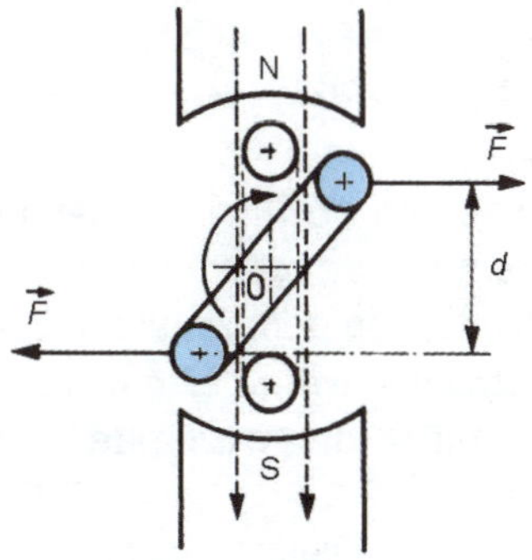

Figure 22.4 • Le moment du couple : $\mathcal{C} = Fd$.

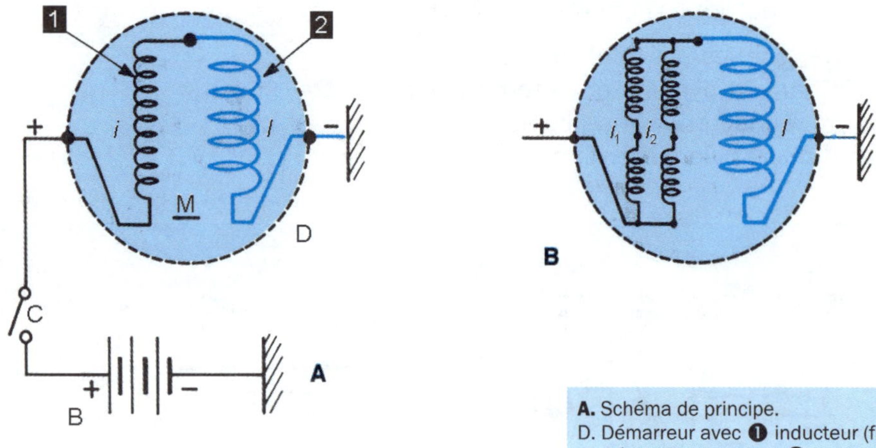

A. Schéma de principe.
D. Démarreur avec ❶ inducteur (fixe) branché en série avec l'induit et ❷ induit tournant.
C. Contacteur de démarrage.
B. Batterie ; $i_{inducteur} = I_{induit}$.
B. Démarreur tétrapolaire : branchement des quatre bobinages inducteurs en série parallèle : $i_1 = i_2 = \frac{I}{2}$.

Figure 22.5 • Démarreur.

Le moteur à excitation (inducteurs) en série réalise ces conditions puisque la même intensité électrique circule dans les bobinages de l'inducteur et de l'induit (figure 22.5).

Le couple demandé au démarreur est relativement élevé. Pour un moteur à explosion de cylindrée moyenne, il se situe entre 8 et 15 daN·m. Au moment du dégommage du moteur (démarreur bloqué), l'intensité absorbée peut atteindre 400 A pendant un court instant. L'intensité diminue au fur et à mesure que le démarreur prend de la vitesse (environ 200 A).

■ Quels sont les éléments constitutifs d'un démarreur ?

Un démarreur comprend (figure 22.6, page suivante) :

• un flasque avant appelé **nez de démarreur** ❶ qui permet :
– la rotation de l'extrémité avant de l'arbre d'induit (palier) ;
– la mise en position du pignon de lanceur ❻ et ses mouvements de rotation et de translation ;
– la fixation du démarreur sur le bloc-moteur ;

• un **flasque arrière** ❷ qui permet :
– la rotation de l'extrémité arrière de l'arbre d'induit (palier) ;
– la mise en position des porte-balais et des balais ;

• une **carcasse** ❸ qui sert de support :
– aux deux flasques et réalise la rigidité et l'étanchéité ;

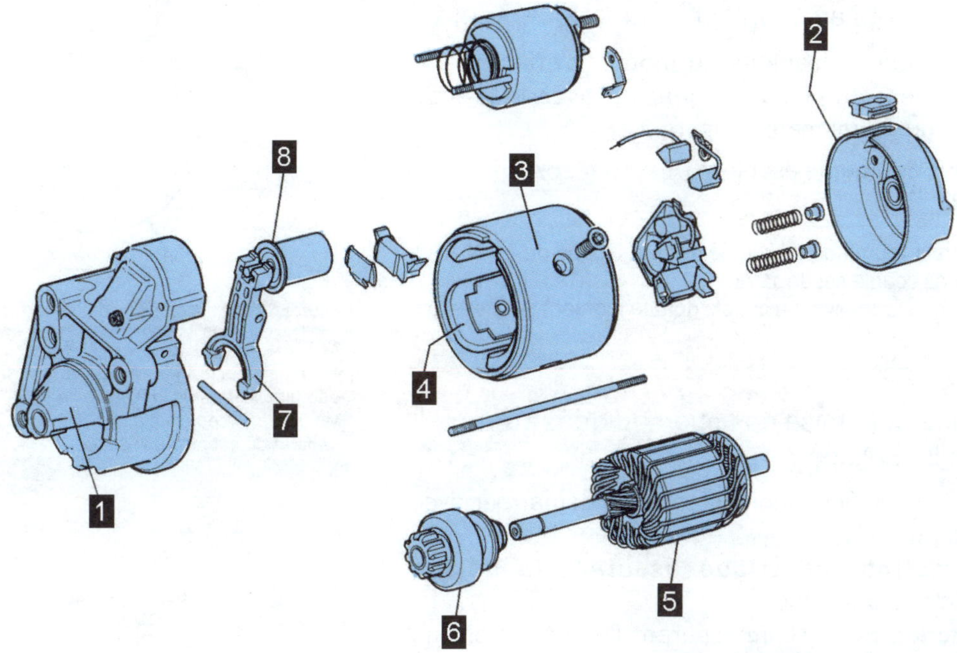

❶ Nez de démarreur.
❷ Flasque arrière.
❸ Carcasse.
❹ Bobinages inducteurs.
❺ Induit à collecteur plat.
❻ Lanceur à roue libre.
❼ Fourchette.
❽ Solénoïde.

Figure 22.6 • Éléments constitutifs d'un démarreur à commande électromagnétique (document Paris-Rhône).

– aux masses polaires munies de leurs bobinages inducteurs fixes ❹, elles sont au nombre de quatre en général (tétrapolaire) ;

• un **induit** (tournant) à collecteur plat ou tambour ❺ ;

• un **lanceur** ❻ dont le pignon est monté sur roue libre ;

• un dispositif de **commande** du lanceur et du moteur électrique ❼-❽ de conception variable selon le type de démarreur.

La forte intensité du courant oblige à concevoir des conducteurs dont le matériau et la section offrent une **faible résistance électrique**.

Les bobinages de l'induit et de l'inducteur sont en général constitués d'épaisses lames de cuivre de section rectangulaire. La liaison électrique batterie/démarreur est réalisée par des câbles souples de forte section. La résistance des connexions doit également être minimale.

La commande du moteur électrique devra être effectuée par un **relais** (figure 22.7).

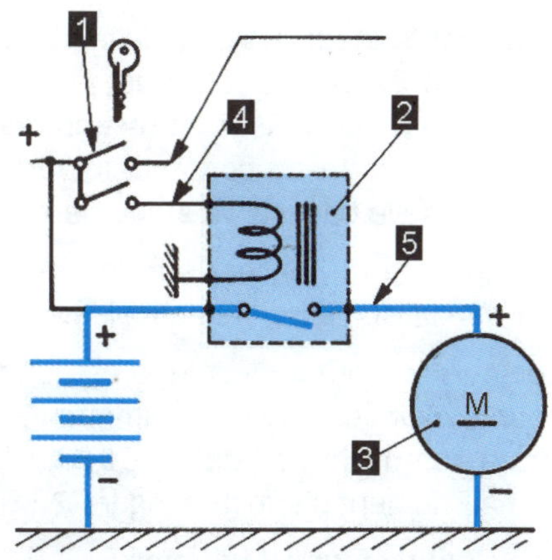

Figure 22.7 • Commande électromagnétique 238 du démarreur.

❶ Combiné de démarrage.
❷ Relais électromagnétique.
❸ Démarreur.
❹ Circuit de commande.
❺ Circuit de puissance.

Comment le couple du démarreur est-il adapté au couple résistant du moteur ?

L'entraînement mécanique du moteur s'effectue par l'engrènement du pignon du lanceur avec la grande couronne du volant moteur (figure 22.8).

Le **rapport de couple** est élevé (R = 10 à 15/1).

Exemple

Un démarreur fournit un couple démarreur bloqué de 10 N·m et le rapport de couple est de 10/1.
Le volant moteur recevra un couple dont le moment sera égal à : $10 \times 10 = 100$ N·m.

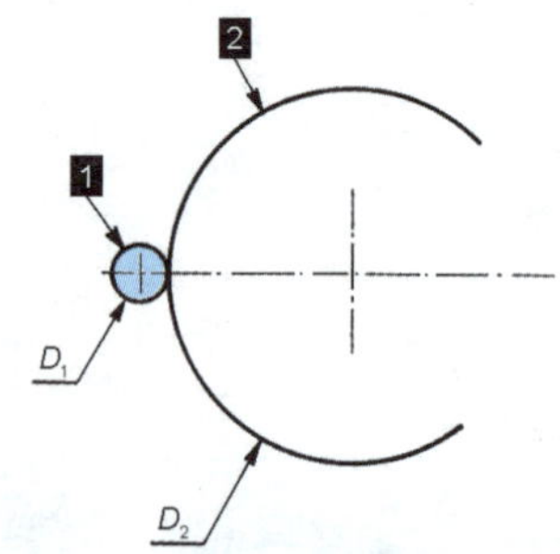

Figure 22.8 • Engrenage de démarrage.

❶ Pignon du lanceur.
❷ Roue de la grande couronne.
Démultiplication de la vitesse : $n_2 = n_1 \times D_1/D_2$
Multiplication du couple : $\mathscr{C}_2 = \mathscr{C}_1 \times D_2/D_1$
Rapport du couple : $R = D_2/D_1$.

Comment la mise en action du démarreur est-elle réalisée ?

La liaison mécanique momentanée du démarreur avec le moteur nécessite :
– une **action électrique** assurant la liaison batterie/moteur électrique ;
– une **action mécanique** assurant l'engrènement du pignon de lanceur sur la grande couronne.

Le conducteur n'agit que sur une seule commande.

Les actions sont toujours conjuguées. Selon le type de moteur, elles peuvent s'effectuer :
– démarreur à inertie : action électrique puis mécanique,
– démarreur à commande positive et à commande électromagnétique : action mécanique puis électrique.

Quel est le principe de fonctionnement d'un démarreur à inertie ?

1. Le conducteur actionne le contacteur de démarrage C_1 (figure 22.9A). Le relais est alimenté, le courant circule dans le bobinage. L'attraction magnétique produite attire la palette du contacteur de puissance (C_2). Le courant de la batterie va au démarreur.

Le montage du lanceur sur l'arbre d'induit est réalisé par une liaison glissière hélicoïdale (figure 22.9B).

Lorsque le moteur électrique est lancé, l'inertie du lanceur le maintient un instant immobile. La rotation rapide de la rampe hélicoïdale le déplace en translation. L'engrènement s'effectue (figure 22.9C).

Le volant moteur est entraîné.

2. Le moteur est démarré, le conducteur cesse son action sur le contacteur de démarrage. La grande couronne entraîne alors le pignon du lanceur. Le pignon du lanceur tourne plus vite que son arbre, il coulisse sur sa rampe hélicoïdale et revient en position de repos (figure 22.9B).

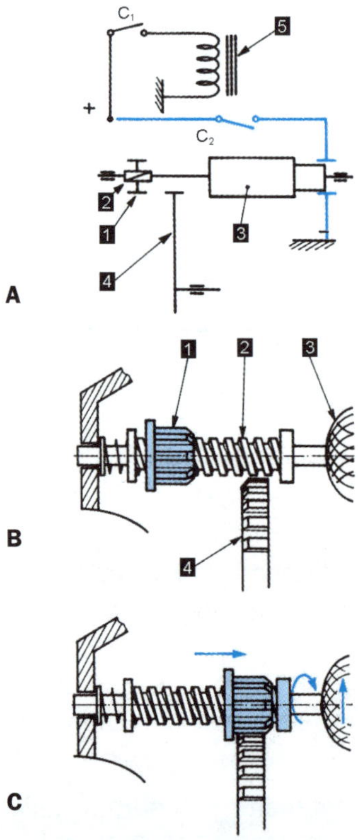

Figure 22.9 • Démarreur à lanceur à inertie.
A. Schéma des liaisons électriques et mécaniques.
B. Lanceur au repos.
C. Lancement. L'arbre d'induit tourne plus vite que le pignon qui s'avance grâce à la rampe hélicoïdale.

❶ Pignon du lanceur.
❷ Rampe hélicoïdale.
❸ Induit de démarreur.
❹ Grande couronne.
❺ Relais.

Quel est le principe de fonctionnement d'un démarreur à commande électromagnétique ?

Le disposition de commande comprend (figure 22.10) :

• un **solénoïde** ❸ dont le **noyau plongeur** ❹ permet :

– par sa partie arrière (C_2), la fermeture du circuit de puissance (C_p). C'est la fonction de relais électromagnétique ;

– par sa partie avant, la mise en action de la fourchette du lanceur ❺ ;

• un **lanceur** coulissant sur son arbre (par une rampe hélicoïdale) dont le pignon est monté sur roue libre ❻.

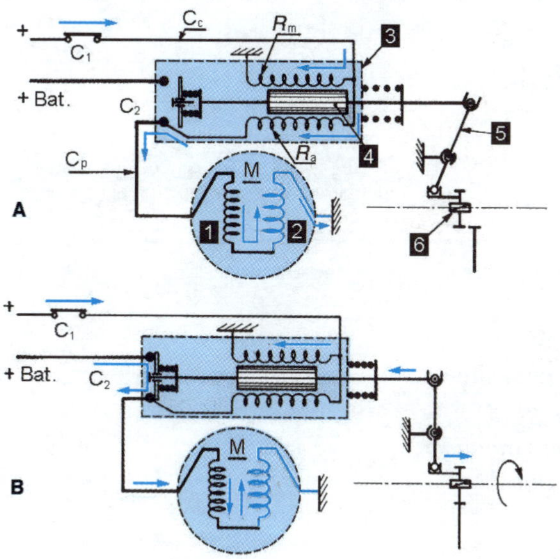

❶ Inducteur.
❷ Induit.
❸ Solénoïde.
❹ Noyau plongeur.
❺ Fourchette de lanceur.
❻ Lanceur.
C_1 : contacteur de commande.
C_c : circuit de commande.
C_2 : contacteur de puissance.
C_p : circuit de puissance.
R_a : bobinage d'appel.
R_m : bobinage de maintien.

Figure 22.10 • Dispositif de commande d'un démarreur à lanceur électromagnétique. Étape 1.

1. Le conducteur, par son action sur le combiné de démarrage, **ferme le circuit de commande du solénoïde** (C_c) (figure 22.10A).

• Le bobinage d'appel (R_a) est parcouru par un courant qui se ferme à la masse par le balai négatif en passant par les bobinages des inducteurs et de l'induit. Le bobinage de maintien (R_m) est parcouru par un courant qui se ferme directement à la masse du solénoïde.

• Le noyau plongeur est actionné par attraction magnétique et vient se centrer dans les bobinages.

La fourchette bascule et engrène le pignon du lanceur (figure 22.10B). Le contacteur de puissance (C_2) ferme le circuit batterie/démarreur (C_p).

• Le bobinage d'appel (R_a), au même potentiel à ses extrémités, n'est plus alimenté. Le bobinage (R_m) maintient le noyau en position.

4

L'équipement électrique

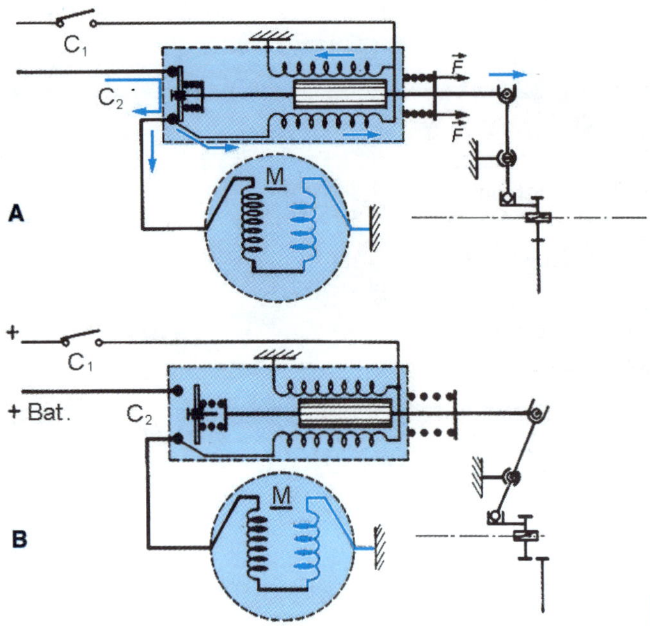

Figure 22.11 • Dispositif de commande d'un démarreur à lanceur électromagnétique. Étape 2.

2. Le moteur thermique démarre. La grande couronne devient menante. Le pignon du lanceur tourne plus vite grâce à sa roue libre.

Tout risque de centrifugation des bobinages de l'induit est évité, même si le conducteur ne cesse pas son action sur le contacteur (figure 22.11A).

• L'enroulement de maintien n'est plus alimenté par C_1 mais reçoit un courant positif qui passe par le contacteur de puissance (C_2) et traverse l'enroulement d'appel (R_a) en sens inverse.

• Le bobinage d'appel (R_a) a changé de polarité, le champ magnétique qu'il produit s'oppose à celui du bobinage de maintien (R_m) : les deux champs opposés s'annulent.

• Le ressort de rappel ramène le noyau plongeur en position de repos (figure 22.11B).

• Le contacteur de puissance est ouvert : l'induit s'arrête de tourner. La fourchette ramène le lanceur en position de repos (désaccouplement et arrêt du pignon).

Quels sont les avantages des démarreurs à collecteur plat ?

La disposition à plat du collecteur permet de **diminuer** :
– la **longueur** du démarreur, ce qui limite son encombrement et son porte-à-faux ;
– sa **masse** pour une puissance égale (augmentation de la puissance massique).

Quels sont les avantages des démarreurs à engrenage épicycloïdal ?

L'interposition de ce réducteur (figure 22.12) entre le bobinage induit et le lanceur a pour rôle de permettre une démultiplication supplémentaire qui permet :
– d'augmenter la fréquence de rotation de l'induit ;
– d'obtenir la puissance par la fréquence de rotation ($P = \mathcal{C}\,\omega$).

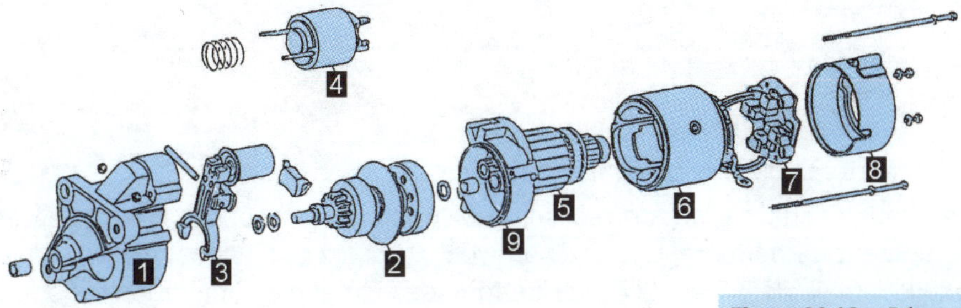

Figure 22.12 • Démarreur à engrenage épicycloïdal.

❶ Nez de démarreur.
❷ Lanceur.
❸ Fourchette.
❹ Solénoïde.
❺ Induit.
❻ Corps de démarreur.
❼ Porte-balais.
❽ Palier arrière.
❾ Réducteur.

Cela permet de réaliser des démarreurs dont :
– la section des conducteurs constituant les bobinages est plus faible (I réduite) ;
– l'ensemble des éléments électriques est de dimensions réduites.

Ce type de démarreur est :
– plus léger ;
– moins encombrant ;
– sans entretien (longévité des charbons).

Le tableau récapitule les transformations d'énergies qui s'effectuent dans un véhicule à moteur thermique.

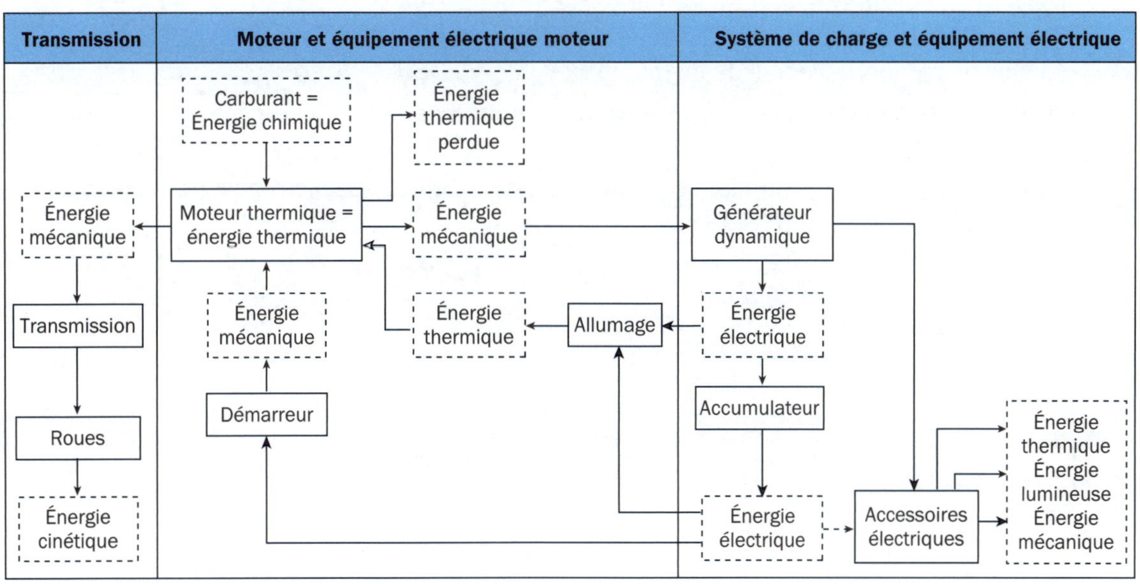

Mémo

- **Fonction du démarreur**

Le démarrage du moteur nécessite son entraînement à une certaine vitesse de rotation (100 à 150 tr/min).

Cette fonction est remplie par le démarreur, moteur électrique à courant continu, qui transforme l'énergie électrique de la batterie d'accumulateurs en énergie mécanique. Il doit vaincre le couple résistant qui provient notamment de la compression des gaz au troisième temps du cycle (compression).

- **Solutions technologiques**

Le couple demandé nécessite :
- un flux inducteur élevé produit par une intensité élevée ;
- une intensité importante dans le bobinage induit.

Le moteur à excitation série permet de réaliser ces conditions. L'intensité absorbée par le démarreur au moment du démarrage est très élevée. Aussi les bobinages de l'induit et de l'inducteur sont-ils formés de lames de cuivre de forte section afin de limiter les résistances électriques et l'échauffement anormal.

- **Démarreur à inertie**

Le pignon de lanceur est monté sur une rampe hélicoïdale solidaire de l'induit.

Lorsque le démarreur se met à tourner, le pignon de lanceur, par son inertie, reste un instant immobile. La rotation de la rampe dans le pignon le déplace en translation. Il s'engrène sur la grande couronne. Moteur démarré, la grande couronne entraîne le pignon de lanceur plus vite que son arbre. Il pivote sur sa rampe hélicoïdale, se translate et revient en position de repos.

- **Démarreur à commande électromagnétique**

La mise en circuit du solénoïde déplace son noyau plongeur qui :
- fait basculer la fourchette et enclenche le pignon du lanceur ;
- ferme le contact de la ligne de puissance. Le moteur électrique est alimenté et se met à tourner.

Lorsque le conducteur cesse son action sur le contact de démarrage le retour du noyau plongeur en position de repos est assuré par :
- annulation des champs magnétiques produits par les deux bobinages du solénoïde ;
- action du ressort de rappel de fourchette.

Le contact de puissance s'ouvre et la fourchette ramène le pignon du lanceur en position de repos.

Les démarreurs à collecteur plat et à réducteur offrent une puissance égale pour un encombrement et une masse réduits.

Testez vos connaissances

1. Combien de temps peut tenir une batterie de 50 Ah si l'on actionne le démarreur en continu (raisonnez sur une consommation démarreur de 200 A) ?	☐ **a.** 15 min maxi ☐ **b.** 30 min maxi ☐ **c.** 50 min maxi
2. Le démarreur doit entraîner le moteur à une vitesse minimale de :	☐ **a.** 150 tr/min ☐ **b.** 300 tr/min ☐ **c.** 600 tr/min
3. Une des fonctions du démarreur est de diminuer l'intensité du courant dans :	☐ **a.** l'induit ☐ **b.** la batterie ☐ **c.** le contact à clé
4. Le démarreur comporte un moteur électrique dont l'induit et l'inducteur sont en :	☐ **a.** série ☐ **b.** parallèle ☐ **c.** continu
5. Dans un démarreur (2 réponses) :	☐ **a.** l'induit est fixe ☐ **b.** l'induit est tournant ☐ **c.** l'inducteur est fixe ☐ **d.** l'inducteur est tournant

Pour aller plus loin

1. *Relevez dans un manuel technique, les caractéristiques détaillées d'un démarreur équipant le moteur de votre choix.*
2. *Recherchez les capacités des batteries sur deux véhicules différents : une petite cylindrée et une grosse cylindrée. Justifiez les valeurs trouvées.*

Maintenance

Sur le plan pratique, il est nécessaire d'étudier les 2 fiches suivantes du manuel de *Maintenance automobile : le savoir-faire* :

- Fiche n° 28 - Remplacer le démarreur et l'alternateur ; niveau 1.
- Fiche n° 58 - Réviser un démarreur ; niveau 2.

23 La climatisation

Qu'entend-on par climatisation ?

La climatisation (figure 23.1) fait partie d'un ensemble qui a pour fonction de conditionner l'air de l'habitacle en compensant les variations extérieures :
- de température (≃ – 20 °C à + 50 °C) ;
- d'hygrométrie (humidité de l'air).

En hiver le chauffage augmente la température de l'air qui pénètre dans l'habitacle. En été, la climatisation abaisse la température.

L'air est en outre déchargé de ses particules de poussière et d'une partie de son humidité. Un dispositif permet le fonctionnement en recyclage de l'air de l'habitacle lorsque l'air extérieur est chargé de particules nocives ou nauséabondes.

Quels sont les avantages de l'air conditionné ?

Outre les notions d'agrément et de confort, la climatisation peut être considérée comme un **dispositif de sécurité active**, dans la mesure où le conducteur qui doit piloter longtemps son véhicule par des températures pénibles perd une partie de ses réflexes.

Quel est le principe de fonctionnement du système de climatisation ?

Le système de climatisation fonctionne selon le principe utilisé pour la **production du froid domestique** (réfrigérateurs).

Quels sont les principaux éléments qui le composent ?

Le système comprend principalement (figure 23.3) :
- un **compresseur** ❶ ;
- un **condenseur** ❷ ;
- un **détendeur** ❸ ;
- un **évaporateur** ❹ ;
- des canalisations **haute pression (HP)** ;
- des canalisations **basse pression (BP)** ;
- un **fluide réfrigérant**.

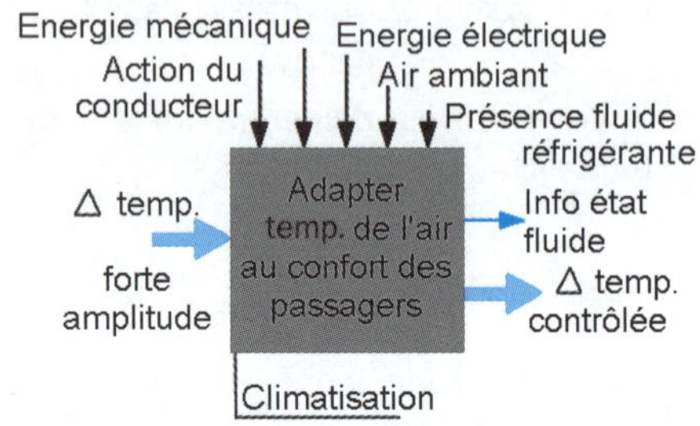

Figure 23.1 • Fonction globale du système de climatisation.

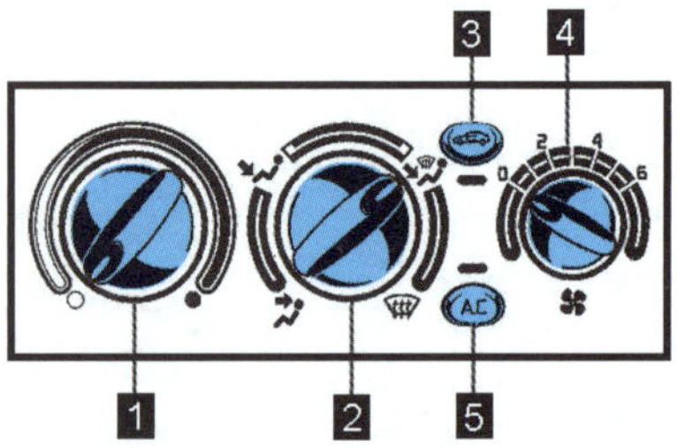

Figure 23.2 • Commandes de gestion de l'air de l'habitacle par rotateurs et boutons-poussoir.

❶ Air chaud ou froid.
❷ Direction des filets d'air.
❸ Recyclage ou air extérieur.
❹ Air pulsé ou non.
❺ Mise en marche ou arrêt du système de climatisation.

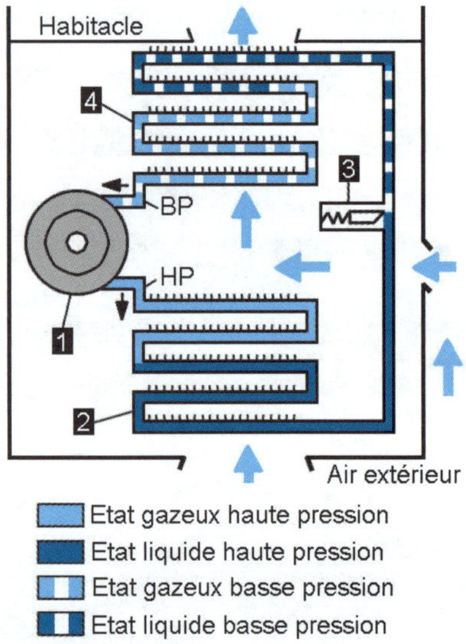

Figure 23.3 • Schéma simplifié d'un système de production de froid.

Quel est son principe de fonctionnement ?

1. Le fluide gazeux est mis sous haute pression par le **compresseur**, sa pression et sa température s'élèvent.

2. Le fluide sous haute pression circule dans le **condenseur** dont les serpentins sont refroidis par un ou deux **motoventilateurs**.

3. Le fluide sous pression refroidi passe dans le **détendeur** qui abaisse brutalement sa pression.

4. Sachant qu'un fluide sous pression à température ambiante crée du froid lorsqu'il se détend, celui qui arrive dans l'**évaporateur** se trouve à **très basse température**. L'air extérieur qui passe à travers les serpentins de l'évaporateur se trouve donc refroidi.

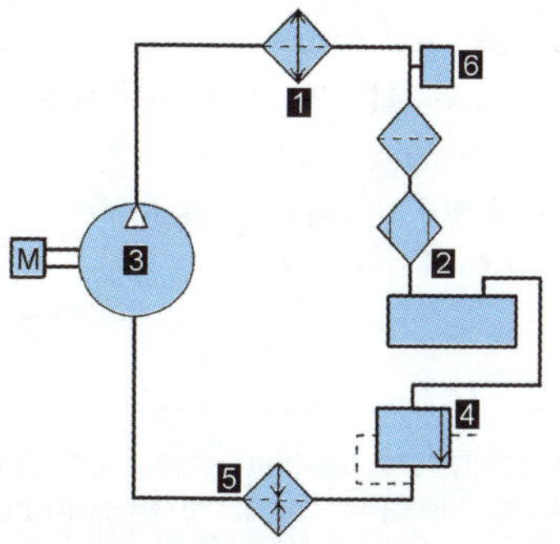

Figure 23.4 • Schématisation du circuit.

❶ Condenseur.
❷ Déshydrateur.
❸ Compresseur.
❹ Détendeur.
❺ Évaporateur.
❻ Pressostat.

Comment les éléments sont-ils implantés sur le véhicule ?

La figure 23.5 présente ces différents éléments.

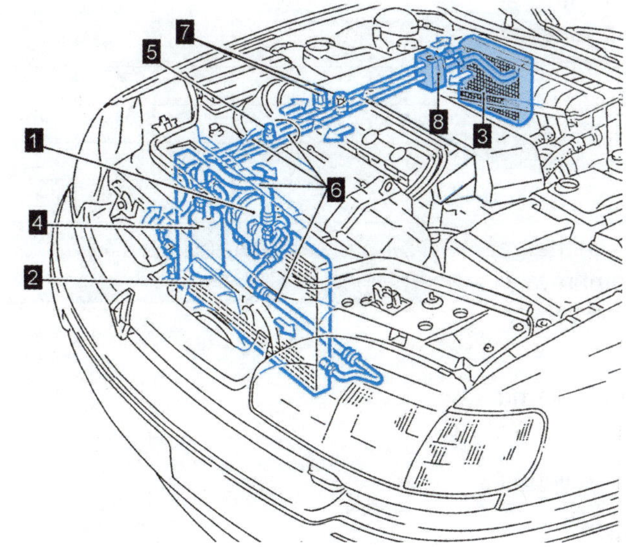

❶ Compresseur.
❷ Condenseur.
❸ Évaporateur.
❹ Bouteille déshydratante.
❺ Pressostat.
❻ Tuyauteries de liaison.
❼ Valves de remplissage.
❽ Détendeur.

Figure 23.5 • Implantation des éléments sur le véhicule.

• Le **compresseur** est fixé sur le bloc-moteur par l'intermédiaire de silentblocs et est entraîné mécaniquement par courroie. Sa poulie est débrayable grâce à un électroaimant.

• Le **condenseur** est placé devant le radiateur de refroidissement, il reçoit ainsi l'air extérieur qui peut être accéléré par les motoventilateurs.

• L'**évaporateur** se trouve placé dans le compartiment situé sous le pare-brise, il agit ainsi en série avec le radiateur de chauffage.

Lorsque la commande d'air conditionné (➔ Figure 23.2, ❺) est enclenchée, l'air est d'abord refroidi et asséché en traversant l'évaporateur, puis une partie plus ou moins importante est réchauffée en traversant le radiateur de chauffage selon la position donnée au **rotateur** (➔ Figure 23.2, ❶).

Remarque

La température de climatiseur est régulée par un thermostat placé dans le faisceau de l'évaporateur et est influencée par l'air soufflé.

Lorsque la température se rapproche de **0 °C**, le thermostat **interrompt** l'alimentation de l'embrayage du compresseur. Lorsque la température s'élève au-delà d'une valeur prédéterminée, le thermostat **réalimente** l'embrayage.

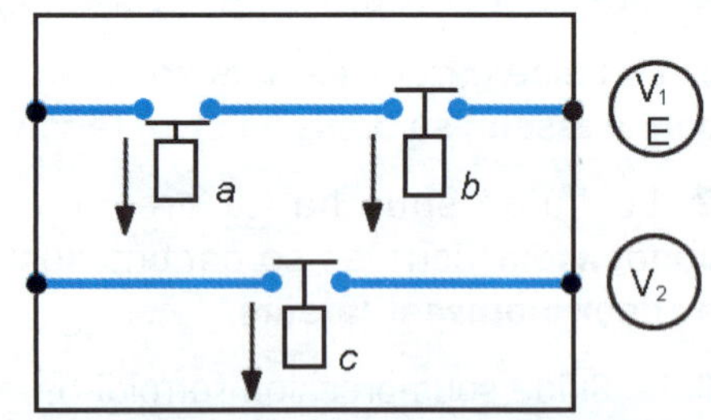

Figure 23.6 • Représentation du pressostat trifonction.

V_1. Ventilateur 1 (petite vitesse).
E. Embrayage compresseur.
V_2. Ventilateur 2 (grande vitesse).

Quelle est la fonction du pressostat ?

Le pressostat contrôle le fonctionnement du système. Ses capteurs manométriques mesurent en permanence les pressions (haute et basse). Il a pour fonction d'enclencher, selon les règles de la logique combinatoire (figures 23.6 et 23.7) :
- l'**électroaimant** du compresseur ;
- le **ventilateur petite vitesse** ;
- le **ventilateur grande vitesse**.

Contacts (action sur) / Pressions (bars)	$\bar{a}$	b	c
$p < 2{,}5$	0	0	0
$2{,}5 < p < 16$	0	1	0
$16 < p < 26$	0	1	1
$p > 26$	1	1	1

Figure 23.7 • État physique des contacts en fonction des pressions.

Pour une pression du circuit basse pression supérieure à 2,5 bars (b = 1), le pressostat alimente l'embrayage électromagnétique du compresseur ainsi que le ventilateur V_1 (petite vitesse).

Cette situation est maintenue tant que la pression du circuit HP reste inférieure à 16 bars.

Si la pression dépasse 16 bars, le second ventilateur (V_2) est commandé par c = 1.

Pour une pression supérieure à 26 bars l'alimentation de l'embrayage du compresseur est coupée à $\bar{a}$ = 1.

Quelles sont les particularités du fluide réfrigérant ?

Le réfrigérant généralement utilisé porte la référence **134**, contrairement aux premiers véhicules climatisés qui étaient chargés en CFC 12. Son évacuation dans l'atmosphère présentait des dangers pour la couche d'ozone.

Le fluide 134 présente une meilleure protection de l'environnement.

Il est interdit de mélanger l'ancien fluide avec le nouveau car :
– les deux fluides ne sont pas missibles ;
– les points d'ébullition donc les pressions de fonctionnement sont différents.

Il est donc important de **savoir identifier** les types d'installation en :

- consultant le manuel du véhicule ;
- observant les sigles sur :
– autocollants verts sur les éléments en 134 ;
– types de raccords de remplissage, à visser pour CFC 12 et raccords instantanés pour 134.

La vidange, le remplissage ou le contrôle doivent s'effectuer avec la centrale de charge appropriée (figure 23.8).

Le raccordement et le débranchement des raccords haute et basse pressions doit s'effectuer en portant des lunettes et des gants de protection.

Il faut opérer dans un local bien ventilé loin de toute source de chaleur supérieure à 150 °C.

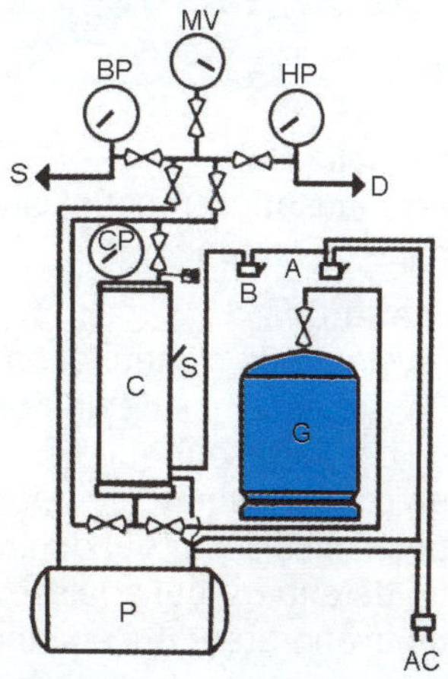

Figure 23.8 • Schéma de principe d'une centrale de charge.

P. Pompe à vide.
G. Charge de fluide.
C. Cylindre de charge.
CP. Manomètre du cylindre de charge.
MV. Manomètre de vide.
S. Aspiration.
D. Refoulement.
AC : 220 V.
A. Inter de pompe à vide.
B. Inter de chauffage du cylindre de charge.

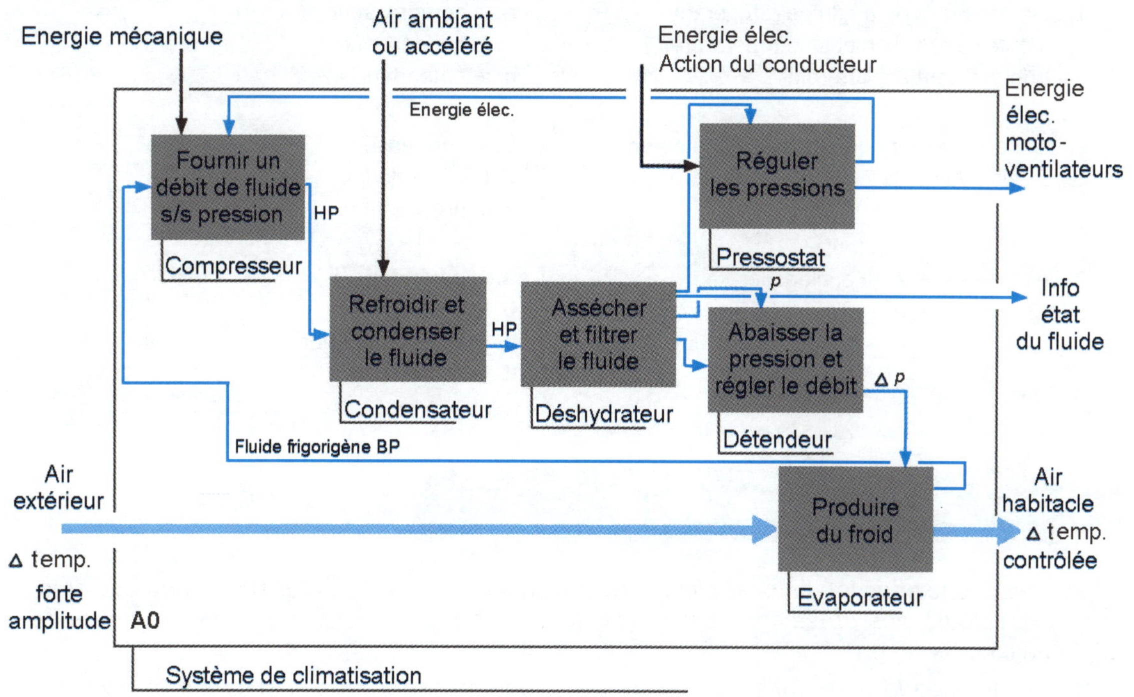

Figure 23.9 • Analyse descendante simplifiée du système. Niveau A0.

4

L'équipement électrique

Mémo

- **Fonctions**

  La climatisation procure aux passagers une température agréable et évite d'accentuer la fatigue du conducteur.

- **Constitution**

  Le système de climatisation comprend :
  - un circuit rempli de fluide réfrigérant spécial ;
  - un compresseur qui élève la pression du fluide ;
  - un condenseur qui le refroidit ;
  - un déshydrateur qui diminue son degré d'hygrométrie ;
  - un détendeur qui abaisse brutalement la pression ;
  - un évaporateur qui échange sa très basse température avec l'air extérieur.

  L'ensemble est régulé grâce :
  - à un thermostat qui contrôle la température à l'évaporateur, $2\ °C < t < 16\ °C$;
  - à un pressostat qui mesure les pressions de fluide (haute et basse) et actionne ou non l'embrayage électromagnétique du compresseur et les motoventilateurs.

- **Le fluide réfrigérant**

  Ce fluide spécial :
  - n'est pas miscible avec d'autres fluides ;
  - peut être dangereux à manipuler sans précautions ;
  - doit être chargé et déchargé avec un appareillage spécialisé.

Testez vos connaissances

1. Si la compression du fluide réfrigérant augmente sa pression et sa température, par quel élément est-il refroidi ?

- ☐ **a.** le compresseur
- ☐ **b.** le condenseur
- ☐ **c.** le détendeur

2. Quel est l'élément qui abaisse brutalement la pression du fluide ?

- ☐ **a.** le condenseur
- ☐ **b.** le détendeur
- ☐ **c.** le pressostat

3. Le compresseur est enclenché par (2 réponses) :

- ☐ **a.** le détendeur
- ☐ **b.** le pressostat
- ☐ **c.** le motoventilateur
- ☐ **d.** le conducteur

Pour aller plus loin

1. *Recherchez sur le véhicule climatisé de votre choix les caractéristiques du système, les valeurs des pressions, le type de fluide, les précautions à prendre, la méthode de contrôle.*

2. *Recherchez la puissance absorbée par un compresseur de climatisation et déduisez le pourcentage de surconsommation du véhicule lorsque la climatisation est actionnée.*

24
Les véhicules à moteur électrique

■ Qu'entend-on par véhicule électrique ?

Les véhicules électriques sont des véhicules dont l'élément de liaison avec les roues motrices est constitué d'un ou de plusieurs moteurs électriques.

■ Quels sont les différents types de véhicules électriques ?

On peut distinguer des véhicules :
- **tout électrique** (figures 24.1 à 24.17) ;
- **hybrides** (figure 24.18) ;
- **à pile à combustible** (figures 24.19 et 24.20).

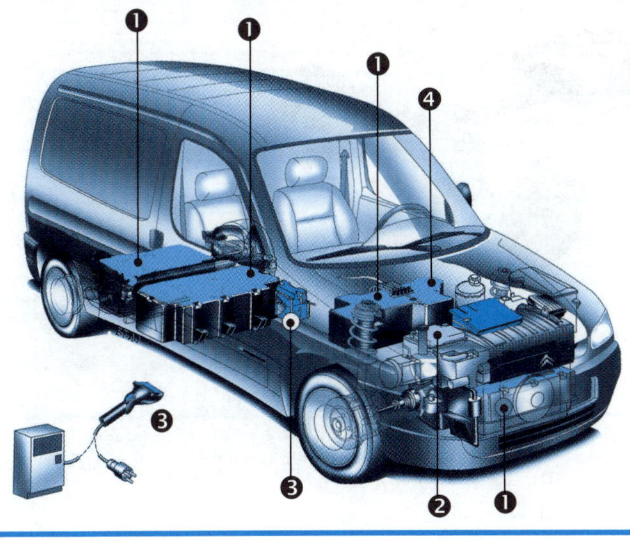

Figure 24.1 • Voiture électrique (document PSA Peugeot Citroën).

❶ Batteries de traction.
❷ Batteries auxiliaires.
❸ Prise de charge.
❹ Boîtier électronique.

■ Quels sont les avantages du tout électrique ?

Les véhicules électriques présentent de nombreux avantages :
- **pas de pollution directe**, aucune émission de gaz ni de particules ;
- **silence de fonctionnement** ;
- **conduite aisée**, avec transmission intégrale, sans embrayage ni boîte de vitesses.

■ Quelles sont les critiques du tout électrique ?

Les principaux inconvénients du tout électrique sont :
- la masse et le volume des batteries ;
- la faible autonomie du véhicule sans recharger les batteries (environ 100 km).

Comment pallier ces inconvénients ?

Il sera possible de créer des batteries plus légères et plus performantes. En attendant ces progrès techniques, les véhicules électriques sont équipés en parallèle :
- d'un moteur thermique (véhicule hybride) ;
- d'une pile à combustible (➔ Fin de leçon).

Observons le système de propulsion électrique.

• Le système reçoit le courant domestique 220/230 V alternatif (figures 24.2 et 24.3).

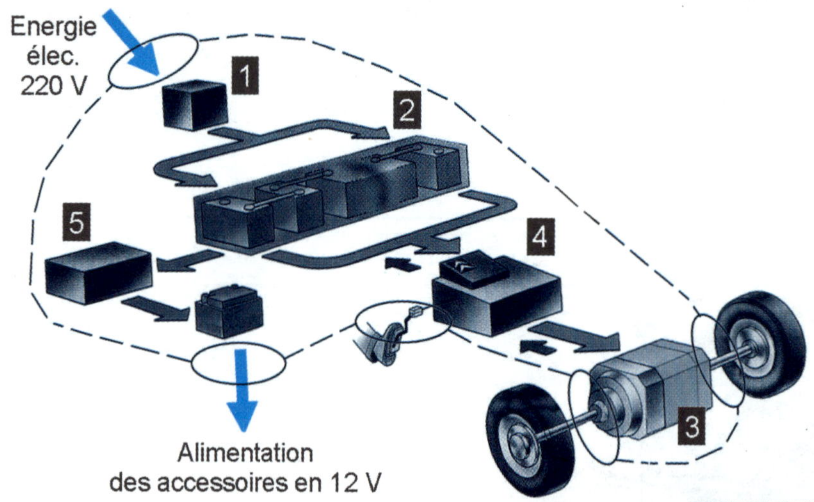

❶ Chargeur.
❷ Batteries.
❸ Moteur électrique.
❹ Boîtier électronique.
❺ Convertisseur.

Figure 24.2 • Frontières du système (document Citroën).

• Le **chargeur** ❶ le transforme en courant 120 V continu afin de charger les batteries de traction ❷.

• Le **moteur électrique** ❸ reçoit le courant continu par l'intermédiaire du **boîtier électronique** ❹ et le transforme en énergie mécanique disponible aux roues après passage dans un **réducteur différentiel.**

• Un **convertisseur** ❺ 120 V/12 V permet de maintenir la batterie auxiliaire chargée afin d'alimenter les accessoires électriques fonctionnant en 12 V.

Le conducteur a une action sur le boîtier électronique par la pédale d'accélérateur afin de modifier la vitesse du véhicule.

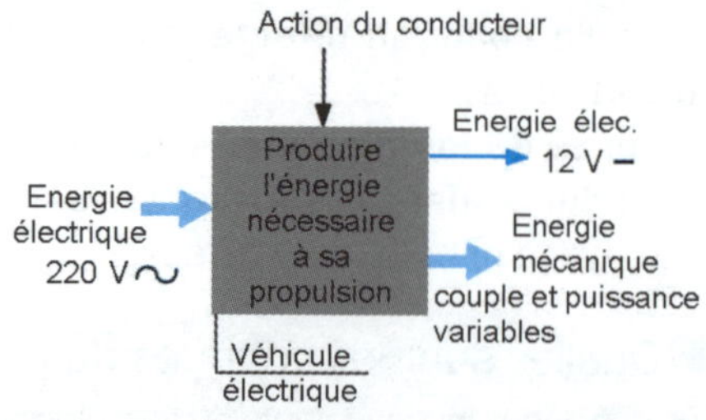

Figure 24.3 • Fonction globale (niveau A-0).

Quels sont les sous-ensembles des véhicules électriques ?

Les véhicules électriques se composent essentiellement :
- d'un groupe **motopropulseur** ;

- d'un **boîtier électronique** ;
- d'une batterie d'**accumulateurs** de traction.

■ Que comprend le groupe motopropulseur ?

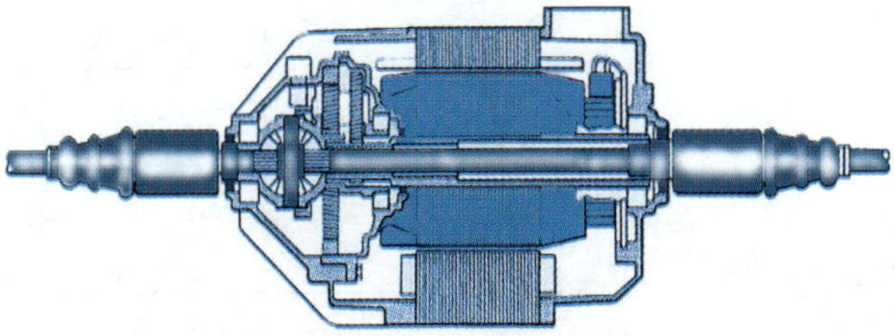

Figure 24.4 • Groupe motopropulseur.

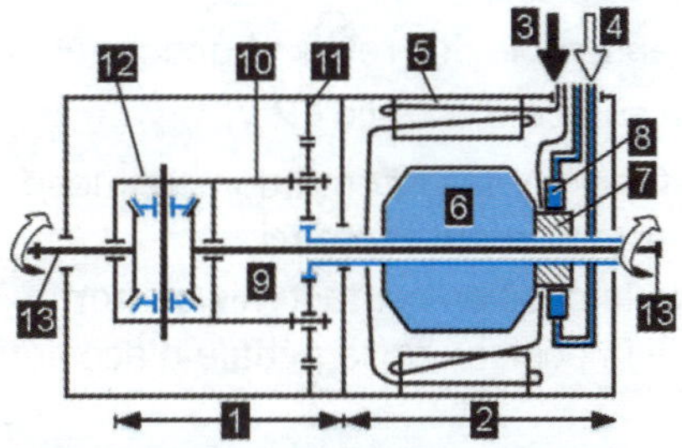

Figure 24.5 • Groupe motopropulseur.

❶ Partie mécanique : réducteur, différentiel.
❷ Moteur électrique.
❸ Alimentation des inducteurs.
❹ Alimentation de l'induit.
❺ Inducteurs.
❻ Induit.
❼ Collecteur.
❽ Charbons.
❾ Planétaire solidaire de l'induit.
❿ Porte-satellites solidaire du boîtier différentiel.
⓫ Grande couronne fixe au carter.
⓬ Boîtier de différentiel.
⓭ Arbres de roues.

Il comprend (figures 24.4 et 24.5) :

- un moteur électrique à **courant continu** et **excitation séparée** ;
- un **boîtier réducteur** comprenant :
  - un train épicycloïdal,
  - un boîtier de différentiel,
  - deux sorties d'arbres de roues.

■ Quel est le rôle du réducteur ?

La vitesse de rotation maximale du moteur étant de 5 500 tr/min, il est nécessaire de diviser la vitesse dans un rapport de 1/7.

Pour le fonctionnement du train épicycloïdal ➔ Leçon 4, et pour celui du différentiel ➔ Leçon 7.

■ Quel est le principe de fonctionnement du moteur ?

Dès que le conducteur agit sur l'accélérateur, l'**inducteur est alimenté** par un courant constant de valeur fixe. L'induit reçoit, par les charbons, un courant dont la valeur dépend de la position de l'accélérateur. (U induit variable, $f(I)$ de 0 à 1 600 tr/min.)

À partir de 1 600 tr/min l'induit est alimenté sous la tension nominale de la batterie de traction (120 V) ; en revanche c'est maintenant le courant d'excitation des inducteurs qui est modulé.

Donc, pour augmenter la vitesse de rotation du moteur (figure 24.6) :

- de 0 à 1 600 tr/min, I induit augmente et i excitation reste constante ;
- de 1 600 à 5 500 tr/min, U induit reste constante et i excitation augmente.

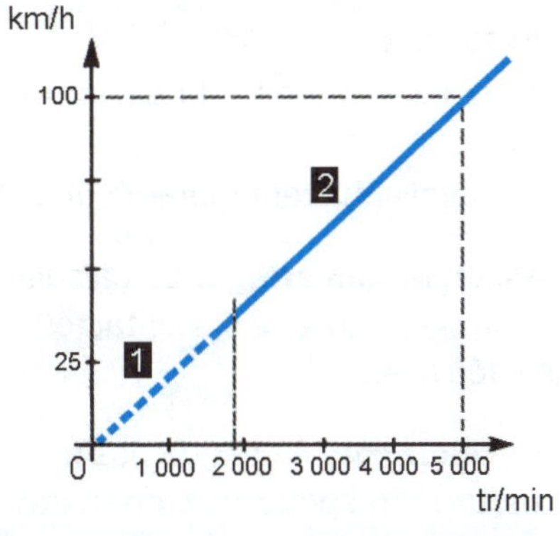

Figure 24.6 • Courbe de vitesse véhicule $f(n)$ moteur.

❶ Contrôle par ΔI induit.
❷ Contrôle par Δi inducteur.

4 *L'équipement électrique*

Cette disposition permet d'obtenir un **couple moteur satisfaisant à très bas régime** (de 1 à 1 600 tr/min), la puissance étant obtenue par l'augmentation de la fréquence de rotation à haut régime ($P = \mathscr{C}\omega$). C'est ce que montre la figure 24.7 $\left(\omega = \frac{2\pi n}{60}\right)$.

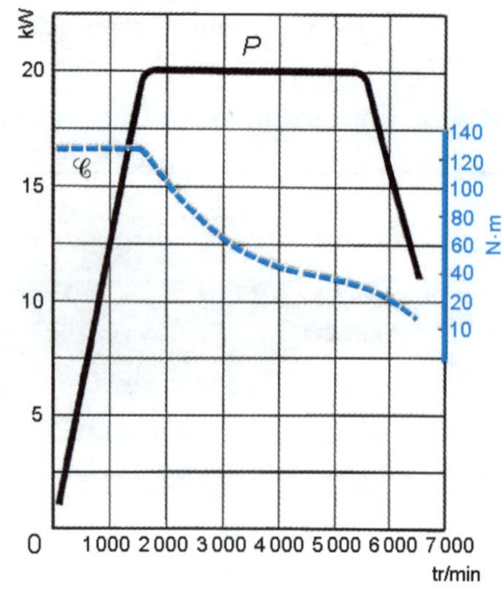

Figure 24.7 • Courbes caractéristiques du couple et de puissance en fonction de *n*.

$\mathscr{C}$: couple.
P : puissance.

Quelles sont les différentes fonctions du boîtier électronique ?

Le boîtier électronique gère :

– la partie propulsion en modulant le courant induit et inducteur,

– la recharge des batteries de traction au freinage et leur contrôle,

– l'ensemble des relais et actionneurs,

– la source d'énergie 12 V,

en fonction des informations reçues :
– des différents capteurs,
– de la position contact mis ou non,
– de la position de la pédale d'accélérateur.

Comment cette gestion est-elle réalisée dans les différentes phases de fonctionnement du véhicule ?

La figure 24.8 présente les différents éléments permettant de réguler le régime moteur.

1. Véhicule à l'arrêt. Aucune alimentation sauf en phase de charge dans laquelle le calculateur est mis en veille, ce qui permet le fonctionnement :
– de la jauge d'énergie et du voyant de charge ;
– de la pompe de refroidissement des batteries.

2. Contact mis. Le calculateur du boîtier électronique est alimenté ce qui permet le fonctionnement :

– du convertisseur 120 V/12 V ;

– de la pompe à eau du circuit de refroidisseur batteries ;

– du motoventilateur moteur sur la 1re vitesse.

3. Position démarrage. Le calculateur reçoit un « + » démarrage, il colle le discontacteur. Le véhicule est prêt à se déplacer.

4. Accélération. À chaque position de la pédale d'accélérateur correspond une intensité d'induit et d'inducteur commandées par des **hacheurs**.

De 0 à 1 600 tr/min, le **hacheur d'excitation** commande un courant constant (11 A). Le **hacheur d'induit** commande un courant variable de 0 à 200 A.

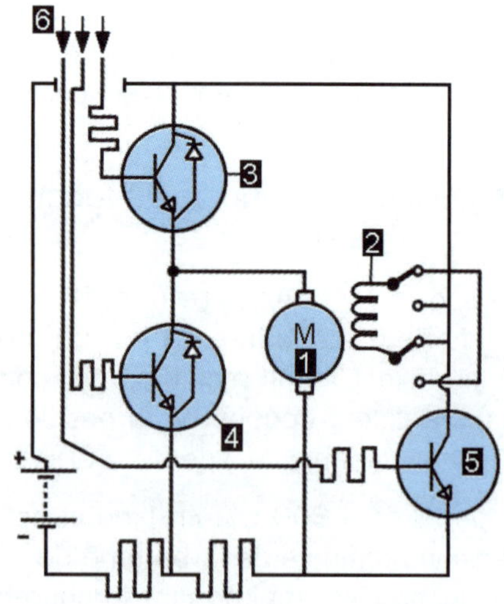

Figure 24.8 • Schéma simplifié du système de modulation du régime moteur.

❶ Induit.
❷ Inducteur (excitation).
❸ Hacheur d'induit.
❹ Hacheur d'excitation.
❺ Hacheur de freinage.
❻ Ordres de commande.

De 1 600 à 5 500 tr/min, alors que le hacheur d'induit envoie un courant constant, le hacheur d'excitation commande un courant d'excitation décroissant en fonction de la vitesse (de 11 A à 1 600 tr/min à 1,2 A à 5 500 tr/min).

5. Décélération. De 5 500 à 1 600 tr/min, le courant d'excitation augmente progressivement. Le moteur recharge alors la batterie de traction avec une intensité maximale (150 A) à 5 500 tr/min si la pédale d'accélérateur est totalement relâchée.

De 1 600 à 0 tr/min, la vitesse de rotation du moteur est insuffisante pour recharger la batterie sous 120 V. Le **hacheur de frein** augmente alors la tension aux bornes du moteur à 120 V afin qu'il recharge également la batterie dans cette phase.

Le moteur agit dans cette phase en **frein moteur**.

Remarque

En décélération, que l'on appuie ou non sur la pédale de frein, les feux de stop s'allument.

6. Marche arrière. Après appui sur la touche « Marche AR », le calculateur, par des relais, commande l'inversion de polarité aux bornes de l'excitation moteur.

Remarque

En marche arrière, le moteur reste dans sa phase 0 à 1 600 tr/min.

Quel est le principe de fonctionnement d'un hacheur de courant ?

Pour moduler un courant continu, il est nécessaire d'établir un rapport cyclique qui ferme et ouvre le courant continuellement selon des temps plus ou moins longs (figure 24.9).

Exemple

Considérons, par construction dans un circuit fermé comportant un bobinage, que nous obtenons une intensité I = 10 A.
Si le circuit est alimenté par intermittence, le courant prend une valeur intermédiaire en fonction du pourcentage du temps de fermeture par rapport au cycle.
Pour une durée de conduction de 60 %, le rapport cyclique sera :

$$\frac{10\text{ A} \times 60}{100} = 6\text{ A}$$

Ce type de hacheur a pu être obtenu grâce aux progrès de l'électronique de puissance.

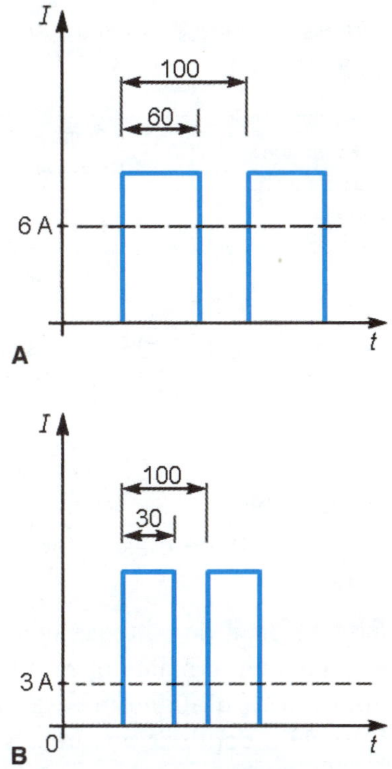

Figure 24.9 • Principe du hacheur.

A. Durée de conduction sur 60 % du cycle.
B. Durée de conduction sur 30 % du cycle.

4

L'équipement électrique

De quels éléments la batterie de traction est-elle composée ?

La batterie de traction se compose d'un certain nombre d'accumulateurs couplés en série afin d'obtenir une tension suffisamment élevée.

Exemple

20 monoblocs de 6 V donnent donc une tension de 120 V.

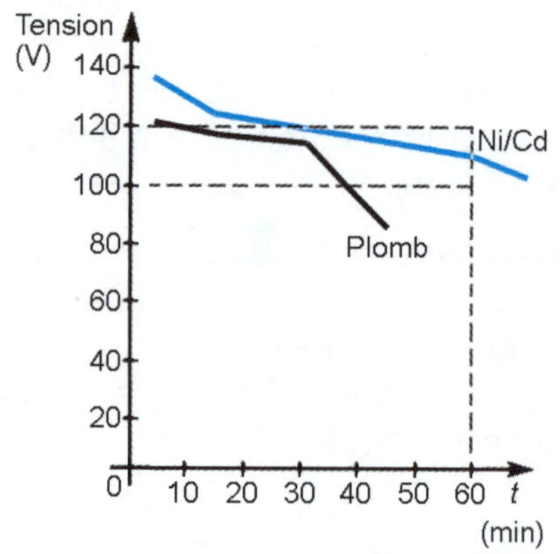

Figure 24.10 • Performances comparées des accumulateurs au plomb et au nickel-cadmium, sous une décharge permanente à 100 A.

De quel type sont les batteries de traction ?

On utilise en général les batteries au **nickel-cadmium** qui présentent des avantages par rapport aux batteries au plomb : elles sont mieux adaptées au démarrage des moteurs thermiques.

Le tableau suivant présente les caractéristiques comparées des batteries au plomb et des batteries au nickel-cadmium.

Les caractéristiques des batteries sont évaluées pour un kilogramme de batterie, le poids restant un élément primordial.

La puissance massique se mesure en watts par kilogramme (W/kg).

L'énergie massique se mesure en wattheures par kilogramme (Wh/kg).

Technologie	Cycle charge/décharge	Autonomie	Énergie	Avantages
Batterie plomb	700	80 km distance potentielle (durée de vie : 56 000 km)	35 Wh/kg	• pas chère • sans entretien • facilité d'utilisation
Batterie nickel-cadmium	2 000	130 km distance potentielle (durée de vie : 300 000 km)	55 Wh/kg 70 Wh/kg	• énergétique puis • durable • performante

La tension est d'autant plus stable que la résistance interne est faible.

La durée de vie se mesure en cycles de charge et décharge.

La mise au point de batteries utilisant des couples de métaux plus performants que ceux actuellement utilisés permettra d'augmenter la capacité d'énergie embarquée à bord des voitures. Sont actuellement à l'étude les batteries au nickel-métal-hydrure et celles au lithium-carbone. Des batteries déjà industrialisées comme celles au nickel-cadmium sont aussi l'objet de recherches, et peuvent être améliorées.

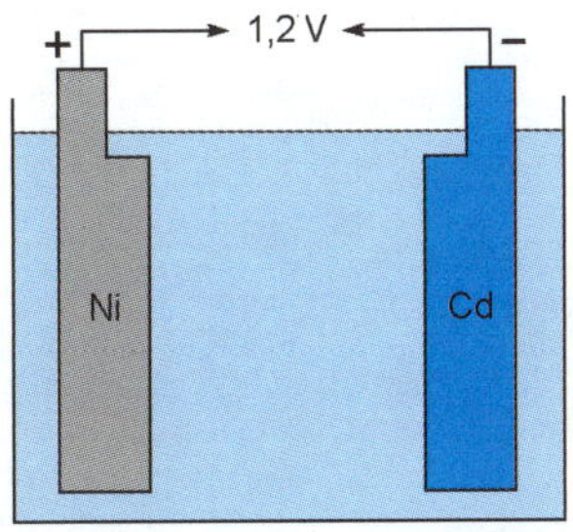

Figure 24.11 • Accumulateur élémentaire.

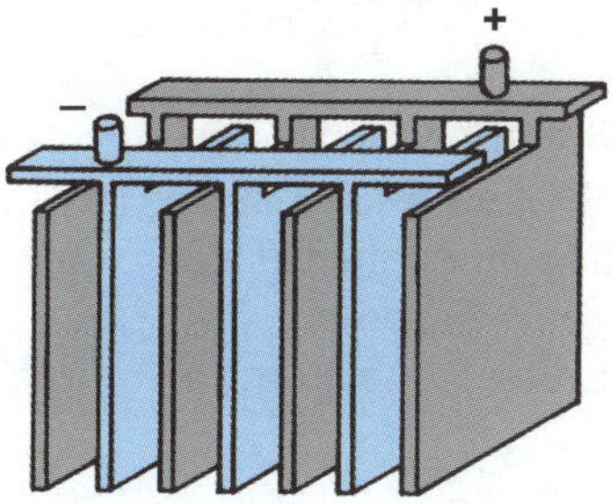

Figure 24.12 • Augmentation de la capacité d'un élément par un branchement parallèle.

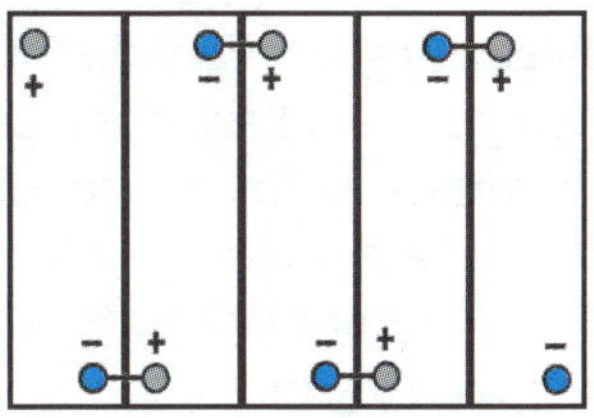

Figure 24.13 • Constitution d'un monobloc de 6 V par un branchement série : 5 × 1,2 V = 6 V.

Comment est constitué un élément au nickel-cadmium ?

L'accumulateur élémentaire (figure 24.11) comprend une plaque au nickel (anode) et une plaque au cadmium (cathode) baignant dans un liquide alcalin (électrolyte). Un élément ainsi constitué possède une f.é.m. de 1,2 V. Sa capacité est fonction de la surface de matière active en contact. On augmente donc la capacité en augmentant le nombre de plaques branchées en parallèle (figure 24.12).

Comment un monobloc de 6 V est-il constitué ?

On place dans un même bac 5 éléments de 1,2 V branchés entre eux en série : les tensions s'ajoutent (figure 24.13). La capacité reste celle d'un seul élément.

Comment obtient-on une tension de 120 V ?

On relie en série 20 monoblocs de 6 V.

Pour des raisons de répartition des masses, les monoblocs ne sont pas groupés en un seul point. On trouve par exemple :
- un coffre de 11 monoblocs à l'arrière ;
- un coffre de 6 monoblocs en partie inférieure du moteur ;
- un coffre de 3 monoblocs en partie supérieure du moteur.

Comment une batterie de traction est-elle constituée ?

On place un certain nombre de blocs dans un coffre étanche (figure 24.14). Chaque coffre est conçu de façon à interdire tout contact direct avec l'un de ses

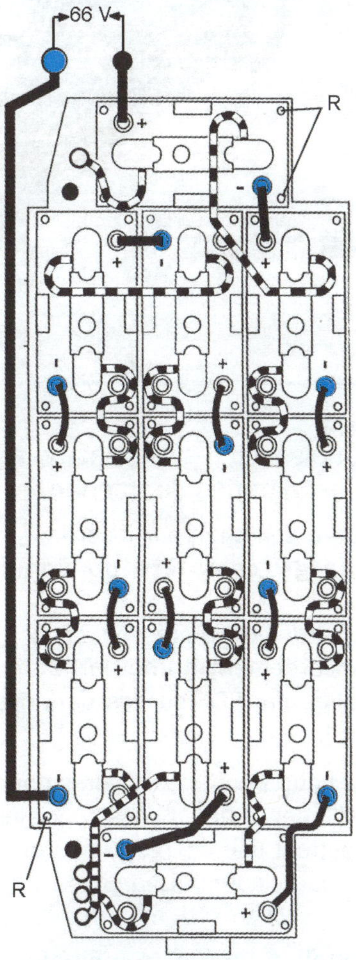

Figure 24.14 • Batterie de traction comportant 11 blocs de 6 V branchés en série.

▬▬	Connexions.
▪ ▪ ▪	Circuit de recyclage des gaz de charge.

R. Orifices de refroidissement.

4

L'équipement électrique

éléments (dangers d'électrocution), il est protégé par un fusible.

Les gaz dégagés lors du fonctionnement sont collectés et dirigés vers l'extérieur du véhicule. Les coffres sont refroidis en permanence, dès la mise du contact ainsi qu'en charge, par un système de refroidissement par eau comprenant un motoventilateur et une pompe électrique (figure 24.15).

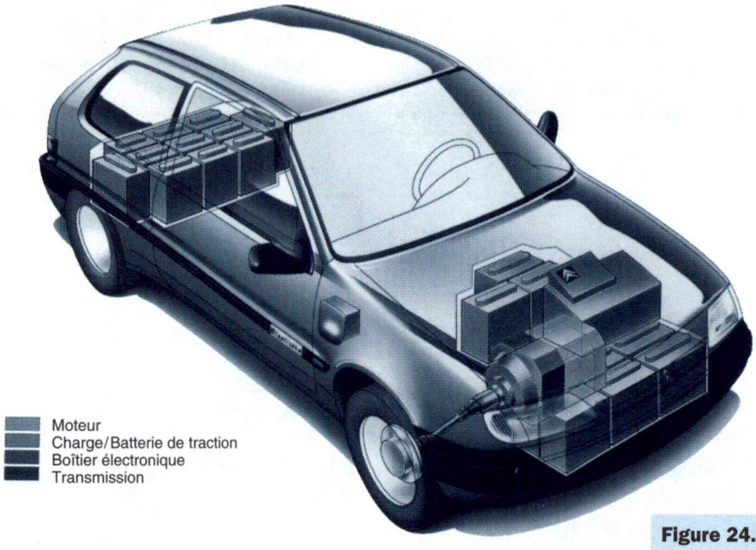

Figure 24.15 • Principe du circuit de refroidissement batteries (document Citroën).

Quels sont les moyens de recharge des batteries de traction ?

Grâce à son chargeur incorporé, on peut effectuer la **recharge complète** du véhicule en **8 heures** par :
– raccordement au réseau 220 V ~ du domicile ;
– raccordement à une borne de recharge publique, installée par EDF sur les parkings spécialisés (figure 24.16).

Deux heures sont nécessaires pour un plein à 30 %. En cas d'urgence des bornes spéciales (en station-service) permettent une charge rapide pour une autonomie de 2 km par minute de charge.

Figure 24.16 • Borne de charge sur voie publique.

Quelles sont les principales affectations des véhicules électriques ?

Du fait de leur faible autonomie (100 km maximum), ces véhicules sont réservés au trafic urbain et, notamment, aux véhicules de service (services municipaux, La Poste, Compagnie de Eaux, etc.).

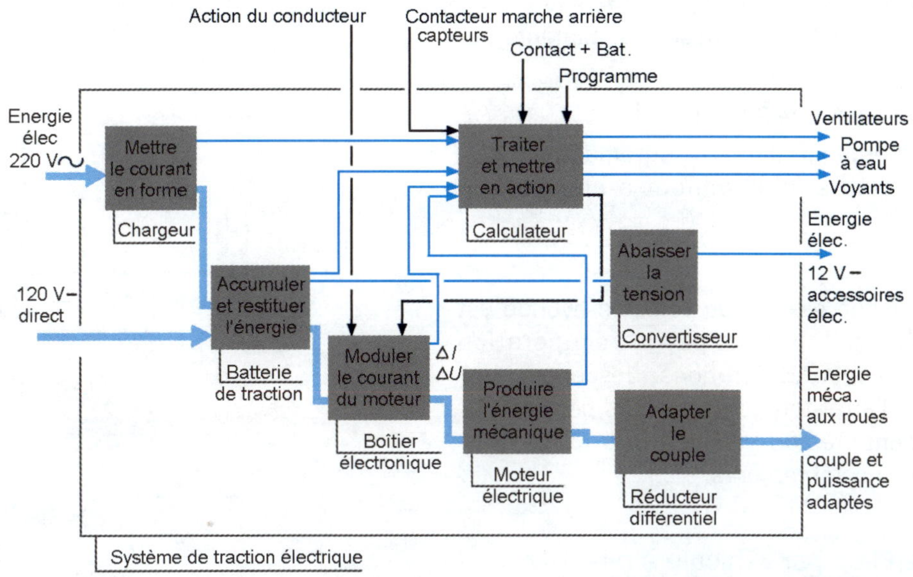

Figure 24.17 • Analyse descendante du système de traction électrique (niveau A0).

■ Qu'entend-on par véhicule hybride ?

Le véhicule hybride est équipé à la fois d'un moteur thermique et d'un moteur électrique qui fonctionnent soit moteur électrique seul, soit les deux moteurs en parallèle.

■ Quel est le principe de fonctionnement d'un véhicule hybride ?

En circuit routier (figure 24.18A)

Le moteur thermique fonctionne normalement, le moteur électrique fonctionne en parallèle, alimenté par les générateurs statique et dynamique.

Remarque

Les deux moteurs agissent sur une transmission automatique intégrale.

En décélération (figure 24.18B)

Le moteur thermique est arrêté par le système de gestion électronique. La consommation est donc nulle. Comme dans les trois systèmes de véhicules électriques que nous étudions, le moteur électrique se comporte en décélération comme un générateur dynamique et recharge donc la batterie de puissance.

Lors d'un arrêt momentané

Les deux moteurs sont arrêtés. Il n'y a aucune pollution sonore ni atmosphérique (ni consommation de carburant).

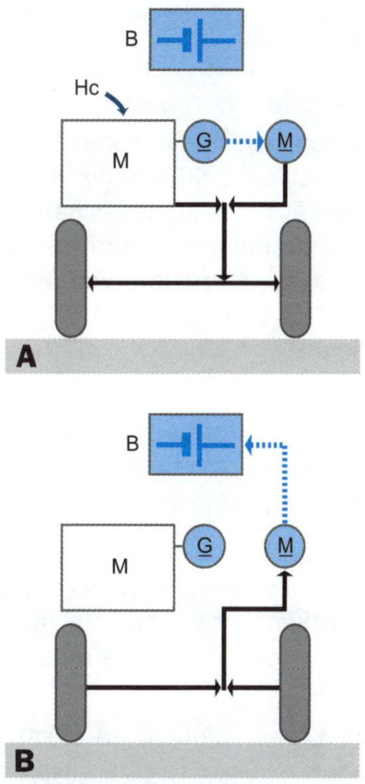

Figure 24.18A-B • Véhicule hybride en circuit routier (**A**) et en décélération (**B**).

B. Batterie.
Hc. Hydrocarbure
M. Moteur thermique.
G. Générateur de puissance.
M. Moteur de traction.

En circuit urbain (50 km/h ; figure 24.18C)

Seul le moteur électrique fonctionne, alimenté par la batterie de puissance.

En accélération (figure 24.18D)

Le moteur thermique démarre automatiquement. Les deux moteurs fonctionnent à nouveau en parallèle.

Bilan énergétique

La consommation globale du véhicule hybride est donc réduite, notamment par la récupération d'énergie lors des décélérations (descentes, freinages) et de l'arrêt total des moteurs pendant les arrêts momentanés du véhicule (feu rouge, passage piéton, encombrements, etc.).

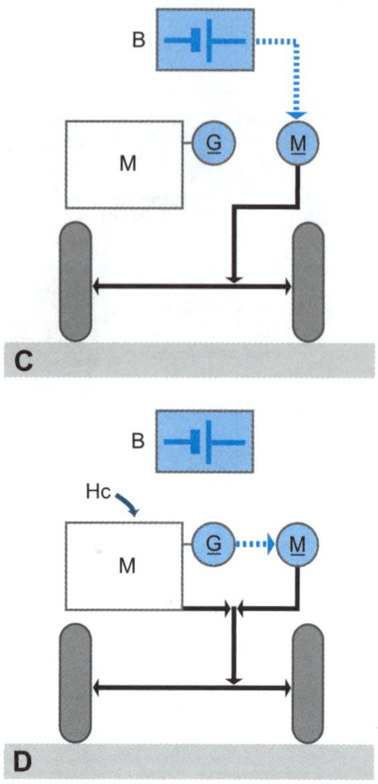

Figure 24.18C-D • Véhicule hybride en circuit urbain (**C**) et en accélération (**D**).

B. Batterie.
Hc. Hydrocarbure
M. Moteur thermique.
G. Générateur de puissance.
M. Moteur de traction.

■ Qu'entend-on par véhicule à pile à combustible (figure 24.19) ?

Dans ce type de véhicule, le moteur thermique est remplacé par une pile à combustible qui présente l'avantage de transformer directement le carburant en énergie électrique.

■ Quels sont les avantages de la pile à combustible ?

– Il y a suppression du moteur thermique avec son faible rendement (40 %, dans le meilleur des cas).
– La pile à combustible recharge directement la batterie de puissance qui alimente le (ou les) moteur(s) électrique(s) avec un rendement très élevé (80 % pour la pile et 98 % pour le moteur électrique).

■ Quel est le fonctionnement de la pile à combustible (figure 24.20, page suivante) ?

La pile à combustible fonctionne de la manière suivante : on introduit un hydrocarbure (Hc : essence, gazole, éthanol, méthanol, etc.) dans un **réformeur** ❶ dont la fonction est de récupérer l'hydrogène (H_2).

La pile ❷, qui contient un électrolyte à base de polymère, recoit d'un côté l'hydrogène (H_2) et de l'autre l'oxygène (O_2).

Le phénomène électrolytique produit un courant électrique de forme continue que l'on récupère à ses bornes (anode et cathode).

L'eau (H_2O) rejetée est récupérée, refroidie puis réutilisée pour le refroidissement de la pile.

Figure 24.19 • Véhicule à pile à combustible (document PSA Peugeot Citroën).

Compartiment moteur.

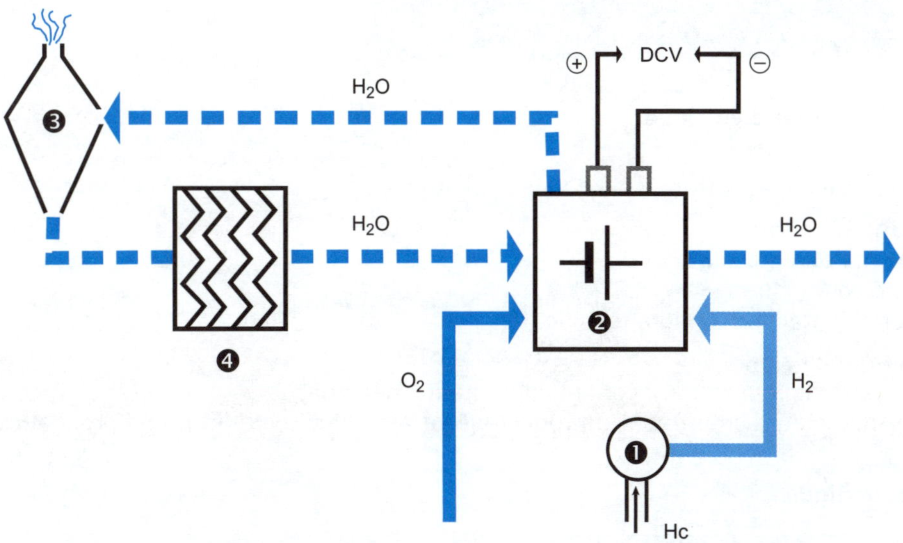

Figure 24.20 • Principe simplifié de la pile à combustible.

❶ Réformeur.
❷ Pile.
❸ Condenseur.
❹ Échangeur.

Mémo

- **Le véhicule à moteur électrique**

Avantages
Pas de pollution directe, entretien simplifié, conduite aisée.

Constitution
- Un groupe motopropulseur.
- Un boîtier électronique.
- Une batterie de traction à haute tension.

Groupe motopropulsion
- Un moteur électrique à courant continu et excitation séparée.
- Un boîtier réducteur comprenant un réducteur à train épicycloïdal et un différentiel classique.

Boîtier électronique
Il gère :
- la partie propulseur en modulant le courant induit et inducteur,
- la recharge des batteries de traction au freinage et leur contrôle,
- l'ensemble des relais et actionneurs,

en fonction des informations reçues :
- des différents capteurs,
- de la position contact mis,
- de la position de la pédale d'accélérateur.

Batterie de traction
Elle se compose d'un certain nombre de blocs de 6 V eux-mêmes composés de 5 éléments au nickel-cadmium produisant un courant de tension 1,2 V et dont la capacité est fonction du nombre de plaques contenues dans chaque élément.

L'augmentation de tension est obtenue en branchant en série le nombre de blocs nécessaires.

Les batteries comportent un circuit d'évacuation des vapeurs de charge et un circuit de refroidissement par eau.

Leur recharge peut s'effectuer :
- sur le courant domestique 220 V ~ grâce au chargeur incorporé dans le véhicule ;
- en charge rapide grâce à des bornes spéciales délivrant directement le courant continu nécessaire.

- **Le véhicule hybride**

Le véhicule hybride est équipé à la fois d'un moteur électrique et d'un moteur thermique qui fonctionnent en parallèle sur la route. Le moteur électrique fonctionne seul à faible puissance, grâce à la batterie de puissance.

- **Le véhicule à pile à combustible**

Avantages
La pile à combustible transforme directement le carburant en énergie électrique avec un rendement élevé.

- **Remarque**

Les moteurs électriques de ces trois types de véhicules fonctionnent en générateur pendant les décélérations.

Testez vos connaissances

1. Dans un véhicule électrique, l'énergie mécanique disponible aux roues est fournie par :	☐ **a.** le démarreur ☐ **b.** un moteur électrique ☐ **c.** un moteur thermique
2. Les batteries de traction ont une tension nominale de :	☐ **a.** 12 V ☐ **b.** 120 V ☐ **c.** 220 V
3. En décélération, la batterie est rechargée par :	☐ **a.** le générateur ☐ **b.** le moteur électrique ☐ **c.** le 220 V
4. Le véhicule tout électrique est rechargé sur secteur sous un courant de :	☐ **a.** 12 V ☐ **b.** 120 V ☐ **c.** 220 V
5. Dans un véhicule « hybride », l'énergie mécanique disponible aux roues est fournie par :	☐ **a.** le générateur ☐ **b.** un moteur thermique et un moteur électrique ☐ **c.** la batterie de traction

Pour aller plus loin

1. *Recherchez les caractéristiques des différents éléments de traction qui composent un véhicule hybride.*
2. *Recherchez – par exemple, dans une encyclopédie – le principe de fonctionnement d'une pile à combustible.*
   Effectuez un schéma fonctionnel et expliquez son fonctionnement

Corrigés des tests d'auto-évaluation

Tests des leçons	Réponses
1 • Le système de transmission (p. 7) :	☐ **1.a** ☐ **2.b** ☐ **3.c** ☐ **4.a**
2 • L'embrayage (p. 19) :	☐ **1.b** ☐ **2.b** ☐ **3.c** ☐ **4.a**
3 • Les boîtes de vitesses à trains parallèles (p. 29) :	☐ **1.a** ☐ **2.c** ☐ **3.b** ☐ **4.b** ☐ **5.c**
4 • Les mécanismes démultiplicateurs (p. 39-40) :	☐ **1.c** ☐ **2.b** ☐ **3.a**
5 • Les boîtes de vitesses automatiques à trains épicycloïdaux (p. 48) :	☐ **1.c** ☐ **2.b** ☐ **3.a**
6 • Les circuits de commande des boîtes de vitesses automatiques (p. 58) :	☐ **1.b** ☐ **2.a** ☐ **3.c**
7 • La motricité en virage et en tout terrain (p. 69-70) :	☐ **1.b** ☐ **2.a** ☐ **3.c** ☐ **4.a** ☐ **5.c**
8 • Le freinage, généralités (p. 83) :	☐ **1.c** ☐ **2.b** ☐ **3.a et c** ☐ **4.a** ☐ **5.c**
9 • Les systèmes de commande du freinage (p. 101) :	☐ **1.a** ☐ **2.a et c** ☐ **3.a**
10 • L'assistance de freinage (p. 112) :	☐ **1.b** ☐ **2.a** ☐ **3.c**
11 • Les correcteurs de freinage (p. 119) :	☐ **1.a** ☐ **2.b** ☐ **3.b**
12 • Les systèmes antiblocage des roues (p. 132) :	☐ **1.a** ☐ **2.c** ☐ **3.b** ☐ **4.a**
13 • La suspension (p. 141) :	☐ **1.a** ☐ **2.c** ☐ **3.b** ☐ **4.c** ☐ **5.b**
14 • L'amortissement de la suspension (p. 151) :	☐ **1.b** ☐ **2.c** ☐ **3.b** ☐ **4.c** ☐ **5.a**
15 • La suspension hydropneumatique Citroën (p. 167) :	☐ **1.b et d** ☐ **2.c** ☐ **3.c** ☐ **4.a**
17 • La géométrie du train avant (p. 187) :	☐ **1.c** ☐ **2.b** ☐ **3.b** ☐ **4.b** ☐ **5.a et d**
18 • Les pneumatiques (p. 198) :	☐ **1.c** ☐ **2.a et b** ☐ **3.a et c** ☐ **4.c** ☐ **5.a**
19 • L'éclairage et la signalisation (p. 208-209) :	☐ **1.a** ☐ **2.a** ☐ **3.b** ☐ **4.c** ☐ **5.a** ☐ **6.c**
20 • Les batteries d'accumulateurs (p. 219) :	☐ **1.c** ☐ **2.a** ☐ **3.c** ☐ **4.b** ☐ **5.a**
21 • Le système de charge (p. 233) :	☐ **1.a et d** ☐ **2.b** ☐ **3.b** ☐ **4.c** ☐ **5.b**
22 • Le système de démarrage (p. 243) :	☐ **1.a** ☐ **2.a** ☐ **3.c** ☐ **4.a** ☐ **5.b et c**
23 • La climatisation (p. 248) :	☐ **1.b** ☐ **2.b** ☐ **3.b et d**
24 • Les véhicules à moteur électrique (p. 261) :	☐ **1.b** ☐ **2.b** ☐ **3.a** ☐ **4.c** ☐ **5.b**

Unités, symboles et schématisation

1 Grandeurs et unités du Système international (SI)

Espace, temps

Grandeurs		Unités		Formules	
Nom	Symbole	Nom	Symbole		
Longueur Aire, superficie	L ou l S	mètre mètre carré	m m^2	rectangle $\boldsymbol{S = L \cdot l}$ $1\ m^2 = 1\ m \cdot m$	cercle $\boldsymbol{S = \pi r^2}$ $m^2 = m^2$
Volume	V	mètre cube	m^3	parallélépipède $\boldsymbol{V = L \cdot l \cdot h}$ $1\ m^3 = 1\ m \cdot m \cdot m$	cylindre $\boldsymbol{V = \pi r^2 \cdot h}$ $1\ m^3 = 1\ m^2 \cdot m$
Temps Vitesse	t v	seconde mètre par seconde	s m/s	$\boldsymbol{v = \frac{L}{t}}$	$1\ m/s = 1\ \frac{m}{s}$
Vitesse de rotation Vitesse angulaire	N ou n ω	tour par minute radian par seconde	tr/min rad/s	$1\ tr/min = \frac{2\pi}{60}\ rad/s$	
Accélération	γ	mètre par seconde	m/s^2	accélération pesanteur : $g = 9{,}81\ m/s^2$	
Fréquence	F	hertz	Hz	Hz = 1 période/s	

Mécanique

Grandeurs		Unités		Formules	
Nom	Symbole	Nom	Symbole		
Force Masse Poids	F M P	newton kilogramme newton	N kg N	$\boldsymbol{P = M \cdot g}$ $1\ N = 1\ kg \cdot m/s^2$	
Moment d'une force	$\mathcal{M}_0(\vec{F})$	newton-mètre	N · m	$\boldsymbol{\mathcal{M}_0(\vec{F}) = F \cdot l}$ $N \cdot m = N \cdot m$	
Force centrifuge	F_c	newton	N	$\boldsymbol{F = M \cdot \omega^2 \cdot r}$ $1\ N = 1\ kg \cdot (rad/s)^2 \cdot m$	
Énergie, travail (quantité de chaleur)	W	joule	J	$\boldsymbol{W = F \cdot L}$ $1\ J = 1\ N \cdot m$	$\boldsymbol{W = 2\pi \mathscr{C} \cdot N}$ $1\ J = 1\ N \cdot m \cdot tr/min$
Énergie cinétique	E_c	joule	J	$\boldsymbol{E = \frac{1}{2} M \cdot v^2}$ $1\ J = 1\ kg \cdot (m/s)^2$	

Mécanique (suite)

Grandeurs		Unités		Formules
Nom	**Symbole**	**Nom**	**Symbole**	
Puissance	P	watt	W	$\boldsymbol{P = \mathscr{C} \cdot \omega}$ 1 W = 1 N · m · rad/s
Couple moteur	$\mathscr{C}$	newton-mètre	N · m	$\boldsymbol{\mathscr{C} = F \cdot r}$ (r = rayon manivelle) N · m = N · m
Pression	p	pascal	Pa	loi de Pascal $\boldsymbol{p = \frac{F}{S}}$ $1\ \text{Pa} = 1\ \frac{\text{N}}{\text{m}^2}$
Force pressante	F_p	newton	N	$\boldsymbol{F_p = p \cdot S}$ 1 N = 1 Pa · m^2

Optique

Grandeurs	Unités	
	Nom	**Symbole**
Flux lumineux	lumen	lm
Luminance	candela par mètre carré	cd/m^2
Éclairement	lux	lx
Exposition lumineuse	lux-seconde	lx · s

Électricité, magnétisme

Grandeurs		Unités		Formules
Nom	**Symbole**	**Nom**	**Symbole**	
Différence de potentiel Tension Force électro-magnétique	d.d.p U f.é.m.	volt	V	
Intensité Résistance Résistivité	I R ρ	ampère ohm ohm-mètre	A Ω Ω · m	loi d'Ohm $\boldsymbol{U = R \cdot I}$ 1 V = 1 Ω · A
Puissance	P	watt	W	$\boldsymbol{P = U \cdot I}$ soit $\boldsymbol{R \cdot I^2}$ 1 W = 1 V · A
Capacité	C	farad	F	
Flux magnétique	Φ	weber	Wb	à R constant $\boldsymbol{\Delta\Phi = \Delta I}$

2 Sélection de symboles électriques

Électricité, électromagnétisme

Tension alternative Courant alternatif	AC
Tension continue Courant continu	DC
Courant alternatif	
Courant continu (2 variantes)	
Mise à la terre	
Mise à la masse	
Terre de protection	
Croisement sans connexion	
Dérivation	
Double dérivation	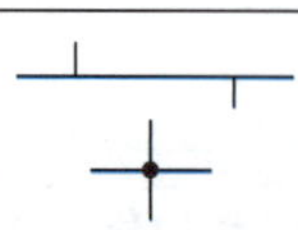
Borne de raccordement	

Tension ou courant continu ou alternatif	UC
Appareils utilisables en courant continu ou alternatif	
Impulsion positive	
Impulsion négative	
Fermeture momentanée à l'action	
Fermeture à position maintenue	
Ouverture à retour automatique	
Contact bidirectionnel appareil bistable	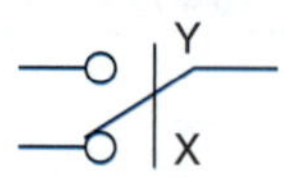
Batterie d'accumulateur ou de pile	
Élément de pile ou d'accumulateur	
Capacité Condensateur	

Fusible Symbole général	
Extrémité sous tension après fusion	
Résistance potentiométrique à contact mobile	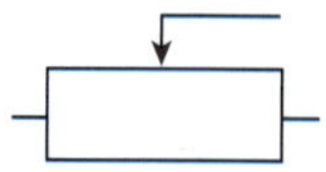
Inductance à noyau magnétique	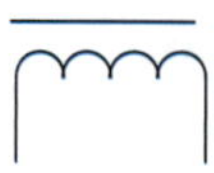
Moteur à courant continu à deux conducteurs. Excitation série	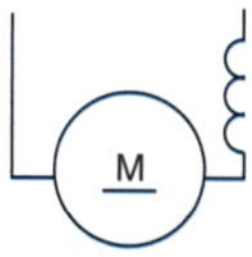
Moteur à courant continu à deux conducteurs. Excitation dérivation	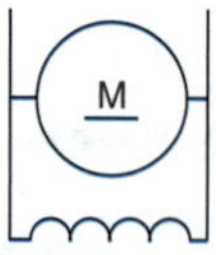
Relais Symbole général (deux variantes)	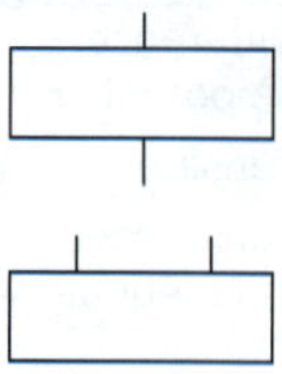
Avec un seul enroulement	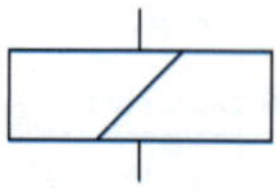

Semiconducteurs

Diode à semi-conducteur	
Diode électroluminescente	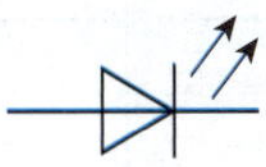
Diode symétrique Diac	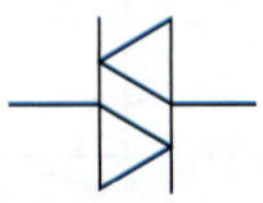
Thyristor diode bloqué en inverse	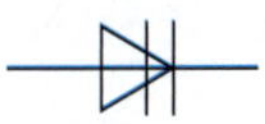
Thyristor diode bloqué en inverse	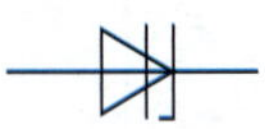
Transistor PNP	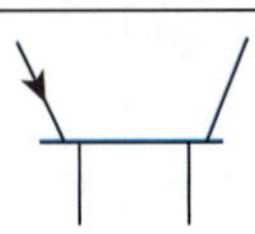
Photovoltaïque	

Diode utilisant l'effet de température	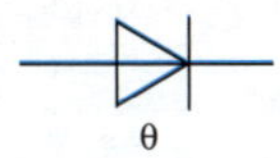
Diode à capacité variable	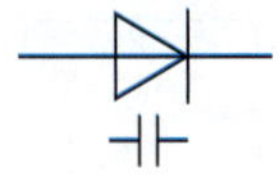
Thyristor triode symétrique	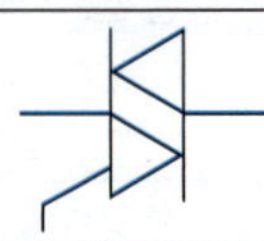
Thyristor triode bloqué en inverse, gâchette N	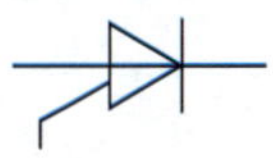
Thyristor triode bloqué en inverse, gâchette P	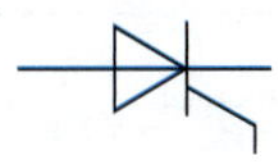
Photorésistance	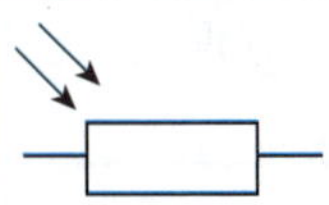
Phototransistor (PNP)	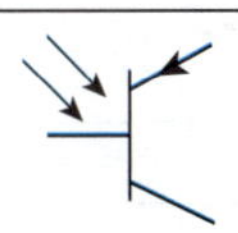

Diode tunnel	
Diode régulatrice de tension (effet de claquage) Diode Zener	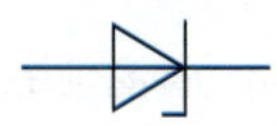
Thyristor triode passant en inverse, gâchette non spécifiée	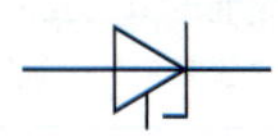
Thyristor triode passant en inverse, gâchette N	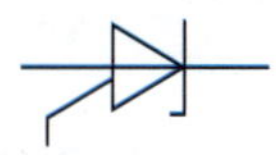
Transistor NPN base polarisée	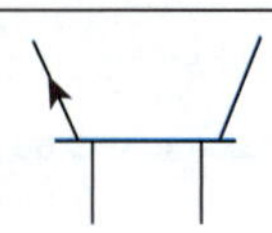
Photodiode	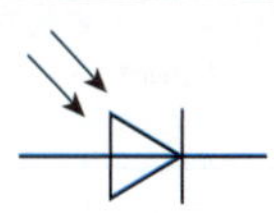

3 Sélection de symboles hydrauliques

Circuits

Conduite de travail, de retour d'alimentation	
Conduite de pilotage	
Conduite d'évacuation des fuites	
Conduite flexible	
Conduite électrique	
Raccordement de conduites	
Croisement de conduites	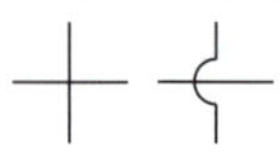
Sens d'un flux hydraulique	
Liaison mécanique, arbres, leviers, tiges de piston	
Encadrement de plusieurs appareils réunis en un seul bloc	
Sens de déplacement	
Sens de rotation	
Possibilité d'un réglage	
Branchement – avec conduite branchée	

Raccordement rapide couplé avec clapets de non-retour	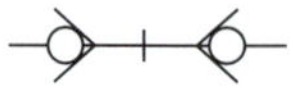
Clapet de non-retour : – non taré	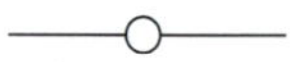
– taré	
Ressort	
Réservoir à l'air libre : – conduite débouchant au-dessus du fluide	
– conduite débouchant au-dessous du niveau du fluide	
Réservoir sous pression	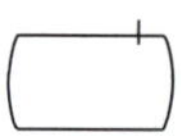
Accumulateur	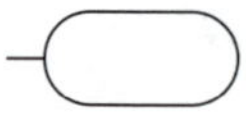
Purge d'air	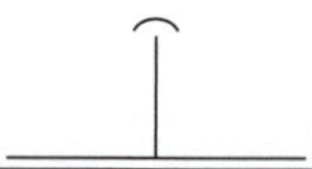
Source de pression	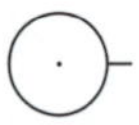
Filtre, crépine	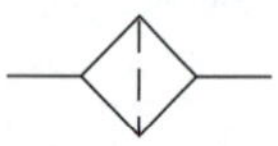
Purgeur à commande manuelle	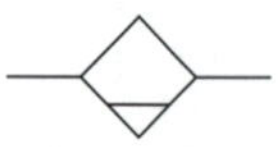
Déshydrateur	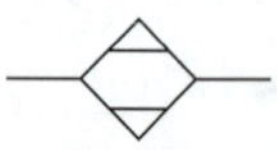
Lubrificateur	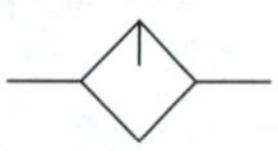

Moteurs

Pompe hydraulique à cylindrée fixe : – à un sens de flux	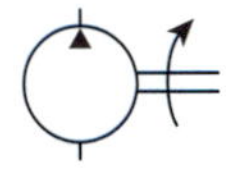
– à deux sens de flux	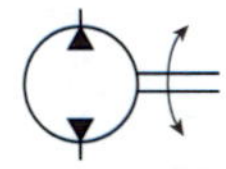
Compresseur à cylindrée fixe (toujours à un sens de flux)	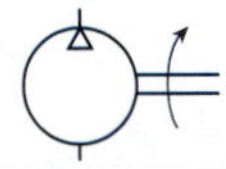
Pompe à vide	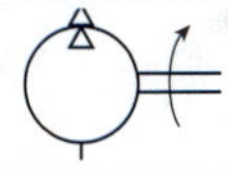
Moteur hydraulique à cylindrée fixe : – à un sens de flux	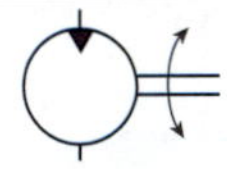
– à deux sens de flux	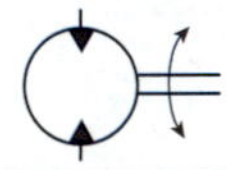
Moteur électrique	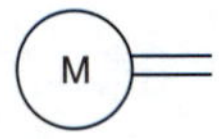
Moteur thermique	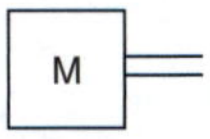
Moteur oscillant	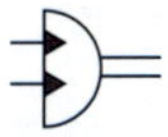
Pompe moteur à cylindrée fixe et à deux sens de flux	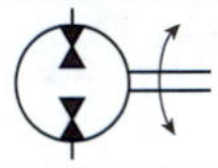

Vérins

Vérin à simple effet : – à rappel de force non définie	
– à rappel par ressort	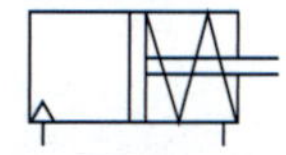
Vérin à double effet : – à simple tige	
– à double tige	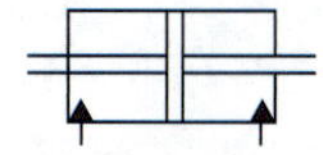
Vérin différentiel	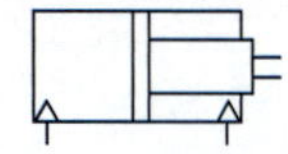
Multiplicateur de pression : – à une seule nature de fluide	

Distributeurs

Distributeur 2/2	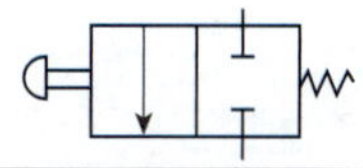
Distributeur 3/2	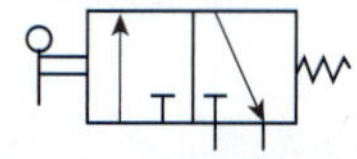
Distributeur 4/2	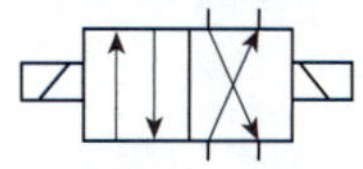
Distributeur 5/2	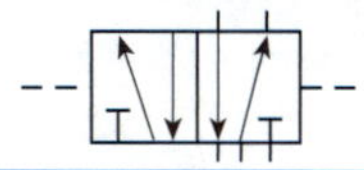

Le premier chiffre indique le nombre d'orifices ;
le second, le nombre de positions distinctes.

Régulateurs

Limiteur de pression (soupape de sûreté)	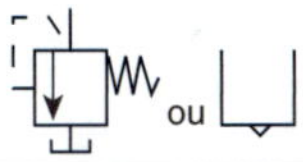
Régulateur de pression : – sans orifice de décharge	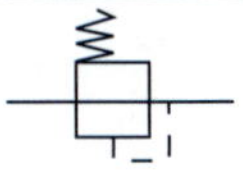
– avec orifice de décharge	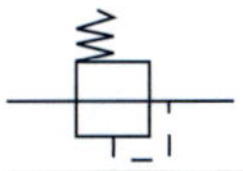
Régulateur de débit : – à débit fixe	
– à débit réglable avec retour au réservoir (symboles simplifiés)	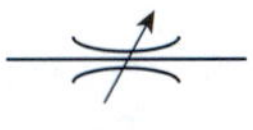
Robinet d'isolement (symbole simplifié)	

Index

49719-(I)-(10)-OSB 80°-BES-API
Dépôt légal de la 1re édition : 1983 - Dépôt légal : avril 2006
Imprimé en France par I.M.E.